航天科技图书出版基金资助出版

迈向未来的宇航科技

宇航领域科学问题和技术难题重要研究进展（一）

王 巍 主编

中国宇航出版社
·北京·

图书在版编目（CIP）数据
迈向未来的宇航科技 ： 宇航领域科学问题和技术难题重要研究进展. 一 / 王巍主编. -- 北京 ： 中国宇航出版社，2025. 1. -- ISBN 978-7-5159-2502-8
Ⅰ. V1
中国国家版本馆CIP数据核字第2025YJ6717号

责任编辑 侯丽平　　**封面设计** 王晓武

出版发行 中国宇航出版社
社　址 北京市阜成路 8 号　邮　编 100830
(010)68768548
网　址 www.caphbook.com
经　销 新华书店
发行部 (010)68767386　(010)68371900
(010)68767382　(010)88100613 (传真)
零售店 读者服务部
(010)68371105
承　印 北京中科印刷有限公司

版　次 2025 年 1 月第 1 版
2025 年 1 月第 1 次印刷
规　格 710 × 1000
开　本 1/16
印　张 29
字　数 375 千字
书　号 ISBN 978-7-5159-2502-8
定　价 168.00 元

航天科技图书出版基金简介

航天科技图书出版基金是由中国航天科技集团公司于2007年设立的，旨在鼓励航天科技人员著书立说，不断积累和传承航天科技知识，为航天事业提供知识储备和技术支持，繁荣航天科技图书出版工作，促进航天事业又好又快地发展。基金资助项目由航天科技图书出版基金评审委员会审定，由中国宇航出版社出版。

申请出版基金资助的项目包括航天基础理论著作，航天工程技术著作，航天科技工具书，航天型号管理经验与管理思想集萃，世界航天各学科前沿技术发展译著以及有代表性的科研生产、经营管理译著，向社会公众普及航天知识、宣传航天文化的优秀读物等。出版基金每年评审2次，资助30~40项。

欢迎广大作者积极申请航天科技图书出版基金。可以登录中国航天科技国际交流中心网站，点击“通知公告”专栏查询详情并下载基金申请表；也可以通过电话、信函索取申报指南和基金申请表。

网址：http：//www. ccastic. spacechina. com

电话：（010）68767205，68767805

专家审查委员会

主　任　王礼恒

委　员　（按姓氏笔画排序）

王　赤　王　巍　王一然　王国庆　田维平
史红卫　包为民　杜善义　李　明　李仲平
李劲东　李得天　杨长风　杨孟飞　余梦伦
冷劲松　张旭辉　张荣桥　范本尧　周志成
郑　辛　侯　晓　徐洪青　黄育群　戚发轫
梁宗闯　谭永华

本书编委会

序

科技是国家强盛之基，创新是民族进步之魂。当前，世界百年未有之大变局正在加速演进，科技创新进入前所未有的密集活跃期，各国都把塑造宇航领域竞争优势作为重要战略选择，积极抢占航天未来科技制高点。回顾近70年奋斗与创新发展历程，中国航天开展了大量宇航科学与技术活动，“嫦娥”揽月、“祝融”探火、“羲和”逐日、“北斗”指路、“天宫”遨游，极大地推动了空间技术和空间科学的发展，不断涌现出新理论、新发现等众多原创性科学技术成果，中国在宇航领域的“高度”和“深度”不断刷新。面对新形势、新需求，在建设航天强国、科技强国的新征程中，迫切需要中国航天接续奋斗、努力挺进科学技术研究的“无人区”，迫切需要广大航天科技工作者的共同持续努力，不断实现原创性新突破，这是时代赋予航天科技工作者的历史使命和责任。

科学问题和技术难题是科学发现和技术创新的出发点和动力源。在向科技创新“无人区”迈进的当下，提出和解决科学技术问题尤为重要，不断提出、研判重大的科技问题及其优先级是解决问题、取得科技突破的关键一步，具有重要的价值和意义。自2018年起，为前瞻谋划和布局前沿科技领域与方向，服务科技强国建设，中国科协已连续7年组织开展重大科学问题、工程技术难题和产业技术问题的征集与发布活动，面向世界科技前沿、面向经济主战场、面向国家重大需求、面向人民生命健康，征集对未来科技发展具有引领作用的前沿科学问题、工程技术难题和产业技术问题。入选的问题、难题一定程度显示出我国科技工作者重点关注的学科前沿和关键技术领域。

自2020年开始，中国宇航学会在每年的中国航天大会上发布年度宇航领域科学问题和技术难题，委托王巍院士牵头组织征集与发布工作，号召众多航天知名院士、专家参与问题难题凝练推荐。截至2024年年底，累计征集260余项问题难题，经百余位院士和专家评选，历经初选、终评等环节，严格评议把关，共发布50项问题难题，对外展现了宇航领域在面向未来的科技发展过程中，需要攻关的重要问题和技术难点，引导广大航天科技工作者聚焦问题难题集智攻关，为培育新质生产力汇聚强大科技力量，不断夯实高质量发展的科技支撑。

自宇航领域科学问题与技术难题发布以来，各相关单位高度重视问题难题的科学研究与技术攻关工作，在广大航天科技工作者的不懈努力下，相关问题难题研究取得了重要的阶段性进展。一是学术成果丰富，专家学者在国际国内会议和期刊等平台发表的文章以及获得的专利显著增长；二是项目立项增加，超过一半的项目获得了政策、资金、人才、机制等持续支持保障，使项目研究加速推进；三是技术进展显著，约三分之一的项目实现了重要技术进展，有的项目在提出概念和应用设想的基础上，完成了可行性验证；四是部分研究处于国际领先水平，或以原理样机为载体完成实验室环境验证，或以实际系统成功开展试验应用。

为充分展示宇航领域科学问题和技术难题的研究进展，给予航天科技工作者更多参考和启发，中国宇航学会组织航天领域数十位院士、专家，评选出了10个代表性问题难题的重要研究进展，编辑出版《迈向未来的宇航科技：宇航领域科学问题和技术难题重要研究进展（一）》。这是继《面向未来的宇航科技：2020—2022年度宇航领域科学问题和技术难题解读》面世后的同系列丛书之一。邀请这些问题、难题提出的科研团队重点从问题背景情况、国际国内科学技术研究进展、学术会议与文章发展情况、工作策划与建议、研究预期进展路线图等方面进行了研究进展的交流与分享。

宇航领域科学问题和技术难题的征集、评选、发布、解读、重要研究进展跟踪等系列活动是助力广大航天科技工作者专精求索、寻求突破的重要手段。这些科学问题和技术难题的研究和解决，不仅推动了宇航领域相关科学技术知识的积累、进步与共享，也直接或间接推动了多个领域的技术创新与跨学科融合，对未来宇航领域的探索也将产生重要影响。期望本书能够为广大航天科技工作者提供借鉴和启示，激发读者对宇航领域探索的兴趣，促进航天科学技术知识的普及，激励更多科技工作者和爱好者投身宇航领域的学习和研究，为航天梦、中国梦的实现贡献力量，让航天科技成果更好地造福人类。

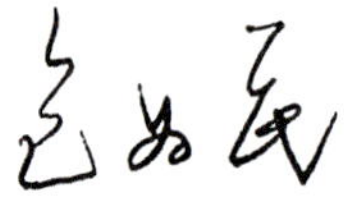

中国科学院院士

中国科学技术协会副主席

中国航天科技集团有限公司科技委主任

目录

解决问题与推动创新（代引言）

卡尔·马克思（Karl Heinrich Marx）曾深刻指出：“哲学家们只是用不同的方式解释世界，而问题在于改变世界。”① 实践证明，一切创新最终都是以发现规律和解决问题为中心和目的，如果不解决问题，创新就没有实现应有的价值和意义。只有发现真问题并真解决问题，才能实现真正的创新。

当今世界，科技创新在经济社会发展中的作用日益凸显。谁牵住创新这个“牛鼻子”、下好创新这步先手棋，谁就能占据先机、赢得优势。随着新一轮科技革命和产业变革突飞猛进，科技创新的深度和广度显著拓展、速度和程度显著加大。要实现建设航天强国的战略目标，必须抓住新一轮科技革命和产业变革的机遇，坚持把创新摆在航天事业发展全局的核心位置，瞄准制约航天发展的关键问题，真抓实干、解决问题，才能实现航天高水平科技自立自强。

① 中共中央马克思恩格斯列宁斯大林著作编译局．马克思恩格斯选集（第一卷）［M］．北京：人民出版社，1995.

一、解决问题与推动创新的辩证关系

科学始于问题，科学的进步是从问题到问题的不断进步——从问题到愈来愈深刻的问题[①]。这是著名科学哲学家卡尔·波普尔（Karl Popper）[②]对科学发展考察而发现的经典观点。美国科学哲学家劳丹（Larry Laudan）[③]也认为，科学的本质是解题，应当把科学看作是一种解决问题和以问题为定向的活动，正是问题的解决促进科学的发展，科学的进步在于获得高度解题效力的理论。研读这些关于“解决问题”的经典理论和研究，联系航天科技创新的实践，可以深刻感受到问题是一个不断生成的过程，并贯穿科学发展和创新的始终，而问题的提出和解决恰是科学研究和创新的真正核心。可以说，问题是激发创新的起点，也是创新的动力源，而创新则是解决问题的手段和结果。

首先，问题是创新的源头。当面临一个问题或者困难时，人们会尝试思考和寻找解决方案。这种思考和寻找解决方案的过程就是创新的开始。在这个过程中，可能提出新的观点、思路、方法和技术，从而产生创新。其次，创新是问题的解决路径。创新也是在解决问题的过程中逐步向前推进的。通过创新，可以找到解决问题的新的、更有效的方式。创新可能涉及的理论方法、新

① 卡尔·波普尔．猜想与反驳［M］．傅季重，等，译．上海：上海译文出版社，1986.

② 卡尔·波普尔（Karl Popper，1902—1994），英国现代思想家、著名科学哲学家，批判理性主义的创始人。

③ 劳丹（Larry Laudan，1941—），美国科学哲学家，提出了“研究传统”概念和科学进步的理性重组思想。

的技术方案、新的思维模式、新的产品或者新的服务内容等等。通过创新，可以更好地解决问题，提高效率，改进产品或者提供更好的服务。再次，问题和创新是一个不断循环迭代的过程。解决问题可能会引发新的问题，从而需要持续的创新来寻找解决方案。创新也会带来新的机会和挑战，进而产生新的问题。因此，问题和创新之间形成了一个良性循环，推动着社会的发展。

综上，解决问题和推动创新之间有着密切的关系。问题推动着创新，而创新则解决问题并推动发展。在不断的循环中，问题和创新相互促进，共同推动着科学技术的进步。从认识论的角度看，解决问题和推动创新也是一个实践、认识、再实践、再认识的过程，正是在这种循环递进、螺旋式上升的过程中，问题得以逐步解决和完善，创新得以实现。实际上，解决问题后，还有很多工作要做。要实现创新，就需要在突破问题瓶颈之后，继续打开通道，拓展道路，并举一反三，相关问题才能得以最终解决。

解决问题，进而推动创新，也遵循“技术—科学理论”和“实践—技术”的逻辑和循环加速机制①。实现创新、破解科学难题，第一个底层逻辑是科学的逻辑，第二个底层逻辑则是应用和需求市场的逻辑。从更广阔的视角去认识解决问题和推动创新之间的辩证关系，就需要创造和形成“技术—科学理论”和“实践—技术”的循环加速机制，需要稳定、先进且具有较高成长性的需求和市场，需要能够及时响应且满足这些市场需求的产品供应者（即

① 郑永年．中等技术陷阱［M］．北京：中信出版社，2024.

企业），以及需要给予技术创新活动足够的可持续的资金和人才等资源投入。当前，宇航领域的创新发展已具备这些现实条件和基础。提出宇航领域科学技术问题、破解这些难题，恰是形成宇航领域“技术—科学理论”和“实践—技术”循环加速机制的关键环节。

二、解决问题中蕴含的方法论

英国著名科学家迈克尔·法拉第（Michael Faraday）[①]认为：“科学是一种不断追问的过程，科学的最终目的是解决问题，改善人类生活。”[②]所谓“解决问题”，就是按照一定的目标，应用各种认知活动、技能等，经过一系列的思维操作，形成具有严谨性、周密性、系统性的思想观点，使问题得以解决的过程。可以说，科学不仅是为了提出问题，更是为了找到答案。科技工作者的任务就是不断发现新问题并找到新的方法[③]。“解决问题”背后蕴含着深刻的方法论（以下试举几例），可用以指导人们解决问题、开拓创新。

1. 关于问题导向

“坚持问题导向”是在复杂世界中解决问题的重要方法。人类认识世界和改造世界的过程就是发现问题、解决问题的过程。问题导向就是从当前存在的问题出发，盯住问题及其产生的根

① 迈克尔·法拉第（Michael Faraday，1791—1867），英国物理学家、化学家，在电磁学方面做出重大贡献，被称为“电学之父”和“交流电之父”。

② 法拉第．电磁学讲座［M］．陈启明，译．北京：科学出版社，1990.

③ 托马斯．寻找外星智慧：科学与未知的探索［M］．朱晟，译．北京：科学出版社，2013.

源，思考方法、谋划工作、开展研究，在强调问题的同时，也在思考解决问题是为了达到什么目标、达到目标后满足什么样的需求。

坚持问题导向是马克思主义方法论的鲜明特征之一，是创新的重要源泉和动力。马克思主义经典作家主张一切从实际出发，实事求是地提出问题、分析问题、认识问题，承认现实条件对问题的制约性，立足现实条件和环境中解决问题，而不是脱离客观条件，在主观臆想中解决问题；具体而切实地解决问题，而不是抽象而空洞地应对问题。马克思在《关于费尔巴哈的提纲》中指出："人的思维是否具有客观的真理性，这并不是一个理论的问题，而是一个实践的问题。人应该在实践中证明自己思维的真理性，即自己思维的现实性和力量，亦即自己思维的此岸性。"[①]马克思所说的"客观的真理性""现实性和力量"及"此岸性"，都指向一个意思，即人们的思想、观念、理论、决策、规划和谋略等是否正确，归根结底要看是否符合实际。要做到这一点，就必须善于在实践中发现问题、解决问题。

在理论与实践的探索中，应始终以回应问题作为研究的直接目的，把解决问题作为理论的根本任务。美国物理学家理查德·费曼（Richard Phillips Feynman）[②]认为："科学家不应该仅仅是信

---

① 中共中央马克思恩格斯列宁斯大林著作编译局. 马克思恩格斯选集（第一卷）［M］. 北京：人民出版社，1995.

② 理查德·费曼（Richard Phillips Feynman，1918—1988），美籍犹太裔物理学家，美国国家科学院院士，诺贝尔物理学奖获得者，加州理工学院理查德·托尔曼理论物理学教授。

息的存储者，他们必须能够知道问题的深层次原因。”[①]科学的力量在于将看似无解的问题，通过创新加以解决[②]。回答实践和时代之问，提高认识问题和解决问题的能力，是打开创新瓶颈的重要突破口。

2. 关于系统工程方法

系统工程是一种专门处理复杂问题的学科，它运用系统化、综合化的方法，处理各种规模和复杂度的系统问题，是思考和分析问题的一种观念和视角，是认识和改造世界的一种重要方法。它强调将复杂问题视为一个整体来考虑，通过结合定性和定量的方法，研究系统与环境以及系统内部各要素之间的关联，目标是找到一条能够满意地解决问题的途径。回顾历史，中国航天在科技创新和工程实践的摸索中不懈努力，创造性地提出并形成一系列航天系统工程的基本理念、体系与科学方法，为航天事业发展奠定了重要的方法论。

钱学森指出：“系统是指由一些相互关联、相互作用、相互影响的组织部分构成并具有某些功能的整体。系统在客观世界中是普遍存在的，系统科学从事物的整体与部分、局部与全局以及层次关系的角度研究了客观世界。”[③]随着系统工程学科的不断发展和深化，相继出现了系统论、控制论和信息论（即“老三论”）

---

① FEYNMAN R P（1985）. Surely You're Joking，Mr. Feynman!. W. W. Norton & Company.

② Nobel Prize Committee（2019）. The Nobel Prize in Physics 2019. NobelPrize.org.

③ 钱学森 . 系统学研究初探［M］. 上海：上海交通大学出版社，1985.

和耗散结构论、协同论和突变论（即“新三论”）。新、老三论作为现代系统科学的核心基础，推动了科学问题的定量研究和方法论更新。系统工程方法要求在观察问题、分析问题和解决问题的过程中，坚持整体思维、大局思维、系统思维，坚持统筹意识、协同理念，坚持用发展的、整体的、辩证的眼光审视客观对象。应用系统工程理念和方法时，从系统整体出发将系统按层次进行分解，在分解后研究的基础上，再综合集成到系统整体，实现系统整体涌现，最终是从整体上研究和解决问题。

在逻辑上，运用系统工程解决问题的整个过程可分为环环紧扣的五个步骤，包括：1）问题阐释与目标确定：当问题确定以后，首先要将问题进行系统的、合乎逻辑的叙述，其目的在于确定目标。说明问题的重点与范围，以便进行分析研究。2）搜集资料，探索可行方案：在问题明确之后，就要拟定大纲和分析方法，然后依据已搜集的有关资料找出其中的相互关系，寻求解决问题的各种可行方案。3）建立模型（模型化）：为便于分析，应建立相应的模型，利用模型预测每一种方案可能产生的结果，并根据其结果定量说明各方案的优劣与价值。4）综合评价：利用模型和其他资料所获得的结果，对各种方案进行定量和定性的综合分析，显示出每一种方案的利弊得失和成本效益，所有因素加以合并考虑和研究，获得综合结论，作为行动的方针。5）检验与核实：以试验、抽样、试行等方式鉴定所得结论，提出应采取的最佳方案。在分析过程中，可利用不同的模型，在不同的假定下对各种可行方案进行比较，获得结论，提出建议[①]。任何问题的解决，仅进行一次分析研究往往是不够的。一个成功的问题解决，是上述步骤连续循环迭代的过程。

在中国航天事业近70年发展进程中，几代人的接续奋斗创造了一系列辉煌成就，离不开对系统工程方法的认识、探索和运用。航天科技工业体系是十分复杂的巨系统，需要顺利解决一个又一个复杂的技术和管理问题，以推动航天事业的成功突破和创新发展。要确保成功，必须坚持目标导向和问题导向相结合，以科学的系统工程思想、理论、方法、技术、经验为指导，在有限的资源、时间和技术条件下，精准掌握和使用系统工程的技术、工具、方法，形成分析问题、控制风险、解决问题的新思路和新举措，力争使总体最优地解决问题。

3. 关于第一性原理

第一性原理（First Principles）[②]是一种思考问题和解决问题的方法，源于哲学和物理学领域，后来也在管理学等领域得到了广泛运用。从本质上讲，第一性原理思维要求人们回归事物最基本的条件，将其解构成各种要素进行分析，从而找到实现目标最优路径的方法。这是一种区别于类比推理的原发性创新思维方式。简言之，第一性原理就是：不要被表面的现象和已有的框架束缚

① 花禄森，等. 系统工程与航天系统工程管理［M］. 北京：中国宇航出版社，2007.

② 第一性原理最早源自古希腊哲学家亚里士多德提出的一个哲学术语：“每个系统中存在一个最基本的命题，它不能被违背或删除。”

住，去找到事物最本质、最根源、最基础的真相，从零开始重新思考问题。它强调：不断追问问题的本质，从底层逻辑出发寻找解决办法。

美国国家工程院院士、SpaceX首席执行官埃隆·里夫·马斯克（Elon Reeve Musk）是第一性原理的成功践行者。他应用第一性原理时，主要采取以下步骤：1）归零（定义根本问题）：把问题简化到最基本的形态，重新审视问题的本质。例如，在特斯拉电池成本过高的问题上，不局限于现有的电池价格昂贵这一表象，而是深入思考如何从根本上解决电池成本问题，不沿着传统的接受高价电池的老路走。2）解构：对现有的系统、模式或产品进行拆解，了解其构成要素。就像分析电池的组成，马斯克和他的团队抽丝剥茧，找到电池成本的突破点在于原材料的组合与价格，而不是简单接受市场上高昂的电池成品价格。3）重构：创新性地重建或重新组织这些元素，形成全新的系统或模式。特斯拉通过重新构建电池的生产模式，从原材料采购和自主生产的突破点上着手，使电池成本大大下降。

第一性原理是一种重要的思维方式，它聚焦事物最基础的原理，能够帮助人们深度理解问题的本质，穿透表面现象，抓住问题的关键。在解决问题的过程中，应该尝试找到这个问题背后的第一性原理，探寻其底层的逻辑，这是原创性地解决问题的切入点。底层逻辑关注的是问题的根本原因，需要从现象出发，抽丝剥茧，找到问题的症结所在。在创新实践中，第一性原理要求人们必须追问科学问题、技术难题、工程问题背后更本源的问题，弄懂、弄清其背后的科学原理、方法和机理。

4. 关于科研范式创新

习近平总书记多次强调，当前科学研究范式正在发生深刻变革。所谓科学研究范式，是指用于描述和探索科学研究领域中不同模式的理论、方法和模型。在科学发展的特定时期，通常由一种范式主导。随着主导范式被广泛接受和长期应用，往往会出现当前范式难以解释的科学发现。当这些问题逐渐积累到引发质变时，新的科研范式由呼之欲出到破茧而出，并逐渐取代传统范式，或与传统范式协同作用。科学的发展就是通过一系列“范式转换”来实现的，每一次转换都是一次科学观念的根本变革。自第一次科学革命以来，科学史上先后出现了实验科学范式、理论科学范式、计算科学范式以及数据驱动的科学范式等主要的科学研究范式。特别是近年来，以生成式人工智能（Generative Artificial Intelligence，GAI）为代表的人工智能技术为解决科学技术问题带来了新方法、新技术、新工具，并引发了新一轮科研范式的变革。该领域学者普遍认为，人工智能的核心课题只有一个，那就是广义的问题求解。生成式人工智能以其在处理复杂问题时的卓越能力，为科学发现提供更多支持，产生更多突破性成果，帮助科学技术人员获得过去难以实现的深入见解，显著提升了科学技术问题的解决效率，还为科学研究提供了新的研究视角和方法，开辟了探索未知的全新路径。

2024年度诺贝尔物理学奖与化学奖均与人工智能技术赋能科学研究有关，这充分说明科学研究正在开启新的范式——AI驱动的科研范式。物理学奖授予了约翰·J. 霍普菲尔德（John J. Hopfield）和杰弗里·E. 欣顿（Geoffrey E. Hinton），以表彰他们使用人工神经网络进行机器学习的基础性发现和发明；而化学奖授予大卫·贝克（David Baker）、戴米斯·哈萨比斯（Demis Hassabis）和约翰·M. 江珀（John M. Jumper），以表彰他们在蛋白质设计和蛋白质结构预测领域作出的贡献，他们开发了一种名为AlphaFold 2的人工智能模型，这种模型解决了一个已有50年历史的难题。AI for Science带来的颠覆性变革，打开全新的科学研究范式，从而推动科学发现和技术创新。

我国华为公司旗下的盘古系列AI大模型，包括NLP大模型、CV大模型、科学计算大模型，重点面向气象、医药、水务等领域，融合AI数据建模和AI方程求解的方法，从海量的数据中提取出数理规律，使用神经网络编码微分方程，使用AI模型更快更准地解决科学计算问题。盘古大模型赋能科学研究，提升了科研创新加速度，重塑了相关科研模式。

三、不同类型创新中的问题解决

科学研究从问题开始，问题推动研究、引导研究。从创新全视角、全链条出发，不同类型的创新活动中存在着不同的问题，需要不同的解决问题的方法和路径。

1. 科学发现中的问题解决

科学发现是科学活动中对未知事物或规律的揭示，主要包括事实的发现和理论的提出。科学的真正意义，在于从已知的事实推导出对未知的理解①。目前普遍认同的科学发现逻辑是假说与演绎的过程，指在观察和分析基础上提出问题以后，通过推理和想象提出解释问题的假说，根据假说进行演绎推理，预测结果，再通过实验结果与预期的比较来检验假说正确性的方法。假说经过长期的反复的检验，其真理性合理性不断提高，从而上升为或转化为科学理论。约翰·杜威（John Dewey）②提出“思维五步法”，它把科学探索分为五步：1）暗示；2）问题；3）假设；4）推理；5）试验。

中国学者胡适也提出“大胆假设、小心求证”的方法。所谓“大胆假设”是倡导人们要打破既有观念的束缚，挣破旧有思想的牢笼，大胆创新，对未解决的问题提出新的假设，英国著名科学家牛顿曾说过：“没有大胆的猜测就没有伟大的发现。”所谓“小心求证”，既是求证过程，也是全新发现的过程，就是基于假设去寻找事实、进行证明，这是一种务实严谨的学术态度，不能有半点马虎。英国生物学家达尔文（Charles Robert Darwin）③

---

① 詹姆斯·克拉克·麦克斯韦. 电磁学原理［M］. 王智熙，译. 北京：高等教育出版社，1992.

② 约翰·杜威（John Dewey，1859—1952），美国著名哲学家、教育家、心理学家，实用主义的集大成者，也是机能主义心理学和现代教育学的创始人之一。

③ 查尔斯·罗伯特·达尔文（Charles Robert Darwin，1809—1882），英国生物学家，进化论的奠基人。

曾说过："我一贯力求思想不受拘束，这样当某一假说为事实证明错误时，不论我对自己的假说如何偏爱，我都放弃它。我想不起哪一个最初形成的假说不是在一段时间过后就被放弃，或被大加修改的。"①

英国著名物理学家斯蒂芬·霍金（Stephen Hawking）② 曾说过："我们必须继续探索宇宙，寻找理解它的答案。尽管我们知道无法完成所有的答案，但探索的过程是最重要的。"③ 在科学发现过程中，面对需要解决的科学技术问题，首先要问：这是一个真正的问题吗？为什么要解决这个问题？潜在的问题又是什么？客观地、实事求是地理解问题和提出问题是审题阶段的关键。其次，采用第一性原理探究问题背后的原因。对每一个可能的原因，都要问："如果它是问题的真正原因，那么它怎样解释问题的每一个层面呢？"因为"真正的原因"能够解释偏离现象中的"每一个"层面。假说的生成既是一个问题不断具体化和细化的过程，也是解决问题的方法不断具体化和细化的过程。在解决科学发现中的问题时，需要解析性思维和批判性思维支持，也常常需要基于系统工程理念的整体性思维，因为它要确定待解决的问题与其他问题之间的关系，确定待解决的问题在问题系统乃至问题域中的地位，把握待解决的问题与背

① DARWIN C（1958）. The Autobiography of Charles Darwin［M］. London：Collins.

② 斯蒂芬·霍金（Stephen William Hawking，1942—2018），理论物理学家、宇宙学家、科学思想家。

③ HAWKING S（1988）. A Brief History of Time［M］. Bantam Books.

景知识的关系，这就要求在具体解决之前对问题进行总体考察和宏观透视。

科学发现中的问题解决，也需要发散性思维。科学发现是一个极富创造性的活动，因而需要思维的广度发散和深度发散，以产生大量深刻的、富有创造性的新观念。然后，在发散性思维的基础上，逐步实现思维的高度收敛，以形成核心观念。

2. 颠覆性技术创新中的问题解决

“颠覆性技术”这一概念最初可溯源于经济学家熊彼特（1912）的“创造性破坏”（Creative Destruction），他在《经济发展理论》中指出，依靠“创造性破坏”可实现淘汰旧的技术和生产体系，并建立起新的生产体系。颠覆性技术被称为“改变游戏规则”“重塑未来格局”的革命性力量，对人类社会有着广泛且深刻的影响。尽管“颠覆性技术”是在21世纪出现的新概念，但其早已存在于科技发展史中，并成为科学技术在渐进性和突破性发展的波动周期中的重要组成部分，尤其是每一次科技革命的发生和突破都以颠覆性技术出现和成熟为标志。历次工业革命也表明，一个重要的颠覆性技术出现后，一个或多个相关行业将会发生翻天覆地的变化，社会生产结构和生产关系也会出现相应的变革。随着技术革命的历史性依次推进，科学对颠覆性技术的孕育与发展的作用越发突出，尤其是在第二次世界大战前后，技术知识从经验上升到理论，科学应用与技术实践形成技术原理，导致技术科学蓬勃兴起。

问题是根据已知，求其未知；根据其所思，求其所未思。它既是认识的结果，又是新认识的起点。颠覆性技术创新中的问题解决，所面对的问题多是实际的、具体的、多种复杂因素相联系的问题，既蕴含科学问题，也存在技术难题。对这样的问题不可能用单一的方法作出有效的解决。一般要基于系统工程的理念和方法系统地分析和解决问题，列出所有可能的解决方案，尽可能全面地考虑各种可能性，提高解决问题的效率。同时需要拓展性思维，运用第一性原理，研究颠覆性技术问题背后的机理性问题，开展基础性研究。

学科交叉被视为知识创新的重要推动力，因为它可以通过整合不同学科的观点、方法和工具，产生新的洞见和理论。学科交叉的过程中会发生知识的重新组配，也就意味着会产生知识创新，是解决复杂问题的重要手段。颠覆性技术创新中的问题解决需要综合不同领域的知识和技能才能有效应对。钱学森在提出开放的复杂巨系统概念的同时就提出了综合集成法，随后发展成为综合集成研讨厅体系。它由专家体系、机器体系和知识体系构成，这三者构成了一个强大的问题求解系统，可以解决那些依靠单个专家难以解决的问题。因此，可在解决颠覆性技术创新中的问题时，广泛运用从定性到定量综合集成研讨厅体系的理念和方法。

3. 技术和工程实践中的问题解决

技术和工程创新的目标是解决实际问题。从工程实践中遇到的具体且实际的现实问题，提炼出具有深刻理论意义和广泛应用价值的科学问题，从而达到源于工程、服务工程、高于工程、引领工程的目的。杜威认为，全部问题是要发展科学和应用科学于生活[①]。借助科学方法和大量的系统知识以及有效的能力，认真解决人类面临的问题，人类就能获得自己所追求的价值。对于科技工作者而言，技术和工程实践中的问题解决，需要思考：已经完成了什么？正在做什么？还没有做什么或还需要做什么？然后以这些问题为出发点，组织思维、调动资源、运用能力去解决尚未解决的问题。解决问题的过程包括问题的确定和方法、途径、策略、工具的选择，包括新思想新观念的构想、生成和表达，包括观念的逻辑证明和经验验证，也包括思想观点和表达方式的修正、调整和发展等等。

在航天科技与工程的创新实践中，科技工作者们不断发现科研实践过程中的问题并对其进行思考，形成了一系列理念或者方法，是对航天科研实践工作中的问题认识的集总。从航天工程研制实践开始，为实现型号成功研制，对研制实践过程中的某一或某些问题进行基本资料的收集和调查，并进行分析研究、归纳总结，发现其内在规律，形成相应问题的解决方法，获得对航天技术和工程实践的认识，其中蕴含着大量机理研究和新的工程问题。技术和工程实践中的问题解

① DEWEY J. Democracy and Education：An Introduction to the Philosophy of Education［M］. Macmillan，1916.

决，实际上是在已有知识基础上，进一步挖掘并选择与已有知识联系能够产生新的解决问题思路的知识，并将这一联系进行反复论证与判断，形成新的知识结构，解决新的实践问题。然后，再认识、再挖掘、再整合、再加工形成解决新实践问题的新方法、新理论、新知识。

技术和工程实践中的问题解决需要验证性思维和收敛性思维。验证性思维的主要任务是准确地表达新生成的思想观点，然后予以经验检验和逻辑论证；收敛性思维通过分析、综合、比较、判断和推理，找到最优的解决路径。这种思维始终关注如何更快、更有效地达成最终目标，所有的思考和行动都紧密围绕目标展开，目标是为问题找到明晰且精确的答案，避免了无效的偏离和过多的无关探索。此外，技术和工程实践中的问题解决，也可充分借鉴和运用航天技术“归零五条”方法，即“定位准确、机理清楚、问题复现、措施有效、举一反三”，其中也蕴含着深刻的问题意识和解决工程技术问题的思维、路径与方法。

四、解决问题和推动创新的认识与思考

在实现中国式现代化的新征程中，要早日建成航天强国、科技强国，需要科技工作者不断提出真的问题和好的问题，进而解决问题，推动创新。

1. 聚焦真问题，勇于践行新理念、新范式

只有找准问题，才能找到创新的源头活水，获得真知灼见。

抓住真问题，顺藤摸瓜，进而探寻深问题、本源问题。面对宇航领域创新发现的新形势、新挑战，从国家紧迫需求和长远需要出发，坚持问题导向，找准围绕国家战略和宇航领域发展需求中紧迫而真切的科学问题和技术难题。特别是以宇航领域重大工程为牵引，集中力量从工程科技攻关向底层科学逻辑溯源深挖，提炼形成一批复杂系统和现象背后的“真问题”。

以真问题为切入口，要进一步探索新学科、新范式。一方面，紧扣国家需要和实际问题，更多关注新学科的建设和发展，引导和支持发展急需的新专业方向，瞄准世界科学前沿和关键技术领域优化学科布局。另一方面，积极拥抱科研新范式，在数据驱动的范式基础上，引入人工智能方法和技术，强调人的决策机制与数据分析的融合，将数据科学和计算智能有效地结合起来，这是AI For Science时代的要求。未来已来，应当从把握科学发展规律的维度出发，努力谋划好科研重心的超前布局、科研范式的变革引领。

2. 积累丰富的知识和经验，积极推动学科交叉

知识和经验是解决问题的基础。要能很好地解决问题，一个重要的基础是要拥有发现问题与提出问题的经验储备。解题之旅中，解题者应积累经验，获得知识，才能发现奥妙，去蔽启明。因此，要做好深厚的专业技术和知识储备，否则就不具备解决问题的基础。在人工智能时代，基于基础学科（如数学、物理、化学等）的原创智慧火花和基于专业经验的逻辑与直觉思维，更显

可贵。换个角度看，问题是深化学习的动力引擎和驱动器，解决问题可以促进学习，即“干中学”，从而促进相关专业领域能力的提升，提升创新需要的核心素养。

当前，学科交叉融合是大势所趋，机遇和挑战并存。科学问题往往涉及多个学科，跨学科交流、合作可以帮助科研人员从不同角度理解和解决问题，催生更多重大突破。学科交叉大大地推动了科学进步，体现了科学技术向综合性发展的趋势。航天是典型的多学科交叉的复杂大系统工程，强化学科交叉是航天科技快速发展的必由之路，也是实现科技创新的重要途径。必须摆脱惯性思维，凝练交叉研究的重要方向，加强面向重大战略需求和新兴科学前沿交叉领域的统筹和部署，建立学科交叉融合资助机制和资源配置模式，促进多学科对综合性复杂问题的协同攻关。应当尊重不同学科特点，鼓励相关专业的个性发展，打破传统禁锢观念，推动深度交叉融合，努力形成新的学科增长点和新的研究范式。

3. 激发想象力，敢于挑战现有的知识和理论

一个问题，就是一个智力上的愿望①。想象力是科学发明和发现的核心动力，是人类不断推进文明的推动力②。爱因斯坦说过：“想象力比知识更重要，因为知识局限于迄今为止人类认知的东

① POLANYI M. Problem Solving[J]. British Journal for the Philosophy of Science, 1957(8):89-103.

② NOBEL A (1895). The Will of Alfred Nobel [M]. Nobel Foundation.

西，想象力却包含整个世界，包括今天没有认知的事物。”① 居里夫人（Marie Curie）② 也曾说过：“科学不是一件具体的工作，它是一种基于想象力和探索的精神。”③ 英国科学家、哲学家培根（Francis Bacon）④ 认为：“想象力是一种最强大的武器，它让人类跳出束缚，开创未知的天地。”⑤ 宇航领域的探索直接代表着人类对宇宙奥秘的探究和求索，是人类文明进步的重要驱动力。正如美国科学家约瑟夫·亨利（Joseph Henry）⑥ 所言：“我们应当时刻保持怀疑的精神，这样才能激发出新的发现。”⑦ 因此，要具备好奇心和创造力，具备能够独立思考、提出新的研究方法和挖掘深层次问题的能力。美国国家工程院院士、苹果公司联合创始人斯蒂夫·乔布斯（Steve Jobs）也说过：“创新不仅仅是发明新事物，而是能够看到别人看不到的联系。”⑧ 努力创建开放和鼓励探索的研究环境，激发航天科技工作者的好奇心，使之更愿意去探索未知，提出并解决关键科学问题。

敢于质疑与批判，这是科学精神的精髓，更是科技工作者创

---

① EINSTEIN A（1931）. Cosmic Religion and Other Opinions and Aphorisms. Covici-Friede.

② 玛丽·居里（Marie Curie，1867—1934），世称“居里夫人”，法国籍波兰裔著名科学家、物理学家、化学家，诺贝尔物理学奖、化学奖得主。

③ CURIE M（1923）. Pierre Curie. Macmillan.

④ 弗朗西斯·培根（Francis Bacon，1561—1626），英国唯物主义哲学家，实验科学的创始人，也是近代归纳法的创始人。

⑤ BACON F（1620）. Novum Organum. Printed by William Crooke.

⑥ 约瑟夫·亨利（Joseph Henry，1797—1878），美国科学家，是以电感单位“亨利”留名的物理学家。

⑦ HENRY J（1868）. Scientific Papers of Joseph Henry. D. Appleton & Company.

⑧ ISAACSON W（2011）. Steve Jobs. Simon & Schuster.

新的基础。面对浩瀚、深邃的太空，勇于探索未知世界，敢于放胆畅想。要充分发挥技术民主，畅所欲言，组织开展定期系统性研讨和不定期专题研讨。技术民主中要敢说真话、敢当少数派。“两弹一星”功勋奖章获得者王希季院士经常扮演少数派的角色，他曾说过：“在技术问题上不能人云亦云，也不能少数服从多数，而是要尊重客观规律。有时候少数人坚持的往往是正确的。可能我总是当这种少数派吧。”① 要鼓励提出问题、大胆想象、勇于探索、标新立异，培养出更多敢于创新的航天人才，推动宇航事业的不断发展。

4. 坚持系统工程理念，学习并应用新工具新方法

事必有法，然后可成。遵循系统工程的基本理念和方法，可从把握系统特征的角度谋划问题解决和推动创新。对能够快速突破、及时解决问题的技术，要抓紧推进；对属于战略性安排、需要久久为功的技术，要提前部署。随着信息技术的迅速发展，人工智能、数字孪生等先进技术正逐渐在各个行业领域展现出强大的应用潜力，将赋能系统工程方法进入数字化、网络化、智能化的新阶段。这些新技术不仅是新手段、新工具，而且为解决问题、推动创新提供了新方法、新思维、新途径，为分析问题、进行决策提供了有力支持。要利用好这些新方法和新途径，应及时更新新知识、新技能、新经验，着力提高解决问题和推动创新的数字化能力和水平。总之，

① 王希季. 科技创新与科学决策［M］. 北京：科学出版社，2011.

人工智能等新技术在宇航领域的应用，意味着人类即将迎来更广阔的宇宙探索之旅。

5. 以有组织的科研模式推动问题解决

当前，科技发展已经进入到由国家为主导、社会各界力量共同推动协同创新的“大科学”时代，构建有组织的科研模式，是世界主要科技强国应对全球科技竞争的重要战略。从科研范式变革的角度看，大科学时代必须集中创新资源和力量开展科技攻关“会战”。科学研究形态已经告别单枪匹马、手工作坊式，进入分工协作、整体推进的大科学新阶段。为有效解决问题，必须顺应大科学时代要求，发挥建制化解决问题的优势，加强科研组织管理，立“大体系”、破“小而散”，适应并引领科学研究的大联合、大协作、大攻关，提升问题解决的组织化程度。一方面，要深刻把握新一轮科技革命带来的科研组织模式变革，以系统论、整体论的科学思维，全面深入审视自身在科研攻关中的资源配置架构和效能，通过系统性重构和加强，克服科研攻关资源配置中的分散、低效、重复等弊端；另一方面，要立足航天发展全局精准定位，深入践行新型举国体制，在攻关合作上强化优势互补和供需匹配，以高质量的同题共答，合力突破重大科技难题和瓶颈。

6. 善用企业家思维解决技术和能力问题

钱学森认为，工程技术体系中，自然科学的知识最多只占一半，另外一半包括了管理、经济学、社会科学等领域的知识[①]。宇航领域作为当今最具代表性的综合性复杂系统工程领域之一，其科学技术问题的解决往往也需要创新性的企业家思维。优秀企业最大的核心专长是企业家特有的思维模式和灵感[②]。曾有记者问著名高科技企业家马斯克，去火星移民需要多少年，而马斯克的回答是具体需要多少钱。这在某种程度上说明，宇航等领域的许多技术突破和问题解决，可以采用、也应该采用企业化思维和思考方式来解决和推动。用科技型企业家的眼光去看待问题、思考问题，很多问题都能迎刃而解。

从马斯克、任正非等优秀高科技企业家运用企业家思维解决技术或能力问题的鲜活案例，可以看出：当今科技与经济一体化发展，要想在当下的环境中实现创新，首先要高度重视科技型企业家在科技创新中的作用，要具备创新链、产业链的全链条思维，创造可持续发展的商业模式，支撑企业不断进行技术研发。商业模式创新是创造、获取和交付价值的独特且创造性的方式，它突破传统或既定的业务开展方式，提供新的解决方案、产生收益并获得市场竞争优势。商业模式创新通常会挑战现有的行业边界和传统束缚，解决面临的一系列难题，包括利用技术、数据、新工具、新方法等更高效地满足客户需求。在突破了特定的技术瓶颈后，往往能够引发整个产业的变革和创新。

① 钱学森．工程科学与系统工程［M］．北京：科学出版社，2002.

② 宋志平．稳健经营［M］．北京：中国财富出版社，2024.

探索空间、利用空间是人类不断展开的壮丽而永恒的征程，承载着广大航天科技工作者对未知的渴望与追寻。宇航领域的每一个科学技术问题，都反映着人们对宇宙、对科技的热切好奇与向往，而问题的解决是对未知世界的勇敢探索和积极开拓，同时意味着科技的创新与突破。破解宇航领域的科学技术难题，推动宇航领域的创新，不仅推动了人类社会的进步，更是打开了一扇扇通往未知世界和无限可能的大门，延续和拓展人类的文明与智慧。只有把问题当作需求的呼唤，以创新实践解决问题，才能不断涌现新思路、发现新现象、产生新思想，真正推动宇航领域的不断创新。

王　巍
中国科学院院士
中国航天科技集团有限公司研究发展部部长

一　外日球层与星际空间的环境特性及其相互作用研究进展

【综述】

该科学问题自2020年发布以来，研究工作取得显著进展，在科学与技术方面激发出突出的创新活力。

针对这一空间科学领域的典型科学问题，2020年，国防科工局组建了太阳系边际探测工程实施方案论证咨询委员会、专家委员会和专题论证组。王赤院士担任科学目标论证组组长，聚焦太阳系边际最新研究，围绕“感知地球家园的深空环境，揭秘外太阳系的典型天体”主题，凝练科学目标，给出了初步载荷配置和排序。自论证以来，通过申报和召开第639次香山科学会议、ISSI-BJ“探索外日球层和临近星际物质”论坛，多次举行太阳系边际探测工程方案实施论证会和科学目标咨询会，参加美国、欧洲和亚太地球物理学大会，在《中国科学：信息科学》《深空探测学报》《TAIKONG》等高质量期刊发表了重要代表性学术文章，进一步夯实了科学研究和载荷技术的前期基础。

此外，随着科学研究的深入和技术攻关的成熟，太阳系边际探测以重大科学问题为牵引，按照核动力、平台和载荷等设计相互迭代的发展路线推进论证工作，分三步实现：科学论证（至2025年，完成国防科工局民用航天科学问题综合论证及先期关键技术攻关）、争取立项（2030年前，开展更深研究争取工程立项）和工程实施（2049年，即建国100周年，实现飞行距离100亿千米，开展太阳系边际科学探测和研究）。

1　背景情况

1.1　概况

随着航天技术的不断发展，探索星际空间成为国际前沿热点。虽然美国旅行者号探测器经过任务拓展已飞抵日球层边际，但缺乏尘埃、中性原子和拾起离子等要素的就位探测，太阳系天体如何形成和演化、日球层和临近星际介质如何相互作用等众多重大关键科学问题仍悬而未决。目前，中、美及欧洲相关国家都在积极开展太阳系边际探测的任务论证，积极克服能源推进、极寒探测、极远通信、极强辐射、高精度、长寿命等技术难点，发展全日球三维数值模式以获得整体认识，从而拓展人类的疆域和视野，倡导国际和平利用空间和能源。我国正处在建设航天强国的关键时期，“飞得远、探得广”是航天能力的重要体现。作为标志性工程之一，启动太阳系边际探测不仅能为构建日球层和星际空间知识体系作出原创性贡献，也对我国深空探测可持续发展具有重要战略意义，为建设新时代航天强国奠定基础。2024 年 6 月，习近平总书记在全国科技大会发表重要讲话，为建设科技强国指明了前进方向。为贯彻落实精神，推动空间科学、空间技术、空间应用全面发展，提出“锚定 2035 年建成科技强国的战略目标，加强顶层设计和统筹谋划，加快实现高水平科技自立自强”。2024 年 10 月，国务院新闻办公室举行新闻发布会，中国科学院、国家航天局、中国载人航天工程办公室联合发布了《国家空间科学中长期发展规划（2024—2050 年）》。规划 2028—2035 年期间部署太阳系边际探测等论证实施的优先发展方向和空间科学任务。

1.2 科学问题描述

1.2.1 问题提出

关于太阳系边际探测任务的建议科学目标围绕“感知地球家园深空环境”和“揭秘外太阳系典型天体”两大主题，涵盖太阳风动力学演化及其与星际介质相互作用机制、太阳系演化与外太阳系天体分布特征两方面的研究内容。从无人区探索、日球层全貌、大行星掠影到太阳系考古四个层面凝练了太阳系边际探测工程的总体科学目标：

1）**无人区探索**：探索太阳系边际关键区域特性和星际空间特性。首次就位探测太阳系边际的鼻尖彩带区、弓激波区、尾部四叶草区和引力聚焦锥等无人区；就位探测星际空间的中性氢墙、星际磁场等。

2）**日球层全貌**：揭示日球层整体形状和结构特性、太阳风动力学演化及其与星际介质相互作用规律。首次对不同星际条件下太阳活动高低年的日球层整体形状以及边际区波动等动态演化进行探测，就地探测尾部的终止激波、鞘区和顶部喷流的全球非均匀特性，探索太阳风暴、超热离子和湍动的传播演化和分布等特性以及太阳风拾起过程和宇宙线起源及调制。

3）**大行星掠影**：探索行星系统特性和行星空间天气环境。探索巨行星（木星）和冰巨星（海王星）及卫星系统的大气动力学系统、物质特性和轨道修正，揭示木星、海王星及其卫星系统的行星空间天气特性（例如，磁层—太阳风相互作用，卫星—磁层相互作用等）。

4）**太阳系考古**：探索太阳系小天体起源和演化，观测河外背景光和星际尘云，搜寻第九大行星可能的区域，开展高能光子探测，溯源引力波、暗物质和中微子等事件的高能对应体，开展一些相对论等空间天文实验。

1.2.2 科学研究

国际上针对太阳系边际开展的数据分析和数值模拟等科学研究，主要是围绕上述四大科学问题展开，旨在回答：

1）无人区探索方面：研究聚焦在鼻尖的弓激波 / 弓形波是否存在、鼻尖和侧翼的日球层彩带结构与中性氢墙特性、尾部的星际粒子引力聚焦锥、显著拾起过程以及尘埃富集区分布特性。

2）日球层全貌方面：研究聚焦在终止激波和鞘区的全球不对称性，太阳风与星际介质在鼻尖、侧翼和尾部的相互作用，太阳风湍动和结构的演化及其对临近星际空间环境的影响，鼻尖、尾部和侧翼的宇宙线加速机理。

3）大行星掠影方面：研究聚焦在飞掠探测木星、海王星或金星及其卫星系统的行星圈层和空间天气特征。

4）太阳系考古方面：研究聚焦在具有中国元素的特色天体的主带小天体、半人马座天体、柯伊伯带天体和彗星等太阳系典型天体的探索，星际尘云、河外背景光的探索，以及沿途可开展的空间天文实验。

1.2.3 探测需求

针对上述四大科学问题，有针对性地探测至关重要，但是目前都很欠缺。例如，旅行者号的科学载荷并非针对太阳系边际和星际空间，无法获取全面的星际粒子成分等重要参数；再如，新视野号属于行星探测任务，美国 NASA 于 2024 年宣布该任务目前已处于延长工作期状态。因此，国际上亟须一个以太阳系边际探测为目标的工程任务，围绕无人区探测、日球层全貌、大行星掠影和太阳系考古四个层面展开探索。这项任务将在国际上首次实现人类对太阳系边际区域的多要素全面原位探测。

1.3 应对方案介绍

1.3.1 国际国内认定

自月球和深空探测工程顺利实施以来，中国相关部门也开展了一系列太阳系边际探测论证和研究工作。2015 年，国家航天局启动了太阳系边际计划的前期预先研究项目，中国空间技术研究院、中国科学院国家空间科学中心、北京大学、原子能核动力相关单位联合开展；中国科学院空间科学战略性先导科技专项启动了星际快车探测计划初步方案研究。2017 年，中国工程院在咨询研究项目中支持了相关课题研究。2019—2024 年，国家航天局“十三五”和“十四五”民用航天预先研究项目立项，连续支持和推进了太阳系边际探测工程的科学研究、深化论证和关键技术攻关等研究内容。国内自 2018 年第 639 次香山科学会议起，先后组织开展了国际空间科学研究所 - 北京（ISSI-BJ）“Exploration of Outer Heliosphere and Nearby Interstellar Medium”论坛、太阳系边际探测工程方案实施论证系列会议和太阳系边际探测科学目标咨询会，稳步推进太阳系边际探测工程的顶层设计和实施方案论证工作。

中国太阳系边际研究多次在国际大会上报道进展，引起了国际上的广泛关注。美国 NASA、欧洲 ESA 及俄罗斯科学院都与我国科学团队就论证开展情况和科学研究进展进行了深入交流。国内空间物理学界、行星科学界、天体物理学界和工程界的上百名专家学者，围绕太阳系边际科学问题本身、解决方案和实现手段在 AGU、COSPAR 等国际大会和空间科学委员会上开展了交流与研讨，极大地推动了外界对我国开展太阳系边际探测工程的认可度。

1.3.2 关键技术

太阳系边际探测的开展依赖于航天技术的进步和国家综合实力的提高。相对于月球、火星、木星等系内天体探测，太阳系边际探测将面临距离更遥远、飞行时间更长、数传速率更低、深空环境更复杂等一系列难题需要突破。

1）**行星际轨道设计与优化技术**：太阳系边际探测需要在较短时间内飞行至 100 亿千米以远的距离，将面临深空中繁多而各异的目标天体、多源力场环境以及复杂的运动机理。

2）**新型能源与推进技术**：核能源具有不依赖太阳、能量自主产生、能量密度高、寿命长等优点，是解决未来太阳系边际探测能源问题的一个基本途径。基于技术成熟度等方面考量，当前应以热管堆或 RTG 为应用研究重点。

3）**超远距离深空测控通信技术**：深空测控通信系统是天地信息交互的手段，也是探测器正常运行、充分发挥其应用效能、高效回传探测数据不可或缺的重要保障。

4）**深空自主技术**：太阳系边际探测距离远、任务周期长、所处环境动态多变、与地面通信存在很大时延，利用地面测控站进行探测器的遥测和遥控已经很难满足探测器操作控制的实时性和安全性要求。

5）**高可靠长寿命技术**：太阳系边际探测首次任务预计 2049 年抵达 100 亿千米远，并将在轨运行超过 25 年，远超目前地球同步轨道卫星 15 年、遥感卫星 8 年的在轨使用寿命。

6）**新型科学载荷技术：**科学载荷是直接执行特定航天器任务的仪器设备，直接关系到科学探测成果的获取和传输。太阳系边际探测的特点和探测目标的多样性对科学载荷的功能、精度、探测范围、高灵敏度、轻小型化等提出了新的要求。

2 问题研究进展

自 1957 年人类进入空间探测新纪元以来，大量航天器进入空间轨道，极大地拓展了人类的认知范围。然而，国际上对于日球层的探测存在严重的“内外失衡”现象。绝大多数空间计划都集中于对内日球层的行星探测，如金星快车、信使号、火星快车等。对于土星以远的天王星和海王星，只有旅行者号进行过飞掠探测。除此之外，人类尚未对这两个冰巨星实施过专门的探测任务。新视野号作为当时最快的探测器，首次近距离飞掠了冥王星、“天涯海角”等多个矮行星和柯伊伯带天体。太阳系边际探测一直是国际空间科学研究的前沿领域，但其面临诸多困难，包括飞行距离远、任务周期长、探测环境未知多变、能源与动力要求高等。目前，国际上尚未开展专门的太阳系边际探测任务，只有一些美国探测器，如先驱者 10 号和 11 号、旅行者 1 号和 2 号、新视野号，完成了初始设计的行星飞掠任务后继续向更远的太阳系边缘飞行。其中，先驱者 10 号离开太阳系朝向毕宿五方向前进，先驱者 11 号朝向天鹰座方向继续前进，旅行者 1 号于 2012 年穿越日球层顶北部进入星际空间，旅行者 2 号于 2018 年飞离日球层，新视野号预计未来 10 年内将穿越日球层终止激波。

2.1 国外研究动态

2.1.1 旅行者号等早期探测计划

先驱者（Pioneer）10号和11号：是美国实施的首次日球层空间探测任务，分别于1972年3月和1973年4月成功发射。它们完成了对主带小行星、木星和土星的探测后，继续飞往更遥远的深空。由于能源限制，先驱者10号和11号已于2003年1月和1995年9月与地面的通信中断。按照轨道外推，当时分别距离太阳约80 AU和43 AU。先驱者10号和11号的主要成就包括：1）实现了对木星、土星等外太阳系天体的首次飞掠探测；2）验证了美国深空网获取和跟踪深空无线电信号的能力；3）携带了镀金铝板，上面刻有人类图像和表明探测器来源的符号信息，以在外星智能生物发现探测器时向其传达信息。

旅行者（Voyager）1号和2号：旅行者1号于1977年9月发射，主要设计任务是探测木星、土星以及土卫六；旅行者2号于1977年8月发射，主要设计任务是探测木星、土星、天王星和海王星。截至2025年2月，旅行者1号已经距离太阳约166 AU，是目前距离太阳最远的探测器，旅行者2号已经距离太阳约138.9 AU，都位于星际空间之中。目前，它们仍与地球保持着联系，预计能源将在2025年耗尽，届时将中断与地面的联系。旅行者1号和2号的主要成就包括：1）完成了外太阳系行星的初探，为太阳风与恒星际物质相互作用及宇宙线的研究提供了第一手数据；2）旅行者2号利用176年一遇的“四星连线”窗口，实现了一个探测器对四颗外太阳系行星的飞越（1979年木星、1981年土星、1986年天王星和1989年海王星）；3）携带了镀金唱片，一面录制了世界 60 种不同语言的问候语、35 种自然界声响和中国的《高山流水》等 27 首古今世界名曲，另一面录制了 115 张反映地球人类文明的照片，包括中国长城和中国家宴的照片。

新视野号（New Horizons）：2006 年 1 月发射的新视野号是美国 NASA 的“新疆域计划”首个探测器，目标是探测冥王星、冥卫卡戎和柯伊柏带天体。它于 2015 年 7 月飞越了冥王星及其卫星，2019 年 1 月飞越了柯伊柏带的 2014MU69 小天体，现正以每年约 3.4 AU 的速度飞向深空，并将于 2035 年前后飞临太阳系边际。其主要成就包括：1）实现对冥王星的近距离探测，传回了冥王星的首张高清“爱心”图片；2）发现了冥王星北极的冰冠，主要成分为氮冰和甲烷冰；3）测定了冥王星的直径，降低了其直径估算的不确定性；4）揭示了冥王星的富氮大气高度。

星际边际探测器（Interstellar Boundary Explorer，IBEX）：除了直接抵达太阳系边际并进行就位探测外，科学家还利用地球附近的卫星进行太阳系边际的遥感探测。星际边际探测器隶属于美国国家航空航天局“小型探索者计划”（SMEX），于 2008 年 10 月发射，旨在成像起源于太阳风和星际介质之间的能量中性原子（ENA），探索太阳系边际处太阳风和星际介质的相互作用，绘制太阳系的边际。其主要成就包括：1）每半年获得一次 ENA 的全天空成像图，揭示 ENA 来自太阳风粒子和星际介质粒子相互作用的太阳系边际；2）通过 ENA 观测反演太阳系边际的拾起离子能谱，解决了旅行者号未携带拾起离子载荷而无法探测的问题；首次对日球层尾部进行了遥感探测，提供了银河环境的相关信息。美国计划在 2025 年发射 IBEX 的升级版 IMAP 任务，以更高的分辨率和更全面的载荷对太阳系边际开展成像研究。

2.1.2　国外星际探测的概念研究

20 世纪 70 年代 Jaffe 等人提出了星际先驱计划（Jaffe 等，1977），1987 年美国 NASA 喷气推进实验室（JPL）提出了千天文单位（TAU）等计划（Nock，1987）。进入 21 世纪后，太阳系边际探测活动又掀起了新一轮的热潮。美国发布的《2014—2033 年日球物理路线图》将其作为高优先级任务之一。NASA 和 ESA 等均开展了新一轮的概念研究，并积极推进类似探测任务的实施。2015 年，NASA 支持了太阳风层顶静电快速传输系统的概念研究，计划利用电动帆技术使探测器在 10 年之内抵达太阳系边际以及更远的恒星际空间开展探测。2018 年，NASA 经多年的论证和关键技术研究，提出利用 RTG 等技术，借助木星和太阳的引力加速，目标是使探测器在 50 年内到达 1000 AU。

2018 年，美国 NASA 的 JPL 重启论证其 1999 年提出的星际探测计划。2019 年，国际日球层领域科学家在美国召开了第一次星际探针研讨会，旨在基于新的工程技术能力、新的日球层和太阳系重大科学目标，论证/重启星际探测计划，并取名“星际探针”（Interstellar Probe）。计划提出之初拟采用太阳帆技术，重启后改用新一代 RTG 技术，计划于 2036 年发射，服役 50 年。科学目标主要是探测日球层全貌，揭示太阳和银河系对日球层动力学的影响，探测临近星际介质，并探索行星和星系的诞生和演变（McNutt 等，2021）。

2.1.3　国外边际研究的重要发现

卫星时代后，人类便开启了日球层探索的漫长之旅。自 20 世纪 70 年代以来，美国先后发射了先驱者号、旅行者号、星际边际探测器、新视野号等探测器。虽然旅行者号等先驱探测器没有携带星际探测载荷，无法完全揭开星际介质的面纱，实属遗憾，但这些探测器在外太阳系巨行星系统、柯伊伯带天体、日球层及星际介质探索方面获得了很多意外收获。以旅行者号为例，下面按探索的时间顺序列举一些里程碑式的重要发现。

里程碑 1：到达边际穿越终止激波。旅行者 2 号于 2007 年 8 月 31 日至 9 月 1 日期间在距离太阳约 83.7AU 的位置穿越了日球层终止激波。旅行者号磁场和粒子探测仪首席科学家 Burlaga 等（《Nature》，2008）和 Richardson 等（《Nature》，2008）称，旅行者号探测到了边际的终止激波是一个准垂直激波（即激波面法向与当地磁场基本垂直），原本预计探测器会在数天中单次穿越一个相对稳态的终止激波。但旅行者号实际发回的数据与预期不同，终止激波是非稳态的，其涟漪状表面在不停地演化和摆动，这使得探测器多次穿越终止激波。终止激波的发现证实了太阳风在太阳系边际会"刹车"。相比之下，旅行者 1 号于 2004 年先于旅行者 2 号到达边际终止激波，但由于没有太阳风和星际的主要粒子探测数据，因此只能从磁场和宇宙线的特征上推测是否到达了边际结构区域。

里程碑 2：飞出日球层顶进入星际空间。2018 年年末，旅行者 2 号探测器穿越了日球层顶，正式进入临近星际空间。为此，《Nature Astronomy》于 2019 年发布"我们在宇宙中的位置"专刊，集中报道这一历史性成果。这是人类探测器首次就地探测到日球层顶以远处的星际空间磁场特性（Burlaga 等，2019）、等离子体特性变化（Richardson 等，2019）、波和低频射电信号（Gurnett 和 Kurth，2019）、能量粒子分布（Krimigis 等，2019）、宇宙线特性（Stone 等，

2019）。2022 年，空间科学领域权威杂志《Space Science Reviews》发布日球层专刊，回顾旅行者号各探测载荷近几年取得的重大成果。2023 年年初，该期刊还发表了《临近星际介质中的日球层：进入未知》（Richardson 等，2023）、《星际探针对外日球层和临近星际介质的未来探测》（Brandt 等，2023）等国际上最新相关纵览和未来任务论证报告。

2.1.4 小结

自旅行者号穿越日球层终止激波以来，它们继续在太阳系边际进行着前所未有的探索。旅行者 1 号和 2 号分别在 2012 年和 2018 年成为进入星际空间的人造飞行器。这两艘探测器为科学家提供了有关太阳风、宇宙射线以及太阳系与星际介质边界的独特数据，揭示了外日球层和临近星际空间的部分特性。这些发现极大地推动了对太阳系边际和星际物质相互作用的理解。然而，由于旅行者号的部分载荷已不再工作，进一步深入研究日球层结构和星际介质相互作用的精细特性显得困难重重。未来，如“星际探针（Interstellar Probe）”和中国“太阳系边际探测工程”（星际快车，Interstellar Express）将尤为重要，这类任务将通过更先进的仪器和探测手段，首次造访外日球层的正鼻尖和尾部区域，对太阳系边际结构的特性以及日球层与星际物质的相互作用机制进行更全面的探索和研究，这对于深化对太阳系边界环境的理解具有重要意义。因此，为了保持国内在该领域的研究先发优势，应加大太阳系边际任务技术攻关力度，并尽快启动任务的工程立项和研制进程，以实现领先美国完成任务战略部署，获得第一手观测数据，抢占科学与技术高地。

2.2 学术研究进展

尽管旅行者号探测器极大地拓展了人类对于太阳系天体、外日球层、太阳系边际的认识，但同时也留下了许多科学谜团和奥秘有待探索和解决。当前由于探测数据不全面，大多科学问题仍是以理论和模拟的方式开展研究。本节将对近期国际学术团队就上述科学问题的代表性研究进行介绍，以掌握当前国际最新研究进展和动态。当前太阳系边际科学研究主要集中在太阳系边际和日球层物理、行星科学和天体物理方向。

2.2.1 太阳系边际和日球层物理

太阳上层大气喷发等离子体流形成的太阳风，在星际空间里吹出一个“气泡”，即日球层，构成了地球家园的第一道“城墙”。日球层外是恒星际空间，充满星际介质和宇宙线。太阳系边际是指日球层外围太阳风与星际风两军对垒的相互作用区，距离太阳约 80~150 AU。日球层以太阳为中心，其主要边际结构包括终止激波（Termination shock）、日球层顶（Heliopause）和内日球层鞘区（Inner heliosheath）。日球层顶外是否存在日球弓激波 / 弓形波仍是未解之谜，需进一步探测验证。

尽管日球层这个巨大的“城墙”为地球家园阻挡宇宙线等侵袭，但仍有“漏网之鱼”，如宇宙线、中性原子、尘埃等。星际中性原子可以自由进入日球层空间，与太阳风带电粒子发生电荷交换形成拾起离子（Pickup ion），并被行星际磁场捕获跟随太阳风运动。随着日心距增大，星际中性原子密度上升，太阳风拾起过程变得更为重要，其引起太阳风在外日球层的减速、等离子体加热等现象，影响日球层边际动力学结构的特性。

日球层之外充满了等离子体、中性原子、尘埃等星际介质以及宇宙线和红外辐射等电磁辐射。图 1 是太阳系和邻近星际介质的对数坐标尺度，从 <1 AU 一直到 10^6 AU。柯伊伯带（Kuiper Belt）被认为是充满冰封微行星的外太阳系圆盘状区域，从距离太阳 30 AU 延伸到 60 AU 以外。日球层顶外可能存在氢原子墙，距离太阳约 150~200 AU。包裹整个日球层的本地星际云边际或在几千 AU 以外。奥尔特云是一个球壳状彗星云团，距离太阳约 10^4~10^5 AU。距离地球最近的恒星半人马座 α 星离太阳约 3×10^5 AU。

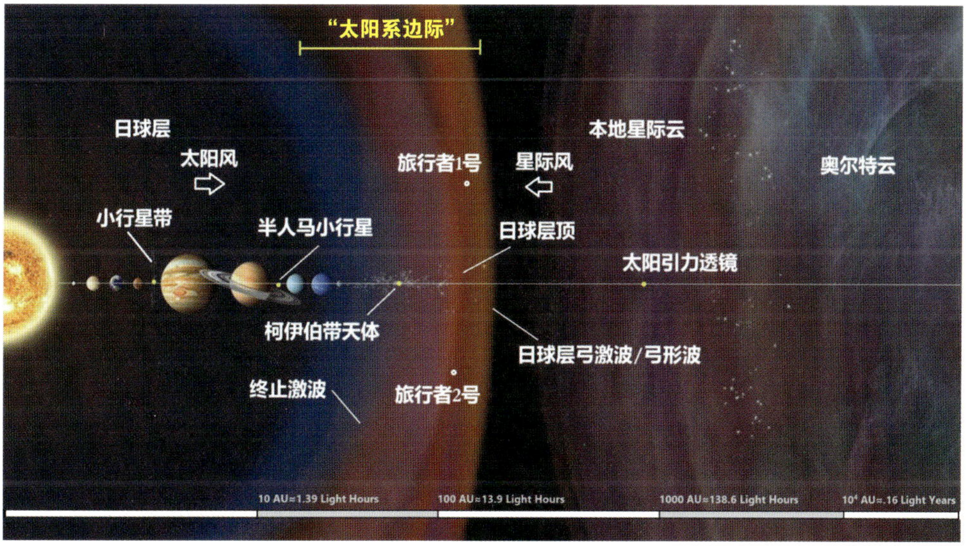

图 1　在对数坐标下的太阳系和星际空间位置示意图

（1）太阳系边际关键区域结构特性

太阳系边际关键区域的结构从内往外分别为：终止激波、内鞘区、日球层顶、外鞘区星际空间。下面就目前人类对这些区域的认识进行介绍。

日球层全球结构：有模拟表明，整个日球层是一个管状的结构，会在极区形成喷流。也有模拟认为，日球层呈现牛角面包形，两极喷流会产生诸多不稳定性，影响南北不对称性。而早先的观点大都认为日球层基本是球形的。这些观点哪个正确至今悬而未决。

太阳风与星际介质相互作用：研究领域宽广，囊括太阳爆发活动、动压变化等内部因素，以及星际风演化等外部因素对边际结构的影响。这些相互作用会在空间上形成 AU 尺度的终止激波和日球层顶波纹 / 涟漪结构，也会在太阳活动周期长时间尺度上造成边际能量中性原子通量变化。这是一个需要通过遥感成像和就地探测相结合的前沿日球层物理研究方向。

探测器到达边际的里程碑标志——终止激波：2007 年 8 月，旅行者 2 号在距离太阳约 84 AU 处穿越了终止激波。数据表明激波是非稳态的，不但位置在变化，连磁场强弱和激波厚度也在变化。拾起离子媒介下的终止激波下游太阳风是超声速的。激波处 80%~90% 的上游能量转化给了拾起离子。科学家们通过理论计算和模拟，推断当地存在约占太阳风数密度 25% 的拾起离子。

日球层鞘区：旅行者 1 号和 2 号观测到不同的日鞘区宏观流动，1 号观测到太阳风速度持续降低，而 2 号观测到太阳风速基本不变，这是否意味着日球层具有非对称结构？理论预测鞘区厚度约 50 AU，实际旅行者号观测到的鞘区厚度仅为 27 AU，这是理论错了还是结构在演变？日鞘区还存在电流片堆积折叠现象，这些现象能形成复杂的湍动结构。

探测器进入星际空间的里程碑标志——日球层顶：旅行者 1 号和 2 号分别于 2012 年 8 月和 2018 年 11 月穿越日球层顶进入星际空间。以日球层顶为分水岭，从终止激波到日球层顶之间的内侧部分叫作内日鞘区，从日球层顶往外直到可能存在的日球层弓激波 / 弓形波之间的部分叫作外日鞘区。

日球层尾区：迄今为止，日球层尾部是人类探测器从来没有到过的地方，一直保持着神秘感。科学家们提出了一些推测，从日球层和星际介质相互作用中占主导的压强成分角度来看，磁压和动压占比不同的条件下日球层尾部结构会有巨大的变化，有时能呈现四叶草形态。但这些都只是理论推测，没有直接观测证据，实际尾部结构尚不清楚。科学家认为尾部区域可能更容易探测到星际粒子富集区（太阳引力聚焦锥）以及侵入太阳系的尘埃颗粒。

日球层弓激波 / 弓形波：类比地球磁层前方被太阳风吹出的弓激波，日球层迎着星际风的鼻尖方向也可能吹出一个弓激波 / 弓形波。美国科学家认为星际风缓慢，只存在马赫数 0.9~1 之间的弓形波；德国科学家则认为，由于缺乏对星际介质多成分特性的认识，若考虑星际重离子，就可能存在弓激波。如果未来能穿越鼻尖直接探测，那将具有重大科学价值和里程碑意义，也是人类真正迈入未扰原初星际介质的一大步。

日球层内部动力学及影响：太阳爆发活动能够产生日冕物质抛射现象，这些物质和能量会对日球层产生强烈扰动，并对高能粒子或宇宙线的调制和传输起到重要作用。爆发物有时能穿透终止激波进入日鞘区甚至星际空间，压缩当地介质，激发等离子体波动和射电辐射。

星际离子拾起过程：是指太阳风带电离子与星际侵入的中性原子之间的电荷交换，随着太阳风一起往外流动。拾起离子的速度呈现偏离热平衡麦克斯韦分布的球壳状分布。在外日球层，其数量占比不断增大，剧烈影响着太阳风速度、温度和压强。

太阳风湍动：湍动现象在日球层中普遍存在，内接太阳大气，外达日球层边际，是日球层内外边际向日球层系统输入的重要产物。湍流串级是连接日球层大、小尺度结构的重要纽带。研究太阳风湍流有助于揭示超热粒子形成之谜，认识宇宙线扩散机制，为三维结构动力学边际条件设定提供依据。

宇宙线：宇宙线可能受到太阳系边际结构的调制，结构内外特性迥异。因此只有揭开日球层全球结构，才能理解其调制本质。

（2）太阳风星际介质相互作用规律

前面介绍了目前人类对日球层大体结构的认识，下面主要介绍星际介质与太阳风相互作用后会产生的现象。

鼻尖彩带结构：鼻尖彩带是 IBEX 探测器对中性原子探测的一大标志性成果。彩带其实还有更多的精细结构，并且与太阳活动有关。太阳活动极大时彩带偏弱；太阳活动极小时彩带增强。可以理解为，太阳活动极小时，有更多的星际物质侵入太阳系。彩带区域范围很广，在偏离正鼻尖 30° 左右的方向也能开展原位探测。彩带结构是一种视向积分的效应，有日球层模拟表明，飞往尾部的探测器也能遥感彩带的范围和形态。

中性氢原子墙：理论认为星际等离子体在日球层顶外的鞘区会大量堆积，并与中性原子发生电荷交换，结果会导致大量新生中性原子堆积在日球层顶外，形成“氢原子墙”。目前，人类对中性氢原子墙的形成机制、成分和特性都还所知甚少，亟待探测器能直接穿越一次氢墙并开展就地测量，方可解惑。

引力聚焦锥：星际空间侵入的较难被电离的氦原子沿途不断受太

阳引力吸引，导致其聚集于日球层尾部，形成锥状富集区，称为引力聚焦锥 / 氦锥。

无尘区和尘埃富集区：帕克太阳探针（PSP）从内日球层传回的数据表明，靠近太阳部分尘埃会被气化，离太阳越近尘埃越少。理论预测约 300 万千米以内将是真正的无尘区。对于不同颗粒大小和荷质比的尘埃，富集区和空腔区也各不相同，并受日球层磁场调制。

动态的日球层边际位置：距离太阳约 80~150 AU 处的日球层顶和终止激波会对长周期（11 年）和短周期（180 天）的太阳风动压变化存在明显响应。终止激波对长、短周期变化的响应幅度分别可达 13 AU 和 3~4 AU，日球层顶的响应幅度则在 5 AU 左右。

日球层顶不稳定性：日球层顶的鼻尖和侧翼可能发生 Rayleigh-Taylor（RT）和 Kelvin-Helmholtz（KH）不稳定性。RT 过程能使较重的星际物质侵入日球层内部，引起鞘区结构变化。KH 主要表征星际风与太阳风之间存在速度剪切。

（3）临近星际空间物质与环境特性

下面，根据目前有限的探测数据和认知，对日球层以外的星际介质特性作一个简单介绍。

星际磁场：星际磁场的测量有助于对日球层周围星际空间特性的认识。例如，日球层尾区结构特性就依赖于星际磁场的强度和方向；彩带区特性更是与星际磁力线在日球层上的披挂直接相关；氢墙的不对称也是受到了星际磁场的影响。数值模拟结果表明，星际磁力线呈现南北不对称性，披挂并围绕着日球层拉伸，导致了局地星际磁场强度的变化。旅行者号对磁场的探测表明，临近星际磁场强度约 3.7~5.5 μGs，方向与当地星际介质流动方向存在 20°~30° 的夹角，同时与银河面存在约 30° 的夹角。这与以往天文推测的“磁场强度 1.8~2.5 μGs、磁力线躺在银河面内”不同。一种可能的原因是星际磁力线在与太阳风相互作用的区域发生了扭曲和湍动。

星际等离子体：尽管旅行者 2 号进入了星际空间，但仍无法对星际等离子体进行准确探测。原因是用于测量等离子体的载荷法拉第杯几乎都是朝向太阳，出了日球层顶就几乎收集不到粒子了。星际等离子体的密度主要是根据旅行者号波和低频射电探测仪的等离子体振荡信号反演得到的，并没有实际测量。

星际中性原子：通过 IBEX 遥感方法，发现 H 和 He 的丰度分布并不重合，其中 H 原子的丰度在日球层鼻尖附近达到最大，而 He 原子的分布则偏离了约 20°~30°。此外，Ne/O 比值在日球层内与银河系的大致相同（均为 0.18 左右）。相比之下，太阳系所在临近星云的值要高一些（约 0.27）。但这些都是遥感反演的，实际情况如何有待测量。

星际尘埃：在银河系和河外星系的恒星之间充满了气体和微小的固体颗粒，即星际尘埃。星际尘埃在星系演化、恒星与行星系统的形成，乃至生命的起源中都起着重要作用。虽然星际尘埃的质量仅占银河系星际介质气体和尘埃总质量的 1%，但宇宙中电磁辐射总能量至少有 30% 是由星际尘埃发射的。缺乏就位探测，使得很多问题扑朔迷离。例如，尘埃前身（演化晚期恒星的星周尘埃包层）和后身（彗星、行星际尘埃等）均有可观数量的结晶硅酸盐，而在中间态（弥散星际介质）中却至今未找到结晶硅酸盐等。

星际风：利用前期的探测器数据，发现星际风的方向逐年变化，从 20 世纪 70 年代的 70° 左右，变化到 21 世纪 10 年代的 80° 左右，这也预示着星际环境在不断变化。其速度、方向以及特性还有待进一步的探测予以确定。

2.2.2　行星科学和天体物理

近年来，随着火星探测器、木星任务以及新视野号探测器等行星探测工程的实施，以及月球采样返回计划，太阳系天体探测领域取得了显著进展。火星任务提供了关于其气候、地质及可能的生命迹象的深入信息。木星的探测揭示了其复杂的大气动力学和独特的卫星系统，尤其是冰月系统与潜在海洋环境，激发了国际上对生命痕迹和冰下/地下海洋探寻任务。新视野号对冥王星系统及外日球层其他柯伊伯带天体的飞掠带来了对其地质结构和大气特性的首次直接观察，推动了对太阳系边缘区域和太阳系诞生演化历史的了解。此外，月球采样返回等科学任务，为太阳系考古和知晓小天体物质提供了宝贵经验和新的探测手段。

同样，在太阳系空间天文学方面，也经历了多个重要发展阶段。首先，科学家提出黄道光探测技术的改进或许能帮助人们更好地理解太阳光在太阳系尘埃中的散射现象，这对于研究行星形成的环境和早期太阳系条件至关重要。同时，对第九大行星的搜索引起了广泛关注，尽管尚未发现，但这一过程推动了对太阳系外围区域（如奥尔特云）的深入探索和对天体动力学模型的改进。此外，天文高能对应体的观测，如伽马射线暴与中子星碰撞的研究，极大地丰富了对宇宙最极端事件的理解。这些观测不仅提供了物质在极端条件下行为的线索，还帮助验证了一些基本物理定律。在理论天文学方面，空间天文相对论实验，包括对广义相对论预测的精确测试，如引力波的探测，为人们提供了宇宙如何运作的根本见解。通过这些实验，科学家能够更准确地描述物质、能量、时间和空间的交互作用，进一步推动了对宇宙极限状态的理解。综上，太阳系空间天文学的快速发展，不断扩展了对太阳系和整个宇宙的认知边界。

（1）太阳系典型小天体起源与演化

小天体的探测主要聚焦在以下五个方面：

1）**主带小行星**，是太阳系内介于火星和木星轨道之间的小行星密集区域。小行星主要由岩石或金属组成，围绕着太阳运动，数量达 50 多万颗，所以这个区域被称为主小行星带，简称主带。

2）**半人马小行星**，是一类轨道不稳定、非常有趣的太阳系小天体。它们的行为一半像小行星，另一半则像彗星。这些在外太阳系的小天体是约 45 亿年前太阳系形成时留下来最原始的建构模块，也是宇宙中的外星系统必有的冰质小星体系统。

3）**柯伊伯带天体**，是位于太阳系海王星轨道外侧，在黄道面附近的天体密集圆盘状区域。柯伊伯带天体在很大程度上由冷冻的挥发成分，如甲烷、氨和水组成，几乎是太阳系最早形成时所留下的遗迹，保留了太阳系最早的信息。目前大部分的天文学家相信柯伊伯带是短周期彗星的诞生地，或许地球上的水和生命起源与这些天体有密切的关联，因而有着非常巨大的研究价值。

4）**矮行星**，普遍具有双子伴星或卫星系统，其形成环境需要较高的原始物质密度以获得较大的体积和质量。此外，矮行星在轨道动力学特征、物理形态、化学性质等方面又具有明显的多样性。例如，既有与海王星发生共振的，也有与海王星完全脱钩的（极大近日点距离）；反照率有极高的（>0.9），也有很低的（<0.1）；有自转很慢的，也有很快的，等等。这些多样性及它们在反演外太阳系动力学演化过程中

的重要性，使得对矮行星的就位或抵近观测显得极其重要。国际天文学联合会（IAU）目前确定的矮行星有 5 颗：谷神星、冥王星、妊神星、鸟神星、阋神星。

5）**行星际尘云**，是弥漫在太阳系的行星空间与其他行星系空间的尘埃，其典型大小在 50~100 μm，总质量相当于一颗半径 15 km 的小行星（密度大约是 2.5 g/cm^3）。行星际尘云是太阳系最原始的考古样品，更能代表太阳星云的初始丰度和同位素特征，有助于揭示生命诞生的秘密和太阳系形成的最初线索。

（2）行星及其卫星系统与空间环境

太阳系边际探测中途可采用行星借力。探测器飞掠行星期间，是开展行星及其卫星系统研究的绝佳机会。行星系统主要聚焦的科学问题有以下几个。

巨行星 / 冰巨星的大气动力学特性：由于其大气下边界并不明确，巨行星大气层的概念并不像类地行星那样清晰。在实际研究中，一般大致将太阳辐射可以影响到的浅表（数百千米）范围称作大气层。由于快速自转，巨行星大气中普遍存在高速、平直和稳定的纬向带状环流。气态巨行星（如木星）的大气整体上表现出东向运动，而冰巨星（如海王星）的大气整体上却呈现西向运动。这种相反的现象对巨行星大气动力学理论提出了重大的挑战。最近朱诺号探测器对木星云顶的抵近成像探测发现在涡旋中还会存在上升云等现象。

巨行星 / 冰巨星的空间天气特性：木星是太阳系大行星中非常特殊的一个。首先，它是太阳系最大的行星，拥有最大的卫星和最强的磁层、最活跃的大气层和火山、最原始的大卫星和最严重的辐射环境等。木星系统的研究价值巨大，可以研究太阳系的形成和演化、帮助认识地球的形成过程和特性并寻找宜居环境、对比认识系外行星的过程和特性等。海王星与地球和木星有很多不同，非偶极场成分可能强于偶极场，转轴倾角虽和地球相仿，但磁场相对于自转轴有较大倾斜，海王星弓激波可能受外日球层高百分比的拾起离子影响较大，结构可能和地球弓激波迥异。整个卫星系统也尚无完整的就地探测。海王星还具有圆形星环，因此磁层几何结构可能异常复杂。

冰卫星的活动特性与宜居性：木星系统拥有数量众多的卫星，木卫二（Europa）、木卫三（Ganymede）、木卫四（Callisto）表面覆盖冰层，内部均可能存在能孕育生命的由液态水构成的海洋。我国的天问四号将对木星和木卫四开展探测。海王星系统的海卫一（Triton）等一些能喷出柱状物质、表面有虎纹地貌的冰卫星均可能存在液态水形成的海洋。

第九大行星之谜：根据半长径超过 250 AU 的 14 颗柯伊伯带小天体近日点趋于一致的轨道特征，科学家提出了在遥远的太阳系中存在第九大行星的假设：这颗行星可能约为 5~10 个地球质量，运行在半长径为 400~900 AU，偏心率为 0.2~0.6，倾角为 15°~30° 的轨道上。由于这颗未知的行星可能存在的天区极大，因此很难进行直接成像观测。虽然目前柯伊伯带天体的轨道行为在很大程度上可以用太阳系的八颗行星来解释和预测，但那些观测到轨道半长轴超过 250 AU，以及具有极高倾角（>50°）甚至处于逆行轨道上（>90°）的天体，无法确定其动力学起源。因此未来更多的外太阳系天体探测，将对第九大行星的存在性提供关键证据和限制。

天然卫星长期演化和不规则卫星俘获机制：不规则卫星是指逆行轨道环绕着行星的天然卫星，除了海卫一、土卫九曾分别被旅行者号、卡西尼号近距离精细观测过外，其他至今都未有过类似的精细观测。

（3）太阳系的起源演化和天文实验

近年来，中国科学院先导专项等一批具有代表性的空间天文探测器成功发射，从悟空号暗物质粒子探测卫星、墨子号量子科学实验卫星到羲和号和夸父号太阳科学卫星等，这些科创成果具有巨大的推动作用，其重要性不言而喻。

当前和未来空间天文的必争之地有以下几个。

河外背景光（Extra-galactic Background Light，EBL）：是由于恒星形成过程加上活跃星系核（AGNs）的活动累积在宇宙中形成的弥漫性辐射。这种辐射涵盖的波长范围在 0.1~1000 μm。河外背景光被定义为是弥漫河外背景辐射的一部分，是继宇宙微波背景辐射后第二强的弥漫背景能量，成为破解宇宙能量平衡之谜的关键钥匙。

系外天体：拥有的轨道与太阳系天体迥异，对系外天体的直接探测有助于认识太阳系的起源和演化。目前人类仅观测到两颗太阳系外来天体。比如出了名的奥陌陌，呈雪茄状，估计长轴约 250~400 m，宽约 30~40 m，长宽比达到了 10∶1，这在小天体中是很不寻常的形状，与人类已经观测过的小行星和彗星的形状不同。奥陌陌起初被认为是彗星，但没有任何彗发迹象，其光谱呈红色，与柯伊伯带天体的灰红色很像，表层可能是石头或金属。轨道离心率是 1.1922，是目前已知小天体中偏心率第二高的。

高能光子探测引力波对应体等空间天文实验：对各种天体的高能光子爆发现象（含恒星耀斑）的探测，将在研究其爆发机理、精确定位源的空间方位并在多信使时域天文领域发挥重要作用。涉及的科学问题主要包括：1）引力波、高能中微子、潮汐瓦解高能辐射对应体，探测引力波、高能中微子、潮汐瓦解事件高能辐射对应体；2）伽马暴、耀斑、活动星系核耀发，探测伽马射线暴、软重复伽马暴、太阳耀斑、活动星系核的耀发；3）宇宙高能爆发源的精确定位，联合地球轨道的高能监视器通过时延对一些宇宙高能爆发源进行高精度的空间定位，引导大口径望远镜进行观测；4）太阳系天体伽马射线辐射限制，对飞越的太阳系天体的伽马射线辐射予以观测限制。

2.2.3 小结

综上所述，国际上对太阳系边际探索探测手段的多样性和完整性提出了新的高要求。以往探测器不是携带的载荷并非针对边际探测，就是缺少关键物理量的测量，因此许多重大科学问题悬而未决，亟待未来任务的探测研究。

2.3 学术会议

2.3.1 香山科学会议

2018 年 10 月 26 日至 27 日，以“太阳系边际探测的前沿关键问题”为主题的第 639 次香山科学会议学术讨论会在北京成功召开。会议聘请国家航天局探月与航天工程中心吴伟仁院士、航天科技集团于登云院士、中国科学院国家空间科学中心王赤院士、澳门科技大学叶永烜研究员担任会议执行主席。来自中国、美国、德国、法国、瑞典等国家和地区的 32 家单位共计 55 位专家应邀出席了会议。

会议围绕太阳系边际探测任务构想及其关键技术、太阳系边际探测的重大科学问题、从地球磁层到日球层边缘和星际空间等中心议题进行了深入讨论。吴伟仁院士、王赤院士、叶永烜研究员等专家分别作了题为《太阳系边际探测发展战略研究》《外太阳系行星卫星系统及矮行星的探测目标和科学意义》和《太阳系边际探测的重大科学问题》的中心议题评述报告。其中，王赤院士主持了科学探测目标和有效载荷配置的中心议题，北京大学宗秋刚教授等专家均参加了讨论并作议题报告。空间天气学国家重点实验室天气室李晖研究员、郭孝城研究员、薛洪波研究员以及该重点实验室客座教授 John D.Richardson 和 Michel Blanc 作为特邀专家参加了此次会议并作《旅行者号的科学发现》等主题报告。此次会议向国际业界表明了中国开展太阳系边际探测工程的决心和能力。

2.3.2 ISSI-BJ 论坛

2019 年 11 月 7 日至 8 日，由中国科学院国家空间科学中心王赤院士、李晖研究员，美国约翰斯·霍普金斯大学 Ralph L.McNutt Jr.、麻省理工学院 John D.Richardson，德国基尔大学 Rober F.Wimmer-Schweingruber，ISSI-BJ Maurizio Falanga 共同召集的国际空间科学研究所 - 北京（ISSI-BJ）“Exploration of Outer Heliosphere and Nearby Interstellar Medium”论坛在北京成功举办，20 多位国内外科学家应邀出席了会议。

继北京香山科学会议讨论中国发射两个方向相反的星际探测器的可行性之后（一个探测器预计将飞向日球鼻尖，另一个则飞向日球尾部），ISSI-BJ 论坛聚焦鼻尖和尾部方向最具科学价值的探测目标，针对临近星际介质和空间环境复杂性、沿途科学产出的最大化以及探测所需的科学载荷配置以多种方式进行了广泛交流。科学问题讨论主要围绕：1）附近星际介质的性质是什么？ 2）太阳风如何演变并与星际介质相互作用？ 3）日球层的结构和动力学是什么？ 4）太阳系和星际介质中的物质是如何起源和演化的？国内外科学家讨论气氛热烈，效果显著。ISSI-BJ “Exploration of Outer Heliosphere and Nearby Interstellar Medium” 论坛报告发表在《TAIKONG》期刊，如图 2 所示。

图 2　ISSI-BJ “Exploration of Outer Heliosphere and Nearby Interstellar Medium” 论坛报告发表在《TAIKONG》期刊

本次 ISSI-BJ 论坛为太阳系边际探测工程的科学研究和载荷技术发展起到了良好的推动作用。

2.3.3　太阳系边际探测工程方案实施论证系列会议

2020 年 10 月，国家国防科技工业局组建太阳系边际探测工程实施方案论证咨询委员会、专家委员会和各专题论证组，并于 12 月 26 日召开论证工作启动会。2021 年，论证组先后组织召开 30 余次工作会，就太阳系边际探测必要性、探测器等六大系统方案、大系统接口，尤其是核动力研制风险等进行深入论证，同时考量了工程的经济可行性。

2021 年 1 月 12 日，中国科学院国家空间科学中心王赤院士担任科学目标论证组组长，围绕“感知地球家园的深空环境，揭秘外太阳系的典型天体”的主题，提出了初步建议的科学目标，包括两大方面：太阳风日球层动力学演化及星际介质相互作用机制；太阳系演化与外太阳系天体分布特征。成立 4 个分领域专家组：1）王赤院士牵头日球层组；2）常进院士牵头小天体组；3）宗秋刚教授牵头国际合作组；4）张爱兵研究员牵头载荷组。中国科学院国家空间科学中心、国家天文台、紫金山天文台、地质与地球物理研究所、中国航天科技集团有限公司、中国原子能科学研究院、北京大学、中国科学技术大学、澳门科技大学、南京大学、南方科技大学、北京理工大学、南昌大学、山东大学（威海分校）、北京天文馆等近 20 家单位参与其中。

总体牵头先后组织了科学、平台、核动力、测控等各系统之间的集同，形成的《太阳系边际探测工程实施方案》通过了专家会议评审，专家一致认为太阳系边际探测工程实施方案可行。

2.3.4　太阳系边际探测科学目标咨询会

2023 年 2 月 1 日，探月与航天工程中心抓总以前期论证形成的《太阳系边际探测工程实施方案》为基础，围绕关键技术攻关与方案深化论证开展需求分析，为立项论证提供依据。联合国内优势力量，吸收航天五院、八院航天器优势，中核集团与中国工程物理研究院空间核动力优势，在现有技术基础上，集智攻关，为工程立项提供支撑。

同年，国家国防科技工业局编制和发布了“十四五”民用航天预先研究项目指南。该项目旨在在国家国防科技工业局的坚强领导下，聚焦太阳系边际探测任务涉及的空间核动力、深空超远距离测控通信、长寿命高可靠探测器总体技术三大技术方向，组织国内优势力量，按照 2025 年前完成空间热管温差堆电源涉核样机、深空测控地基超高功率连续波发射机工程样机、探测器总体设计与优化等 12 项关键技术攻关任务，有效规避工程方案设计颠覆性问题，为 2030—2035 年间发射时间窗口的约束、为工程任务具备立项批复条件提供重要支撑。

2.3.5 国际学术大会

2021 年 12 月 13 日至 17 日，美国地球物理学会秋季大会（AGU Fall meeting）在美国新奥尔良举办，王赤院士作题为《Update on the China’s Heliospheric Boundary Exploration Mission：Interstellar Express》(《中国太阳系边际探测任务进展》) 报告，介绍了科学家要揭开太阳系外日球层、邻近星际空间和相互作用的奥秘，需要专门设计的任务和精心挑选的现代仪器。中国首个专注于太阳系边际区域的外日球层探测任务——“星际快车”概念于 2015 年提出。中国国家航天局已于 2021 年启动预研究，研究其科学目标、技术准备和经济可承受性等。该任务旨在感知地球家园的深空环境和探测外太阳系典型天体，设计了四个科学目标：1）直接测量未探索的日球层；2）日球层全景成像；3）飞越探测巨行星系统；4）太阳系考古调查。该任务包含两个方向相反的航天器：一个前往日球层鼻尖方向，另一个前往日球层尾部无人区。报告展示了两次科学探测任务的有效载荷配置初步的优先级顺序、重量、功耗及其在平台上的布局，其次还介绍了轨道设计和相关工程问题的初步任务概况。探测器力争从发射到 2049 年建国 100 周年之时飞行达到 100 亿千米。报告回顾了香山会议和 ISSI-BJ 等围绕太阳系边际探测开展的一系列科学会议和论证成果，面向全世界开放式地提出了多项科学载荷的国际合作愿景。

2024 年 7 月 13 日至 21 日，世界空间科学委员会（COSPAR 2024）在韩国釜山召开。王赤院士作题为《Interstellar Express Mission：Chinese Roadmap in Outer Heliospheric Exploration》(《星际快车任务：外日球层探测的中国路线图》) 报告。报告回顾了在中国科学院先导专项、中国工程院咨询研究项目、国家国防科技工业局民用航天项目、科技部重点研发项目、国家自然科学基金委原创计划等项目支持下开展的太阳系边际相关研究内容。报告给出了在放宽发射窗口约束后，日球层鼻尖、侧翼和尾部方向具有重要科学价值的探测目标：1）鼻尖方向探测的优点是离日球层顶最近，探测器或可最快进入星际空间，同时能原位探测氢墙和彩带等重要结构，有望证实日球层弓形激波存在性；2）侧翼方向探测的特点是或可探测异常宇宙射线（ACR）的源区（倾斜的日球层终止激波），在偏离正鼻尖 30° 左右的范围内也可兼顾彩带区的原位探测；3）尾部方向探测的特色是能对尾部无人区开展星际重离子引力聚焦锥、星际尘埃、尾部全球特性，以及受这些因素调制的日球层尾部终止激波的探测。三个方向的探测都可沿途探明星际物质的拾起过程和外日球层天体的分布和特性。边际探测在木星、金星、海王星借力期间还能创造飞掠探测行星系统的绝佳机会，使探测任务利益倍增。

上述探测均具有突破和刷新人类对太阳系的现有认知，任何一个方向的探测对空间物理、天体物理和行星科学来说都具有里程碑式的科学意义。会上，王赤院士还指出边际探测的科学载荷对长寿命、抗辐照、低功耗等提出了较高要求。他表示，其中的关键技术欢迎开展广泛的国际合作。

2.4 文章发表

2.4.1 《中国科学：信息科学》文章

2019 年 1 月，吴伟仁、于登云、黄江川、宗秋刚、王赤、于国斌、赫荣伟、王倩、康焱、孟林智、吴克、何建森、李晖共同发表了题为《太阳系边际探测研究》的综述论文，该论文作为封面文章发表在《中国科学：信息科学》2019 年第 49 卷第 1 期（图 3）。

图 3　文章刊发期刊封面（《中国科学：信息科学》，2019 年第 49 卷第 1 期）

摘要：该文在综述太阳系边际探测的发展历程和现状基础上，基于太阳系边际探测的发展趋势，阐释了太阳系边际探测的 4 类科学目标，提出了我国太阳系边际探测的总体目标、阶段目标及近期探测任务设想，给出了应重点研究和突破的 6 类关键技术，为我国太阳系边际探测的论证与实施提供参考。

文章信息：吴伟仁等（2019）“太阳系边际探测研究”，中国科学：信息科学，49（1）：1-16，doi：10.1360/N112018-00273.

2.4.2　《深空探测学报》文章

2020年12月，探月与航天工程中心吴伟仁院士、中国科学院国家空间科学中心王赤院士和北京大学宗秋刚教授在《深空探测学报》2020年第7卷第6期主持了《太阳系边际探测》专题。该专题发表了题为：《太阳系边际探测项目的科学问题》《同位素温差电池用高效热电转换材料与器件研究进展》《面向太阳系边际探测的多天体借力目标选择方法》《太阳系边际探测任务的科学载荷配置研究》《从地球磁层到外日球层及以远区域探测》《外日球层激波事件的一维磁流体力学数值模拟》《太阳系边际的能量粒子探测》《外日球层的宽能段离子及其与湍动的耦合作用》《The Exploration of Neptune：A Noble Gas and Volatile Perspective》等论文。文章内容涵盖航天、核动力、空间、天文、大气、地质等太阳系边际探测相关领域（图4）。其中王赤院士牵头的《太阳系边际探测项目的科学问题》，文章摘要及相关信息如下：

摘要：太阳系边际是保护人类家园的太阳系最外层的篱笆。尽管在1977年发射的“旅行者1号”（Voyager 1）和“旅行者2号”（Voyager 2）近年来已陆续抵达太阳系边际，但由于所携带载荷性能的限制，仍然留下一些悬而未决的重大科学问题。因此，太阳系边际乃至更远的星际空间还有待更有效的就位探测，一个专门的太阳系边际探测计划蕴含着巨大的科学价值。本文介绍了太阳系边际的定义和主要探测要素，总结了国内外太阳系边际探测的现状，包括已实施和正在论证的太阳系边际探测任务的科学目标、科学载荷配置，梳理了未来太阳系边际探测过程中关于日球物理、星际空间物理和太阳系演化方面的一些重大科学问题，并对我国未来太阳系边际自主探测任务科学目标的制定进行了展望。

文章信息：王赤等（2020）“太阳系边际探测项目的科学问题”，深空探测学报，7（6）：517-524，doi：10.15982/j.issn.2096-9287.2020.20200058.

图 4　文章刊发期刊封面（《深空探测学报》，2020 年第 7 卷第 6 期）

2.4.3　其他代表性文章

此外，项目科学团队还在国际其他重要期刊发表相关科学文章，其中的代表性文章信息如下：

1）GUO X C，et al.（2022）“Dynamical coupling between anomalous cosmic rays and solar wind in outer heliosphere”，The

Astrophysical Journal，935：144，doi：10.3847/1538-4357/ac82ed.

2）LI H，et al.（2024）“Pickup ion modulation on plateau-like turbulence in the martian magnetosheath”，The Astrophysical Journal，967：76，doi：10.3847/1538-4357/ad3d49.

3 策划与建议

3.1 工作策划

3.1.1 启动关键技术攻关、推动探测计划立项

太阳系边际探测是一项极具创新和挑战的系统工程，是当前最困难的深空探测任务之一。由于飞行距离极远，为尽快抵达目标天域开展科学探测，探测器需以尽可能快的速度飞行，同时也要为应对极暗条件下的供电、极寒条件下的热控和极远距离下的遥测提供支持。项目技术团队要梳理完善前期技术攻关成果，把控技术进展和节奏，形成联动机制。通过全面推动太阳系边际探测任务总体方案深化论证及先期关键技术研究，积极策划并向国家国防科技工业局沟通汇报，争取在“十四五”到“十五五”期间获得国家立项支持，在2035年前实施探测计划。

3.1.2 夯实人才队伍建设、支撑保障工程实施

太阳系边际探测是一个持续而宏大的科学任务，是人类在空间探索中面临的共同机遇，可有效吸引各国优势技术资源和科学资源，聚集国际科学家团队和高端科学人才，形成一个具有重大国际影响力的国际大科学工程平台，实现丰富科学目标、完善任务规划、合作科学

载荷，确保科学目标先进性、载荷配置合理性和科学成果最大化。依托该平台高质量发展人才队伍，保障工程顺利实施，持续产出重大科技成果。

3.1.3 开展国际合作交流、共享太空携手发展

太阳系边际探测的科学问题和工程技术具有复杂性、多样性和宏大性特点。研究的是空间科学领域的国际性重大难题，需开展形式多样的国际合作与学术交流。借助各种平台，组织和参加国际大会和专题会议，深化论证科学目标和任务的顶层设计。紧跟国际最新动态，抢占科学技术制高点，适时提出中国方案，展现中国智慧，提升我国在该领域的国际影响力，跻身世界空间科学强国的前列。

3.2 发展建议

3.2.1 技术攻关

太阳系边际探测建议开展科学载荷工程研制、核堆/RTG 电源研制、创新性探测器平台研制、仿真和数值模型建立等。在长寿命、防辐照、轻量化、低功耗等一体化集成等方面加快技术攻关，将技术成熟度提升至 5 级以上，确保工程按时保质保量实施。

3.2.2 人才支持

太阳系边际探测建议在科学层面建设日球层物理学、天体物理学、行星科学、大气科学等天文和空间科学方面的高级研究型人才队伍，在工程技术方面培养核能、材料、电子、力学、热力学、光学、精密机械加工等多领域工程技术人才。还需通过海外引进、内地招聘等方式，实现项目人才队伍不断壮大。

3.2.3 国际合作

太阳系边际探测建议围绕科学目标论证、有效载荷研制、探测器超远距离测控通信、同位素能源等重要方面积极开展国际合作，有效降低技术风险和难度，节约任务经费。同时，通过国际合作，培养和造就一批国际同行认可的领军科学家和学术骨干，形成具有国际水平的工程管理团队和良好机制，打造深空探测领域新的高端技术试验和协同创新平台。

附 1 研究预期进展路线图

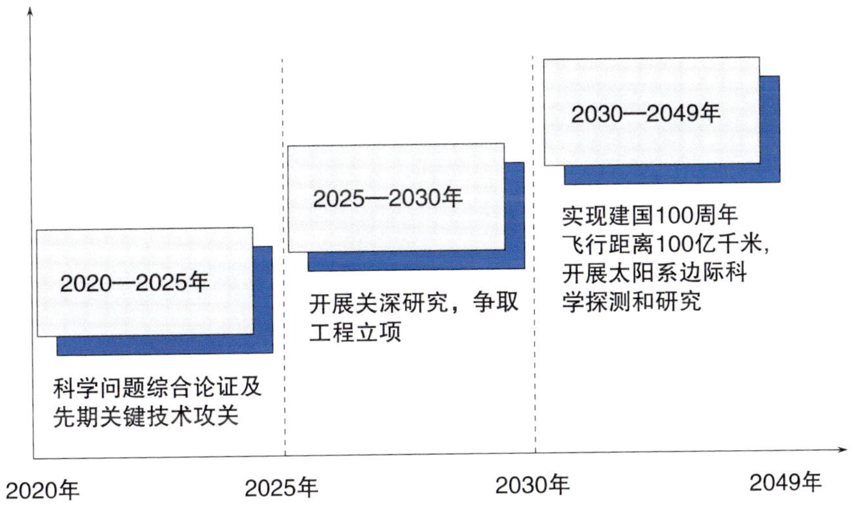

附 2 参考文献

［1］吴伟仁，等．太阳系边际探测研究［J］．中国科学：信息科学，2019，49（1）：1-16.
［2］王赤，等．太阳系边际探测项目的科学问题［J］．深空探测学报，2020，7（6）：517-524.
［3］JAFFE L D，et al. An interstellar precursor mission［J］. JPL Publication，1977，1-83.

[4] NOCK K T, et al. TAU-A mission to a thousand astronomical units [J]. 19th International Electric Propulsion Conference, 1987, 1049.
[5] MCNUTT R L Jr, et al. Interstellar probe: humanity's journey to interstellar space [J]. NASA JPL, 2021, 1-496.
[6] STONE E C, et al. Cosmic ray measurements from Voyager 2 as it crossed into interstellar space [J]. Nature Astronomy, 2019, 3: 1013-1018.
[7] BURLAGA L F, et al. Magnetic fields at the solar wind termination shock [J]. Nature, 2008, 454 (7200): 75-77.
[8] BURLAGA L F, et al. Magnetic field and particle measurements made by Voyager 2 at and near the heliopause [J]. Nature Astronomy, 2019, 3: 1007-1012.
[9] RICHARDSON J D, et al. Cool heliosheath plasma and deceleration of the upstream solar wind at the termination shock [J]. Nature, 2008, 454 (7200): 63-66.
[10] RICHARDSON J D, et al. Voyager 2 plasma observations of the heliopause and interstellar medium [J]. Nature Astronomy, 2019, 3: 1019-1023.
[11] RICHARDSON J D, et al. The heliosphere in the local interstellar medium: into the Unknown [J]. Space Science Reviews, 2023, 219 (6): 1-3.
[12] GURNETT D, et al. Plasma densities near and beyond the heliopause from the Voyager 1 and 2 plasma wave instruments [J]. Nature Astronomy, 2019, 3: 1024-1028.
[13] KRIMIGIS S M, et al. Energetic charged particle measurements from Voyager 2 at the heliopause and beyond [J]. Nature Astronomy, 2019, 3: 997-1006.

附 3　词汇索引

太阳系边际探测工程，日球层，星际空间，空间核动力

附 4　研究团队

单位名称：中国科学院国家空间科学中心

研究团队成员：王赤、李晖、杨忠炜、郭孝城

二　面向空间超大型天线结构的在轨增材制造技术研究进展

【综述】

该技术难题自2020年发布以来，研究工作稳步推进，受到国内外航天领域的广泛关注。

在第五届可展开空间结构学术会议、中国振动工程学会九届四次理事会会议、2022年中国航天大会等会议上都系统介绍了未来超大型空间天线结构在轨建造的技术方法。在《Nature》子刊等高质量杂志上发表了重要代表性科学文章，申报了“面向在轨增材制造的连续纤维增强热塑性复合材料天线胞元结构”国家发明专利，深化并凝练了在轨建造大型空间天线面临的具体技术难题，多次组织了相关学术交流会议，夯实了科学研究活动的学术基础。

在技术攻关方面，为了实现在轨建造大型空间天线的目标，立项了国家自然科学基金重大项目和中国空间技术研究院西安分院研发课题，提出了采用连续纤维增强热塑性复合材料在轨建造大型空间天线的技术方案，完成了材料选型验证、结构设计优化、电学性能测试等技术攻关工作，成果可支撑面向在轨制造的连续纤维增强热塑性复合材料网状天线领域的预先技术研究，并为未来的在轨测试和工程转化奠定了基础。

此外，伴随科学问题研究的深入和技术攻关成熟度的提升，拟采用以技术难题为牵引，通过技术持续交互迭代的发展路线推进后续工作，分步实现技术难题的地面测试、在轨测试和工程应用。

1　背景情况

1.1　技术难题描述

未来空间天线技术发展的重要趋势是建设以空间大型、超大型天线为代表的大型空间基础设施，以满足我国对地遥感、天文观测、空间太阳能发电、深空探测等领域的应用需求。目前，大型空间天线受限于火箭运载包络，通常采用可收拢展开的结构形式，地面收拢后置于火箭整流罩内，再通过火箭运输到空间进行在轨展开。空间大型结构的收拢展开技术是航天工程关键核心技术，在轨展开过程具有难度大、风险高等特点，天线能否成功展开往往关系整个航天任务的成败。因此，当前大型空间天线的在轨尺度受到严重限制，目前国际上公开报道天线口径最大仅为 22 m，对于百米级甚至千米级尺度的天线，采用现有“地面收拢—火箭运输—在轨展开”的模式难以实现。通过在轨增材制造技术，将空间超大型结构的制造过程设置在空间轨道上完成，则可有效突破航天工程中建造空间超大型基础设施遇到的发射运输瓶颈。因此，开展面向空间超大型天线结构的在轨增材制造技术研究，可以有效解决未来超大型空间天线在轨建造难题，也可为我国在轨建设空间超大型基础设施（如空间站、空间太阳能电站等）提供有效的解决方案。

1.2　应对方案介绍

增材制造技术是通过 CAD 设计数据，全程由计算机控制将材料逐层累加制造实体零件的技术，相对于传统的材料去除（切削加工）技术，是一种“自下而上”材料累加的制造方法。增材制造技术工艺相对简单，材料利用率高，制造效率高，非常适用于受成本约束显著、加工需求多样的载荷产品制造，已成为实现“太空在轨制造”的重要手段，将为超大型空间结构的在轨建设和维护提供最为有效的手段。

国际航天强国，均针对空间大型结构在轨增材制造技术，开展了相关技术探索，增材制造技术已在卫星与火箭等航天制造领域显示出重要的发展价值和应用潜力。美国 NASA 采用太空蛛网增材制造机器人（SpiderFab）为太空航天器大型结构的在轨制造提供解决方案，设计的 SpiderFab 机器人具有开展在轨增材制造的能力，有望在太空建造和组装大型结构，例如天线、太阳能电池板、花朵型遮星板、传感器桅杆等。SpiderFab 太空蛛网增材制造机器人于 2018 年形成样机（包括 Trusselator），2020 年进行太空在轨实验，目前正在探索实现在轨制造和装配卫星的技术方案。欧洲空间局（ESA）也在这一领域积极追赶美国，其采用增材制造的第一个卫星结构件已于 2011 年进入太空，2016 年，ESA 向国际空间站输送了一台增材制造机，用于太空环境下的初步测试。日本在 2015 年将采用增材制造外壳的 ARTSAT 卫星通过 H-IIA F26 火箭送入地球逃逸轨道，驶向遥远的深空，该项目完成了日本在增材制造技术在轨应用方面的首次尝试，获得了增材制造的部件对卫星从结构、热和电磁特性等方面的影响参数，以及有关太空仪器和制造技术在设计方法方面的经验。

针对该技术难题，梳理的关键突破点如下：探索大型空间结构在轨自主建造过程中的体系规划和空间环境影响问题，建立面向在轨增材制造的大型空间结构设计方法、成型工艺和适用材料体系；以在轨研制百米甚至千米级别口径反射面天线等大型空间结构为需求，开展大型空间结构在轨增材制造基本模型与材料成型机理研究；进行大型空间结构在轨增材制造工艺过程研究，突破在轨打印成型工艺规划、在轨制造、在轨装配、保持与支撑技术，以及探索在轨检测—原位修复打印方法和材料回收利用再打印制造方法等关键技术，形成基于增材制造的在轨大型空间结构制造技术研究报告；集成设计与研制大型空间结构在轨增材制造机器人系统，实现快速制造适宜于在轨自主构建的新型构件；开展地面模拟制造，确立合适的评估体系，最终对技术方案的可行性进行验证。

本文结合在轨增材制造技术，开展以大型天线、大型桁架结构等为代表的大型空间结构在轨直接制造及装配技术新模式的预先研究，实现大型空间结构以紧凑和耐用的胚胎状态发射升空，在太空中部署打印，并采用自动化装配技术形成庞大的大型空间结构。该技术难题的突破，可以支撑未来我国大型遥感卫星、大型空间望远镜、大型太阳能微波电站、大型天基基础设施等重大太空计划发展，同时，还可以有效支撑我国空间站、空间停泊基地等千米级尺度巨型空间结构的建设，将对我国科技、军事、国民经济、社会等产生深远影响。

2　问题研究进展

2.1　国内外研究动态

2.1.1　大型天线研究进展

20 世纪 60 年代以来，空间技术的不断进步推动了空间天线的跨越式发展，为了获取地面微小发射功率的信号，提高信息传输的容量，实现遥感的高分辨率，各类航天器提出了对在轨天线结构尺寸大型化的需求。在此需求的推动下，世界各国在大型空间可展开天线机构领域投入了大量的研究。经过航天工业几十年的快速发展，大型星载天线已经获得了大量的实际应用，星载天线的尺寸也不断突破极限，可展开天线口径越来越趋于大型化，天线口径展开尺寸达到了数十米。

大型可展开天线以高强度比、高刚度比、高几何稳定性、超低热膨胀系数等特点的宇航材料为主体，并包含低副可动机构、驱动元件和主动或被动控制器等。受限于运载火箭等工具的运载体积和重量的强约束，此类天线在地面上发射时处于收拢状态，并固定于卫星上；当卫星发射并进入轨道之后，由地面控制中心发送指令，按照其在空间轨道上的设计要求，逐步完成展开动作，最终锁定并保持为工作状态。

国内大概于20世纪90年代开始研究各类大型空间天线，经过多年的努力取得了较大的成绩，成功实现了多副大型空间天线的在轨应用。其中，在理论研究方面，中国空间技术研究院西安分院、浙江大学、哈尔滨工业大学、清华大学及北京理工大学等单位都对大型空间天线的核心科学问题进行了深入研究，在天线结构/机构设计、高精度网面设计、动力学分析技术等方面取得了突出成果。

在工程化应用方面，中国空间技术研究院西安分院作为国内最具实力的空间天线研制单位，承担了国内大型网状可展开天线的型号研制任务，典型天线如图1所示。通过10多年的技术研究和工程实践，突破了大型网状天线总体设计技术、空间天线结构/机构设计技术、多柔体动力学分析技术、高精度网面设计技术、极大型空间结构地面试验技术、一体化控制技术等关键技术，达到了国际先进水平。

(a) 伞形天线

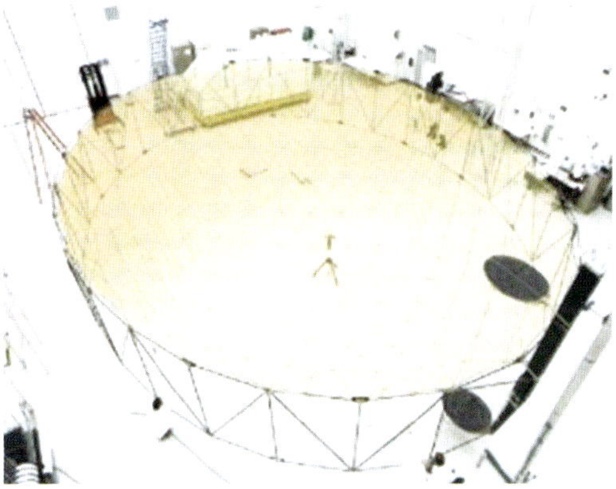

(b) 环形天线

(c) 构架天线

图 1　可展开天线

一般来讲，大型是指反射器口径大于等于 4 m，需要设计复杂的、可展开成形的柔性工作面结构，通常将 20 m 以上的大型空间可展开天线称为超大型可展开天线，50 m 以上的大型空间可展开天线称为极大型可展开天线。

随着各类航天器不断进入太空，对大型天线的需求数量越来越多，需求领域也越来越广泛。按照天线制造方式，大型空间天线可以分为3类：地面建设单一模块展开天线、基于空间站平台组装大型天线、无人参与在轨建造极大型天线。地面建设单一模块展开天线属于典型的可展开机构，也是当今航天领域星载天线最常见的天线类型，采用地面建设、运载发射、在轨展开的工作方式，其特点是天线口径受到运载平台限制，对卫星和运载能力要求较高，并且设计难度高，在轨风险大。随着天线尺寸的不断增大，采用地面建设单一模块展开天线的方法已不能满足在轨大型航天器的需求。而基于空间站平台组装大型天线的方式依赖于航天员与机械臂的综合能力，并且空间站平台能够达到的尺寸有一定限制，难以完成数百米级以上大型天线的制备。无人参与的在轨建造极大型天线是采用在轨增材制造技术、自组装技术、机械臂操作技术等进行大型天线的在轨建造，理论上可以实现任意尺寸的大型天线的在轨构建，相关技术尚在探索之中。

2.1.2　在轨增材制造技术研究现状

美国在轨增材制造研究和试验开展得最早、最多、最先进，从美国发布的太空制造计划发展路线图可以看出，美国太空制造有长期规划（图2），主要依赖于在轨增材制造技术的发展。太空制造计划明确在2012年以前完成地面抛物线飞行试验，验证微重力下增材制造技术的可实施性；在2014年完成首次国际空间站太空增材制造试验；在2015—2024年期间完成多种材料的太空增材制造，为后续在轨建造卫星等提供技术储备；2025年后，计划在月球和火星利用太空原材料，完成地外星球上的原位制造，能够按需生产各种产品和工具，初步达到在地球以外生存的目的。当前，美国沿着太空制造计划开展了大量的研究，在以 NASA 等机构为代表的各类规划、计划支持下，美国已按应用的方向形成了若干研究团队，包括 NASA 马歇尔航天飞行中心、兰利研究中心和格伦研究中心，太空制造公司（Made In Space），Tethers Unlimited 公司的研究团队等。

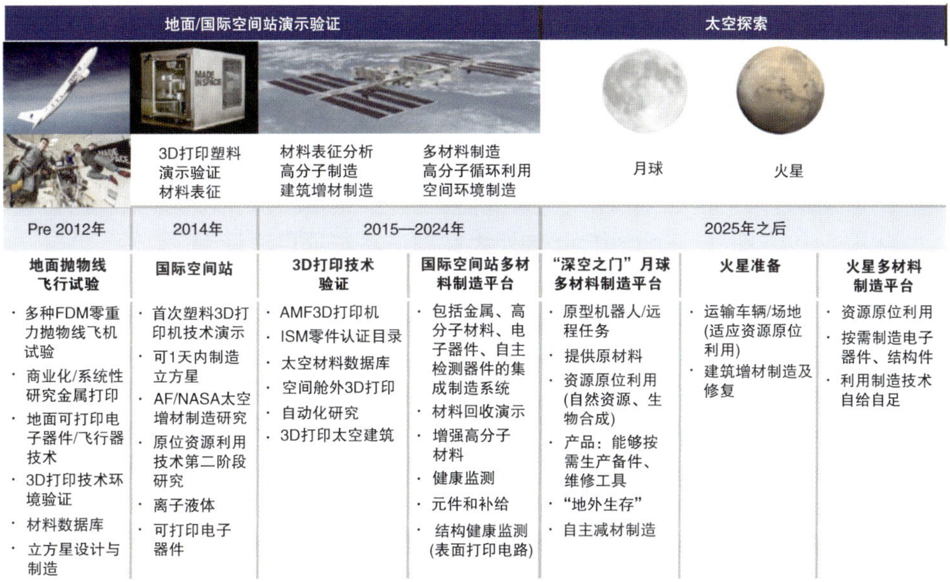

图 2　美国太空制造发展规划路线图

美国 Tethers Unlimited 公司在 NASA 创新高级概念（NIAC）计划资助下，开展太空蛛网增材制造机器人的研究试验工作。太空蛛网增材制造机器人拟使用适当的增材制造技术和机器人组装技术在轨制造和集成大型空间太阳能电站系统，避开空间结构尺寸和费用按比例增减的限制。为了开展太空在轨制造项目，美国 Tethers Unlimited 公司在 NASA 的资助下，提出了开展名为 SpiderFad 的舱外太空制造系统项目，如图 3 所示，该项目结合在轨增材制造技术与机器人技术，拟开展千米尺度大型空间桁架结构在轨单元制造与在轨装配技术原理性验证，所采用的增材制造工艺基于熔融沉积成型（FDM）技术。

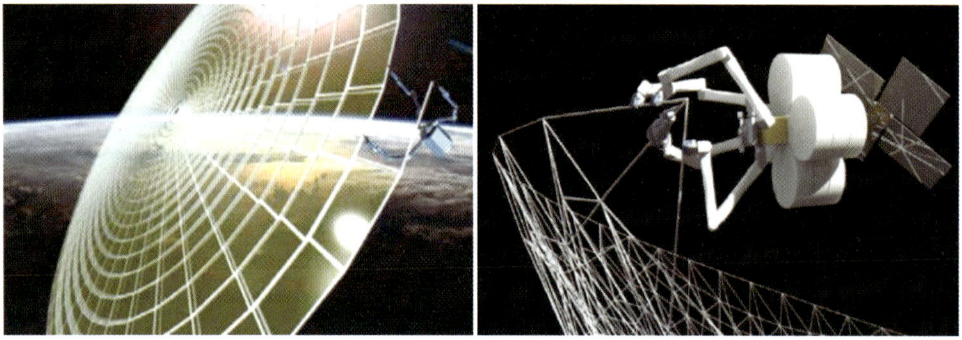

图 3　SpiderFab 舱外太空制造系统项目设计图

2016 年，美国太空制造公司发布了 Archinaut 方案，其核心同样是基于增材制造系统及机器人自主装配技术，利用洗衣机大小的设备，在轨制造足球场大小的空间结构，同时能够将传感器、天线、太阳能电池板等功能部件集成到在轨制造的航天器中。2019 年美国太空制造公司再次获得 NASA 资助，计划通过火箭发射将 Archinaut 系统送至近地轨道，并尝试在轨制造小型太阳能电池阵列。

美国太空制造公司创立于 2010 年，出自 NASA 阿姆斯研究院，于 2011 年 7—9 月和 2013 年 9 月，基于与 NASA 飞行计划相关的合同，进行了为期四周的微重力飞行试验，试验设备安置在改造过的波音 727 飞机上，做了一系列失重飞行试验，研究材料熔融挤出工艺在微重力、月球以及火星重力条件下的工艺特征。2014 年 11 月 25 日，NASA 与美国太空制造公司合作实现了全球首次空间 3D 打印，在国际空间站的微重力科学手套箱（MSG）中成功打印了印有“MADEINSPACE/NASA”字样的铭牌［图 4（a）］，并在国际空间站在轨制造了约 20 个结构样件，这些结构样件依据材料性能测试、微重力环境下的成型性能测试、结构工具的功能测试共分为三类［图 4（b）］，将用于和地面 3D 打印样件进行全面对比分析，研究空间环境对 3D 打印工艺及零件性能的影响规律。

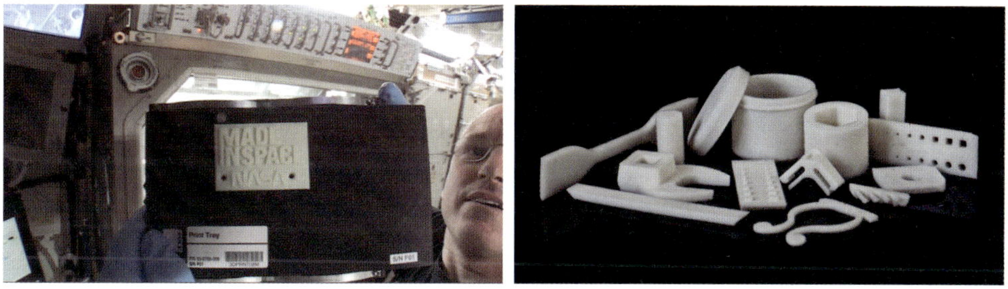

(a) 首个空间3D打印的样件 (铭牌)　　(b) 空间3D打印的样件

图 4　国际空间站在轨增材制造多个样件

NASA 兰利研究中心围绕金属零件的在轨 3D 打印开展了研究，开发了一套适用于空间在轨飞行的轻型电子束熔丝沉积成型设备，如图 5 所示，该轻型设备采用 900 mm 直径铝合金成型腔，腔体压力可以达到 10^{-4} Pa，利用 3~5 kW 小型电子束枪作为能量源，沉积平台可以在 300 mm × 300 mm × 150 mm 的空间移动，以直径 0.8 mm 的铝合金（Al2319）丝材作为原材料进行沉积。研究人员在 NASA 的 C-9 微重力研究飞机上开展了抛物线飞行试验，研究微重力环境对电子束熔丝沉积工艺及零件性能的影响，并通过两次飞行计划获得了总高为 30 mm 的圆柱体薄壁零件，验证了零重力条件下进行电子束熔丝沉积工艺的可行性。

NASA 马歇尔航天飞行中心在 NASA 重返月球计划支持下，围绕太空原位制造和太空原位资源利用开展了系统研究。其主要围绕太空制造技术评估、太空资源利用可行性分析、地面验证试验等开展了系统研究，并针对电子束熔化（EBM）技术、混凝土挤出工艺、月壤资源利用等增材制造工艺与材料开展了系统研究。从 1993 年开始关注高分子材料熔融沉积制造工艺的太空适用性，并对石蜡、尼龙、ABS、PPSF、PC 及 Ultem 9085 等一系列高分子材料开展了空间环境及毒性水平研究，于 1999 年选用 ABS 和 Ultem 9085 在 KC-135 飞机上开展了抛物线飞行试验，完成了 1 小时 20 分钟的无重力试验，初步验证了零重力熔融沉积 3D 打印工艺的可行性。

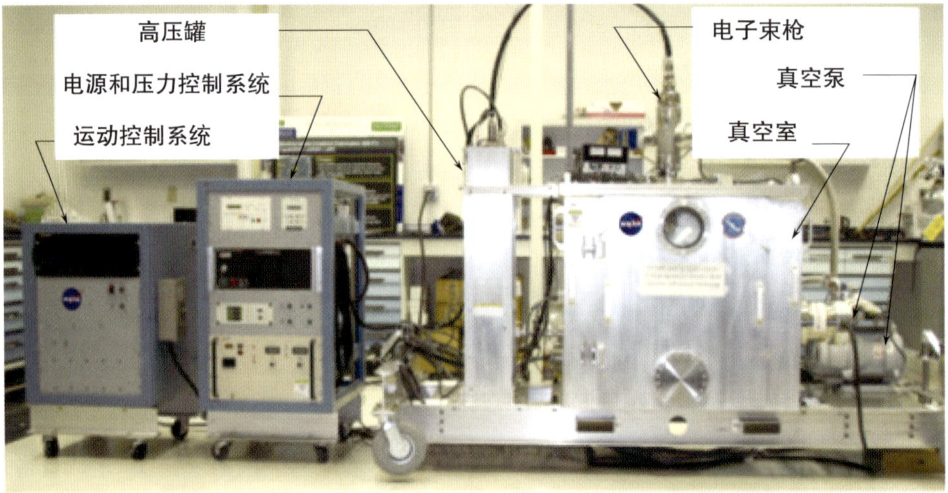

图 5　轻型电子束熔丝沉积成型设备

此外，NASA 格伦研究中心在 NASA 空间技术任务理事会的小型航天器技术计划支持下，专门组成了研究通过增材制造技术打印完整的、功能性的立方星的研究试验团队。

在欧洲，空中客车公司受欧盟委托，开展了名为 PERASPERA In-Orbit Demonstration（代号“PERIOD”）的项目，计划尝试在太空中进行天线反射器等主要部件的制造，组装航天器部件以及替换卫星有效载荷等工作，以为未来大型结构的在轨制造铺平道路。

欧洲空间局也正在积极探索 3D 打印技术在空间环境中的应用，

开展了一项“针对空间应用的通用零部件加工－复制工厂”的研究，使用高分子和金属材料开发国际空间站所需的可替换部件，并计划向国际空间站运送一台熔融沉积成型 3D 打印机，授权意大利 Altran 公司研制了 ESA 第一台空间在轨 3D 打印机 POP3D，如图 6 所示，并将其送往国际空间站。POP3D 打印机在运行时需要的电量非常小，其质量大约为 5.5 kg，使用的原材料是可生物降解的 PLA（Polylactic Acid）线材。此外，ESA 还开展了“月球表面栖息地原位 3D 打印”的研究。

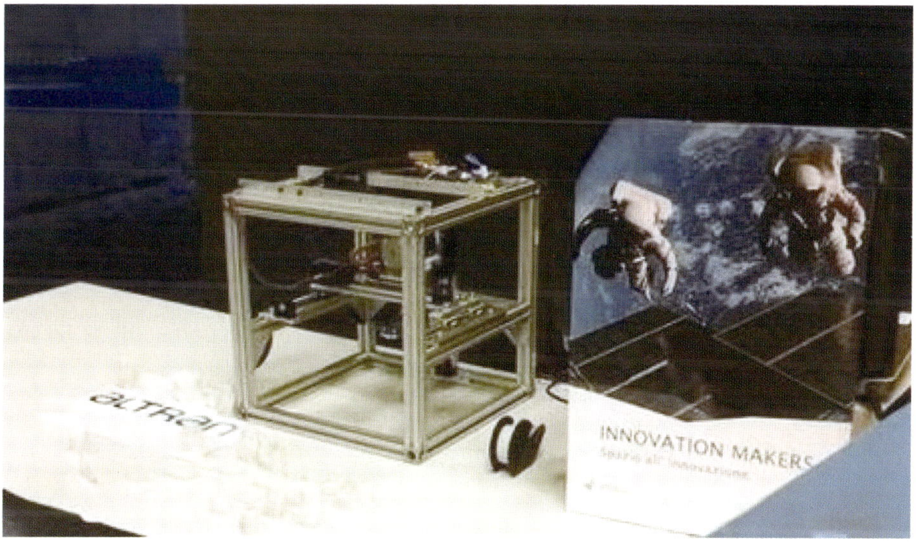

图 6　3D 打印机 POP3D

德国联邦材料研究与测试部（BAM）提出以保护气氛循环产生压力差将金属粉末吸附在底板上，然后采用粉末床熔融工艺（PBF）进行打印的方案，打印机如图 7 所示。2018 年 3 月，研究人员以不锈钢粉末为原料，氮气为保护气氛，通过飞机抛物线飞行实现了微重力条件下首次金属工具的打印。

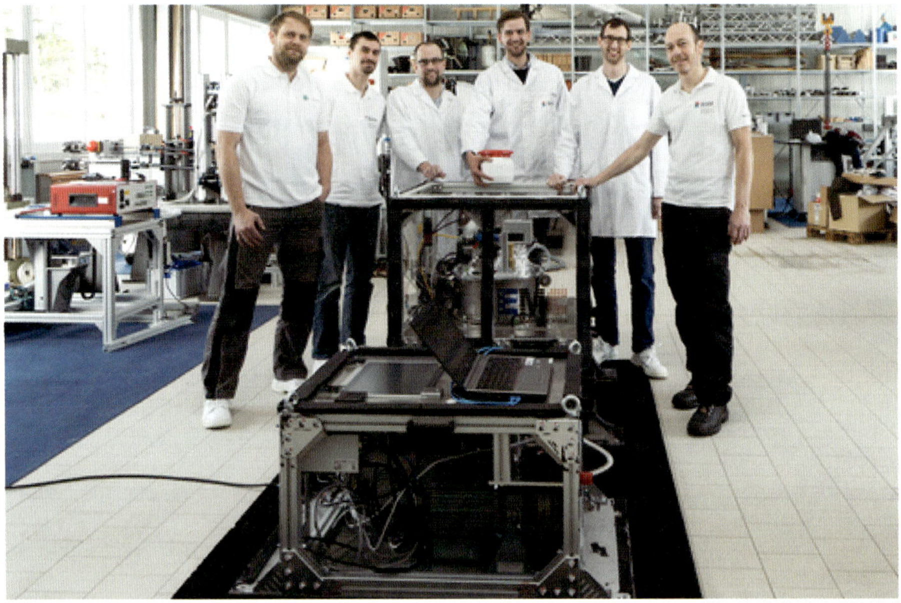

图 7　BAM 的金属材料空间 3D 打印机

俄罗斯研究人员于 2016 年制成了该国首台空间 3D 打印机样机，该 3D 打印机样机由位于西伯利亚的托木斯克理工大学高科技物理研究所、俄罗斯科学院西伯利亚分院强度物理及材料研究所、俄罗斯载人航天任务的重要实施者“能源”集团公司等单位联合研制。

Kleos Space 公司开发了一项名为“Futrism”的在轨制造技术，用于生产长度超过 100 m 带有嵌入式光纤的碳纤维构件，目前该公司正在开展为期 6 个月的地面试验，验证在轨生产大型碳纤维结构件的可行性，拟用于在轨制造太阳能帆板和大型天线。

2022 年，日本三菱电机公司发布了一种在轨建造卫星天线的新技术，如图 8 所示，同样采用增材制造工艺。不同的是，三菱电机公司开发了一种新型的光敏树脂材料，遇到空间紫外线迅速固化，并且能够承受 400 ℃的高温。其提出的在轨增材制造的技术路线为：

首先发射小型卫星和液态树脂原材料，入轨后展开打印机，在轨打印大口径天线。该技术有望解决为小型廉价航天器配备大型高增益天线反射器的挑战，并能够在轨道上制造大大超过运载火箭整流罩尺寸的结构，同时能够降低卫星成本。虽然该技术尚未入轨验证，三菱电机公司已经在地面开展了地面增材制造试验，完成了一个16.5 cm天线的地面打印。

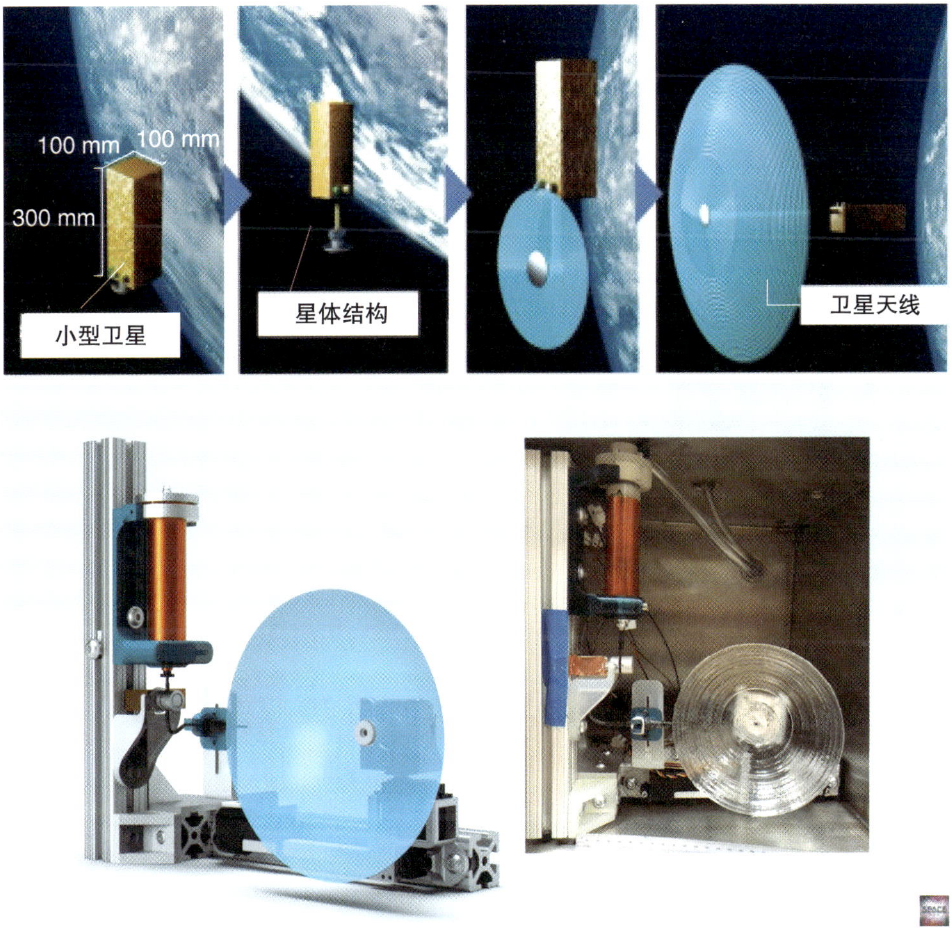

图8　日本三菱电机公司在轨建造卫星天线的技术

由于在空间中开展制造试验需面临巨大的前期成本和风险，研究机构或公司更倾向于基于地面的制造方法，通过在地面创造与太空条件相似的环境舱，即可模拟面向空间环境的太空 3D 打印试验。空间极端环境具有微重力［（10^{-5}~10^{-6}）g］、高真空（1.33×10^{-7}~1.33×10^{-4} Pa）、高交变温度（–150~+120 ℃）、强辐射（太阳宇宙射线 1 MeV~10 GeV、银河宇宙射线 40 MeV~10 TeV）等特点，这些条件区别于地面环境条件，对在轨增材制造在材料、工艺、装备等方面提出了新要求。目前关于太空环境模拟的试验主要体现在微重力和高真空条件上。

在微重力环境中，流体的表面张力及内聚力等次级力占据主导地位，导致微重力流体表现出不同于常规地面重力环境下的特殊行为，因此常规重力环境下的部分流体科学规律不再适用于微重力环境。微重力对 3D 打印技术的影响体现在材料、工艺与装备、零件性能上。对成型的影响：材料的熔覆特性与地面不同。对加工工艺的影响：空间 3D 打印工艺与地面有很大不同，打印系统及送料方法也与地面不同，难以实现铺粉式选择性激光 3D 打印。对零件性能的影响：由于成型机理的差别，微重力环境下 3D 打印的零件性能与地面 3D 打印的有所不同。

在地面模拟微重力条件惯用的做法是将 3D 打印设备置于飞机舱内，采用抛物线失重飞行，单次抛物线飞行能创造 20~30 s 的微重力时间，抛物线飞行过程示意图如图 9 所示。通过在微重力时间内进行 3D 打印，单架次飞行任务内可多次进行抛物线飞行以累计微重力时间，即可近似地认为是在微重力条件下打印成型了样件。

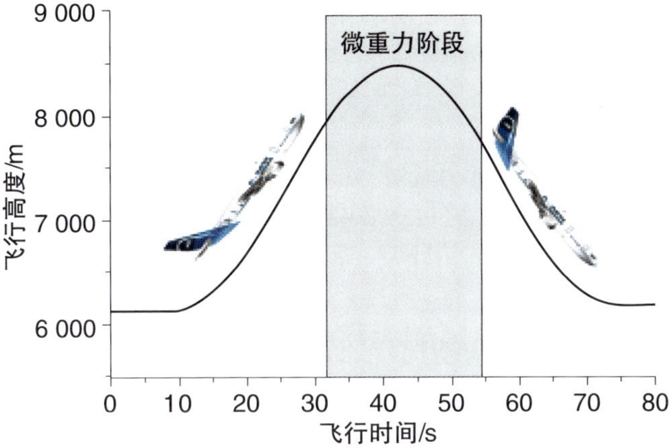

图 9　抛物线飞行过程示意图

国内在轨 3D 打印技术起步较晚，现阶段开展相关研究的单位较少。

西安交通大学与北京卫星制造厂有限公司开展合作研究，围绕 3D 打印装备、原材料等的空间适用性开展了相关系统研究，并针对空间在轨 3D 打印技术，提出了舱内、舱外两套工艺方案。研究团队还开展了 FDM 工艺微重力影响效应的地面试验，初步分析了不同重力方向对 FDM 成型样件的堆积质量以及线间黏结质量的影响规律。

由于抛物线飞行成本过高，所能达到的模拟近似度也比较有限，西安交通大学的研究人员采用将 FDM 桌面级打印机翻转不同角度进行 3D 打印的方式，来表征重力对 3D 打印过程以及样件性能的影响（图 10），根据该试验初步分析了微重力对打印过程的影响规律，结果显示不同角度的 3D 打印样件性能无明显差异，说明重力方向对成型质量的影响较小，间接说明了微重力环境并不是太空 3D 打印区别于地面 3D 打印的主导因素。

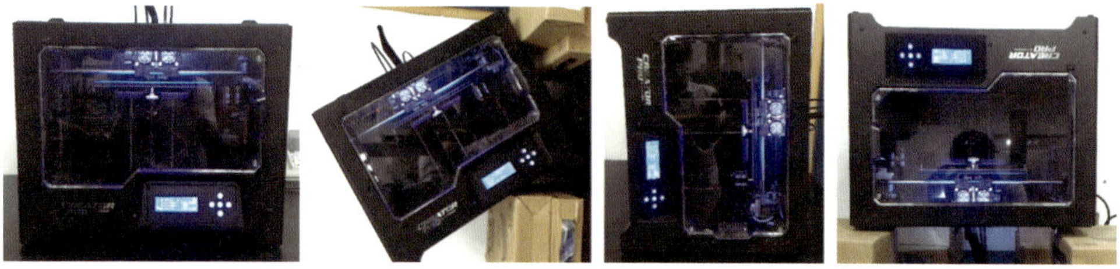

图 10　翻转打印方式的微重力地面模拟试验

2020 年 5 月 7 日，中国航天科技集团有限公司第五研究院研制的“复合材料空间在轨 3D 打印系统”，实现了我国首次太空 3D 打印，这也是全球首次连续纤维增强复合材料的空间在轨 3D 打印，如图 11 所示。

图 11　我国首次空间 3D 打印

中国科学院空间应用工程与技术中心采用我国自主研发的陶瓷材料立体光刻打印机，在法国波尔多通过抛物线飞行完成了微重力环境下的陶瓷 3D 打印，如图 12 所示，对所使用 3D 打印装备的微重力适用性进行了试验，该试验基本重复了 NASA 的抛物线飞行方案，对所用工艺进行了初步的试验验证。

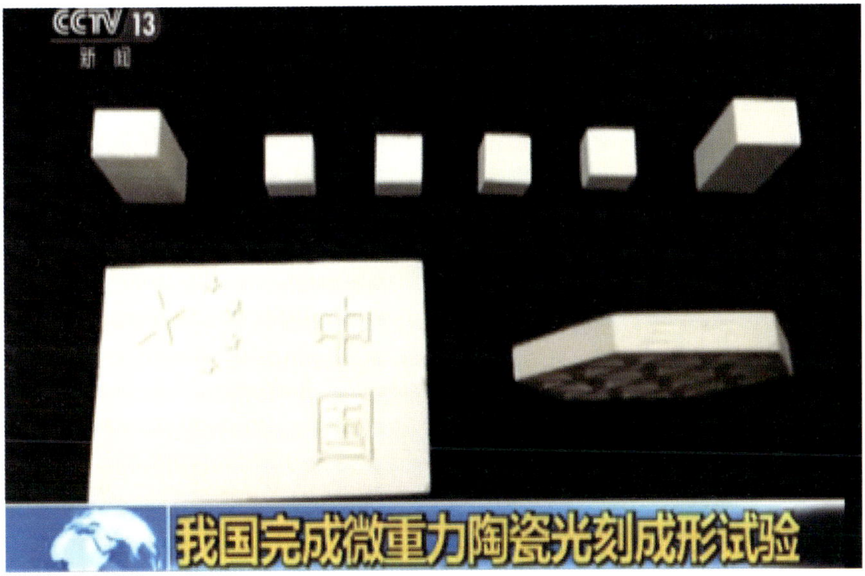

图 12 中国科学院微重力陶瓷光刻成形试验

2016 年，中国科学院重庆绿色智能技术研究院与中国科学院空间应用工程与技术中心共同研制了基于 FDM 技术的高分子复合材料空间在轨增材制造试验样机，该原理样机面向天宫二号空间实验室尺寸和热、电气接口设计，打印尺寸为 200 mm × 130 mm。

综上所述，在轨增材制造技术现已得到国内外航天组织、企业和高校的关注，已开展基础性的地面试验和在轨验证试验，验证了在轨增材制造工艺在太空微重力环境下的可行性。然而对于大型的在轨服役航天器结构，例如大型天线，尚未有成功在轨制造的先例报道，需要从设计、工艺、材料等多方面入手开展相关研究。

2.1.3 连续纤维复合材料 3D 打印技术

与金属和合金相比，连续纤维增强聚合物复合材料因其重量轻、比强度和模量高，已广泛用于航空航天领域。除了优异的机械性能，连续碳纤维增强复合材料还兼顾优良的电性能和热性能，大大拓宽了材料的功能和应用范围。连续纤维复合材料 3D 打印具备复杂结构快速成型的能力，它促进了先进材料与创新结构的结合。然而，由于材料、结构、工艺和性能，以及连续纤维复合材料 3D 打印中的功能相关性，要想获得满意的复合材料 3D 打印性能和功能，仍然具有挑战。

连续纤维增强复合材料轻质结构充分结合了材料密度低和结构可设计性强的优点，广泛用于航空航天的轻量化设计中。然而传统的制造工艺往往需要模具和组装，导致制造周期长、成本高、形状复杂的轻质结构难以制造，限制了连续纤维增强复合材料轻质结构的应用和发展。连续纤维复合材料 3D 打印技术为轻质结构提供了一种新的低成本和快速制造方法。

Sugiyama 等人利用打印过程中连续纤维的张力，将表皮结构直接打印在晶格夹芯上，实现了晶格夹芯与表皮结构的一体化 3D 打印。如图 13（a）和（b）所示，打印了四种不同形状的夹芯结构，图 13（c）演示了悬空无支撑打印蒙皮的状态。该研究通过三点弯曲实验测试了不同夹芯三明治结构 3D 打印样件的性能，发现结构的机械性能在很大程度上取决于夹芯的形状，因此可以通过结构设计来控制 3D 打印的连续纤维增强复合材料夹层结构，并优化结构的机械性能。

南京航空航天大学的李迎光等人利用连续纤维的高刚度来强化自支撑效应，建立自由悬挂打印路径生成策略，实现了无任何支撑的倒扣和悬垂桁架结构，如图 14 所示。基于自由悬挂的 3D 打印方法，开展了典型的晶格拓扑并且打印了更复杂的结构，例如整体可变厚度机翼，分析了采用自由悬挂法打印的样品横截面形貌，并对相对密度、纤维体积含量和桁架角等参数进行了研究，揭示了工艺参数与面外压缩性能之间的关系。

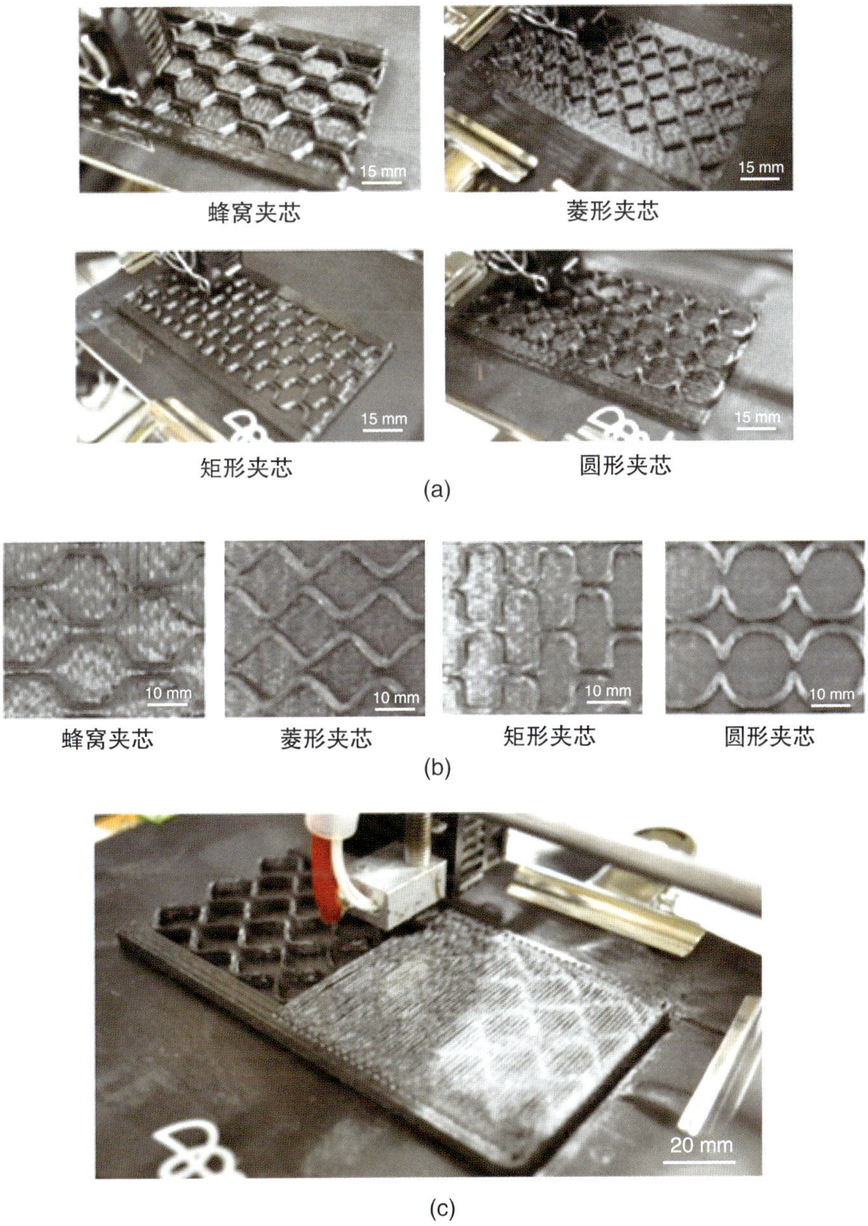

图 13　无支撑三明治夹芯结构复合材料 3D 打印

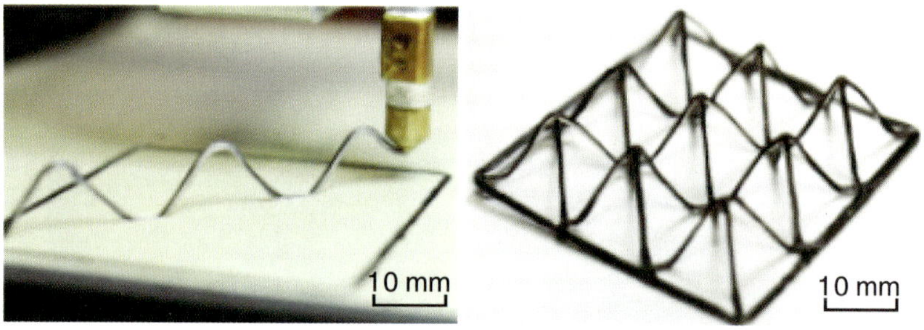

图 14 悬垂桁架结构打印

西安交通大学田小永等人提出了一种路径搭接的 3D 打印方法，以实现复杂形状轻质结构的高性能和低成本集成制造，研究了单元长度、层厚、纤维含量等工艺参数和打印路径对纤维分布和结构机械性能的影响。结果表明，可以通过工艺参数和打印路径来调整轻质结构的纤维含量、结构配置和密度，该方法可极大扩展轻质结构的设计空间，图 15 为采用该方法制造的异质轻质夹层结构试样。

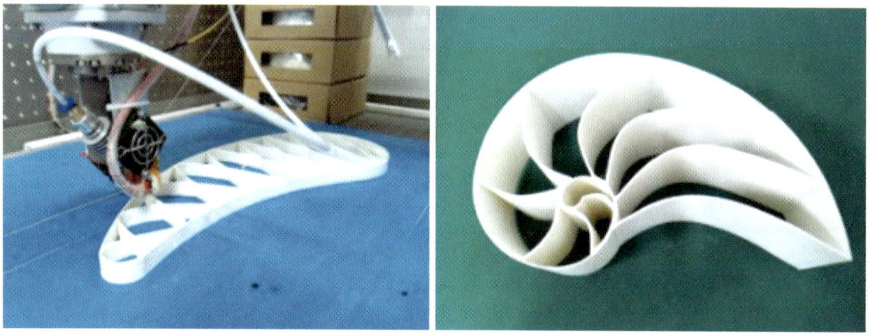

图 15 异质轻质夹层结构试样

以碳纤维为代表的连续纤维，由于其优异的导电性，也可用于电磁波操控。3D 打印技术能够制备自然界不存在的复杂可设计结构，扩展了材料的功能和应用。与短纤维相比，连续纤维具有更长的导电路径，并且可以通过 3D 打印连续碳纤维增强复合材料实现具有良好电磁干扰屏蔽性能的结构。

Yin 等人使用熔融沉积 3D 打印工艺制备连续碳纤维复合材料样件，用于测量电磁波屏蔽性能。通过改变工艺参数，从填充角度、扫描间距和层数三个角度研究了工艺参数对屏蔽效能的影响，为了证明具有复杂几何形状的电磁干扰屏蔽结构的性能，制造了帽状外壳，并测试了电磁屏蔽效能，其平均值约为 41 dB。此外，Yin 等人进一步研究了由两部分组成的复合结构，上部为石墨烯复合材料，用于吸收电磁波，下部为连续碳纤维增强 PLA 复合材料，用于反射和屏蔽电磁波。所设计的复合结构具有 32 GHz 的超宽吸收带宽和大于 63 dB 的电磁屏蔽效能。

在高真空环境下，如空间站运行的近地轨道空间，大气压力仅为 10^{-11} Pa，辐射是换热的主要方式，传导和对流的换热效应几乎可以忽略，这与地面大气条件下的换热方式有很大的不同。舱外高真空环境对在轨 3D 打印材料的热量管理有很大影响，高真空还可能引起 3D 打印设备活动部件出现冷焊现象。此外，真空环境不仅体现在气压差异，没有热对流，也表现在无气体元素，比如真空中没有氧气，因此能抑制打印过程中材料的氧化反应。

无氧模拟通常的做法是将 3D 打印设备置于密闭箱室内，通过置换舱内的气体以模拟太空中的无氧环境。德国的 Lederle 等人在氮气氛围下的手套箱中研究通过材料挤出的方式打印尼龙和 ABS 样件，所得聚合物样件显示出较好的机械性能，ABS 的断裂伸长率增加了 20%，而尼龙的拉伸强度提高了近 30%，该研究认为在没有氧气的情况下开展 3D 打印，氧化过程被抑制，使得打印层与层之间的黏附效果更好，从而有利于材料性能的提升。与此不同的是，北爱尔兰的 O' Connor 等通过氮气充满密封舱，使舱内气压同样等于大气压，并打印了 PA6 聚合物（图 16），与大气压下空气环境的打印结果对比发现，两种聚合物样件的拉伸模量几乎相同，因此得出在打印过程中排除氧气不会显著影响 PA6 聚合物的机械性能的结论。

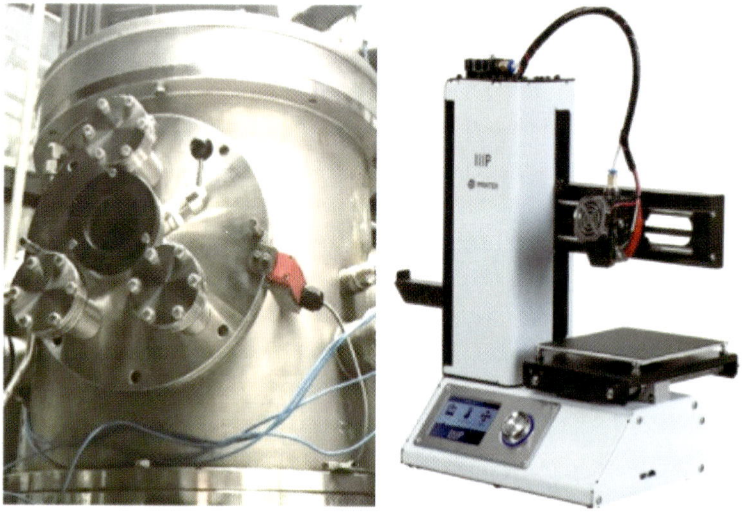

图 16　O'Connor 等人使用的 3D 打印机及真空箱

关于无氧条件的模拟研究存在局限性，部分聚合物材料的成型受氧气影响较小，且与太空环境的相似度较低，更适合的模拟条件是真空（低压）模拟。真空模拟通常的做法是将 3D 打印设备置于密闭箱室内，通过抽气降低舱内的压强以模拟太空中的真空环境，真空模拟试验按材料分类主要分为聚合物材料和复合材料。聚合物材料方面，同样来自 O'Connor 等的实验，研究了 ABS、PLA、PA6 等材料在常压和低压条件（1 Pa）下打印成型的结果，对比了它们的机械和物理性能，结果显示：与常压条件相比，低压打印条件使 ABS、PLA 和 PA6 的极限拉伸强度分别提高了 9%、13% 和 42%，PLA 和 ABS 的断裂伸长率显著增加，拉伸弹性模量下降，表明 PLA 和 ABS 聚合物在低压条件下打印具有更好的延展性。此外，从形貌上对比两种条件下制备的样件，区别明显，如图 17 所示，从 ABS 和 PLA 在低压和常压下打印样件的截面对比可看出，低压条件下样件的孔隙率明显减小。

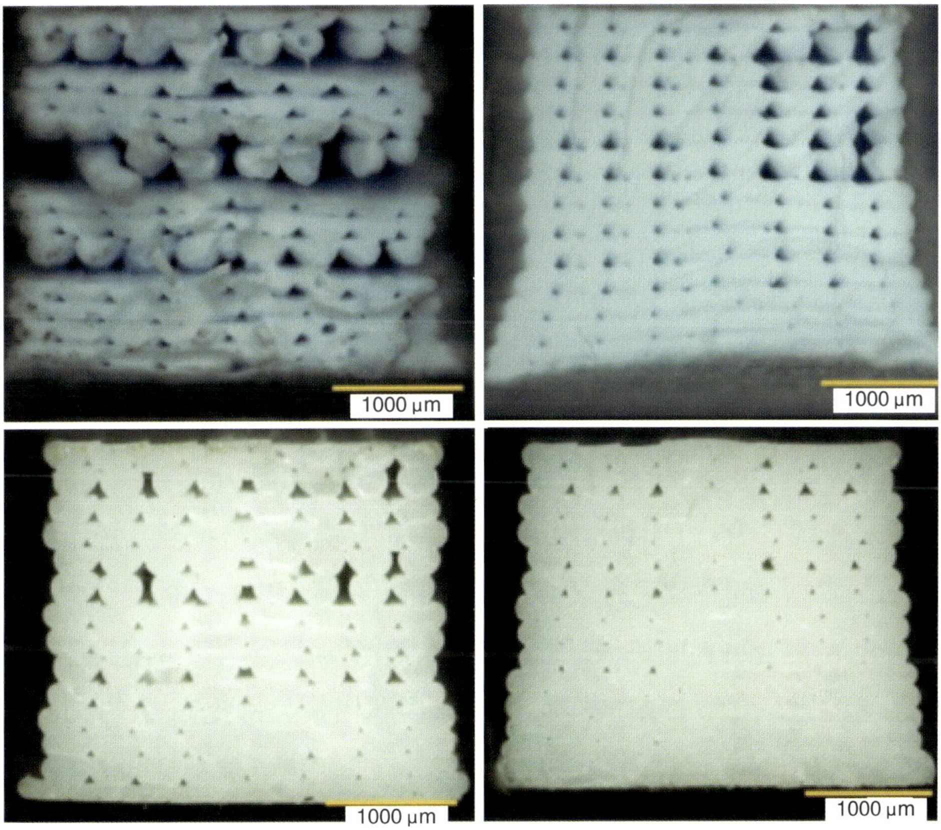

图 17　常压（左）和低压（右）条件下 ABS（上方）和 PLA（下方）样件拉伸断裂截面的形貌对比

Quinn 等将配备 0.4 mm 喷嘴的 Ultimaker FDM 打印机置于真空室内，将打印机的电子元器件置于真空室外，以证明低压环境中使用 FDM 技术的可行性，所提供的结果证明了在真空环境中使用 FDM 工艺制造不同几何形状的尺寸准确、高质量的聚碳酸酯部件而不损失机械性能的可能性，这项工作提供了一个概念证明，即 FDM 工艺可用于开发地外制造技术（在轨道上 / 在太空中 / 在行星上），并可用于在轨设备维护和维修的策略。Zapciu 等研究了一种通过使用低真空打印室消除或显著减小环境空气的影响来提高高温聚合物零件的可印刷性和机械性能的方法，结果显示，在低真空环境中使用相同的工艺参数打印时，由聚醚酰亚胺（PEI）制成的样品强度增加了 14%，而由丙烯腈苯乙烯丙烯酸酯（ASA）制成的样品没有显示出显著差异。

在复合材料方面，O' Connor 等人研究了用于制造连续纤维增强复合材料的低压增材制造技术，碳纤维、玻璃纤维和 Kevlar 纤维增强尼龙复合材料部件在大气压和 1 Pa 的真空室中打印，研究了压力对打印复合材料的孔隙率和层间强度的影响。结果显示在低压条件下，打印制件的孔隙率明显降低，层间剪切强度增强 12%~33%，说明低压增材制造能显著改善制件的机械性能。北京航空航天大学的李会民等人开发了一种真空 3D 打印机，并自行制备了连续纤维预浸丝，用于打印复杂结构件，如图 18 所示。该团队研究了在真空中打印的连续碳纤维增强 PLA 复合材料的机械性能，研究结果显示，与大气环境打印试样的性能相比，真空打印试样的弯曲强度和模量分别提高了 24.51% 和 8.35%，真空打印试样的孔隙率为 4.18%，低于大气环境打印试样的孔隙率。

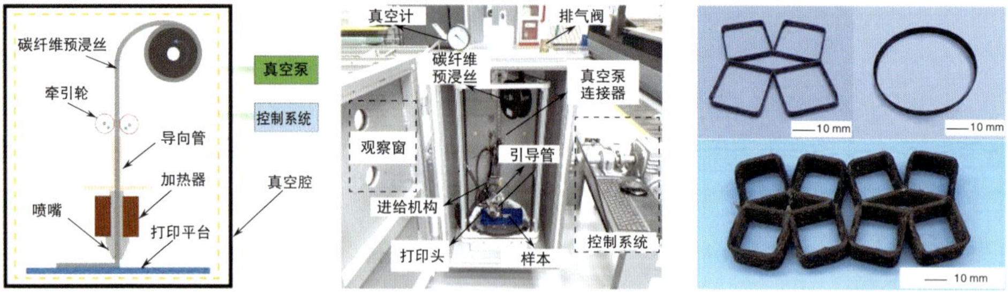

(a) 真空3D打印示意图　(b) 打印设备　(c) 打印的结构件

图 18　真空 3D 打印及打印的结构件

各个真空模拟试验的条件与结果整理至表1，可以看出：1）真空（低压）环境可能更适合用于复合材料的3D打印，或者说更适合改善层间结合性能，原因是复合材料样件打印速度较慢，层与层之间打印的时间间隔较长，不利于温度保持与分子扩散。2）真空（低压）环境可能更适合用于高熔点聚合物的3D打印，PC和ASA的性能改善不明显，可能的原因是低温冷却温度降速更慢，保持在分子扩散温度范围的时间更长，无需保温延长扩散时间，已达到较好的结合程度。真空（低压）环境对部分聚合物及其复合材料的3D打印成型质量有积极影响，主要表现在提升强度和模量，内在原因主要包括：1）真空（低压）减少了空气对流，利于材料的保温，促进热驱动分子扩散；2）真空（低压）减少堆积成型过程中扫描线之间气孔的形成，能够降低孔隙率。

表1　真空模拟试验的条件与结果对比

试验来源	材料	真空度	主要结论
O' Connor等	ABS、PLA、PA6	1 Pa	低压打印可提升样件的拉伸强度，降低拉伸模量和孔隙率
Quinn等	PC	1000 Pa	低压下拉伸断裂应变显著增加，而压缩变形减小；拉伸和压缩强度提升而弯曲强度略微下降
Zapciu等	PEI、ASA	15 Pa	低压下PEI的强度和模量提升明显，ASA无明显变化
O' Connor等	碳纤维增强PLA材料	1 Pa	低压下孔隙率降低，弯曲强度提高
李会民等	碳纤维、玻璃纤维和Kevlar纤维增强尼龙复合材料	1000 Pa	低压下层间剪切强度提高，孔隙率下降

2.1.4 小结

超大型空间设施是指由运载火箭单次发射难以完成整个系统建造任务的空间设施，主要是指空间站、空间太阳能电站、在轨服务平台以及超大口径的天线等有效载荷。未来，空间太阳能电站、在轨服务平台等空间超大型平台的结构尺寸将达到百米甚至千米级，承力结构将以可扩展、轻质的桁架式结构为主，而超大型桁架无法通过单次发射入轨，因此，在轨建造是未来大型空间平台发展的重要技术途径。

与之类似，随着现代军事需求的不断提高，空间天线的口径也在不断增大，达到百米甚至更大，其支撑结构形式也以空间桁架为主。双天线干涉 SAR 是发展全球三维地形测绘的一种有效手段，按照实现 3 m 高程精度的要求，双天线干涉 SAR 的单侧基线应该至少为 100 m，传统的在轨展开模式同样难以满足工程需求。因此，未来空间大型天线的发展亟须在轨建造技术的突破。天基光学载荷随着分辨率的提高，其口径也不断变大，以静止轨道 2 m 分辨率的光学遥感为例，其光学口径需要达到 10 m，由于受到重力的影响，轻型可展开桁架和衍射薄膜方案的超大光学系统都具有理论上的口径上限；而在轨建造方案的集成制造成本低，能够克服地面所固有的重力变形，光学面形精度和整体刚度可调、可控，可达到接近衍射级理想光学状态。因此，在轨建造是未来大型空间光学遥感系统发展的重要技术途径。

此外，在轨长期运行的航天器特别是空间站和在轨服务平台等，运行时间长，系统复杂，运行期间不可避免地会发生故障。目前，为了应对突发故障，空间站需要提前在轨储备一定的备件和工具。由于空间站上存储空间的限制，不可能也没必要将所有备件和工具在轨存储。未来长期在轨运行的空间设施会越来越多，在轨故障也不可避免。当故障发生时，由地面根据故障的具体形式，设计在轨维修所需的零部件和工具，并将三维模型上传到在轨制造的装置中，在轨进行维修工具和备件的制造。这样既可以满足应急维修的需求，同时可以减少备件、工具上行和在轨长期储备造成的资源浪费，降低空间设施运行成本。

微纳卫星是近年来快速发展的新型卫星，具有广阔的应用前景以及模块化、微型化、自主化、可定制的特点，是卫星发展的一个重要方向，然而，微纳卫星一般都需要搭载发射，往往是等待合适的搭载机会的时间大于卫星研制的时间，严重限制了微纳卫星的发展。未来战争和应急救灾，具有突发性强、持续时间短等特点，特别是当面临敌对势力等对空间设施进行破坏、应急救灾所需的空间资源需要调配等情况时，都需要紧急部署具有一定功能的微纳卫星。基于快速响应的空间微纳卫星在轨制造技术，无须地面组织发射，能够在短时间内按需建立起基本的空间作战和救灾系统，具有成本低和效率高的特点，是实现空间应急响应的有效途径。

综上所述，未来超大型空间设施，包括有效载荷和空间平台，其结构尺度都远大于运载火箭的包络尺寸，传统上地面制造、在轨展开的模式难以满足发展的需求，因此，空间大型设施在轨建造成为未来发展的一项关键技术。

2.2 学术会议

2.2.1 第五届可展开空间结构学术会议

2022 年 12 月，由中国振动工程学会、西安市科技局和西安市科学技术协会主办，由中国空间技术研究院西安分院承办的第五届可展开空间结构学术会议在西安召开，共有 500 余位专家学者参加此次会议，胡海岩院士任大会主席，8 名院士专家参加了会议。马小飞研究员在会上作大会报告《极大型空间天线结构在轨组装与在轨建造技术》，系统介绍了未来极大型空间天线结构在轨建造的技术方法。大会开设了“超大尺度空间系统及其在轨构建技术”专题论坛，来自北京空间飞行器总体设计部、上海卫星工程研究所、西北工业大学、上海交通大学、西安电子科技大学、东南大学、北京理工大学、中山大学、天津大学、大连理工大学等单位的专家学者作了专题报告，交流了大型空间结构在轨建造领域的研究成果。

2.2.2 中国振动工程学会九届四次理事会会议

2022 年 11 月 12 日，中国振动工程学会九届四次会议在线召开，学会理事长胡海岩院士，副理事长翟婉明院士、张建民院士、李杰院士、华宏星教授、陈璞教授、褚福磊教授、李惠教授、许希武教授、张方教授，以及理事、监事、专委会主任等共计 120 余人在线出席会议。马小飞研究员在会上作报告《极大口径星载天线技术途径和发展建议》，结合在轨增材制造技术，对我国发展极大口径星载天线提出了发展建议。

2.2.3　2022 年中国航天大会

2022 年 11 月，马小飞研究员在中国航天大会上作报告《大型空间结构在轨组装与在轨建造技术》，介绍了大型空间结构在轨组装与建造的概念，梳理了国内外在轨组装与建造的研究发展计划，结合我国航天工业发展现状，总结了发展大型空间天线需要重点突破的关键技术，技术的突破将牵引我国空间制造技术水平的提升。

2.2.4　第一届可展开空间结构青年学术论坛

2022 年 5 月，第一届可展开空间结构青年学术论坛在陕西西安召开，林坤阳作了题为《连续纤维增强复合材料在轨增材制造技术及在大型天线中的应用》的特邀报告。在轨增材制造技术是增材制造技术在太空应用的前沿研究，其有望突破大型结构就地制造的瓶颈，解决大型天线空间制造的难题，实现低成本在轨建设，对于支撑我国未来大型遥感卫星、大型空间望远镜、空间太阳能电站等重大太空装备的建设具有重大意义。报告综述了国内外在轨增材制造技术领域的研究现状和重大工程项目，探讨了连续纤维增强复合材料在大型天线在轨增材制造领域的应用与展望。

2.2.5　中国复合材料学会空天动力复合材料及应用专委会 2022 年度学术会议

2022 年 8 月，中国复合材料学会空天动力复合材料及应用专委会 2022 年度学术会议在辽宁大连召开。其中，报告《3D 打印的连续纤维增强热塑性复合材料网状反射面电学性能测试》提出了基于 FDM 工艺制备连续纤维增强热塑性复合材料网状反射面的方法，研究了连续纤维增强热塑性复合材料反射面网孔形状（正方形、三角形）、网孔尺寸（2 mm、3 mm、4 mm、5 mm）和基体材料（尼龙、PLA）对反射面电学性能的影响规律，分析了连续纤维增强热塑性复合材料反射面在S频段的反射性能。

2.3 文章、专利

2.3.1 《International Journal of Aerospace Engineering》文章

2022年10月，中国空间技术研究院西安分院大型天线与机构研究中心团队在《International Journal of Aerospace Engineering》杂志发表了题为《Electrical Property of 3D Printed Continuous Fiber Reinforced Thermoplastic Composite Mesh Reflecting Surfaces》的研究论文，研究了增材制造的连续纤维增强热塑性复合材料反射面的电性能。文章摘要及相关信息如下：

摘要：连续纤维增强热塑性复合材料因其重量轻、强度高、抗疲劳和耐腐蚀性能强，在现代航空航天和其他高端制造领域得到了广泛应用。由于碳纤维束的增强作用，连续纤维增强热塑性复合材料具有良好的导电性，这使其成为制备星载天线反射面的潜在材料。传统网状天线的反射面通常由镀金钼丝制备，其价格昂贵且制造难度大。本研究采用3D打印技术制备了连续纤维增强热塑性复合材料网状反射面，分析了网格形状和网格尺寸对电学性能的影响规律，用波导法测试了反射面在S波段1.9~2.3 GHz的电学性能。结果表明，3D打印的连续纤维增强热塑性复合材料网状反射面的反射损耗低于0.25 dB，能够很好地满足S波段星载天线对反射性能的要求；对于四边形和三角形网格反射面，3D打印连续纤维增强热塑性复合材料网格反射面的反射损耗随着网格尺寸的增大而相应增加；表面质量密度越高，网状反射面的反射性能越好。研究结果表明，连续纤维增强热塑性复合材料可以在未来的工作中用于开发大型网状天线的反射面。

文章信息：LIN K Y，MA X F，CUI Z，KANG Y W，HUANG P F，LI H X，WU D，SU G L，TIAN X Y，“Electrical property of 3D printed continuous fiber reinforced thermoplastic composite mesh reflecting surface，” International Journal of Aerospace Engineering，2022：5224939.

2.3.2　其他代表性文章

此外，项目团队还发表了相关科学文章，其中的代表性文章信息如下：

1）马小飞，林坤阳，李洋 . 面向空间超大型天线结构的在轨增材制造技术，面向未来的宇航科技：2020—2022 年度宇航领域科学问题和技术难题解读，2023.

2）KANG Y W，WU L L，TIAN X Y，LIU T F，LI D C，LIN K Y，MA X F，ZIA A A. “4D printed thermally tunable metasurface with continuous carbon fibre”, Virtual and Physical Prototyping, 2023, 18(01).

2.3.3　专利

2022 年 10 月，中国空间技术研究院西安分院大型天线与机构研究中心团队申报题为“在轨增材制造的连续纤维增强复合材料大型天线及方法”的国家发明专利 1 项，专利摘要及相关信息如下：

摘要：本发明面向在轨增材制造的连续纤维增强复合材料大型天线及方法，包括多个拼接阵列的胞元结构；每个胞元结构均包括上层桁架、下层桁架、斜杆和纤维网面；上层桁架和下层桁架的形状均为 N 边形，上层桁架和下层桁架之间通过斜杆连接；纤维网面固定安装在上层桁架上；纤维网面作为天线反射面。本发明能够摆脱传统可展开天线“地面制造—收拢发射—在轨展开”的制造模式，为大型天线的在轨制造提供完整的结构设计和工艺路线方法。

专利信息：林坤阳，马小飞，李洋，范叶森，等. 在轨增材制造的连续纤维增强复合材料大型天线及方法.（受理号：CN202211321271.8）

3　策划与建议

3.1　工作策划

3.1.1　学术交流

项目团队持续推动在轨增材制造技术在国内的交流范围，不断跟踪国外最新相关科学动态，组织或积极参与相关研究项目和研讨会，不断壮大技术团队，推动关键技术突破，牵引工程项目稳步推进。

3.1.2　技术深化

项目团队积极推进面向超大型空间天线结构在轨增材制造技术深化论证，如空间在轨建造机器人技术、在轨长周期高精度测量技术、天地一致性等效原理与地面试验技术、面向在轨建造的轻质胞元结构设计与优化等，适当增加投入，开展必要的实物验证和环境试验，不断积累工程实施阶段的试验数据，提升技术成熟度，逐步优化形成具备工程可实施性的在轨验证任务方案。

3.1.3　项目申报

在前期立项课题基础之上，项目技术团队梳理完善前期技术攻关成果，把控技术进展和节奏，形成联动机制，全方位推动在轨建造大型空间天线系统级项目跻身国家空间科学备选行列，积极策划并向上级部门沟通汇报，争取在“十五五”期间获得国家重大专项立项支持。

3.2　发展建议

极大型空间结构的在轨制造是多学科耦合的系统问题，涉及在轨增材制造技术、航天器动力学分析与振动控制、天线卫星一体化设计、机构设计、空间材料、在轨组装与地面等效性验证等技术领域，建议加强基础理论研究，进而建立原创性、引领性的技术体系。从技术层面策划下一步科研发展思路：探索大型空间结构在轨自主建造过程中的体系规划和空间环境影响问题，建立面向在轨增材制造的大型空间结构设计方法、成型工艺和适用材料体系；以在轨研制百米甚至千米级别口径反射面天线等大型空间结构为需求，开展大型空间结构在轨增材制造原理与材料成型机理研究；进行大型空间结构在轨增材制造工艺过程研究，突破在轨原位制造、在轨装配技术、在轨检测和空间材料回收再利用等关键技术，形成面向在轨增材制造的大型空间结构制造技术体系，设计与研制大型空间结构在轨增材制造机器人系统，满足空间结构的在轨快速制造需求；开展地面模拟试验，建立相应的评估体系，最终对技术方案的可行性进行在轨验证。

在核心技术和关键科学问题攻关过程中，建议逐步建立一套完整的具有自主知识产权的技术体系，以极大型空间天线为研究对象，实现极大型空间天线的自主可控。研究预期进展路线如附 1 所示，5 年内实现产品样机研制，10 年内实现极大型天线产品的研制，并力争取得在轨应用，逐步确立我国在国际星载天线技术领域的领先地位。

附 1　研究预期进展路线图

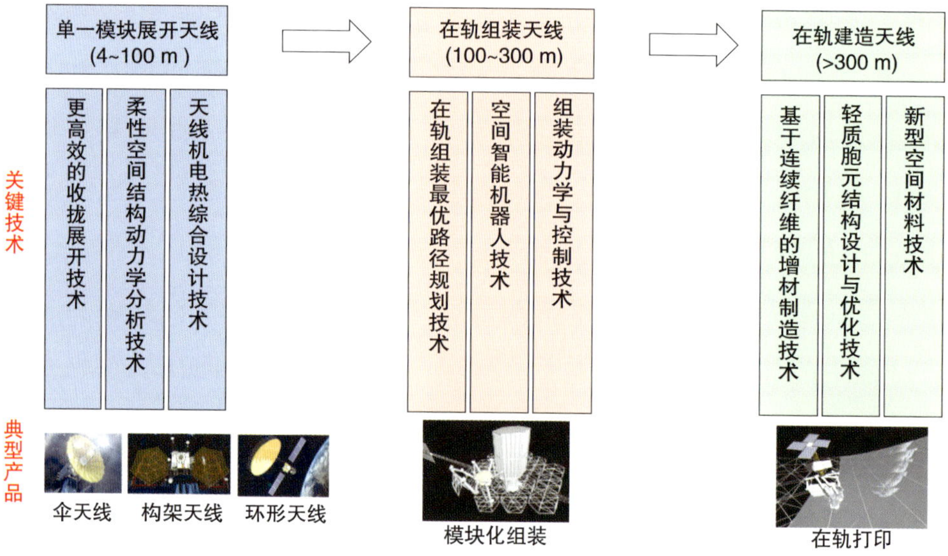

附 2　参考文献

［1］MA X F，LI T J，MA J Y，WANG Z Y，SHI C，ZHENG S K，CUI Q F，LI X，LIU F，GUO H W，LIU L W，WANG Z W，LI Y. Recent advances in space-deployable structures in China.［J］Engineering，2022，17（10）：207-219.

［2］马小飞，李洋，肖勇，等 . 大型空间可展开天线反射器研究现状与展望［J］. 空间电子技术，2018，15（2）：16-26.

［3］郑士昆，宋燕平，赵将，等 . 大型环形桁架天线进出地影期热致振动特性研究［J］. 中国科学：物理学 力学 天文学，2017，47（10）：73-80.

[4] 刘荣强，史创，郭宏伟，等．空间可展开天线机构研究与展望［J］．机械工程学报，2020，56（5）：1-12.
[5] 陈国辉，王波，华岳，等．嫦娥四号中继星伞状可展开天线关键技术研究［J］．中国科学：技术科学，2019，49（2）：166-174.
[6] SUN Z，YANG D，DUAN B，et al. Structural design，dynamic analysis，and verification test of a novel double-ring deployable truss for mesh antennas［J］. Mechanism and Machine Theory，2021，165：104416.
[7] DUAN B，YOU G Q. Optimization of large cable mesh surface antenna with both deployed and retracted states in space［C］//11th AIAA/ISSMO Multidisciplinary Analysis and Optimization Conference. 2006：6987.
[8] WONG K V，Hernandez A. A review of additive manufacturing［J］. International Scholarly Research Notices，2012，2012.
[9] 高彬彬．中美首次太空 3D 打印对比［J］．军民两用技术与产品，2020（8）：28-32.
[10] 刘飞，王炜，李金岳，等．3D 打印技术在空间飞行器研制中的应用研究［J］．航天制造技术，2018（6）：58-62.
[11] HOYT R，CUSHING J，SLOSTAD J S. Process for on-orbit construction of kilometer-scale apertures，Ththers Unlimited Inc［J］. Bothell，Final Report NNX12AR13G-FINAL，2013.
[12] HIRSCH M，STRAUB J. Development and design evolution of an in-space 3D printer［C］. 2017：5107.
[13] MCGUIRE T，HIRSCH M，PARSONS M，et al. Design for an in-space 3D printer［M］. SPIE，2016.
[14] MORAGUEZ M，WECK O D. Benefits of in-space manufacturing technology development for human spaceflight［C］. 2020.
[15] ROBE H，JESSE C，JEFFREY S，et al. SpiderFab：an architecture for self-fabricating space systems［C］. AIAA，2013.
[16] PATANE S，JOYCE E R，SNYDER M P，et al. Archinaut：in-space manufacturing and assembly for next-generation space habitats［C］. 2017：5227.
[17] 丁继锋，高峰，钟小平，等．在轨建造中的关键力学问题［J］．中国科学：物理学 力学 天文学，2019，49（2）：54-61.
[18] 卢秉恒．增材制造技术——现状与未来［J］．中国机械工程，2020，31（1）：19-23.
[19] MEGURO A，SHINTATE K，USUI M，et al. In-orbit deployment characteristics of large deployable antenna reflector onboard engineering test satellite VIII［J］. Acta Astronautica，2009，65（9-10）：1306-1316.
[20] ZOCCA A，LÜCHTENBORG J，MÜHLER T，et al. Enabling the 3D printing of metal components in μ-gravity［J］. Advanced Materials Technologies，2019：1900506.

[21] TIAN X，TODOROKI A，LIU T，et al. 3D printing of continuous fiber reinforced polymer composites：development，application，and prospective [J]. Chinese Journal of Mechanical Engineering：Additive Manufacturing Frontiers，2022：100016.
[22] SUGIYAMA K，MATSUZAKI R，UEDA M，et al. 3D printing of composite sandwich structures using continuous carbon fiber and fiber tension [J]. Composites Part A：Applied Science and Manufacturing，2018，113：114-121.
[23] LIU S，LI Y，LI N. A novel free-hanging 3D printing method for continuous carbon fiber reinforced thermoplastic lattice truss core structures [J]. Materials & Design，2018，137：235-244.
[24] HOU Z，TIAN X，ZHANG J，et al. 3D printed continuous fiber reinforced composite corrugated structure [J]. Composite Structures，2018，184：1005-1010.
[25] QUAN C，HAN B，HOU Z，et al. 3D printed continuous fiber reinforced composite auxetic honeycomb structures [J]. Composites Part B：Engineering，2020，187：107858.
[26] DONG K，LIU L，HUANG X，et al. 3D printing of continuous fiber reinforced diamond cellular structural composites and tensile Properties [J]. Composite Structures，2020，250：112610.
[27] YIN L，TIAN X，SHANG Z，et al. Characterizations of continuous carbon fiber-reinforced composites for electromagnetic interference shielding fabricated by 3D printing[J]. Applied Physics A，2019，125（4）：1-11.
[28] 王敏，时云，杨天豪，郭立杰，刘玉来. 空间在轨 3D 打印进展及关键问题分析 [J]. 航天制造技术，2021（3）：62-65+72.
[29] LEDERLE F，MEYER F，BRUNOTTE G P，et al. Improved mechanical properties of 3D-printed parts by fused deposition modeling processed under the exclusion of oxygen [J]. Progress in Additive Manufacturing，2016，1（1）：3-7.
[30] O'CONNOR H J，DOWLING D P. Evaluation of the influence of low pressure additive manufacturing processing conditions on printed polymer parts [J]. Additive Manufacturing，2018：404-412.
[31] QUINN M，LAFONT U，VERSTEEGH J，et al. Effect of low vacuum environment on the fused filament fabrication process [J]. CEAS Space Journal，2021.
[32] ZAPCIU A，CONSTANTIN G. Mechanical properties of thermoplastic polymers 3D printed in a low vacuum environment [J]. Proceedings in Manufacturing Systems，2020，15（4）：185-190.
[33] O'CONNOR H J，DOWLING D P. Low-pressure additive manufacturing of continuous fiber-reinforced polymer composites [J]. Polymer Composites，2019，40（11）：4329-4339.

［34］LI H，LIU B，GE L，et al. Mechanical performances of continuous carbon fiber reinforced PLA composites printed in vacuum［J］. Composites Part B：Engineering，2021，225：109277.

附 3　词汇索引

在轨增材制造，大型天线，复合材料，3D 打印

附 4　研究团队

单位名称：中国空间技术研究院西安分院

研究团队成员：马小飞、林坤阳、李洋、朱佳龙、杨健飞

三　超大型空间光学装置在轨组装与维护技术研究进展

【综述】

该技术难题自2020年发布以来，研究工作取得显著进展，受到国内外航天领域的广泛关注。

随着空间光学遥感观测分辨率需求不断提升，空间相机口径不断增大，已发展至4 m量级，根据国内外大口径反射镜研制能力，通常情况下，超过4 m量级口径反射镜很难再以整体镜方式进行研制，分块式在轨组装与维护空间望远镜成为主要发展趋势，通过模块化单元分批发射、在轨组装与维护，可以突破火箭整流罩尺寸限制和推进能力限制，显著增大未来空间光学装置系统规模，满足未来空间光学遥感科学任务发展需求。基于国际空间站、加拿大机械臂等空间设施，美国NASA、Ball Aerospace等提出了多个在轨组装空间望远镜方案，我国也围绕在轨组装与维护技术难点，开展了大量实物验证工作，识别了大量技术细节与风险。在多模块单元智能装配方面，突破了空间站机械臂技术，并优化了组装序列和组装路径，保证在轨组装高效准确顺利实施；在光学系统波前检测与控制方面，研究了多种传感器检测机制及调整措施，精度及稳定性逐渐符合空间光学装置成像质量要求，并可间接验证组装效果；在科学仪器方面，开展了大量星冕仪、光谱仪设计工作，后续还需加强在轨应用验证。10 m 量级空间望远镜在轨组装与维护技术，将分步于 2025 年前实现双臂协同组装、宽带波前检测、并联机构调整、刚性振动抑制、磁耦合无线电能传输，2030 年前实现多臂协同组装、深度学习波前检测、微促动器调整、挠性振动抑制、电耦合无线电能传输，2035 年前实现仿生 / 柔性机器人协同组装、智能波前检测、宏微促动器调整、复合振动抑制、激光无线电能传输。这些技术将为我国超大型空间光学遥感、在轨组装、在轨服务打下坚实基础，引领后续超大型空间光学装置的跨越式发展。

1 背景情况

1.1 科学应用

1.1.1 太阳系探测

太阳系探测是对太阳系内天体有待发现的内容进行观测，超大型空间望远镜通过长时间监测，可以获取木星、土星、天王星、海王星的大气动力学特性，通过对太阳系彗星、小行星、卫星和柯伊伯带天体高灵敏度成像、高分辨率成像、光谱成像，可以提供太阳系形成过程的重要信息。在过去几十年里，已发现太阳系的木卫二卫星在冰冷的表面下有液态水，需要对冰冷卫星进行高分辨率探测，以确定目前未知的木卫二间歇喷射活动的强度和频率。

1.1.2 宜居天体探测

宜居星球探测是在太阳系以外的数十个潜在宜居星球上寻找宜居条件和生命迹象，获取大量的各种恒星宜居带中行星的大气成分和表面条件数据。超大型空间望远镜需要从覆盖近紫外到近红外的宽波长范围的直接光谱中，分析物质各种分子组分，获取大气中各重要成分，包括水、分子氧、臭氧、二氧化碳和甲烷。支持行星尺度上的宜居性评价，并且可以评估生物圈在宜居行星中出现的概率。

1.1.3 行星探测

行星探测的目标是通过对比地球以及系内、系外行星多样性，发现行星系统的物化联系，提出、检验、完善行星大气演变理论，包括在一系列条件下的逃逸、温室效应和光化学效应，进而分析入射太阳通量、云雾、大气成分对行星表面温度、气候、大气结构的影响。超大型空间望远镜需要具备数百颗凌日行星成像能力、行星直接成像能力，通过比较各类别系内、系外行星特点，发现行星共同点。

1.1.4 恒星探测

恒星探测的目标是解开恒星的诞生和早期演化之谜。虽然恒星研究数百年来一直是天文学的主要课题，但详细的观测和计算机模拟近年来才开始出现，恒星是如何由气体和尘埃云形成的？为什么大多数恒星是成群形成的？行星系统是如何形成的？这些是目前面临的主要科学问题。恒星形成区域内的年轻恒星以复杂的辐射方式相互作用。恒星如何演化并将“金属”释放回太空以回收到新一代恒星和行星的细节仍有待通过观察来确定。观测表明，大多数恒星是在多个恒星系统中形成的，许多恒星都有行星，在恒星周围非常接近的轨道上发现了大量大质量行星。超大型空间望远镜需研究原恒星云如何坍缩、环境如何影响恒星形成、亚恒星质量的初始质量函数、原行星系统如何形成以及气体和尘埃的生命周期等具体问题。

1.1.5 星系探测

星系是宇宙的基本组成部分。理论和观测表明，星系是通过暗物质浓度的分层合并过程组装的。小物体首先形成，然后被拉到一起形成较大的物体，星系内的气团和尘埃受到连续几代恒星的光辐射，因此大质量系统的动态积累伴随着化学演化，这些发光物质与暗物质的相互作用产生了当今星系的美丽外观和多样化特性。超大型空间望远镜需结合成像和光谱探测，把星系形态、星系群以及恒星形成的速度，作为银河系质量、环境和宇宙纪元的函数进行统计测量。此外，暗物质的本质以及星系形成如何在小尺寸尺度上起作用也是当今科学面临的问题，技术途径是可以通过对宇宙中更暗、更小的结构进行成像，绘制宇宙中暗物质的分布图，研究电磁辐射中引力波源，从而来解决这些问题。

1.1.6　宇宙起源探测

宇宙起源及再电离研究是确定宇宙中第一个形成的发光源及宇宙电离过程。宇宙起源阶段没有离散的光源，最初的光源促使形成更大物体，进而形成巨型星系。第一个星系形成于大约一百万个太阳质量的恒星在惯性坐标系下的紫外和可见光辐射，这些辐射被红移到近红外谱段。为了探测到这些微弱的光源，超大型空间望远镜需要大视场、长曝光时间工作。第一批星系通过聚集气团和合并而增长。这些星系在紫外光下很亮，并开始解离氢原子的质子和电子。再电离代表了宇宙在大爆炸后经历的最后一次相位转变。每个星系都是从在其周围产生一个电离气团开始的。气团逐渐变大结合在一起，最终填满了星系之间的所有空间。第一束光和再电离之间的时间滞后是不确定的。超大型空间望远镜可以利用更遥远的类星体的光谱来确定再电离是由第一束光天体还是后来天体引起的，并辨别活动星系核（如类星体或其他超大质量黑洞）在电离化过程中的作用。

1.2　技术难题

1.2.1　在轨组装维护平台

将空间光学装置模块化单元堆叠发射后，在空间站机械臂、空间机器人组装过程中，存在动力学模型复杂、对接力控制难、对接过程干扰强等问题，需根据力跟踪误差实时调整轨迹，以适应复杂工况与外界干扰，使接触力在期望值内，从而保证模块单元对接成功的同时避免物理损毁。针对空间热环境，组装顺序规划时需考虑降低组装风险，同时提高组装效率。针对固定基座机械臂组装场景和气浮条件件组装场景，例如捕获非合作目标、执行在轨加注、维修等，需考虑如何精确响应并维持接触力。还需同时考虑刚性模块单元与柔性模块单元，解决在轨组装系统稳定性问题、组装精度问题。超大型空间光学装置通常探测距离较远，光学装置的快速指向及指向后的稳定度对平台提出了更高的要求。

1.2.2 光学系统检测与控制

空间望远镜能达到的性能水平很大程度上取决于望远系统和各科学仪器提供的波前稳定性，在每个控制步骤（<10 min）内要求达到 10 pm RMS 量级。波前控制步进时间由波前传感技术和用于执行传感的源光子数量决定。低阶波前传感通常使用被日冕仪掩模拒绝的恒星光子来估计视轴指向和低阶波前项。带外波前传感使用超出观测波长或空间频带的恒星光子，从而实现更高的空间频率灵敏度。已经在轨的韦伯望远镜（JWST）采用基于图像的相位复原法进行衍射极限共相位，然而在长时间的日冕仪观测期间，保持分块镜之间皮米级相位需要新的传感和控制架构，包括边缘传感器（电容式、电感式或光学式）、激光测量装置、人工导星、皮米级促动器等，用于刚体和面形校正。为了在 632 nm 实现衍射极限性能，分块镜应具有高刚度（大于 200 Hz）以实现动态稳定性，并满足加工曲率一致性、热稳定性要求。通常天体物理学和系外行星科学需要在 100 nm~2.5 μm 之间进行高通量观测，与现有最先进的技术相比，镜面镀膜应在 105 nm 处实现优于 50% 的反射率，同时不影响波长大于 200 nm 处的性能，镀膜工艺必须

可扩展到米级，并且可重复，以确保在数十量级分块孔径上实现一致的性能。为了保持皮米级波前差稳定性，需采用主被动隔离和动态干扰阻尼技术，通过多级稳像方法，在干扰源处进行被动隔离，在载荷与平台间进行主动隔离。

1.2.3　科学仪器

太阳系外行星探测是国内外多数空间望远镜的重要前沿科学任务，系外行星探测方法包括视向速度测量、凌星法、微引力透镜等间接探测方法和直接成像法。直接成像法能在物理空间上将行星反射光与宿主恒星辐射光分开，从而直接观测到行星信号。直接成像法的挑战在于恒星与行星的光强差异极大，恒星辐射光强通常是行星反射光强的 10^6~10^{10} 倍，为了解决这一难题，需采用高对比度星冕仪技术，对恒星光能量进行调制，使隐藏在强背景光中的行星能够被成像。分块式空间望远镜各分块镜间存在着不容忽视的间隙，这些间隙会引起额外的衍射，制约高对比度成像观测性能。分块孔径高对比度日冕仪需要新的日冕仪架构，包括切趾器、遮光体、Lyot 光阑等。此外，变形镜是日冕仪的关键部件，负责校正残余波前误差，以充分抑制日冕仪焦平面中的斑点。当获取到暗斑时，变形镜必须通过校正光学系统其余部分的慢速漂移来保持对比度，当未主动控制时，变形镜必须保持稳定，以免引入波前漂移。日冕仪的外工作角从根本上受到变形镜直径上致动器数量的限制，因此需要大幅面变形镜来获取更大的视场。

分块孔径高对比度日冕仪直接成像获取的行星信号，进入光谱仪进行行星大气成分分析，可以识别类地行星候选体，甚至确认生命信号。由于单狭缝光谱仪一次只能获取一个天体信息、多狭缝光谱仪狭缝板制作后不可更改、光纤光谱仪对密集星场成像存在约束且需要天光背景校正，积分视场光谱仪成为天文光谱观测研究热点与难点。积分视场光谱仪可以获取连续变化波长的图像数据集，通过多路复用目标表征和判别提高测量效率，并支持宽带波前传感和控制。积分视场光谱仪关键技术包括分视场技术、色散技术。在分视场方面，目前主要有两种方式，分别是 Keck 望远镜的 OSIRIS 微透镜阵列和 VLT 望远镜的 SINFONI 像切分器。在色散方面，棱镜透射式元件容易变形失真，且尺寸很难做大，光学效率低，反射式衍射光栅由于色散程度不同会出现不同波长光谱之间的重叠现象，且只能将入射光在一个方向上进行色散，并不能利用整个方形探测器。利用正交色散元件可以进一步提高色散程度和光谱分辨率，Keck 望远镜的 HIRS 光栅和 VLT 望远镜的 UVES 光栅采用了该技术路线。为了兼顾成像和光谱两种功能，棱栅近年来也得到了应用，棱镜用于调整入射到反射式衍射光栅的角度，光栅用于色散，可以支持光谱和成像进行共光路设计，但需要分时工作。

在探测器方面，亟须提高紫外探测器、可见光近红外探测器灵敏度、规模、动态范围、抗辐照性能。在紫外探测器方面，开发大画幅、高灵敏度、高动态范围紫外探测器，可以实现紫外谱段宽视场成像和多目标光谱成像，面临的主要问题是如何实现大像素数和高填充因子，同时保持其他性能不变，技术途径包括使用曲面探测器，简化中继光学系统，减少反射光学元件，发展大规模微通道板阵列，实现宽视场性能要求。在可见光 / 近红外探测器方面，开发零读取噪声（即光子计数）、极低暗电流和杂散计数率探测器，可以最大限度提高系外行星观测数量，并且在某些情况下可以支持积分视场光谱仪进行系外行星光谱探测。面临的主要问题是实现大规模单光子探测，技术途径包括进一步提高探测概率，提高可见光、近红外谱段量子效率，以支持关键系外行星观测及多路复用光谱探测。

2　问题研究进展

2.1　超大型空间光学装置在轨组装项目

2.1.1　美国可扩展空间望远镜模块化轨道演示项目（MODEST）

可扩展空间望远镜模块化轨道演示项目（Modular Orbital Demostration of an Evolvable Space Telescope，MODEST），谱段 0.092~2 μm，衍射极限 0.01″，视场角 4.8′，主镜口径 1.5 m，包括 6 块分块镜，分块镜形状为六边形，边到边距离 0.5 m。MODEST 装配过程如图 1 所示。装配以中心框架为装配基准，中心框架包括 3 个侧面，每个侧面具有 4 个装配插孔和 1 个锁定接口，每两块分块镜为 1 组装配模块，通过锥形定位导轨，与中心框架依次进行安装，装配结束后，通过锁定机构进行锁定。次镜采用可折叠桁架杆形式进行支撑，展开后进行装配。

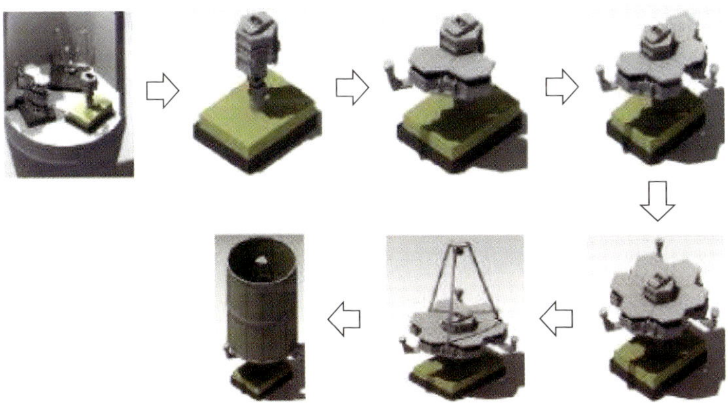

图 1　MODEST 装配过程

2.1.2 美国国际空间站光学测试集成试验项目（OpTIIX）

国际空间站光学测试集成试验项目（Optical Testbed and Integration on ISS eXperiment，OpTIIX），主镜口径 1.423 m，包括 6 块分块镜，分块镜形状为六边形，边到边距离 0.423 m。OpTIIX 装配模块划分如图 2 所示。装配以中心框架为装配基准。每两块分块镜为 1 组装配模块，与中心框架依次进行安装。次镜、三镜、快速指向镜安装在次镜塔模块内。

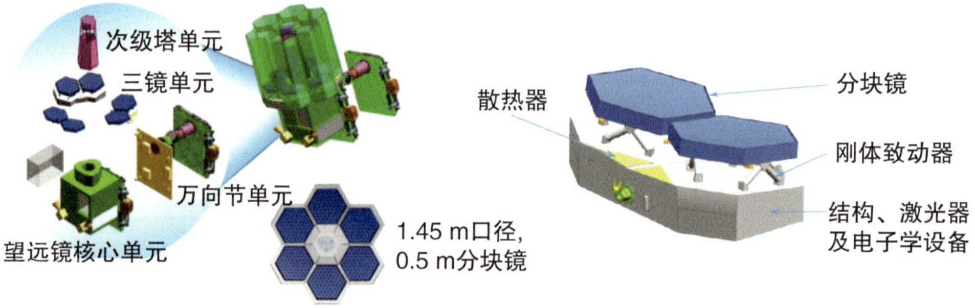

图 2　OpTIIX 装配模块划分

2.1.3 美国现代宇宙空间望远镜项目（MUST）

现代宇宙空间望远镜（The Modern Universe Space Telescope，MUST）是美国 Ball Aerospace 公司设计的一种在灵敏度和成像分辨率上都跨越新阈值的光学紫外望远镜，将在日地 L2 点上实现机械臂在轨组装，拼接口径达 10 m，集光面积 50 m^2 以上，望远镜采用模块化接口设计，用于扩展未来科学任务。主镜采用半刚性设计，包含 16 个相同的分块镜组件，每个分块镜边长约 2 m。MUST 装配过程如图 3 所示。16 个分块镜组件分布在以计量环中心为圆心的同心圆上，每个分块镜组件包含分块镜、相位调整机构及支撑背板，其中支撑背板靠近计量环一侧装有定位销和锁紧结构，对侧配有固定卡具，便于机械臂抓取；

次镜组件包含反射镜、调整机构、支撑结构，其中支撑结构采用折叠腿设计，装配前折叠并固定于分配器上，在轨利用机械臂锁定到计量环上完成在轨装配。

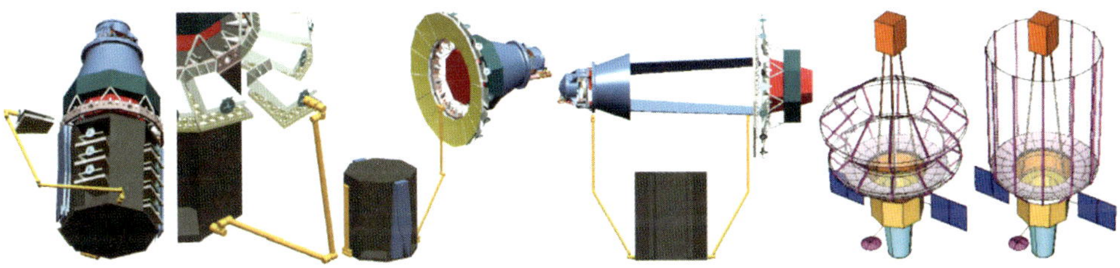

图 3　MUST 装配过程

2.1.4　美国在轨组装望远镜项目（iSAT）

在轨组装望远镜（in-Space Assembled Telescope，iSAT）是 NASA 提出的一种模块化、可扩展、可维修在轨组装望远镜项目。该望远镜共包括 5 台科学仪器，将搭载 5 m 级整流罩运载火箭，分 6 次发射，通过监督式自主机械臂完成在轨装配，最终运行在日地 L2 轨道。该望远镜采用离轴反射式光学设计，可在紫外 / 可见光 / 红外波长下工作，主镜口径为 20 m，包含 24 个单元模块，每个单元包含 7 个可调控分块镜组件。iSAT 装配过程如图 4 所示。主镜支撑采用一种新型三桁架结构，为了便于模块组装，在节点位置增加了多螺母设计，针对三节点连接的模块接口，使用松脱螺栓预加载进行模块连接。

2.1.5　中国超大口径在轨组装空间望远镜关键技术研究项目

2017 年 10 月，经中国科学院组织推荐，国家科技部立项批复，由长春光学精密机械与物理研究所牵头联合英国萨里大学合作承担国家重点研发计划战略性国际科技创新合作重点专项“超大口径在轨组装空间望远镜关键技术研究”项目。该项目面向人类未来超大口径空间

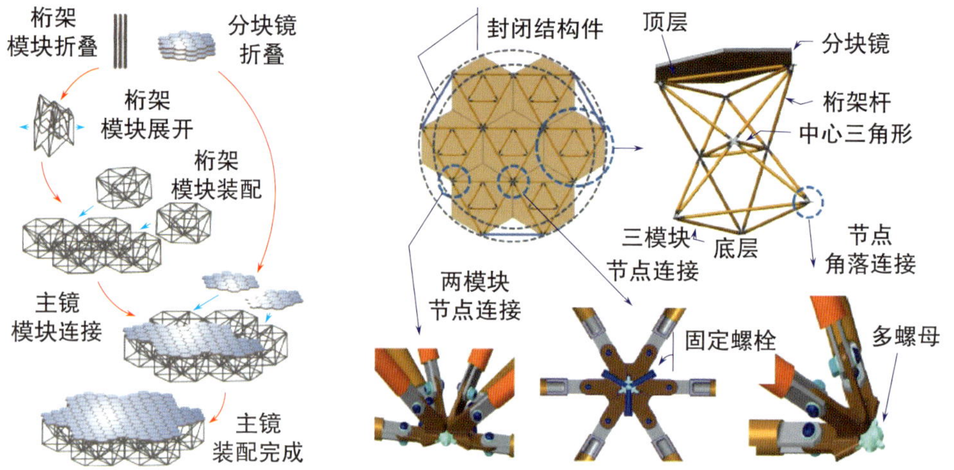

图 4　iSAT 装配过程

望远镜的科学应用需求，规划技术路线，开展 10 m 级口径在轨组装空间望远镜的方案论证，并通过关键技术攻关验证、样机研制，为实施超大口径空间望远镜在轨组装奠定技术基础。项目总经费 731 万元，周期为 3 年。

2.1.6　中国在轨组装空间望远镜研究项目

北京空间机电研究所获得国家重大项目支持，开展了在轨组装空间望远镜的研究工作，突破了多项 10 m 量级空间望远镜关键技术，技术成熟度达 4 级，相关技术成果可进一步进行在轨验证。

2.2　在轨组装与维护关键技术研究进展

2.2.1　多模块单元智能装配技术

（1）空间站机械臂技术

空间站机械臂技术用于超大型空间光学装置在轨组装及维护任务中爬行、模块抓取、装配及测量。近 50 年来，加拿大、日本、欧洲先后研制了多个空间站机械臂，最具代表性的是应用于国际空间站上的加拿大 II 臂、日本臂（JEMRMS）及欧洲臂（ERA）。

加拿大 II 臂包括活动基座系统（MBS）、空间站遥控机械臂（SSRMS）和专用灵巧机械手（SPDM）三个部分，其中空间站遥控机械臂（SSRMS）长 17.6 m，直径 0.35 m，质量达 1497 kg，可在太空移动 116 t 重的载荷，拥有 7 个自由度，可以在国际空间站上移动，还可以在一端安装专用灵巧机械手，用于在国际空间站执行精细的维护和维修任务，配备了灯光、视频设备、一个工具平台和四个工具架，机械手通常位于移动基座上用空间站遥控机械臂抓起来操纵，无载荷情况下，运动速度达 37 cm/s，有载荷情况下，采用地面遥控方式运动速度可达 2 cm/s，采用在轨控制方式运动速度可达 15 cm/s，加拿大 II 臂末端定位精度为 64 mm。

日本臂由主臂和小臂两部分组成，主臂用于转移大型物体，具备 6 个自由度，长 10 m，质量 780 kg，抓持能力最大 7000 kg，指向精度 ±1°，运动速度可达 60 mm/s；小臂用于精细操作，长 2.2 m，质量 190 kg，抓持能力最大 300 kg，指向精度 ±1°，运动速度可达 50 mm/s。

欧洲臂末端执行器的圆周上均布三个锁定爪，用于对载荷实施捕获，设计载荷为 8 t。欧洲臂末端执行器上设计有特殊的触觉传感器，依靠触觉传感器反馈的接触力信息实施对载荷的捕获，ERA 末端执行器在进行捕获时要求与之配合的机械臂具有较高的控制精度，因此不适合对空间自由漂浮的载荷尤其是较小质量和惯量的漂浮载荷实施捕获抓取。ERA 末端执行器上集成有三个电气插头，用于实现末端执行器与载荷之间的电气连接。同时在 ERA 末端执行器的中间部分设计有机械工具接口，可以实现对空间设备的维护。ERA 末端执行器的捕获和电气连接机构采用同一电机驱动。

2021 年 4 月，我国空间站天和核心舱机械臂（大臂）发射成功，先后完成了机械臂在轨测试、爬行、舱外状态巡检、支持航天员出舱活动、转拉货船及大小臂组合与协同操作等任务。2022 年 7 月，空间站问天实验舱机械臂（小臂）发射成功。2022 年 11 月，天和核心舱机械臂与问天实验舱机械臂完成在轨组合测试，并圆满完成了第一次利用组合臂支持航天员出舱活动任务。大臂操作半径较大，全长 10.37 m，负载能力强，最大负载 25 t，主要完成大尺寸或大质量负载搬运、大范围转移、舱段转位对接等类型任务；小臂全长 5.69 m、最大负载 3 t，可主要完成精细操作类型任务。两个机械臂均具有单舱或跨舱爬行功能，又能通过级联方式形成组合臂，全长超过 15 m、最大负载 3 t，可进行更大范围内精巧操作任务。机械臂末端预留机电热等扩展接口，可进一步扩展机械臂操作能力。机械臂系统组成如图 5 所示。

（2）装配序列规划与路径规划技术

为了高效准确完成超大空间光学装置在轨装配任务，在空间站机械臂执行动作前，需进行序列规划和路径规划。针对装配速度要求，序列规划完成模块划分，确定装配先后顺序。在序列规划基础上，路径规划综合考虑约束条件，通过逆运动学运算给出机械臂末端路径到关节运动的对应关系，针对机械臂爬行、巡检等任务需求，在机械臂多模式切换的基础上，采用“大范围转移运动”与“短距精准运动”相结合的形式，实现爬行移动和特定位姿巡检。针对机械臂关节空间运动，采取二次规划优化算法及梯形速度规划设计关节运动速度及轨

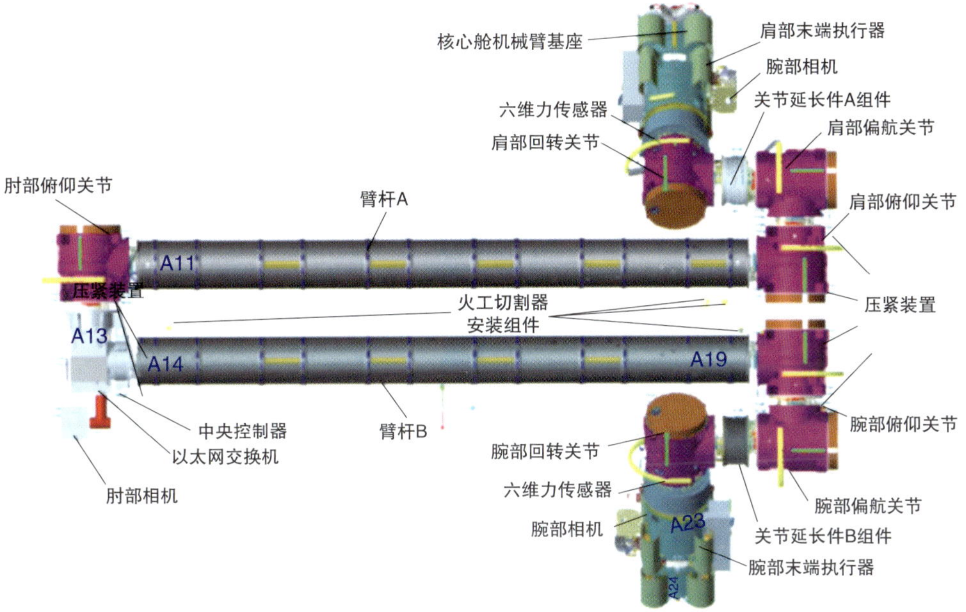

图 5 机械臂系统组成

迹；针对笛卡儿空间运动，则采用最短直线规划，将规划所得的末端速度通过机械臂雅克比矩阵映射到机械臂关节空间，获取机械臂关节运行速度及轨迹。在容错规划方面，采用模型重构与调整策略，给出末端轨迹容错概率评估方法和运动模型切换方法，应对由于在轨故障引发的机械臂关节重组、自由度数增减和末端坐标系变化等情况；引入基于退化可操纵度梯度投影容错路径规划算法，通过设置向量补偿函数，既可保证末端速度、末端力无突变，又能最大限度抑制关节速度、关节力矩突变，实现对关节运动参数、关节力矩控制参数的突变抑制。

北京理工大学通过半物理仿真模型验证了空间机器人动力学模型和力控制算法的准确性，搭建了基于气浮法的飞行机器人试验平台，设计了飞行机器人运动试验，通过模块单元组装对接试验平台进行不同数量接口的对接试验，验证了模型参考自适应阻抗控制方法的有效性。

2.2.2 光学系统波前检测与控制技术

现有的波前检测技术主要包括：色散条纹传感（Dispersed Fringe Sensor）技术、相位复原（Phase Retrieval，PR）技术、相位差（Phase Diversity，PD）技术等。典型波前检测系统如图 6 所示。

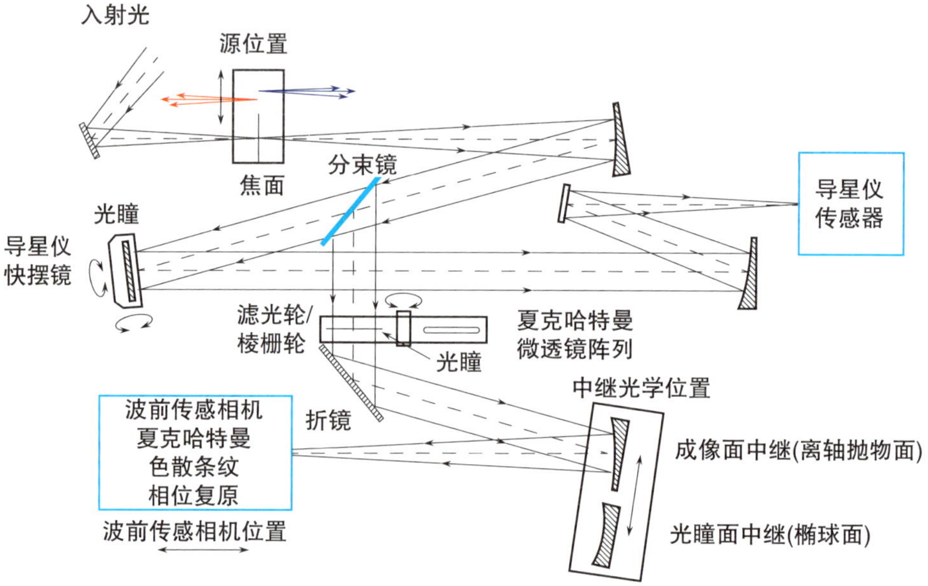

图 6　OpTIIX 波前检测系统

（1）激光计量桁架技术

激光计量桁架技术是在次镜展开后，通过安装在分块镜、后光学系统参考基面上的激光光束发射器，以及安装在次镜上的逆向反射器，计量主镜、次镜、后光学系统相对位置关系，并将测量结果实时反馈至次镜六自由度调整机构，从而对位姿误差进行校正，保持主镜、次镜、后光学系统全局对准。LUVOIR 望远镜选取了主镜的 6 个位置分别安装了 6 组激光发射器，每组激光发射器包括 3 个波束，另外在后光学系统也安装了 3 波束激光发射器，利用逆向反射器返回信号，通过外差检测方法，检测距离变化，然后将测得的位移传递到控制系统，与其他计量和波前传感数据集成，命令主镜致动器、次镜致动器和变形镜致动器保持波前稳定，相对位置测量精度可达 10~100 pm@10 Hz，控制带宽为 1 Hz。

2022 年中国科学院云南天文台针对中国巨型太阳望远镜（CGST）主次镜对准需求，提出了基于激光干涉测距的激光桁架主动对准方法。运动分析与光学建模结果表明，在可见光谱段测距误差在 5 μm 以内、环境温度梯度小于 0.381 K/m 时，由对准误差引起的波前精度可达 $\lambda/10$，并能够在 10 Hz 的测量频率下实现优于 $\lambda/45$ 的灵敏度。

（2）边缘传感技术

边缘传感技术是在激光计量后，通过边缘传感系统将相邻线段与激光“锚点”线段对齐；在共相定标后，天文观测过程中通过边缘传感器测量相邻分块镜的位姿变化，维持镜面共相状态。边缘传感器的测量精度对共相维持至关重要。目前世界上的大型拼接望远镜采用的边缘传感器主要有电容式、电感式、电涡流式等传感器。三十米望远镜（TMT）与 Keck 望远镜采用类似的电容位移传感器技术，如图 7 所示，$2f=2B-b_1-b_2$，其中 Keck 传感器量程为 −12~12 μm，测量精度为 3 nm，实际工作精度为 10 nm RMS 左右，温度漂移大约 2 nm/℃，时间漂移为每周 3.2 nm，为此 Keck 望远镜每隔 3~4 周对边缘传感器的零点进行一次定标；TMT 传感器量程为 200 μm，测量精度为 1 nm RMS，其精度虽有大幅提升，但受介质影响较为明显。欧洲的 E-ELT 望远镜采用德国米铱公司研制的电感式边缘传感器，量程为 400 μm，分辨率为 0.5 nm，重复精度为 1 nm，对介质不敏感但仍有温漂，在实验测试中温度变化 28 ℃传感器读数变化 37 nm，温度漂移为 1.32 nm/℃。中国科学技术大学研制了电涡流位移传感器，分辨率达到 0.07 nm，补偿后温漂小于 3 nm/℃，距离实际工程应用还有一段距离；南京天文光学技术研究所基于 DE30.200 电容传感器搭建了类似 Keck 的高精度差分边缘传感器，在恒温控制条件下，精度可以维持在 20 nm RMS 以下。

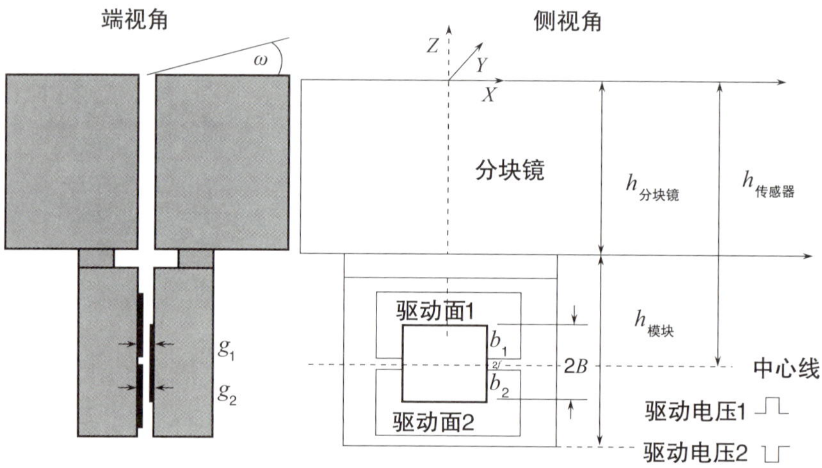

图 7 TMT 边缘传感器设计

2021 年南京天文光学技术研究所提出了基于光学等厚干涉原理的边缘传感器方案（图 8），可实时获取分块镜拼接的绝对误差，从原理上避免了温漂、时漂、电噪声等误差，倾斜测量误差可达 0.02″，平移测量误差可达 20 nm；2022 年中国科学院云南天文台天文技术实验室提出了采用光学探测对机电式边缘传感器进行短周期定标的方法，解决传感器零点漂移问题，其检测精度优于 5 nm，控制带宽可达 0.24 Hz。

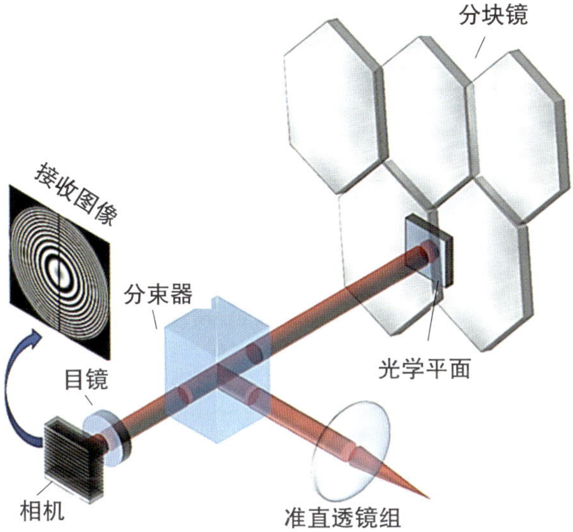

图 8　基于光学等厚干涉原理的边缘传感器方案

（3）色散条纹传感技术

色散条纹传感技术是一种白光干涉检测技术，通过从相邻分块镜拼接区域的干涉图样中采集能量信号，拟合光强分布曲线，获得 piston 误差值。典型系统组成如图 9 所示。JWST 和 GMT 在粗共相工作中使用了该技术，分别达到 200 nm RMS 和 70 nm RMS 的检测精度。为了使分块式空间望远镜达到或接近衍射极限的成像质量，在精共相阶段该 piston 误差测量精度应小于 $\lambda/20$。中国科学院成都光电所提出了一种基于色散条纹积累的左峰减右峰 piston 误差检测方法（DFA–LSR），该方法弥补了主峰位置法在像素数中存在恒定偏移的缺陷，且在信噪比比较差的情况下也能保持相对较好的性能，实验表明测试精度可达 10 nm RMS。北京空间机电研究所基于色散瑞利干涉条纹原理，提出了一种二维色散条纹处理方法，搭建了一套分块镜 piston 误差检测的实验装置，利用透射式相位板旋转产生光程差，模拟拼接产生的共相位误差，经验证表明，该方法测量精度可达 6.56 nm。

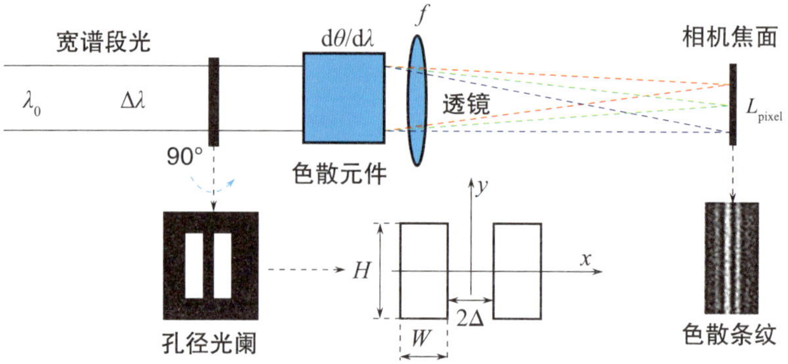

图 9　色散条纹传感系统

（4）相位复原技术

相位复原（PR）技术根据点光源经过光学系统所形成的一幅焦面图像进行波前探测，由于探测结果具有不唯一性，通常需要采集多幅已知像差（常选择离焦）图像进行解算。PR 波前探测技术的核心思想为 GS（Gerchberg Saxto）算法。目前 PR 技术可大致分为迭代变换相位复原法和参数相位复原法（非线性优化相位复原法）。

美国喷气推进实验室提出的迭代变换相位复原法首先对瞳面相位信息进行假设，利用已知的瞳面和焦面振幅信息进行约束，利用正、逆傅里叶变换反复迭代，最终实现波前复原。从 GS 算法衍生出的迭代变换相位复原算法有 Misell-Gerchberg-Saxton 算法和混合算法等。2006 年 NASA 提出用 PR 技术探测 JWST 波前的方法。2012 年 Ball Aerospace 公司与 NASA 将迭代变换相位复原法成功应用于 JWST 中，最终系统的波前误差可达 50 nm。

美国罗切斯特大学提出的非线性优化相位复原算法也要对瞳面相位信息进行假设，与迭代变换法不同，该方法不是利用瞳面、焦面振幅信息进行约束，而是设定一个评价函数来量化仿真结果与实测结果的关系，然后利用非线性优化算法，通过改变相位值减小评价函数，当评价函数满足设定值时，完成波前复原。1982 年 ERIM 公司对非线性优化相位复原算法和传统迭代变换相位复原算法进行了对比，得出基于梯度的非线性优化算法收敛速度比传统迭代变换算法快的结论。1993 年 ERIM 公司推导了相位复原法的评价函数梯度，极大减少了非线性优化复原算法的计算量。1999 年 ERIM 公司通过改进相位复原算法评价函数的梯度解析式，将 PR 技术扩展到宽带系统、欠采样系统。2006 年，罗切斯特大学将 PR 技术扩展到未知瞳面振幅信息的系统。

2021 年北京理工大学提出了一种基于卷积神经网络的相位复原方法，采用基于小波变换的图像融合技术对焦面和离焦图像进行融合处理，在不损失图像信息的同时简化卷积神经网络的输入，网络模型训练完成后可依据输入的融合图像直接表征波前相位的 4~9 阶 Zernike 系数，波前传感精度可达 0.015λ RMS（λ=632.8 nm），解决了传统 GS 算法在一定程度上依赖于迭代转换或迭代优化初值的问题。

（5）相位差技术

相位差（PD）技术是 PR 的改进技术，通过采集未知扩展目标经过光学系统所形成的多幅已知像差（常选择离焦）图像进行波前探测和未知扩展目标的估计。除光源选择扩展光源外，该技术原理与 PR 技术基本一致。

1982 年，Gonsalves 将 PD 技术应用于自适应光学领域，描述了该技术的数学表达式，并进行了简单的数值仿真。1988 年，Paxman 等利用 PD 技术探测拼接镜的平移误差，并通过仿真验证了该方法的有效性。1992 年 Paxman 等在高斯噪声和泊松噪声模型下，推导了 PD 技术的评价函数梯度，极大减少了非线性优化复原算法的计算量。1994 年 Kendrick 等改进了 PD 波前探测技术的评价函数，提出了无迭代广义回归神经网络（GRNN）相位复原方法，并通过实验验证了该方法的有效性。1998 年 Lofdahl 等基于 PD 技术搭建了一套用于 KECK II 望远镜子镜平移误差探测的实验平台，并完成了初步实验，结果表明，该算法需要在自适应光学系统的辅助下才能正常工作，原因是实验数据是在大气湍流情况下获得的，为了增强算法的鲁棒性，仍需进一步分析大气湍流对 PD 技术的影响。

2012 年成都光电所对 PD 探测拼接主镜平移误差的方法进行了理论分析和实验验证，结果表明，PD 对拼接镜平移误差的测量精度大于 $\lambda/20$。2015 年长春光机所利用改进的 BFGS 算法求解拼接镜的共相误差，使 PD 算法的评价函数在凸函数和非凸函数情况下，都可得到收敛。2023 年北京空间机电研究所将 PD 法应用于北京三号 B 卫星光学相机波前探测，获得了稳定且精度较高的波前信息。

（6）波前调整技术

波前调整技术是在分块式空间望远镜按模块完成组装后，根据不同量程及精度的仪器测量结果，有序控制相应作动器，进行波前调整的技术。JWST 将调整过程分为初成像、次镜共焦扫描、分块识别、分块搜索、分块阵列成像、全局对准、图像堆积、粗共相位、精共相位、多仪器多视场对准、波前控制与保持等 11 个步骤。过程中应用了色散条纹传感技术、相位复原技术等。OpTIIX 波前调整过程如图 10 所示。各分块镜之间初始姿态误差达到毫弧度级，初始位置误差达到毫米级，先消除姿态误差，再将位置误差从毫米级调整至微米级完成聚焦，再将位置误差从微米级调整至百纳米级完成波长级共相位。分块镜初始波前差达到 10 纳米量级，通过面形调整，将波前差调整至纳米级，从而达到衍射极限。过程中精细导星传感器功能包括：扫描反射镜用于导星获取；高速探测器用于 1 kHz 指向误差估计。波前传感器功能包括：夏克哈特曼传感用于初始对齐；色散条纹传感用于分块镜共相位；相位复原技术用于精细波前调整。

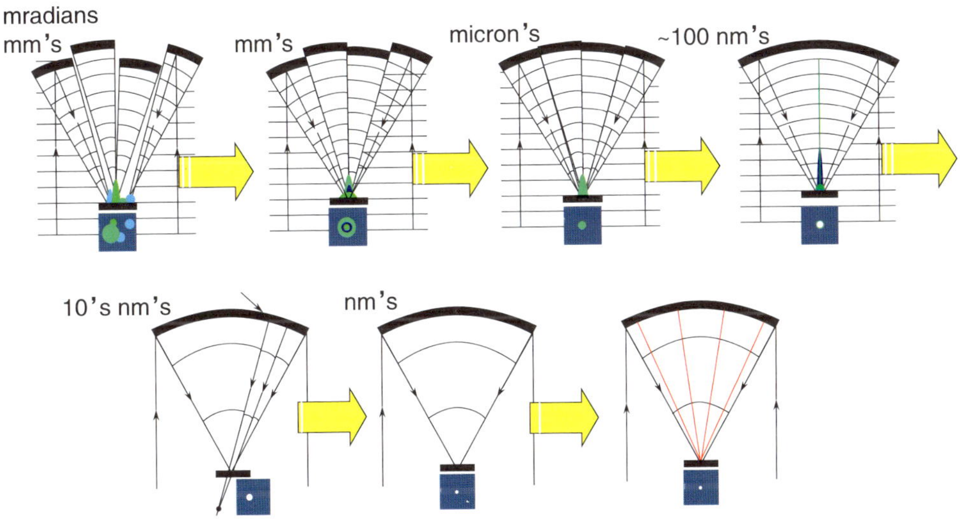

图 10　OpTIIX 波前调整过程

2.2.3　超轻分块镜组件技术

（1）超轻分块镜加工技术

超大型空间光学装置口径逐渐增大，分块镜研制成本急剧增加，亟需分块镜超轻量化加工手段，在保证分块镜性能前提下压缩成本。国内外空间望远镜采取不同材料技术路线，分别进行了反射镜轻量化技术研究。

在 ULE 反射镜方面，VLT 空间望远镜反射镜面密度达 400 kg/m^2，HST 采用轻量化技术，面密度达 140 kg/m^2；在 Be 反射镜方面，JWST

采用轻量化 Be 镜，面密度达 25 kg/m^2。

在 SiC 反射镜方面，美国 Xinetics、SSG、POCO 和德国 IABG 等单位已采用不同的工艺制备出几百毫米到米级的超轻量化 SiC 反射镜，面密度均小于 25 kg/m^2，IABG 所制备的 SiC 反射镜面密度甚至达到了 8 kg/m^2，Herschel 的 3.5 m 主镜的面密度仅为 21.8 kg/m^2，次镜的面密度也低至 28.2 kg/m^2，OpTIIX 采用轻量化 SiC 混合驱动反射镜，面密度达 15 kg/m^2。

长春光机所采用真空辅助凝胶注膜和反应烧结法制备了直径为 500 mm 的 SiC 材料反射镜，面密度可达 11.7 kg/m^2，结果显示，在真空环境下浇注，坯体没有宏观缺陷，面形精度达到 0.043λ RMS（λ=632.8nm）。

（2）超轻分块镜支撑控制技术

随着望远镜口径的增大，主镜分块镜尺寸和数量随之增加，并且各分块镜面密度逐渐降低，各分块镜面形受力热影响增大，支撑难度急剧增加。

Keck、HET、SALT、GTC、LAMOST、TMT、E-ELT 等望远镜均采用 Whiffletree 加中心膜片支撑方案，典型结构如图 11 所示，轴向采用 Whiffletree 支撑，径向采用中心膜片支撑，整个系统由位移促动器调节镜面平移和倾斜误差，并由翘曲弹簧结构（Warping Harness）控制分块镜的面形。在主镜尺寸更大、分块镜厚度更薄，受自重影响程度更大情况下，不仅需要位移促动器的行程更大，而且控制重力变形的难度也更大，因此可以使用作为中间级的刚性移动架，将分块镜与促动器施加的变形力分离开，还可以平衡 Whiffletree 的径向力。Whiffletree、Sheet Flexures 和移动框架由铝制成，支撑镜子柔性杆和 Whiffletree 的枢轴为不锈钢，径向支撑的中心膜片由低膨胀率的殷钢制成，并使用树脂与分块镜连接。分块镜支撑系统可通过调整 Whiffletree 的枢轴来弥补不同种分块镜类型的微小尺寸差异。

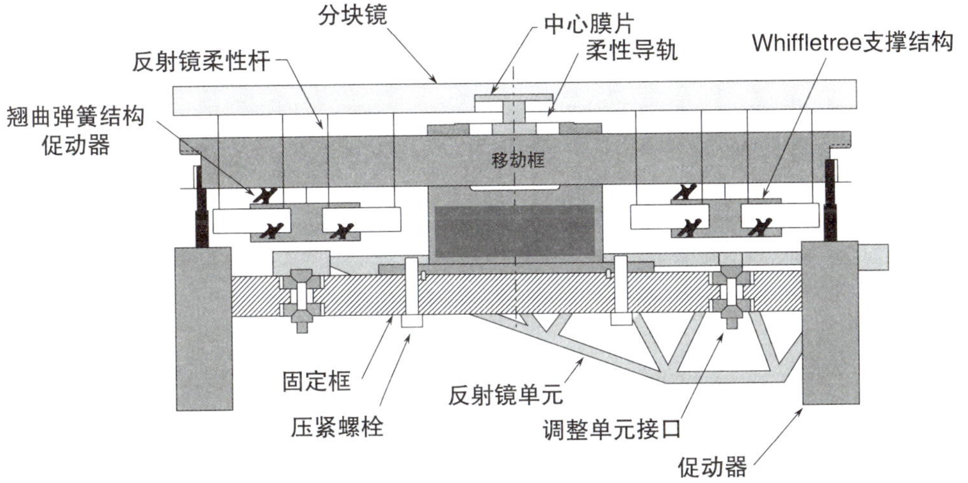

图 11　TMT 分块镜组件结构

JWST 分块镜组件结构如图 12 所示，采用铍材料 Whiffle 支撑，上面连接铍三角框，铍三角框上面连接六自由度促动器（3 组 Bipods），每个促动器最小步长小于 10 nm，调节范围大于 17.5 mm，用于调整分块镜位置和姿态，铍三角框上面连接操作环，操作环与三角框之间通过背板接口挠性连接，用于吸收振动和隔离振动，分块镜中心安装曲率调节促动器，配合连接在分块镜边缘的 6 个铍杆，用于调整分块镜曲率。

MODEST 分块镜组件结构如图 13 所示，与 TMT、JWST 等分块镜组件结构不同的是在镜子背部加强筋上沿镜面方向均匀排布安装了多个位移促动器，可以同时调整面形和曲率。

图 12　JWST 分块镜组件结构

图 13　MODEST 分块镜组件结构

长春光机所设计了一种 6-PSS 并联机构反射镜调整机构，测试结果显示，位移分辨率优于 0.1 μm，角分辨率优于 0.5″，双向重复定位精度达到亚微米 / 亚角秒量级（ ± 0.4 μm/ ± 0.3″），其绝对定位精度可以达到微米 / 角秒量级，满足大型空间望远镜在轨成像要求。

2.2.4 超大型光学装置振动抑制技术

超大型空间光学装置 10 m 级主支撑结构、20~30 m 级次镜支撑桁架，需满足高位置稳定性要求，结构和机构要具备高效振动抑制能力。传统驱动器的体积和质量都较大，不便于在轨航天器实现挠性主动抑制，较适合于固定系统或地面系统的振动控制。压电材料具有质量小、易于粘贴于主体结构表面或埋入主体结构内、频响高、灵敏度高、能量密度高、温度敏感性低等优点，使得压电材料适合于航天结构的挠性振动主动抑制。压电陶瓷（Piezoelectric Ceramic Transducer，PZT）和压电纤维复合材料（Macro Fiber Composite，MFC）是目前使用最为广泛的压电材料。凭借较强的压电性能和较好的稳定性，压电陶瓷被广泛应用于传感器、振动控制、换能器等领域，是当前应用最为普遍的压电材料。压电纤维复合材料驱动器以其良好的驱动性能得到了广泛的发展和应用。相比传统的 PZT，MFC 具有很大的优势。PZT 材料脆性大，易碎，不便于加工，同时对于粗糙的材料表面不便实现粘贴，这些缺点限制了 PZT 材料的应用范围。MFC 改善和增强了 PZT 材料的脆性和柔韧性，同时又延续了 PZT 材料频响高、灵敏度高的优点，并且能量密度更高。MFC 已在结构压电主动控制中显示出了极大的优越性。

上海航天控制技术研究所在航天器的柔性体受到脉冲载荷激励的条件下，使用 MFC 驱动器实现了对航天器挠性振动的快速抑制，并且同时保持中心刚体姿态的稳定性，即能够实现挠性振动与姿态运动的协同控制，基于 MFC 的主动控制方法对高频响应也具有较好的控制效果。

2.2.5 无线电能传输技术

无线电能传输技术用于在轨组装和维护过程中各模块的能量供给问题，包括各分块镜调整、热控等。在分块式空间望远镜系统中，有线传输所需的线缆与接插件在质量上给整体带来了不可忽视的影响，存在组装风险，为了摆脱传统有线传输带来的各种不利影响，非接触无线充电技术将用于机械臂组装时分块镜之间的电能供应，成为解决分块式空间望远镜主镜的能量传输问题的一种重要手段。无线电能传输技术根据不同的传输机理可被划分为磁场耦合式、电场耦合式、微波式、激光式、超声式，可实现不同距离和功率等需求的能量传输。磁场耦合式无线电能传输技术成熟度最高，更适用于空间组装环境。2008 年美国英特尔公司研发出一款可在中远距离进行无线充电的装置，能够为 1 m 范围内的中小型功率的设备供电，传输功率为 60 W，最大传输效率可以达到 75%，能够同时传输能量与信号。同年，美国加州理工学院开展了三维空间的无线电能传输技术研究，能够为 15 cm 内任意位置的用电设备传输 3 W 的功率。2012 年日本东京大学在传输距离 200 mm 的条件下，以 96% 的效率无线传输了 100 W 电能。日本埼玉大学采用 H 型磁心双面绕组构造，在传输距离 70 mm 的条件下，可传输 1.5kW 电能，传输效率超过 93%。2021 年美国佛罗里达国际大学提出了一种动态磁场耦合式电能传输系统的多目标优化设计方法。同年，新西兰奥克兰大学提出了一种阵列式电感线圈传能系统，可为移动状态下的目标传输 3.3 kW 电能。

目前，国内外分块式空间望远镜在能量供应方面常采用有线传输形式，例如 JWST 等。在轨组装空间望远镜无线电能传输方面尚未见报道。北京空间机电研究所采用磁场耦合谐振式无线电能传输技术路线，完成了超大型空间光学装置无线电能传输关键技术攻关工作。分块镜间逐级无线电能传输方案如图 14 所示，分块镜内由线缆传输电能，分块镜间无线输出接口与下一级无线输入接口在一定距离内对齐时，系统开始工作。在输入端先将低频直流电逆变为高频交流电，输出波形平滑的高频正弦信号，由磁场耦合回路的谐振器进行发射，将电场能转变为磁场能经发射线圈发射，利用磁场共振强耦合将电能传输至接收线圈，再经过整流滤波电路，将高频交流电转变为低频直流电供给负载使用，从而完成了电能从发射端子镜到接收端子镜的无线传输。在 5 cm 传输距离条件下，可实现 300 W 输出功率、80% 传输效率。

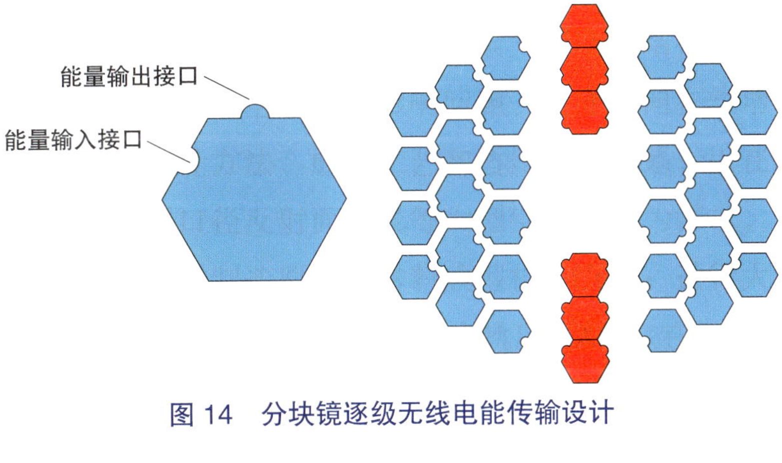

图 14　分块镜逐级无线电能传输设计

2.3　学术会议

2.3.1　国际摄影测量与遥感学会地理空间周 2023

2023 年 9 月 2 日，国际摄影测量与遥感学会地理空间周 2023 在埃及开罗召开，北京空间机电研究所夏中秋博士参加了会议，并作分会报告《Flash Lidar single photon imaging over 50 km》，论述了闪光激光雷达在月球永久阴影区单光子成像的可行性，介绍了一套天基单光子成像系统，包括基于 VCSEL 阵列的激光雷达、基于均匀光束成形元透镜的利用传播相位和几何相位联合控制的光发射系统、双轴三镜光学接收系统和基于光子计数模式的单光子探测器阵列。

2.3.2 第七届空间遥感技术与应用全国学术会议

2024 年 6 月 19 日，第七届空间遥感技术与应用全国学术会议于长春举办，在中国宇航学会的指导下，由中国宇航学会空间遥感专业委员会和姜会林院士工作站主办，长春理工大学、北京空间机电研究所、中国空间技术研究院科技委遥感有效载荷专业组等联合承办。会议以“前沿光电感知赋能新质航天遥感与应用”为主题，围绕深空探测技术、空间光学遥感前沿技术等方向进行研究，北京空间机电研究所王小勇研究员作大会特邀报告《系外宜居行星的直接成像探测》，介绍了直接成像法的挑战，以及分块孔径高对比度日冕仪的关键技术及工程可实现性。

2.4 文章发表

1）WANG Y Y，HUANG Q L，JIANG W. Research on application of wireless transmission technology in in-space assembled telescope［J］. Proc.of SPIE，2023，12963：129630J.

2）ZHAO K L，SUN D W，HUANG Q L，et al. Technology development and trends of in-space assembled telescope［J］.Proc.of SPIE，2023，12963：129631B.

3）赵凯伦，孙德伟，黄巧林，等．分块式空间望远镜技术研究现状及其发展趋势［J］．航天返回与遥感，2024，45（1）：78-89.

4）王钰峣，黄巧林，姜伟．分块望远镜无线大功率高效能量传输技术研究［J］．航天器工程，2024，33（3）：1-7.

5）史玲玲，肖晓龙，张晓峰，范立佳，等．空间机器人在轨组装多模块单元的对接力控制与地面实验［J］．力学学报，2024，56（3）：800-816.

6）XIA Z Q. Flash Lidar single photon imaging over 50 km［C］. ISPRS Geospatial Week 2023，2-7 September 2023，Cairo，Egypt.

2.5　结论

在超大型空间光学装置在轨组装与维护领域，基于国际空间站、加拿大机械臂等空间基础设施，美国 NASA、Ball Aerospace 等多家科研机构分别提出了分块式在轨组装空间望远镜方案。我国多家科研机构围绕超大型空间光学装置在轨组装与维护技术难点，开展了大量实物验证工作，识别了大量技术细节与风险。在多模块单元智能装配技术方面，突破了基于我国空间站的空间站机械臂技术，并优化了组装序列和组装路径，保证在轨组装高效准确顺利实施；在光学系统波前检测与控制技术方面，深入研究了多种传感器检测机制及调整措施，精度及稳定性逐渐符合空间光学装置成像质量要求，并可间接验证组装效果；在科学仪器方面，我国开展了大量星冕仪、光谱仪设计工作，后续还需加强在轨应用验证工作。

3 策划与建议

3.1 工作策划

在智能装配技术方面，面向灵巧、精细、柔顺、智能的操作将逐渐成为空间机器人的主流任务。空间机器人的形态也将随着任务需求的变化而演变，由传统的单臂、双臂机器人向多臂协同、臂手融合、仿生/仿人机器人、多机协同等方向发展；除刚性机械臂之外，半刚性、柔性甚至软体机器人和基于网络的机械人群也将日益成为在轨服务及操控任务的主体，以适应狭窄空间多自由度操作、易损柔性部件装配、复杂约束环境探测等任务的特殊要求。

在波前检测与控制技术方面，已有的共相位检测技术难以同时达到大量程、高精度、不引入非共光路误差、实时性强的检测要求，亟须对共相位检测领域开展进一步研究，探索新的共相方法以满足实际系统应用需求。由于光波的周期性，这些方法在使用单色光检测 Piston 误差时，均存在 2π 模糊的问题。为了克服 2π 模糊性困扰，常采用多个波长或宽带复色光进行 Piston 误差检测。随着数量的增加，主镜系统实现共相的难度和复杂度进一步增大，传统的检测分析方法将面临巨大的挑战。将具有强大模式分类和数据分析能力的深度学习引入拼接共相误差的检测，开展基于深度学习的共相误差检测技术的研究，可为未来拼接镜面的共相检测和调整提供一个可借鉴的发展思路。电学传感器虽然精度可达到要求，但存在着难以消除的温漂和时漂等问题，基于光学传感器检测的方法还需进一步深入研究，包括检测精度、检测系统规模等。

在无线电能传输方面，线圈耦合器作为电磁转换的核心部分，其参数对系统传输效率、功率和距离等性能有重要影响，在同等传输水平下，耦合器的设计力求更小的体积、更低的漏感以及更低的损耗。同时满足多个分块镜调整机构的供电需求，由于分块镜的位置不同、负载不同以及相互干扰等问题，使得各自的接收线圈难以保持相同的谐振频率，从而导致系统传输效率大幅度下降，因此在多负载相互隔离、多负载协同管理等关键技术上仍需做进一步突破。在磁场耦合式无线传能技术的实际应用中，往往会受到周围环境中的异物（如金属体）的影响，造成传输功率和效率的下降，金属体的存在会导致系统涡流损耗、系统耦合机构产生的电磁辐射会给系统带来严重的安全隐患，为了推广无线传能技术，必须进一步设计和控制，形成完整的智能化异物检测与管理系统。

3.2　发展建议

在资金投入方面，超大型空间光学装置在轨组装和维护关键技术攻关阶段以原理样机、波前检测装置、分块镜关键样件、超稳样件、抑振样件、无线传输模块等为实物载体，配合在轨组装序列规划、轨迹规划、动力学仿真、空间环境仿真等，进行在轨组装原理性验证，亟须进一步增加投入，完成更大规模工程可实现性验证。

在人才支持方面，科学研究需要持续强化天文观测和对地观测方面的任务规划研究，工程技术需要不断深入精密光学加工、精密光学装调、精密装配等多领域交叉型工程技术。亟须建设一支稳定的基础雄厚的国际一流高水平科技人才队伍。

在上级及用户关注方面，超大型空间光学装置的在轨组装和维护技术突破，将引领后续超大型光学遥感器乃至弹性可重构光学遥感系统跨越式发展，为了顺利完成从跟随到并肩到引领的全球科技角色转变，需上级及用户充分关注，提供支持，促进各方形成合力。

在学术交流方面，超大型空间光学装置在轨组装和维护任务科学上需要持续开展星系起源与演化、类地行星生命特征探测、暗物质探测等天文观测需求研讨，以及对地高分持续观测需求研讨，根据科学目标梳理探测要素，据此形成载荷指标体系，牵引相关技术的攻关。

附 1　研究预期进展路线图

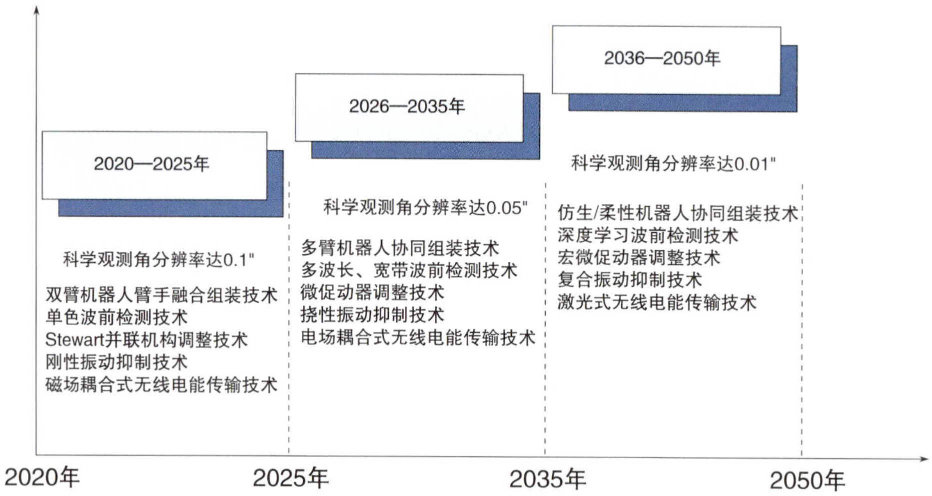

附 2　参考文献

［1］GONG Q，BOLCAR M R，CORSETTI J A，et al. Optical design of the Extreme Coronagraph for Living Planetary Systems instrument for the LUVOIR mission study［J］. J. Astron. Telesc. Instrum. Syst.，2019：025002.

［2］JUANOLA-PARRAMON R，ZIMMERMAN N T，PUEYO L，et al. Modeling and performance analysis of the LUVOIR coronagraph instrument［J］. J. Astron. Telesc.

Instrum. Syst.，2022：034001.
[3] LIGHTSEY P A，ATKINSON C，CLAMPIN M，et al. James Webb Space Telescope：large deployable cryogenic telescope in space [J] . Optical Engineering，2012：011003.
[4] LIGHTSEY P A，KNIGHT J S，BOLCAR M R，et al. Optical budgeting for LUVOIR [J] . Proc. of SPIE，2018，10698：1069813.
[5] 孙伟民，陈旭东，闫奇，等 . 用于太阳光谱测量的光纤积分视场单元系统 [J] . 光谱学与光谱分析，2023，43（4）：1168-1174.
[6] LARKIN J，BARCZYS M，KRABBE A，et al. OSIRIS：A diffraction limited integral field spectrograph for Keck [J] . New Astronomy Reviews，2006，50：362-364.
[7] 刘嘉楠，崔继承，尹禄，等 . 基于微透镜阵列的积分视场成像光谱仪前置成像系统分析与设计 [J] . 光谱学与光谱分析，2018，38（10）：3269-3272.
[8] MIRNY K，MODIGLIANI A，NEESER M J，et al. Recent Developments for the SINFONI Pipeline [C] . Proceedings of SPIE，2010，7737：77371R.
[9] 张天一，季杭馨，侯永辉，等 . 像切割器技术积分视场三维光谱仪 [J] . 应用光学，2015，36（4）：531-536.
[10] POSTMAN M，SPARKS W，LIU F，et al. Using the ISS as a testbed to prepare for the next generation of space-based telescopes [C] . Proceeding of SPIE，2012，8442：84421T.
[11] EBBETS D，DECINO J，GREEN J. Architecture concept for a 10m UV-optical space telescope [J] . Proc. of SPIE，2006，6265：62651S.
[12] LEE N，BACKES P，BURDICK J，et al. Architecture for inspace robotic assembly of a modular space telescope [J] . J. Astron. Telesc. Instrum. Syst.，2016：041207.
[13] 胡成威，李大明，王耀兵 . 空间站机械臂方案设计及验证 [J] . 中国航天，2023，1：21-28.
[14] 史玲玲，肖晓龙，张晓峰，范立佳，等 . 空间机器人在轨组装多模块单元的对接力控制与地面实验 [J] . 力学学报，2024，56（3）：800-816.
[15] 付玉，袁沭，金振宇，等 . 中国巨型太阳望远镜主动对准建模分析 [J] . 光学学报，2022，42（12）：159-165.
[16] MAST T，CHANAN G，NELSON J，et al . Edge sensor design for the TMT [J] . Proceedings of SPIE，2006，6267：62672S.
[17] 左恒，张茜，张勇 . 基于等厚干涉的拼接镜面边缘传感器研究 [J] . 光学学报，2021，41（12）：117-124.
[18] 王斌，戴懿纯，许方宇，等 . 基于点扩散函数的拼接镜边缘传感器定标实验研究 [J] . 光子学报，2022，51（12）：9-18.
[19] ACTON D S，KNIGHT J S，CONTOS A，et al. Wavefront sensing and controls for the James Webb space telescope [C] . Proc. SPIE，2012，8442：84422H.

[20] DAM M A V，MCLEOD B A，BOUCHEZ A H. Dispersed fringe sensor for the Giant Magellan Telescope [J]. Appl. Opt.，2016，55：539-547.
[21] LI Y，WANG S Q，RAO C H. Dispersed-fringe-accumulation-based left-subtract-right method for fine co-phasing of a dispersed fringe sensor[J]. Applied Optics，2017，56(15)：4267-4273.
[22] BIKKANNAVAR S，REDDING D，GREEN J，et al. Phase retrieval methods for wavefront sensing [J]. Proceedings of SPIE，2010，7739：77392X.
[23] 周静，张晓芳，赵延庚. 一种基于图像融合和卷积神经网络的相位恢复方法 [J]. 物理学报，2021，70（5）：130-138.
[24] JURLING A S. Advances in algorithms for image based wavefront sensing [D]. Rochester，New York：University of Rochester，2015：5-6.
[25] 罗群，黄林海，顾乃庭，等. 相位差波前检测方法应用于平移误差检测的实验研究 [J]. 物理学报，2012，61（6）：529-536.
[26] YUE D，XU S Y，NIE H T. Co-phasing of the segmented mirror and image retrieval based on phase diversity using a modified algorithm [J]. Applied Optics，2015，54（26）：7917-7924.
[27] 霍腾飞，陈佳夷，董欣，等. 北京三号B卫星相机光学系统波前探测技术[J]. 航天器工程，2023，32（3）：72-77.
[28] 董斌超，张舸. 超轻量化 SiC 反射镜的制备及性能 [J]. 光学精密工程，2015，23（8）：2185-2191.
[29] 霍银龙，杨飞，王富国. 大口径光学望远镜拼接镜面关键技术综述 [J]. 中国光学，2022，15（5）：973-982.
[30] 赵海波，赵伟国，董吉洪，等. 大型空间望远镜次镜调整机构精度分析与测试 [J]. 2019，27（11）：2374-2383.
[31] 孙杰，黄庭轩，朱东方，等. 基于压电纤维复合材料的航天器动力学建模与振动抑制[J]. 飞控与探测，2023，42（2）：48-67.
[32] 刘耀，肖晋宇，赵小令. 无线电能传输技术发展与应用综述 [J]. 电工电能新技术，2023，42（2）：48-67.
[33] WANG Y Y，HUANG Q L，JIANG W. Research on application of wireless transmission technology in in-space assembled telescope [J]. Proceedings of SPIE，2023，12963：129630J.
[34] 王钰晓，黄巧林，姜伟. 分块望远镜无线大功率高效能量传输技术研究 [J]. 航天器工程，2024，33（3）：1-7.

附 3　词汇索引

分块镜，空间望远镜，在轨组装，在轨维护

附 4　研究团队

单位名称：北京空间机电研究所

研究团队成员：夏中秋、王小勇、黄巧林、孙德伟、王昀

四　与 5G/6G 技术融合发展的卫星互联网络通信技术研究进展

【综述】

该技术难题自 2020 年发布以来，研究工作取得较大进展，获得了广泛关注。全球天地通信产业积极推进相关技术研究和标准制定，相关技术发展对航天技术和信息产业的创新发展具有显著的带动性。

多个国际组织和多国电信主管部门均表态将积极推进“与 5G/6G 融合卫星通信”发展，并给予政策支持。ITU、3GPP 等无线电管理部门，FCC、欧盟等国际政府部门均推出了相关政策和项目提案。国内方面，自 2022 年 11 月，发改委高技术司就“与 5G/6G 融合卫星通信”技术发展、系统建设和产业能力进行专题调研，并与星网集团、中国移动、航天五院、中信科集团等十余家单位分别进行会议研讨。工信部信息通信研究院，召集成立“5G NTN”在轨测试及技术标准化联盟，全力推进天地融合移动通信的国际标准化。

航天五院针对相关技术问题，牵头完成了科技部重点研发项目“与 5G/6G 融合的卫星通信技术研究与原理验证”，对卫星与地面融合发展中的融合架构、无线传输、5G/6G 融合标准等研究内容进行了技术攻关，参与了 ITU / 3GPP / CCSA 卫星通信标准化进程，配合信通院等多方单位进行了技术、体制验证。后续将继续推进研究工作，分步实现技术论证、在轨测试与扩展论证。

1 背景情况

1.1 技术难题描述

1.1.1 问题提出

早在 20 世纪 90 年代，相关机构就在设想“无处不在”的通信网络，一众研发机构及商业公司为此目标前赴后继。从 2017 年到 2022 年，3GPP 等机构大力开展并推动基于 5G 的卫星通信探索。随着 3GPP 将卫星网络划入非地面网络（NTN）并开展研究与标准化工作，星地融合序幕徐徐拉开。

伴随近年来“卫星互联网”建设热潮，卫星网络服务和市场应用不断开发延伸。面向“普通手机”（地面蜂窝网手机）提供天基高性能接入（手机接入卫星速率达 1 Mbps 以上），可极大拓展卫星网络的用户和市场规模，成为全球航天领域的关注焦点。2022 年是“与 5G/6G 技术融合发展的卫星互联网络通信技术”和系统发展的关键之年：苹果、华为公司相继推出了支持卫星通信的商用手机，引起通信业界广泛关注；同时，美国 AST SpaceMobile 和 Lynk Global 等公司发射了试验卫星，革命性地演示验证了普通手机不做任何改动直接接入卫星网络的能力；另外，国际电信标准化组织 3GPP 在 Release 17 版本标准中，初步设计非地面网络（NTN）面向手持设备直接通信的协议标准，在 3GPP 和 ITU 正在开展的 6G 技术研究论证中也将卫星直连手机作为重要的发展方向。

“与 5G/6G 融合卫星通信”代表着未来全球天地融合通信网络的发展方向，对航天技术和信息产业的创新发展具有巨大带动性。我国高度重视信息产业发展，在4G/5G技术上逐渐取得全球优势。星地网络融合发展的卫星通信是目前6G重点发展方向，国外已开展相关应用。我国应该建设怎样的星地融合系统，星地各方需要如何构建星地融合网络，是目前亟须明确的问题。同时，如何增强卫星性能以改善星地链路，弥补链路损失，是卫星载荷、系统面临的技术难题。最后，星地融合必须统一星地通信标准，如何改进已有的通用标准体制，适应星地通信环境，也是与5G/6G技术融合发展的卫星通信必须面临的问题。

1.1.2 发展需求

从1G到5G，卫星移动通信和地面移动通信一直以来都是独立发展的。地面蜂窝移动通信一路发展到5G，用户规模不断扩大，商业化程度较高。相比之下，卫星通信的商业化程度与地面蜂窝移动通信系统显然不在一个量级。在此过程中，地面移动通信的标准逐渐收敛。“标准的收敛有利于形成规模经济，地面移动通信当前已经将密集覆盖做到了极致。”但卫星通信的标准仍然“五花八门”，每个发射卫星的运营商都有一套自己的技术体制，且相互不兼容，造成卫星移动通信规模经济不够，成本很高。卫星通信复用地面移动通信产业链，可降低卫星通信产业成本，并实现两者间的覆盖和服务互补。早在2018年，业内就曾倡导“5G体制兼容，6G系统融合”的卫星互联网技术发展路线。

全球技术情报公司ABI Research预测，到2030年，卫星年服务收入将达到1246亿美元。卫星通信服务将迎来新一轮的热潮和融合，地面网络希望超越过去的覆盖区且弥合数字鸿沟。展望未来，运营商将利用软件定义的卫星和多轨道解决方案来满足未来日益增长的连接需求。市场发展趋势是采用物联网、回程、商业宽带和 NTN Mobile 等卫星服务，特别是用于连接未连接的和增强任何地面 CSP 的电信库。

市场越来越关注新的服务领域，如 NTN 移动应用程序。Cavalier 表示，“苹果、高通、摩托罗拉、联发科、华为和中兴等主要消费智能手机制造商和芯片组制造商推出的卫星移动设备表明，卫星通信服务正在进入主流消费市场”。ABI Research 预测，到 2031 年，NTN 移动市场的市值有可能达到 180 亿美元左右，连接量将达到 2 亿。蜂窝移动通信一直面向地面用户，直到全球覆盖的需求对地面蜂窝移动通信提出了巨大的挑战，卫星通信的优势才显示出来，从而成为 5G 以及未来 6G 技术不可或缺的一部分。

1.1.3　应用场景

目前，星地融合网络技术的第一波应用案例集中在低速率短信和紧急服务，未来，5G NR-NTN 网络将主要用于补充地面网络覆盖和户外应用，卫星的星地融合 5G/6G 网络将成为 MNO 在覆盖率低或无覆盖地区扩大其蜂窝宽带覆盖范围以及消除蜂窝死区的关键技术。

1.2　应对方案介绍

1.2.1　国际国内认定

为了应对并解决上述技术问题，多个国际组织和多国电信主管部门均表态将积极推进“与 5G/6G 融合卫星通信”发展，并给予政策支持。ITU、3GPP 等无线电管理部门、FCC、欧盟、国家发改委、工信部及科技委等国内外政府部门均推出了相关政策与项目提案，将在 5G/6G 融合卫星通信发展中发挥重要作用。

2023 年 3 月 16 日，美国联邦通信委员会（FCC）通过了太空的补充覆盖（Supplemental Coverage from Space，SCS）新规则的提案，SCS 新规则的核心是：与地面移动运营商合作的卫星运营商将能够获得 FCC 授权，在某些当前许可的、分配给地面移动服务的频谱上运营卫星，以促进卫星运营商和无线通信公司之间的创新合作。这些合作关系利用天基服务的增长来连接偏远、无服务和服务不足地区的智能手机用户。

此外，欧盟 6G-NTN 项目正式启动，项目成立了 6G-NTN 联盟，汇集了来自欧洲移动通信、卫星通信和学术界的多个合作伙伴，项目旨在定义和验证集成在 6G 基础设施中的 NTN 网络，在室内和室外条件下，能够有效为垂直行业和消费者终端提供超可靠低延迟通信（URLLC）与增强型移动宽带（eMBB），并推动相关技术在 3GPP 与 ITU-R 中的标准化。这对于提高下一代移动网络的覆盖范围、弹性和可持续性，更好地满足垂直市场和用户需求至关重要。2023 年 2 月 21 日，欧洲 6G-NTN 联盟举行全员会议，确立“6G-NTN 项目计划通过标准化最大限度地发挥其影响力”的指导方针。会议指出，在电信网络和服务方面，标准化是确保未来 6G 系统的关键，其能够有效地将研究成果转移到欧洲和全球市场。标准化活动是通过促进项目成果的利用和传播来增加欧盟的影响，特别是对整个行业和社会的影响。欧洲 6G-NTN 联盟介绍了将项目创新整合到标准中最大限度地发挥其影响力的路线图。同时，6G-NTN 项目合作伙伴概述了标准化战略，该战略将涉及 ETSI、3GPP 和 ITU-R。

在国内，从 2022 年 11 月中旬，发改委高技术司就“与 5G/6G 融合卫星通信”技术发展、系统建设和产业能力进行专题调研，与星网集团、中国移动、航天五院、中信科集团等十余家单位分别进行会议研讨。工信部信息通信研究院，召集成立“5G NTN”在轨测试及技术标准化联盟，全力推进天地融合移动通信的国际标准化。2023 年，工信部无线电管理局正在考虑卫星使用地面频谱资源的授权，开展手机直连试验应用。2023 年 2 月 16 日，工信部建立 WRC-23 国内准备工作部际会商制度，拟将建立适合星地一体化无线电规则等事项列入 2027 年世界无线电大会新设议题（即在 7 GHz 以下频段新增卫星移动业务划分，推动形成利于我国 5G/6G 融合卫星通信技术发展的国际规则环境）。2023 年 5 月，科技部发布 2023 年度“多模态网络与通信”重点研发计划指南，其中研究内容涉及了“面向手机直连的天地融合宽带网络架构及关键技术”。

1.2.2　关键技术

与 5G/6G 融合卫星通信的主要技术难点包括星地融合兼容体制、星地兼容用频技术、面向星地融合的卫星载荷技术研究等。

星地融合兼容体制主要紧跟非地面网络 NTN 标准演进。当前，3GPP 5G Rel-15（Release 15，第 15 版本）与 Rel-16（Release 16，第 16 版本）已分别于 2018 年 12 月、2020 年 7 月冻结，最新的 Rel-17（Release 17，第 17 版本）标准于 2022 年 6 月冻结；其中，5G Rel-15 主要针对 eMBB（Enhanced Mobile Broadband，增强移动宽带）场景，Rel-16 重点关注垂直行业应用及整体系统性能提升，Rel-17 标准则对现有版本标准进行增强演进。除了 5G 传统的 eMBB、物联网、URLLC（Ultra Reliable & Low Latency Communication，超可靠低时延通信）、V2X（Vehicle to Everything）等场景外，还提出了新场景新业务，包括上行覆盖增强、人工智能空口与网络、网络侧与终端的绿色节能、高精度定位等。将 NTN 频率扩展至 FR2 是工作项目之一，用于为NTN启用10 GHz以上的频率。与之前一样，挑战是在FR2中定义FDD双工模式（FR2现仅用于TDD），其次是定义FR1和FR2之间的间隔，以便有可能实现8~24 GHz范围内的频率。此外，Q、V和E频段的频率是NTN未来的潜在候选频率。再生模式架构是讨论主题之一，通过支持卫星中的更大内置处理能力来扩展透传模式，长期目标则是将该卫星逐步转换为自主飞行的gNB。支持NTN的UE无需定位功能。Rel-17认为支持NTN连接的UE也应支持GNSS等定位功能，不过Rel-18不再将此功能视为必要条件。有关网络验证UE位置的工作项目允许网络对UE进行定位或验证所报告的UE位置。最终采纳的NTN标准化需求包括：支持10 GHz以上部署的新场景，主要覆盖现有卫星通信的常用Ku/Ka频段；基于卫星系统大的传播时延和低轨卫星高速运动的特点，对手持终端（尤其是智能手机）的性能进一步优化；对终端的移动性和业务连续性进一步增强，以减少低轨卫星系统下UE频繁切换对终端业务的影响；对终端位置报告进行网络验证，以满足相关监管的要求（如合法的拦截、紧急呼叫、公共预警系统等）。

由于各个卫星移动系统可用的频率资源带宽有限（上行/下行不超过50 MHz），且部分频段还承载了全球安全与遇险系统（如海事GMDSS、民航AMS（R）S业务），需要优先保障安全业务。因此这些卫星移动系统支持的用户容量和通信速率有限，无法满足日益增长的手机直连业务用户数量，也无法满足语音和短信以外的通信速率需求，因此研究如何使卫星频率不对同频/邻频无线电业务造成干扰，同时在不限制同频/邻频无线电业务发展前提下保证卫星通信链路可用、可靠是发展5G/6G融合卫星通信的必要技术。3GPP针对非地面网络（NTN）标准制定，目前讨论了几个用于NTN的频率范围，其中一些落在 6 GHz 以下的既有频谱内，即 FR1，同时 10 GHz 以上的频率也在讨论当中。当前讨论的用于 NTN 的 FR1 频段为：S 频段频率，上行方向 1980~2010 MHz，下行方向 2170~2200 MHz；L 频段频率，1525~1559 MHz（DL）和 1626.5~1660.5 MHz（UL）。3GPP 各组一致同意将 n255 和 n256 两个频段作为 NTN 首先应用的两个频段且可能会将 NR 频段的前缀“n”改为卫星频段的“s”。

为了支持“高性能”（星地链路上下行通信速率达到数 Mbps）的与 5G/6G 融合卫星通信服务能力，需采用“低轨卫星 + 大尺寸卫星天线”的技术路线。星载多波束载荷由于其通信容量大，是近十年以来卫星通信领域发展的重要方向；相控阵天线由于其波束灵活、可靠性高且结构相对简单的特点，近年来其需求也呈爆发式的增长；宽角扫描相控阵天线单元间距小，结构紧凑，对于模拟波束相控阵天线，其波束网络采用功分功合方式实现，若要实现多波束，需要集成多套波束形成网络，对于 8 波束以上的波束形成网络规模，目前工艺下集成难度非常大，且调试复杂、周期长。研究重点包括：轻量化天线子板设计，最大限度减小发射时需要的空间和重量，单个模块化子相控阵天线的厚度需要严格控制，因此如何将波束形成网络、波束控制、信号处理与传输、电源等模块和功能进行集成一体化设计是需要解决的问题；巨型平面相控阵的二维收拢展开技术，满足运载要求的限制，具有更高的收纳比，需要系统性地设计天线部件布局及构型，实现多维向的解耦展开收拢；灵活数字多波束形成技术，每个子阵均有海量数据需要实时传输至处理器，并且涉及时间同步，数据对齐，难度很大；在轨高精度标校与补偿，大规模的相控阵难以保证各个子阵完全保持理想的相对位置关系，因此如何通过在轨校准技术保证各子阵辐射场在期望的位置同相叠加是决定天线波束功率合成效率的关键因素。

2 问题研究进展

面向5G/6G融合卫星通信技术，国内外多方已研究筹划并逐步开展验证，本节将通过对国外同类项目发展现状与趋势的调研分析，获得后续问题研究和技术发展的相关建议，并重点介绍前述内容在2022—2024年内的研究进展情况。

2.1 国外卫星系统动态

2.1.1 SpaceMobile星座系统

美国AST&Science公司于2017年创立，总部位于得克萨斯州，致力于研究并建设低轨通信卫星网络——“太空移动”（SpaceMobile），将高速、全覆盖的网络接入服务应用于全世界的智能手机。不同于其他热门的拟建低轨卫星星座，如SpaceX、OneWeb等，卫星多是通过专有协议连接定制设备，AST&Science公司专注于直接通过现有手机接入卫星的系统开发。SpaceMobile的星座通信服务将与地面移动网络运营商合作，在超出运营商通信范围（山区、海域或飞机上）的区域，作为信号的延伸持续提供网络服务。用户无须使用其他特制的卫星信号接收设备即可直接连接至SpaceMobile星座。

（1）BlueWalker-1试验卫星

2019年4月1日，AST&Science公司利用印度PSLV-QL型运载火箭在斯里哈里科塔岛的萨迪什达万航天中心发射了BlueWalker-1的小型试验通信卫星，成功进行了手机直连技术的第一次在轨试验。BlueWalker-1是一颗6U（3×2）的立方体小型卫星，位于轨道434 km×

515 km，倾角 97.5°，通过小型卫星在空间模拟手机，卫星相控阵天线部署在地面，测试“地面卫星”与“天上手机”的连通性能，以低成本方式初步验证 AST & Science 公司手机直连技术的可行性。

BlueWalker-1 试验成功后，2019 年 11 月 AST & Science 公司以 AST SpaceMobile 名称在美股上市，该公司原计划于 2020 年和 2021 年发射随后的两颗试验卫星，受新冠疫情影响，原计划于 2020 年发射的 BlueWalker-2 卫星发射取消，与随后的 BlueWalker-3 试验卫星合并，原计划于 2021 年发射的 BlueWalker-3 卫星推迟至 2023 年发射。

（2）BlueWalker-3 试验卫星

2022 年 9 月 11 日，AST SpaceMobile 公司在美国佛罗里达州肯尼迪空间中心，利用 SpaceX 公司的猎鹰 9 号火箭发射了最新的试验通信卫星 BlueWalker-3，一同发射的还有 34 颗 Starlink V1.5 型号卫星。BlueWalker-3 是 SpaceMobile 星座真正的测试原型非地球静止（NGSO）卫星，用以测试 AST SpaceMobile 公司空间中平板卫星直连手机的新型相控阵卫星技术。该星重约 1.5 t，采用口径约 10 m 的相控阵天线，其天线总面积约 64 m^2（693 平方英尺），同时可支持 5 个电控波束，其对地面采用了许多相同的子天线模块用以通过 3GPP 标准频率直接在空间轨道与地面用户的普通手机建立连接，背地面则是提供能源的太阳板。这是一种全新的卫星形态，可以部署大尺寸的可折叠平板相控阵天线用以连接地面普通存量手机，该测试卫星已经完成了手机直连的测试，下行速率达到了 10 Mbps。

目前 BlueWalker-3 测试卫星仍在测试过程中，据报道，AST SpaceMobile 公司在美国得克萨斯州米德兰市完成了卫星与普通存量手机的 4G 通话测试，测试采用一台未经修改的三星 S22 手机从米德兰市直接连接卫星，与日本一名采用当地乐天网络的 iPhone 用户进行了简短聊天。测试地点包括美国得克萨斯州、夏威夷等 4 个测试点，此后，测试点也添加了日本、西班牙等，卫星每天在每个测试地点过境 3 次，每次过境约 10~15 min，使用商用智能手机，重点测试卫星与手机的通信性能。

依照该公司向美国联邦通信委员会（FCC）提交的测试申请，在测试过程中，卫星下行链路将工作在 V 频段，每个载波将通过空间站的点波束在链路频率上传输给用户设备。在上行链路测试中，用户设备将在服务链路的频率上传输数据到卫星，然后在 V 频段上传回地球。

2.1.2 Starlink V2 星座系统

Starlink 星座系统是由美国 SpaceX 公司建设的 LEO 通信卫星系统，提供覆盖全球的高速互联网接入。按照 Starlink 的 FCC 申请文件，其计划发射 42000 颗卫星覆盖低中高轨道，需要建设 100 万个地面接入站与 6 个卫星网关站。在过去的五年内，SpaceX 发射了 4000 余颗卫星，这些卫星中绝大多数为旧版本的 Starlink V1 与 V1.5 卫星。2023 年，SpaceX 正在部署一个新的、更强大版本的 Starlink 卫星，被称为 V2 版本与 V2 mini 版本，与旧版本相比，这两个版本的卫星有望实现重大的进步。

2022 年 8 月，SpaceX 公司 CEO 埃隆·马斯克（Elon Musk）与 T-Mobile 首席执行官兼总裁迈克·西弗特（Mike Sievert）宣布了一项合作计划，旨在通过星链第二代卫星提供真正的全球手机网络连接服务。该方案由两家公司共同推出，将实现普通手机基于星链卫星的通信业务。SpaceX 计划在 2023 年年底前发射试验卫星，利用星链卫星星座和 T-Mobile 的无线网络，为客户提供遍布美国大陆、夏威夷、阿拉斯加、波多黎等地区的文本消息通信服务。在本方案中，T-Mobile 公司提供了地面频谱资源，SpaceX 公司通过携带巨大天线的星链 V2.0 卫星实现与地面普通手机的互联。SpaceX 于 2024 年年初发射具备手机直连功能的第二代小型星链卫星（Starlink V2.0 mini）进行入轨验证，搭载 6.21 m^2（2.7 m × 2.3 m）的相控阵天线，已在轨 77 颗卫星（截至 6 月 20 日），完成了“手机直连卫星”短消息收发与在线视频通话的测试，测试中最高下行速率达 17 Mbps。SpaceX 公司计划在未来第二代星链低轨卫星上配置面积更大的 25 m^2 S 频段星载平面阵列天线。

2.1.3　GlobalStar 星座

全球星（GlobalStar）由美国劳拉公司和高通公司投资，系统建设分为第一代星座系统与第二代星座系统。第一代星座系统包含 48 颗在轨工作低轨卫星、4 颗在轨备份卫星，以及 8 颗地面备份卫星，第二代星座系统于 2013 年完成部署，由 24 颗低轨移动卫星组成。

2022 年年底，苹果公司与 GlobalStar 签署了一项协议，通过卫星向 iPhone 14 用户提供紧急求救信号，为脱离电网、远离地面和无线连接的用户提供紧急服务。这在业界引起了巨大的轰动，世界上最大的手机公司之一正在与卫星行业合作。

苹果公司卫星连接小组开发了通过卫星的紧急 SOS 功能，苹果公司将卫星连接视为扩展其现有安全功能的重要途径。苹果认为通过卫星发出紧急求救信号是一种关键应用，这是一种在需要帮助但没有手机信号或 Wi-Fi 覆盖的情况下，通过紧急服务进行双向信息传递的功能。自去年 11 月在美国和加拿大推出以来，12 月扩展到了法国、德国、爱尔兰和英国。3 月底，扩展到了奥地利、比利时、意大利、卢森堡、荷兰和葡萄牙。

使用 GlobalStar 卫星需要开发一些定制技术，优化电话和卫星以确保有可靠的双向通信，GlobalStar 卫星的设计仅用于与专用卫星通信设备通话，这些设备具有更大、更专门的天线。通过添加智能多天线组件来最大限度地提高 iPhone 的功能，最大限度地增强对卫星的信号强度。

苹果公司与 GlobalStar 合作，改变了卫星的运行方式，增加了一种新的特殊负载，在监管要求范围内最大限度地提高对地传输功率。苹果重新开发了一种定制无线电协议，并优化了 iPhone 和卫星之间的连接。这种独特的无线电协议是由 iPhone 上的软件和部署在 GlobalStar 地面站的苹果专用无线电系统实现的。根据 GlobalStar 向美国证监会的材料，苹果计划将 GlobalStar 未来 85% 的网络容量用于为 iPhone14 用户服务，并将为未来的卫星升级付费。GlobalStar 将提供并维护所有资源，包括人员、软件、卫星、网关、卫星频谱和合作所需的监管权，苹果将获得这些资源的优先使用权，并支付 GlobalStar 资本支出的 95% 资金。目前苹果已通过其先进制造基金向该功能投入 4.5 亿美元。

2.1.4　小结

通过对当前全球范围内 5G/6G 融合卫星通信的动态调研，在卫星通信系统发展路线方面，当前“手机直连卫星”系统主要包括两种：第一种，基于已有在轨卫星快速部署手机直连业务。第二种，建设新型卫星系统提升手机直连卫星能力，兼容现有的存量手机。目前“手机直连卫星”市场中星地各方的合作模式呈现了鲜明特点。在成熟完善的统一 NTN 标准到来前，地面各方在积极抢占市场先机：新建的卫星系统多由地面运营商投资，运营商手握用户与频率资源，联合新兴的卫星制造商推进存量手机直连卫星的验证与建设；双模方案多由手机厂商支持，通过内置双模芯片，联合已有卫星系统快速产生差异化竞争力。此外，全球星地产业界也围绕着 NTN 标准开展筹划，将基于未来的统一标准共同开发，形成了统一的方向。

"手机直连卫星"通信系统建设呈现出多样化态势。基于高轨卫星与传统的低轨卫星能支持百 kbps 的低速率天基接入，而在低轨卫星上配置大型天线后，可为普通手机提供数十 Mbps 高性能通信服务，"低轨卫星 + 大型天线"逐渐成为典型的手机直连卫星星座形态。未来这两类系统也将会跟随统一的 NTN 体制演进，基于星地统一标准向广大地面蜂窝网消费者提供服务。

2.2　体制研究进展

在卫星通信标准化及规则规范制定方面，多个国际组织和多国电信主管部门均表态将积极推进"手机直连卫星"发展，并给予政策支持。国际电信联盟（ITU）和"第三代合作伙伴计划（3GPP）"标准化组织，持续研究和论证天地融合移动通信技术，形成"非地面网络（NTN）"通信标准。美国联邦通信委员会（FCC）于 2023 年 3 月宣布计划修改频率规则，为"手机直连卫星"授权更多的可用频谱，并修订天地共用频率的使用约束。2023 年年底的世界无线电大会（WRC-23）决定在 698 MHz～2.7 GHz 的频率范围之间研究面向星地融合与卫星移动通信（MSS）的频谱分配，将于 WRC-27 形成新的方案。

我国也积极参与筹划相关体制研究，科技部支持立项了相关国家重点研发计划项目，对卫星与地面融合发展中的融合架构、无线传输、5G/6G 融合标准等研究内容进行了技术攻关。研究组参与了 ITU/3GPP/CCSA 卫星通信标准化进程，配合信通院等多方进行了技术、体制验证。

银河航天、吉利集团下属“星空智联”等民营企业也组织了相关验证试验。伴随着技术研究推进，航天五院将继续推进后续工作，分步实现技术论证、在轨试验与拓展论证。下面基于其中的关键问题结合发展态势进行介绍。

2.2.1 非地面网络（NTN）标准

地面5G通信的第一个版本3GPP Release 15（Rel-15）针对3种典型场景——eMBB、mMTC、URLLC提供了强大的技术支撑，使得移动通信从以人与人的连接为主，变成了人与物、物与物的海量连接。由于陆地的覆盖仅占地球表面的6%，地表面积大部分没有移动通信的覆盖，因此5G的通信触觉进一步延伸到更广阔的空、天、地、海领域，进而触发了在3GPP Rel-16开始非地面网络（Non-Terrestrial Network，NTN）的技术研究，在3GPP Rel-17首次开始WI（Work Item）系统设计。5G NTN技术吸收了传统卫星通信和地面移动通信的双重优势技术，不仅扩大了卫星通信产业链，而且为下一代空、天、地一体化融合通信系统奠定了技术基础。

3GPP研究将非地面网络纳入5G系统的主要动机是为通用RAT和系统接入创建一项开放标准，使运营商、系统供应商和设备制造商能将NTN纳入他们提供的服务。由于纳入NTN是一种技术演进，3GPP在Rel-15［TR 38.811］中启动了重点关注信道模型和部署场景的研究。在完成对场景和信道模型的研究后，3GPP继续进行之后的Rel-16研究［TR 38.821］，寻求调整5G NR以支持NTN的解决办法。这项研究的主要目的是确定在5G系统内实现NTN的功能集，并将对现有5G系统的影响降至最低水平。研究中的功能集包括架构、协议层增强和物理层等方面。基于Rel-16研究取得的成功结果，3GPP决定在Rel-

17 中启动关于 NTN 的工作项目。主要目的是为基于 LEO 和 GEO 的 NTN 定义必要的增强功能，同时也为未来部署的 HAPS 和空对地网络提供隐性的支持。这涉及物理层、协议和架构以及无线资源管理、射频要求和待使用频段等诸多方面。主要关注点为具有地球固定跟踪区域和频分双工（FDD）系统的透明载荷架构，其中所有 UE 都假定具有全球导航卫星系统（GNSS）的功能。

NTN 作为 5G 地面网络的补充和备份，可以为热点区域提供带宽补充，为边远地区提供网络覆盖以及为重点区域提供网络备份。5G NTN 包括基于非地面网络的物联网终端接入（Internet of Things-NTN，IoT-NTN）和基于非地面网络的 5G 智能终端接入（New Radio-NTN，NR-NTN）两个工作组。IoT-NTN 侧重支持低复杂度增强机器类通信（LTE enhanced MTO，eMTC）和 NB-IoT 终端的卫星物联业务，如全球资产追踪等。NR-NTN 采用 5G NR 框架来实现智能手机直连卫星，提供低速率数据服务和语音服务。

IoT-NTN 与 NR-NTN 的不同之处在于其整体复杂度较低。无线链路技术持续完善，以适应基于 NTN 连接的 NB-IoT；设备和卫星的复杂度较低。相应设备应当采用低复杂度的天线类型，没有特定的极化功能或可选配的第二条射频链路，并且不太可能在 UE 实体上运行特定的波束赋形方法。IoT-NTN 的一个主要特点是缺乏对 QoS 的支持。IoT-NTN 通信将采用尽力而为的策略，但与 NR-NTN 相比，该技术在能效和节电方面有更多的考量。这项工作于 2021 年 8 月开始，研究范围较为有限，初期步骤仅针对关键功能。eMTC 和 NB-IoT 两种 RAT 被列入同等优先级，在初期潜在部署中，EPC 被视为相关连接的核心网。5GC 可能在后续部署阶段跟进。Rel-17 中优先考虑了独立部署，应用透明的弯管卫星架构，并假设 UE 拥有可预先补偿时间和频率的 GNSS 功能。

在［TR 36.763］中进行的研究列出了一些 NR-NTN 未涵盖的增强功能和研究项目，应当进一步讨论。通常认为 IoT-NTN 支持截至 Rel-16 的蜂窝物联网功能，其中的多载波与单载波操作均可作为 NTN 的基准。普遍存在的共识是，应考虑 GNSS 定位功能对 UE 功耗的影响，而用于获取卫星星历表信息的额外 SIB 读取工作不会对能量消耗产生显著影响。长 PUSCH 和 PRACH 传输增强允许 UE 以分段方式进行时间和频率预补偿。流量始终时断时续，而启用分段预补偿方法意味着需要统一新的 UL 间隙和时间单位以及分段的持续时间。这同样适用于 UL 同步的计时器等方面，即 UE 可以假定维持有效卫星星历表信息的时间。为增强 DL 同步［TR 36.763］，提出一种步长大于 100 kHz 的新信道栅格，并在 MIB 中提供可选的 ARFCN 指示。对于被认为是 IoT-NTN 特征的偶发短距离传输，UE 从空闲模式（或节电模式）唤醒，接入网络，在短时间内执行 UL 和 / 或 DL 数据传输，然后回到空闲模式。在接入卫星网络之前，UE 通过 GNSS 定位来获取其位置。请注意，UE 不要求同时进行 GNSS 和 IoT-NTN 操作，因此在 IoT-NTN 短暂连接期间，无需重新调整位置。3GPP 需要进一步研究 GNSS 定位的有效性、获取 GNSS 定位的细节以及短距离传输的持续时间等方面。许多其他与射频相关的方面（比如时序关系增强或 HARQ 操作）采用与 NR-NTN 相同的方法，不同的是重点仍在于尽可能降低 UE 复杂性、UE 功耗和 UE 成本。例如，IoT-NTN 中不包含 HARQ 进程扩展。

2.2.2 体制改进技术点

基于 NTN 的应用场景，由于空中或太空载体的高度和移动速度，以及由此造成的高传播时延和多普勒偏移等，将对非地面网络的设计和应用带来新的问题和挑战。相应地，5G非地面网络组网需要对5G协议进行针对性的修改或增强，以适应上述差异和变化。

（1）高传输时延

高度在35786 km的GEO单路传输时延可达272.4 ms（针对透明转发卫星），非GEO单路传输时延至少为14.2 ms（600 km LEO），而高度在10000 km的MEO可达95.2 ms，HAPS单路传输时延为至少1.526 ms，仍远高于地面蜂窝网络的0.033 ms。高传输时延将极大地影响基站与终端间交互的时效性，特别是接入和切换等需要多次信令交互的过程，以及HARQ重传过程等，进而对用户体验产生负面影响，因此需要对上述相关协议流程进行改进或针对性的重设计。

（2）更大的小区半径

与地面蜂窝网络小区相比，非地面网络的小区一般具有更大的覆盖范围，如卫星小区直径可达1000 km级别，因此小区的中心边缘时延差异等将更加明显。小区半径增大对系统定时同步带来一定的影响，5G系统是同步通信系统，因此有必要引入增强的同步机制保证用户间的同步从而避免干扰。

（3）多普勒变化率和定时变化率

对于低轨卫星系统，卫星将围绕地球做高速环形运动，这会导致额外的技术问题——多普勒变化和定时变化。地面5G系统在高铁场景应用时，多普勒频偏仅需考虑数千赫兹的频偏，然而对于低轨卫星系统，将不得不处理几十千赫兹甚至兆赫兹级别的多普勒偏移。对于时间变化率，地面通信基本可以忽略，然而，对于低轨卫星通信，其定时变化率则达数十 μs/s 的量级，这对于高频段的5G系统是一个巨大的挑战。总的来说，时频同步技术必须进行较大的技术增强才能支持 NTN 通信。

（4）移动性管理

5G 非地面网络的小区重选和切换、波束选择和恢复等移动性管理过程同样需要考虑可能的小区移动。一方面，在移动性管理决策中，需要将小区的移动状态信息（速度、方向、预计位置）等纳入考量，避免不必要的切换或重选等；另一方面，可进一步利用小区的移动状态信息，进行预先的小区或波束切换，减少信令交互开销。

（5）峰均比问题

由于卫星的载荷器件的限制，卫星通信的峰均比一直是被重点关注的问题。传统的卫星通信采用单载波技术，而在 5G NTN 系统中，正交频分复用（Orthogonal Frequency Division Multiplexing，OFDM）技术是一项基本技术。在实践中，峰均比技术可以通过相应的技术手段进行规避，比如，通过相控阵天线技术，多个波束将会共享一个功放（Power Amplifier，PA），这会消除多载波技术和单载波技术的差异；进一步地，考虑削峰技术，通过对信号的峰值进行限幅从而降低峰均比。经过广泛的技术讨论，3GPP 仍然采用了 5G 的波形体制，峰均比问题仅作为实现问题留给设备商进行技术优化。

2.2.2.1 时频同步补偿

在地面网络中，终端（User Equipment，UE）根据网络指示的 TA（Timing Advance）命令确定 TA 值，且 TA 补偿后，上行 / 下行对齐点在地面基站侧。而在 3GPP Rel-17 基于透明转发的 NTN 中，由于终端和地面网关的链路包含两部分——第一部分是终端到卫星的服务链路，第二部分是卫星到地面网关，因此在 3GPP 的技术讨论中，出现了两种观点：一种是终端的上行定时补偿仅包括服务链路，另一种是终端的上行定时补偿包括服务链路和馈电链路。第一种方法的优点是终端无须补偿馈电链路，处于保密安全的需要，终端通常不知道地面网关的位置；第二种方法的优点是在基站侧定时点是固定的，终端补偿全部的链路时延，要求终端获取馈电链路的时延变化，因此需要指出网络广播馈电的时延以及时延变化率。

两种方法各有优缺点，经过技术讨论后，最终选择了一种折中方法，即定义一个参考点，由网络指定终端补偿时延的数值，当参考点在地面网关时，终端补偿全部时延，当参考点在卫星时，终端仅补偿服务链路的时延，这样上述两种补偿方法同时在标准上获得支持。在具体实现时，UE 将结合自身估计值和网络指示值，联合确定 TA 值（T_{TA}）；UE 上行 TA 补偿示意图如图 1 所示，TA 补偿后，上行、下行对齐点在卫星（含）和地面基站（含）之间馈电链路中的某个参考点（Reference Point，RP）上。在信令设计时，主要的指示参数为 $N_{TA,common}$，当 $N_{TA,common}=0$，意味着定时参考点在卫星上，当 $N_{TA,common}>0$ 时，则意味着定时参考点在馈电上某一点，通常参考点配置在地面网关。

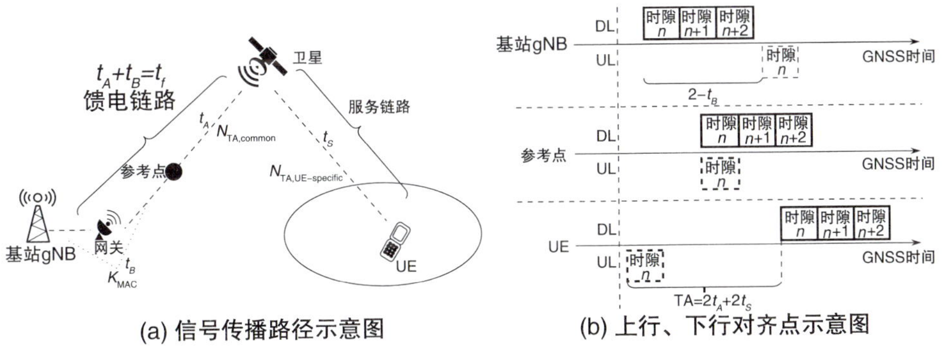

图 1　UE 上行 TA 补偿示意图

对于低轨卫星移动系统，多普勒频率补偿是一个关键技术点。在3GPP Rel-17 NTN 中，由于场景设定为透明转发卫星，因此多普勒变化影响服务链路和馈电链路。从 UE 的角度看，服务链路可以通过星历信息和终端的位置信息计算相应的多普勒变化，而对于馈电链路，由于缺乏地面网关的位置信息，这部分多普勒偏移需要由基站进行补偿。

无论定时补偿还是多普勒补偿，网络都需要广播星历信息给终端，星历的精度和格式是其中的关键因素。在 5G NTN 系统中，时间同步误差需要在 1/2CP（Cyclic Prefix）范围之内，频率误差需要控制在 0.1×10^{-6} 以内，因此星历信息需要周期性更新，并保持必要的精度。另外，为了保持技术实现的灵活性，3GPP Rel-17 NTN 还支持基于轨道六根数（半长轴 a、离心率 e、轨道倾角 i、近心点辐角 ω、升交点经度 Ω 和真近点角 φ）和基于卫星位置与速度的星历格式，前者的预测时间长，后者有利于简化终端实现。

2.2.2.2 定时关系增强

5G 系统的定时关系是严格要求的，所有终端上行必须保持同步，因此 NTN 场景带来了额外的技术变化。考虑在 NTN 中，星地通信时延过大，远超出地面网络中定义的相关定时参数（如 PDSCH 到 HARQ 反馈时延 K_1、上行调度到 PUSCH 传输时延 K_2 等）的最大指示范围，为了不影响标准的兼容性，3GPP Rel-17 在已有的定时参数基础上，引入新的 K 值偏移量（K_{offset}），即所有有影响的定时关系上，增加一个 K_{offset}，用于涵盖星地传播延时影响。

3GPP Rel-17 确定在下述定时关系中引入 K_{offset} 值，包括：DCI 调度 PUSCH 传输的定时关系、RAR 调度 PUSCH 传输的定时关系、

PDSCH 到 HARQ 反馈的定时关系、参考 CSI 资源的定时关系、非周期 SRS（Sounding Reference Signal）的定时关系、MAC CE（Control Element）承载的 TA 命令的生效时间、PDCCH 调度 PRACH 传输的定时关系等。DCI 调度 PUSCH 传输的定时关系增强示意图如图 2 所示。gNB 在 t_1 时刻（gNB 侧 DL 时隙 n）发送承载上行调度信息的 DCI；该 DCI 经过 RTT/2 的空间传播延时后，在 t_2 时刻（UE 侧 DL 时隙 n）到达 UE 侧；UE 根据网络指示，经过和地面网络相近的处理时延后，在 t_3 时刻（UE 侧 UL 时隙 $n+K_{offset}+K_2$）发送被调度的 PUSCH；该 PUSCH 经过 RTT/2 的空间传播延时后，在 t_4 时刻（gNB 侧 UL 时隙 $n+K_{offset}+K_2$）到达 gNB 侧。可以看出，K_{offset} 的主要作用是保证在终端做了上行定时补偿后，基站与终端的时序保持同步。因此 K_{offset} 取值不能小于终端的上行补偿 TA 值。

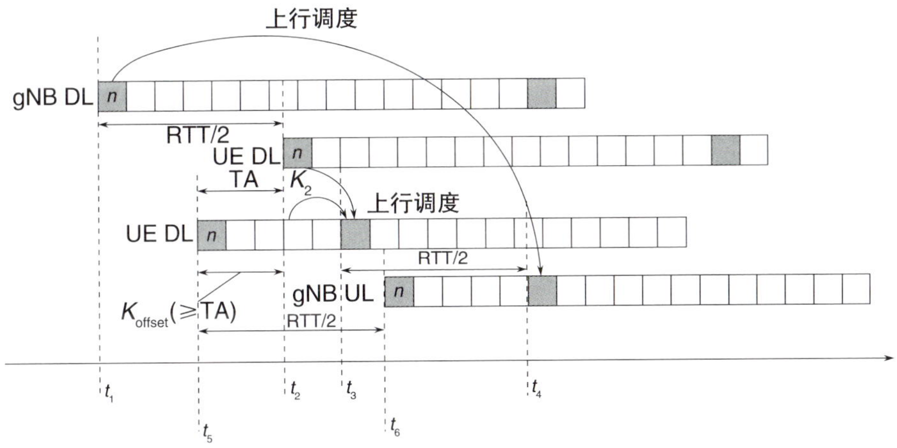

图 2　DCI 调度 PUSCH 传输的定时关系增强示意图

2.2.2.3　HARQ 重传

NTN 中，卫星到地面时延过长，如高度在 35786 km 的 GEO 单路传输时延可达 272.4 ms，非 GEO 单路传输时延至少 14.2 ms（600 km

LEO），而高度在 10000 km 的 MEO 单路传输时延可达 95.2 ms，传统地面网络中 HARQ 重传技术受到挑战，至少对于 GEO 和 MEO 网络，HARQ 进程数过大导致 UE 缓存能力受限。因此，3GPP Rel-17 确定 NTN 有能力配置 UE 是否关闭 HARQ 的反馈和重传功能，并且基于终端能力的考虑，确定最大仅支持 32 个进程。

现有技术中，HARQ 关闭意味着 UE 无法做软合并。当 PDSCH 传输失败后，RLC 层重传虽然也能工作，但与 MAC 层的 HARQ 重传相比，一是频谱效率低，UE 无法将多次重传结果做软合并；二是时延更长。为了避免 RLC 层重传，NTN 需要通过降低频谱效率的手段（如重复传输、高 BLER 目标、低 MCS 调度等）提高初传成功率，但同样导致 NTN 的频谱效率较低。所以，为了尽量避免简单“一刀切”的方式来盲目使用这种能耗很高、效率低的技术，最终面向 NTN 的 HARQ 过程增强如下：

· 对于下行链路，可以启用或禁用 HARQ 反馈，但在 SPS 去激活场景下，要求始终发送 HARQ 反馈；

· 对于上行链路上的动态授权，网络可为 UE 的每个 HARQ 过程配置 UL HARQ 状态，确定是允许重传或非重传模式。此外，每个逻辑信道（Logical Channel，LCH）可被配置为在一种 UL HARQ 状态上传输。因此，配置了 UL HARQ 状态的 LCH 的数据只能映射到配置了相同状态的 HARQ 进程，否则引起数据处理错误。面向逻辑信道配置 UL HARQ 状态的示意图如图 3 所示。

2.2.2.4 寻呼和空闲态管理

为了解决由卫星运动触发的频繁寻呼跟踪区更新（Tracking Area

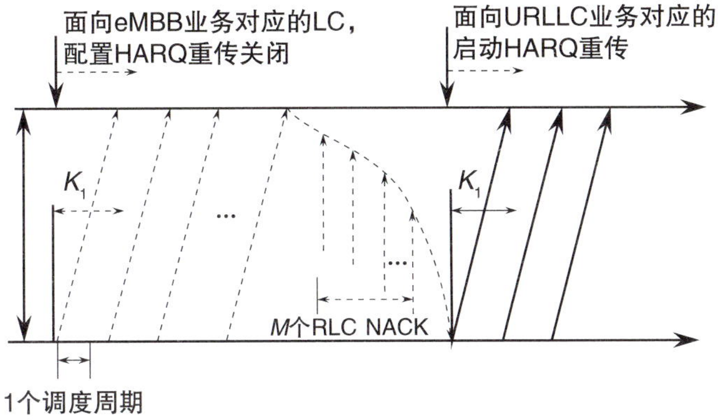

图 3 面向逻辑信道配置 UL HARQ 状态的示意图

Update，TAU）过程的问题，5G NTN 提出了“固定跟踪区域”的概念，即跟踪区域码（Tracking Area Code，TAC）固定在地面上，而小区在地面上随着卫星的移动而改变，也就是说，当小区在地面扫描时，如果小区到达下一个计划的地球固定跟踪区域时，广播的跟踪区域码（即 TAC）发生变化。“固定跟踪区域”虽然解决了卫星运动触发的频繁 TAU 过程的问题，但也对小区的系统消息更新或寻呼周期带来了新的问题。

于是，3GPP Rel-17 在传统的硬跟踪区更新的基础上引入了软跟踪区更新方案，具体是网络可以在 NR NTN 小区中针对每一个 PLMN（Public Land Mobile Network）广播多达 12 个以上的跟踪区域码（TAC），包括相同或不同的 PLMN。系统信息中的 TAC 变化受网络控制，即它可能与地面光束的实时照明不完全同步。另外，如果当前广播的 TAC 之一属于 UE 的注册区域，则不期望 UE 执行由移动性触发的注册过程。跟踪区域码和地理位置固定示意图如图 4 所示。

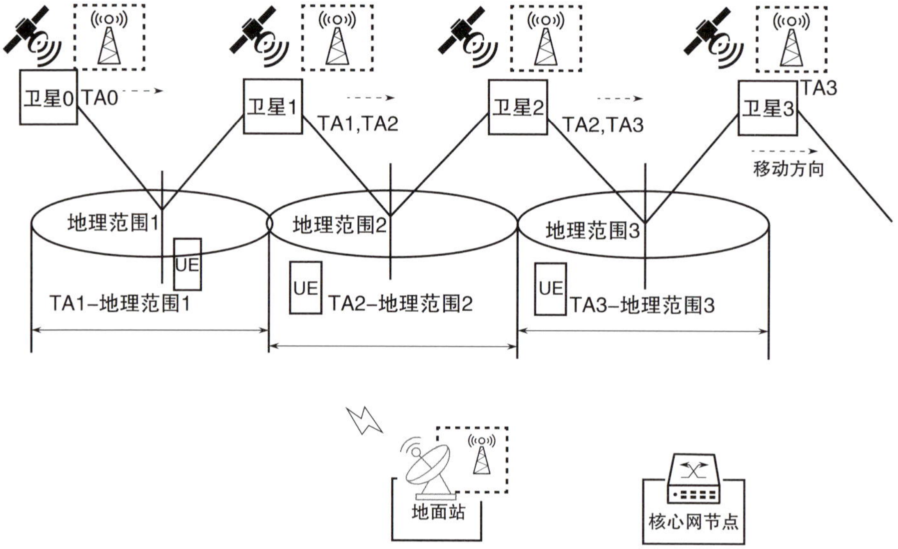

图 4　跟踪区域码和地理位置固定示意图

2.2.2.5　连接态的移动性管理

（1）切换技术

对于低轨卫星，波束覆盖存在覆盖固定波束和覆盖移动波束两种模式，所谓覆盖固定波束指的是波束指向地面固定的区域，而覆盖移动波束指的是波束随着卫星的移动而移动。在 3GPP Rel-17 NTN 系统中，由于假设透明转发场景，还存在服务链路和馈电链路的分离切换模式，增大了切换管理的复杂度。连接模式移动性管理按照 UE 移动以及卫星移动分为以下 5 种特定场景。

场景 1：用于覆盖固定波束的馈电链路切换，包含 UE 服务链路切换。

场景 2：用于覆盖移动波束的馈电链路切换，包含 UE 服务链路切换。

场景 3：卫星切换导致的覆盖固定波束服务链路切换。

场景 4：当覆盖移动波束不再服务于 UE 时，覆盖移动波束的连接模式移动性。

场景 5：由于 UE 移动，覆盖移动波束和覆盖固定波束的连接模式移动性。

对于 NTN 系统的切换，主要考虑的问题是如何利用星历和终端的位置信息，保证切换的可靠性；在地面系统切换中，RRM 测量是主要切换依据，然而在卫星通信中，切换不仅依靠 RRM 测量，也需要充分利用终端的位置和卫星的波束移动规律。因此在 3GPP Rel-17 NTN 中，引入了条件切换（Conditional HandOver，CHO）的技术方案，即基于卫星移动的规律提前按照某种条件配置终端到点自主切换。具体的触发条件包括：

· CHO 执行触发的测量 CHO 事件 A4；

· 基于时间的触发条件，定义 UE 可以对候选小区执行 CHO 时的时间窗口；

· 一种基于位置的触发条件，定义从 UE 到源小区和从 UE 到候选小区的两个距离阈值，UE 可根据该距离阈值执行 CHO；

· 基于时间或基于位置的触发条件始终与基于测量的触发条件之一（CHO 事件 A3、A4 或 A5）一起配置。

A3（邻区的服务质量比服务小区高出一个绝对门限）

A4（邻区的服务质量高于门限值）

A5（服务小区的服务质量低于一个绝对门限 1，同时邻区的服务质量高于一个绝对门限 2）

（2）连接态的测量

传统的同频测量和异频测量，由于基站均在地面上，不同的地面基站到终端的传输时延差比较小，因此协议中规定的测量窗口长度比较小。而对于非地面网络，卫星到UE之间的传输时延差异较大，尤其是LEO和GEO到UE的传输时延差更是到了百毫秒级别，如果使用现有的测量配置可能导致UE无法检测到目标小区的同步信号和PBCH块（Synchronization Signal and PBCH block，SSB）。同时，由于卫星的移动速度比较快，可能测量配置在实际执行时会比地面网络的错误率高很多，具体如图5所示。

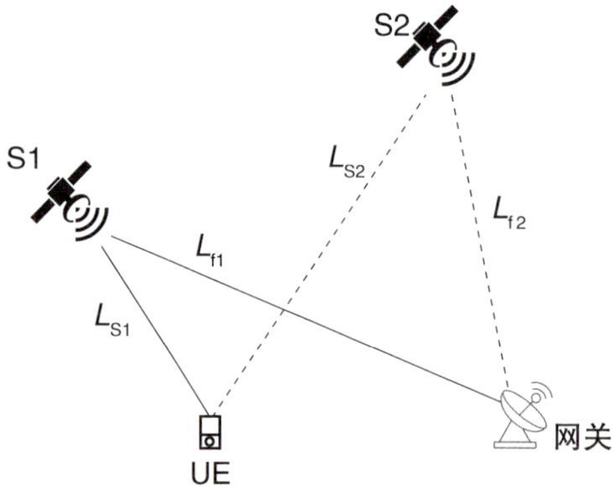

图5　面向NTN的目标小区和服务小区到UE的传播时延差示意图

因此在3GPP Rel-17，对测量方案进行了增强，充分考虑目标小区和服务小区到UE的传播时延差，使得UE能够正确检测到目标小区的SSB。同时，综合考虑卫星的移动速度，提高测量配置的容错性能。具体的网络配置如下。

每个载波信道最多配置4个并行的同步块测量时序配置（SS/PBCH block Measurement Timing Configuration，SMTC），并且对于一组给定的小区，配置的数目具体取决于UE能力。作为最低要求，UE能够在每个载波上并行支持2个SMTC。

SMTC（包括偏移、周期性）使用根据UE报告的定时提前信息、馈线链路时延以及服务 / 相邻卫星小区星历计算的传播时延差。在连接模式的网络控制和空闲 / 非活动模式的 UE 控制下，可以通过换挡调整 SMTC。

2.3　频率兼容进展

基于国内外当前卫星、地面网络频率使用情况，总结分析当前与 5G/6G 融合卫星网络通信技术中的频率使用与发展情况。

2.3.1　卫星 MSS 频率现有规则

卫星通信技术自 20 世纪 70 年代起在全球范围内逐渐投入应用。相比于地面有线和无线通信系统，卫星通信系统具有覆盖范围广、抗灾害能力强的优势，在电视广播、应急救灾、海洋和航空通信等领域发挥了不可替代的功用。按照国际电信联盟（ITU）的规定，卫星通信业务分为广播业务（BSS）、固定业务（FSS）和移动业务（MSS），其中 MSS 面向地面移动卫星通信终端，可直接为个人用户、移动运载平台（如车、船、飞机等）提供天基话音、短消息、传真和数据等业务，适用于灵活多样的应用场景，具有重要的应用价值。

L 频段（1~2 GHz）和 S 频段（2~4 GHz）因其在波长、传播特性、带宽能力、元器件成熟度等方面的优势，比较适合于移动无线通信系统。ITU 已经将大部分 L 和 S 频段划分给地面无线通信和卫星移动通信业务。目前全球大规模商用的地面 2G、3G、4G 蜂窝移动通信网主要采用 L、S 频段，国际范围内业已建成投入应用的多个卫星移动通信系统也集中在 L 和 S 频段。自 20 世纪 90 年代以来，国际上已在 L 和 S 频段建设了数十个卫星移动通信系统，并且目前大多数系统仍在轨运行并广泛应用。

国际电信联盟（ITU）在制定无线电频谱使用规则时，将全球划分为三个区，第一区主要为非洲、欧洲，第二区主要为美洲，第三区主要为亚太地区。下表中给出了 ITU 频谱规则中，在 L 和 S 频段为 MSS 业务分配的频率资源情况（表 1）。

表 1　L、S 频段可用于 MSS 的频率资源

频段	通信方向	1 区	2 区	3 区	目前在轨卫星
1518~1525 MHz	星→地	√	√	√	AlphaSat
1525~1559 MHz	星→地	√	√	√	Inmarsat 4, Skyterra, Thuraya, Aces
1610~1626.5 MHz①	地→星 星→地	√	√	√	Iridium，GlobalStar
1626.5~1660.5 MHz	地→星	√	√	√	Inmarsat 4, Skyterra, Thuraya, Aces
1668~1675 MHz	地→星	√	√	√	AlphaSat
1930~1970 MHz	地→星	—	√②	—	—
1980~2010 MHz	地→星	√	√	√	ICO G1，TerreStar，Inmarsat S
2010~2025 MHz	地→星	—	√	—	—
2120~2160 MHz	星→地	—	√②	—	—
2160~2170 MHz	星→地	—	√	—	—
2170~2200 MHz	星→地	√	√	√	ICO G1，TerreStar，Inmarsat S
2483.5~2500 MHz	星→地	√	√	√	GlobalStar
2500~2535 MHz	星→地	—	—	√	GSAT-6、ETS-8
2655~2690 MHz	地→星	—	—	√	GSAT-6、ETS-8

注：① 1610~1626.5MHz 用于地对星通信，但其中 1613.8~1626.5 MHz 也可用于星对地通信。

② 1930~1970 MHz/2120~2160 MHz 仅限 2 区使用，且 MSS 为次要业务。

从表中可见，L 和 S 频段为 MSS 分配的频率资源，包括以下三类：

1）全球频段，共 8 段（4 组）——1518~1525 MHz/1668~1675 MHz，1525~1559 MHz/1626.5~1660 MHz，1610~1626.5 MHz/2483.5~2500 MHz，1980~2010 MHz/2170~2200 MHz，这些频段在 1、2、3 区均可使用，目前在轨的大部分 MSS 卫星系统均集中在这 4 组频段；

2）二区频段，共 4 段（2 组）——1930~1970 MHz/2120~2160 MHz，2010~2025 MHz/2160~2170 MHz，这些频段仅限于 2 区使用，且其中 1930~1970 MHz/2120~2160 MHz 上 MSS 仅为次要业务，目前尚未有在轨卫星使用这 4 段频率；

3）三区频段，共 2 段（1 组）——2500~2535 MHz/2655~2690 MHz，仅限于 3 区使用，目前印度和日本的 MSS 卫星系统使用该频段。

2.3.2　美国 FCC 的 SCS 用频策略

2023 年 3 月 16 日，美国联邦通信委员会（FCC）通过了太空的补充覆盖（Supplemental Coverage from Space，SCS）监管框架的提案（以下简称《SCS 提案》）。提案中表示与地面服务提供商合作的卫星运营商将能够获得委员会的授权，在目前分配给地面服务的许可、可灵活使用的频谱上运营卫星，从而扩大对地面许可证持有者用户的覆盖范围，特别是在偏远、无服务和服务不足的地区。该框架的提出旨在促进美国全国范围内无处不在的无线通信覆盖，同时扩大应急通信的可用性以及提供应急通信服务的地理范围等。

卫星运营商与地面运营商之间的合作关系正在不断趋于紧密，一些合作需要使用当前分配给卫星服务的频谱来提供扩展的服务选项，通过互操作性提供卫星移动通信服务。地面运营商具有当前地面移动服务频谱的许可并具有地面服务监管框架，因此FCC将进一步补充频谱监管框架以实现卫星与地面合作共用。

2.3.2.1 许可条件

面向技术方面的考虑，《SCS提案》建议添加移动卫星业务的频谱应限制在一定条件内：1）在特定的地理独立区域（GIA）中，只有一个地面实体直接或间接持有相关频率的所有共用信道许可证；2）在该频段中没有主要的、非灵活使用的传统现有业务（包含联邦业务与非联邦业务）。

在灵活使用的地面频谱中引入卫星业务，这给管理相邻市场中潜在的同频干扰带来了新的挑战。例如，在地面无线服务中，委员会通常要求相邻区域的同频道地面运营商遵守其地理许可区域共同边界的场强限制，同时允许这些运营商协商一个双方同意的替代限制。在建议允许卫星在目前分配给地面使用的频段上运营时，无线地面服务区域边界的典型场强限制无法完全反映卫星传输信号对相邻区域的影响。这是由于卫星网络和地面网络在干扰指标和机制方面的差异，以及卫星信号造成有害干扰的可能性增大，因为卫星信号在邻近服务区的覆盖范围可能大于地面网络在服务区边界附近的有限业务。模拟静态地面基站在服务区边界的场强，同时考虑地形损失、天线倾斜度、发射塔高度等因素，是一项相对简单、可验证的任务，且地面传输到邻近区域的信号强度通常会随着信号进入该区域的时间越长而迅速下降。与此相反，卫星信号受自由空间传播的影响，覆盖范围大得多，从不同角度到达，并可能根据轨道力学发生动态变化。因此，向邻近区域的同频道卫星传输信号不会像地面传输信号那样强度下降，也较少受到地面系统常见的地形影响因素的影响。由于 NGSO 卫星固有的不断移动会影响在某一点测量到的信号强度，卫星运营商难以确保适用于地面网络的信号强度限制不会随着时间的推移而定期超出，且卫星信号进入未经授权的区域，会增加噪声底线，影响地面服务。

2.3.2.2　用频策略建议

《SCS 提案》建议修改美国频率分配表，授权在某些没有联邦或非联邦主要卫星分配的地面频段上开展移动卫星服务（空到地与地到空）业务，以允许从空间向使用这些频段的相关地面网络用户提供补充覆盖。在某些地面“灵活使用”频段中增加此类分配作为共用频段，为用户提供无处不在的覆盖，包括目前无服务或服务不足的地区。此外，该建议可以为公共安全带来巨大利益，包括在地面网络无法覆盖的地区提供农村服务和应急覆盖。允许灵活使用频段进行空间补充覆盖以弥补地面服务覆盖缺口的建议，将通过更有效的频谱使用满足公众利益，并符合以高效和有效的方式分配日益稀缺的频谱资源的目标。

提案建议授权移动卫星服务运营商共同分配一些地面灵活使用的频段，主要包括以下频段：

· 600 MHz（617~652 MHz 和 663~698 MHz）；

· 700 MHz（698~746 MHz、746~758 MHz、775~788 MHz 和 805~806 MHz）；

· 800 MHz（824~849 MHz 和 869~894 MHz）；

· 宽带 PCS（1850~1915 MHz 和 1930~1995 MHz）；

· WCS（2305~2320 MHz 和 2345~2360 MHz）。

2.3.3 ITU WRC-23 频谱规则潜在变化

ITU 于 2023 年 11 月 20 日—12 月 15 日召开了世界无线电大会（WRC-23），是全球范围内讨论并制定全球频率分配政策的会议，四年一次，手机直连卫星的频段选择成为本次大会的研究热点。

在 WRC-19 至 WRC-23 的周期中，手机直连卫星（D2D）技术已经从概念走向现实，全球范围内对于拓展和增强这一应用的兴趣达到了前所未有的高度。尽管面临技术和带宽方面的诸多挑战，移动卫星服务（MSS）提供商仍然致力于为符合标准的紧急类型信息提供 D2D 解决方案。WRC-23 当前面临的主要任务之一是决定是否应在 2023—2027 年的研究周期内优先考虑一个旨在允许 MSS 运营商能够在智能手机用户离开地面网络覆盖范围时继续提供服务的议题。通过未来的议程项目，WRC-23 可以探索如何在技术上可行的频段上增加 MSS 的可用带宽，以实现上述目标。

当前的手机直连卫星频谱选择具有两种意见，一种意见计划根据《频率划分表》(《无线电规则》第 5 条）将划分给 MSS 的频谱用于 D2D 业务，另一种意见则计划使用与移动网络运营商 MNO 达成协议的移动业务（MS）频段，而这是不符合无线电频谱使用要求的。在计划允许使用此业务的国家内，如果在研究过程中考虑不当，则不合规的频谱使用可能会对其他业务造成干扰，并在跨境场景中对邻国的业务造成干扰。

2023 年 6 月 22 日，ITU 5D 工作组发布了关于 6G 系统愿景的研究报告，在“技术发展趋势”一节指出“IMT-2030 地面网络通过与包括卫星通信在内的非地面网络（NTN）的互通，将促进实现随时随地连接的目标”。作为响应，4B 工作组于 6 月 30 日发布了关于国际移动通信卫星部分技术趋势及卫星无线电接口特性的初步研究框架。在产业的强劲推进下，卫星与地面标准化组织纷纷着手开展相关研究工作。

手机直连卫星作为卫星与地面网络深度融合的典型应用，吸引了通信产业的广泛关注，ITU 目前正在热议的 WRC-27 候选议题之一就是希望能够为手机直连卫星应用增加合理可行的频谱资源，我国的意向频段聚焦在 7 GHz 以下，俄罗斯则希望能够对 10 GHz 以下频段进行全面研究。

2023 年 10 月 27 日，依据《国际电信联盟公约》第 7 条以及第 804 号决议（WRC-19，修订版），阿拉伯向国际电联理事会建议将“在 5 GHz 以下频段内以主要使用条件对卫星移动业务的潜在新频率划分”纳入 2027 年世界无线电通信大会议程的议项以及未来大会初步议程的议项，内容涉及 5 GHz 以下频段内对 MSS 的潜在新频率划分。主要考虑在 5 GHz 以下频段内以主要使用条件为卫星移动业务增加划分的可行性，以使卫星通信业务提供商能够部署 D2D 类型的通信系统，从而为现有的地面网络提供补充。

决议指出：

1）对卫星移动系统需求的增长导致很难将 MSS 业务长期维持在现有频段内；

2）为了在偏远和服务不足地区的社区实施各种应用，卫星移动系统需要附加频谱；

3）具有接入卫星移动系统能力的消费移动设备 / 移动用户设备的发展导致新的流量需求出现了意外的增长；

4）鉴于 MSS 系统的全球性，可能需要考虑在全球层面上对一些区域性 MSS 划分进行协调统一；

5）对卫星移动系统的新划分符合国际电联促进实现电信业务普及的目标，在偏远和农村地区尤其如此。

因此有必要请国际电联无线电通信部门在下一个 WRC 周期，针对在 5 GHz 以下频段内以主要使用条件可能向 MSS 做出的新划分用于 D2D 业务，同时考虑到在所涉频段内现有划分的共用、兼容性和保护。

如果能达成共识并成功开展 MSS 研究，那么已确定频谱中的应用可能会多种多样，包括推动全球物联网增长的应用，要取得此方案的进展，监管机构需要考虑多个因素，包括 D2D 的本质和当前的连接限制。该研究将为 MNO 和卫星运营商提供一个独特的合作机会，使最终用户受益。

EchoStar 公司监管事务高级副总裁 Jennifer A.Manner 表示，WRC-19 没有预见到过去四年中电信业发生的变化，尤其是手机直连卫星技术的发展。“将非地面网络 NTN 纳入 3GPP 5G 标准以及开发支持直接到设备 D2D 服务的技术，可以说是改变了频谱使用的规则。”她指出，已提交的提案要求通过一项世界无线电通信会议议程项目，以考虑在为国际移动通信（IMT）确定的移动服务频段中增加对 MSS 的分配，从而在不受有害干扰威胁的情况下实现 D2D 服务。

Access Partnership 空间与频谱政策总监 Ivan Suarez 也指出，“目前，尽管存在许多技术和带宽限制，但卫星移动通信服务运营商已经开始为现有的、符合要求的 D2D 紧急类信息解决方案提供服务。WRC-23 现在的关键任务是决定 2023—2027 年研究周期是否应优先考虑一个议程项目，使 MSS 运营商能够在地面覆盖范围之外进一步连接智能手机用户。”

2.4　学术会议

2.4.1　中国卫星应用大会

2023 年 10 月 25 日，中国卫星应用大会在北京召开，会议主题为数字化转型赋能卫星应用产业。中国卫星应用大会汇集了多个领域、多种行业卫星用户资源，2023 中国卫星应用大会围绕手机直连卫星、高通量卫星载荷、卫星姿态控制、天基算力等天地融合网络热门话题展开讨论，会议聚焦卫星热点技术发展、航天新技术研究趋势，邀请中国空间技术研究院、西安电子科技大学等国内航天领域专家进行专题研讨（图 6）。

图 6　2023 中国卫星应用大会

会上，天通一号总设计师、中国空间技术研究院通信与导航卫星总体部研究员陈明章作了主题演讲《我国卫星移动通信技术发展与应用》，并谈到卫星通信将走入大众市场，手机直连卫星成为天地融合移动通信的成果案例与典型应用。他表示，技术如果能走入人们生活，就会有更大发展机会，未来高低轨卫星将实现互补式发展。

中国电信卫星应用技术研究院院长、中国电信集团卫星通信有限公司副总经理李屹寰作了主题演讲《手机直连卫星技术发展与思考》，结合手机直连卫星业务的三种技术路线与典型系统对比，分析手机直连卫星技术未来发展。作为华为 Mtae60 Pro 实现直连卫星的重要参与者，他表示，手机直连卫星的想法是经过深思熟虑与实践检验的，中美卫星发展策略有所不同，两者网络基础不同，商业环境不同，为了让用户体验更快更稳定更丰富的服务，天地融合网络发展还有很多工作要做。

2.4.2 天地一体网络技术体制演进技术研讨会

2023 年 10 月 20 日下午，中国 5G 发展大会天地一体网络技术体制演进技术研讨会暨中国电信第三届科技节天地一体专题论坛在上海国际会议中心成功举办（图 7）。本次研讨会由工业和信息化部信息通信发展司指导，会议围绕“加快空间信息网络建设，推动天地一体融合发展”主题，邀请中国电信卫星通信分公司、中国空间技术研究院等行业专家、知名学者就手机直连卫星、5G NTN、天地一体组网及关键技术等专题进行研讨。

会上，中国移动研究院邓伟所长介绍了“面向手机直连的空天地技术研究”，表示手机直连卫星研究主要面向架构、空口、频率、多轨四大融合核心关键技术进行攻关，将同步以 3GPP NTN Rel-17 协议为基础，联合产业伙伴开展星载基站样机研制。此外，来自中国空间技术研究院、中国科学院计算所、北京航空航天大学等的行业专家、合作伙伴也围绕天地融合网络技术发展趋势、高低轨融合组网、天地一体应用场景与标准化进展等主题分享了技术观点，进行了充分交流。

图 7　天地一体网络技术体制演进技术研讨会

2.4.3　第三届中国电磁频谱学术大会

2024 年 6 月 20 日，第三届中国电磁频谱学术大会在陕西西安顺利召开（图 8）。会议针对“星地一体化网络频谱高效利用技术”举行专题论坛。星地一体化网络结合了卫星网络与地面移动网络两者的优势，涉及卫星与地面网络频率复用、天地系统切换和协调控制等复杂问题。会议讨论了卫星系统和 B5G 系统的频率规划、频率共享理论与方法。

图 8　第三届中国电磁频谱学术大会

论坛邀请了多名专家学者围绕论坛主题，共同探讨了智能频谱领域国内外前沿技术动态，共享创新成果、共谋未来发展。智能频谱技术在航天领域拥有广阔的应用前景，会上，领域专家尹浩作、何元智分别作了《高轨卫星移动通信系统发展问题》《后星座时代的卫星通信频轨管控》报告。

2.5　文章发表

2.5.1　《IEEE Trans.Veh.Techno》文章

2023 年 9 月，天地融合项目成员在《IEEE Trans.Veh.Techno》2021 年 66 卷第 9 期发表了题为《Location-based timing advance estimation for 5G integrated LEO satellite communications》(《基于位置的 5G 集成低轨卫星通信时间提前估计方法》) 的文章。

摘要：对于 5G 综合低地球轨道（LEO）卫星通信系统，在通信的初始随机接入过程中需要估计定时提前（TA），以便在不同用户之间实现上行帧对齐。由于 LEO 卫星通信系统的固有特性，现有的 5G 地面上行 TA 方案不适用于卫星网络。文中研究了针对 5G 综合 LEO 卫星通信系统的基于位置的 TA 估计，提出了利用在下行定时和频率同步阶段获得的到达时间差（TDOA）和到达频率差（FDOA）测量值进行地理位置估计。

文章信息：WANG W，CHEN T，DING R，SECO-GRANADOS G，YOU L，and GAO X，“Location-based timing advance estimation for 5G integrated LEO satellite communications，” IEEE Trans.Veh.Technol.，2021，accepted.

2.5.2　其他代表性文章

此外，项目团队还在国际其他重要期刊发表相关科学文章，其中的代表性文章信息如下：

1）DING R，CHEN T，LIU L，et al. 5G integrated satellite communication systems：architectures，air interface，and standardization［C］// 2020 International Conference on Wireless Communications and Signal Processing（WCSP）.2020.

2）LOU L，LI Q，ZHANG Z，et al. An IoT driven vehicle detection method based on multisource data fusion technology for smart parking management system［J］.IEEE Internet of Things Journal，2020.

3）ZHANG H，LI Q，ZHANG Y and LI X. Game theory based power allocation method for inter-satellite links in LEO/MEO two-layered satellite networks［C］// 2021 IEEE/CIC International Conference on Communications in China（ICCC），2021.

4）CHEN T，WANG W，DING R，SECO-GRANADOS G，YOU L，

and GAO X. Location-based timing advance estimation for 5G integrated LEO satellite communications，in Proc. IEEE GLOBECOM，Taipei，Taiwan，2020.

3 策划与建议

3.1 工作策划

3.1.1 学术交流

星地融合环境中的通信需要国内外领域专家和学者形成广泛的学术交流氛围与共识，需重视全球统一通信体制标准的引领作用，3GPP 组织发布的 NTN 标准成为全球产业界公认的共同标准，形成了统一的产业方向和应用计划。必须高度重视全球标准的演进方向，开展星地网络融合产品开发和技术验证。需积极参与、深入研究，为我国后续手机直连卫星系统建设和产业发展奠定技术主导优势。紧跟国际统一标准演进的最新动态，不断壮大技术团队，保持国际关注度和话语权，牵引工程项目稳步推进。

3.1.2 技术深化

积极推进 5G/6G 星地融合发展技术深化论证，分阶段分步骤构建高、低轨协同发展的星地融合网络卫星系统，适当增加投入，开展必要的实物验证和环境试验，深化研究通信系统、卫星总体、载荷技术等方面创新性的关键技术点，不断积累工程实施阶段的试验数据，指导大型天线载荷、星载基站等关键设备的深化设计，提升系统技术成熟度，逐步优化形成具备工程可实施性的任务方案。

3.1.3　项目申报

项目技术团队将梳理完善前期技术攻关成果，把控技术进展和节奏，筹划自主卫星载荷增强技术与系统体系架构，面向体制协议优化、星地一体化资源管控、星地频率协同、卫星大口径天线、卫星智能计算等多个关键技术方向积累技术成果，积极策划向科工局沟通汇报，争取在“十四五”期间获得关键技术研究验证阶段国家立项支持。

3.2　发展建议

3.2.1　争取上级及用户关注

5G/6G 星地融合发展对我国 6G 网络与通信网络安全意义重大，技术挑战性极高，关联星地全产业链，成员复杂，非国内各优势单位通力合作难以完成。需持续推动星地产业合作，共建产业联盟，加速推进一体化网络系统建设和产业应用。支持卫星研制方和地面电信运营商合作，沟通交流天地网络融合的具体需求与约束，升级和优化地面移动通信网络，建设星地兼容的网络服务。

3.2.2　加强下一步技术方案及论证

在工程技术方面，需要多学科多领域工程技术共同发展。建议支持下一步技术攻关，开展系统级在轨验证，推动卫星系统创新发展。在有效载荷方面，重点攻关大尺寸高集成度卫星天线、大规模星上波束形成、星载基站处理等关键技术。在卫星灵活网络方面，重点攻关全灵活卫星设计、星地协同空口传输、天地融合频谱共享、星地一体化管控、复杂星座管理与任务规划等关键技术。针对天地融合算力，攻关天基网络一体化智能组网、天基云架构高性能协同计算、天基异构动态资源融合组网与高效可信传输等问题。

3.2.3 积极参与规则演进与引领

建议紧跟天地融合通信标准化，深入研究用频策略。一是紧跟国际标准演进方向，加强技术分析和规则研判，推动国内产业界尽早形成统一方向和应用计划；二是考虑到未来国际范围内卫星移动通信服务及地面蜂窝通信的用频规则将出现重大调整，积极参与国际频率规则制定，对外推介国内标准和最佳实践，争取国际话语权，引领规则变化。

附 1 研究预期进展路线图

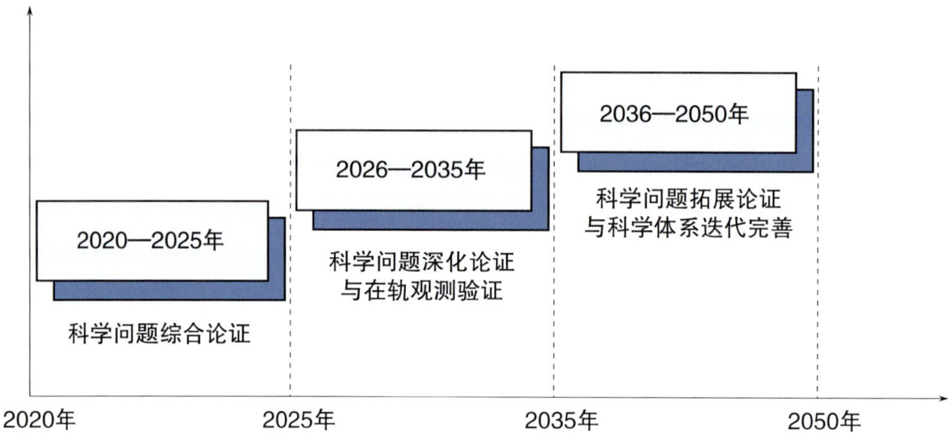

附 2　参考文献

[1] GUNTER D. BlueWalker 1，2［EB/OL］.［2023-10-24］. https：//space. skyrocket. de/doc_sdat/bluewalker-1. htm

[2] XING R，MA X，ZHOU A，et al. From earth to space：A first deployment of 5G core network on satellite［J］. China Communications，2023，20（4）：315-325.

[3] AST SpaceMobile. BlueWalker 3 non-geostationary satellite updated technical annex［EB/OL］.［2021-09-01］. https：//fcc. report/ELS/AST-Science-LLC/1059-EX-CN-2020/281537.

[4] AST SpaceMobile. BlueWalker 3 non-geostationary satellite technical annex［EB/OL］.［2020-01-14］. https：//fcc. report/ELS/AST-Science-LLC/1059-EX-CN-2020/265582.

[5] AST SpaceMobile. BlueWalker 3 non-geostationary satellite schedule S［EB/OL］. 2021-01-14. https：//fcc. report/ELS/AST-Science-LLC/1059-EX-CN-2020/265583.

[6] Lynk Global. Lynk Towers 3 & 4，narrative statement［EB\OL］2022. 07. 01. https：//apps. fcc. gov/ els/GetAtt. html?id=290050.

[7] SpaceX，Request for orbital deployment and operating authority for the SpaceX Gen2 NGSO satellite system（2022. 12. 01. ）［EB/OL］ https：//docs. fcc. gov/public/attachments/ FCC-22-91A1. pdf.

[8] T-Mobile. T-Mobile takes coverage above and beyond with SpaceX［EB/OL］2022. 08. 25. https：// www. t-mobile. com/news/un-carrier/t-mobile-takes-coverage-above-and-beyond-with- spacex.

[9] 陈明章 . 我国卫星移动通信技术发展及应用［C］//2023 中国卫星应用大会 . 北京：中国通信学会，2023.

[10] 李屹寰 . 手机直连卫星技术发展及思考［C］//2023 中国卫星应用大会，北京：中国通信学会，2023.

[11] 陈山枝 . 关于低轨卫星通信的分析及我国发展建议［J］. 电信科学，2020，36（6）：1-13.

[12] 中国电信 . 5G NTN 技术白皮书——天地一体、手机直连 . 2023 年 11 月 .

[13] 王达，童建飞，穆飞宇 . 手机直连卫星通信：发展现状、应用场景和标准演进［J］. 无线电通信技术，2023，49（5）：795-802.

[14] 孙耀华，彭木根 . 面向手机直连的低轨卫星通信：关键技术、发展现状与未来展望［J］. 电信科学，2023，39（2）：25-36.

[15] KUMAR A，PETRY H-P，TAYYAB U AND HEIN M A. Link budget considerations for automotive 5G LEO satellite-based communications［C］. 2022 IEEE USNC-URSI Radio Science Meeting（Joint with AP-S Symposium），Denver，CO，USA，2022.

附 3 词汇索引

第三代合作伙伴计划，非地面网络，太空补充覆盖，基于非地面网络的 5G 智能接入，基于非地面网络的物联网接入，射频资源管理，手机直连卫星，混合式自动重传

附 4 研究团队

单位：中国空间技术研究院通信与导航卫星总体部

研究团队成员：郑重、张千、周俊伟、李丽楠、赵梓琪

五　太阳磁场周期性反转与太阳全球磁场探测研究进展

【综述】

该科学问题自2021年发布以来，研究工作取得显著进展，受到国内外航天领域的广泛关注。

太阳磁活动周的起源是太阳物理研究中的重大前沿科学问题，随着观测手段和理论研究的发展，研究人员认识到太阳活动周期本质上是由太阳磁活动引起的，并试图用太阳发电机模型来解释太阳磁活动周的产生与太阳南北两极磁场极性反转等现象。

在学术研究方面，从日震学研究、螺度研究、极区磁场研究和太阳空间探测进展等四个方面讨论前沿学术研究进展，阐述研究成果；在学术会议方面，申请并成功召开第711次学术讨论会、全国空间探测学术研讨会，进一步推动了太阳磁场周期性反转与太阳全球磁场探测领域的研究进展；在文章发表方面，研究团队在《科学通报》《ApJ》

和《Solar Phys》等高质量期刊发表了一系列相关文章，进一步推动了对太阳磁活动起源问题的理解并取得太阳全球磁场探测领域方面的研究成果，提升了我国在相关科学研究领域的话语权和学术地位。

研究团队以科学问题为牵引，至2025年左右，预期科学研究水平将实现进一步的整体跃升，在太阳磁场周期性反转与太阳全球磁场探测领域持续取得国际一流成果；在2029年前后，首次实现太阳极区正面成像探测任务，获取第一手太阳全球磁场探测数据；在2035年前后，预期实现太阳环黄道面编队探测，获取太阳全球磁场探测数据，基本解决太阳磁场周期性反转与太阳全球磁场探测科学问题和技术难题；在2045年前后，实现高分辨率的太阳全球磁场探测，解决太阳磁场周期性反转科学问题，进一步拓展人类对太阳和其他恒星的认知。

1　背景情况

1.1　科学问题描述

1.1.1　问题提出

磁场是宇宙中普遍存在的物理量。宇宙的大尺度结构是由引力所塑造，而宇宙的活动性是由电磁相互作用所决定。由于等离子体的宏观电中性的特性，磁场成为理解宇宙电磁相互作用的关键物理量。太阳是距离我们最近的恒星，是理解宇宙磁场最好的研究对象。太阳活动周期问题是太阳物理中的首要科学问题，也是太阳活动预报的关键。随着观测手段和理论研究的进展，科学家进一步认识到太阳活动周期本质上是由太阳磁场的周期性反转引起的。太阳的能量来自日核内的热核反应，通过辐射、对流和磁流体力学过程，部分能量以磁能方式储存于太阳大气中，驱动太阳活动。物理学家用太阳发电机模型来解释太阳磁场的产生等现象，但太阳为什么会出现周期性磁场反转，至今仍没有完善的理论解释，这也是《Science》将其列为 125 周年“125 个未解之谜”之一的原因。而太阳磁场问题进一步制约着太阳物理学科的发展，也影响着灾害性空间天气事件预报的精准化程度。

太阳磁场具有周期性反转现象。太阳黑子自 18 世纪开始有持续的科学记录以来，科学家发现其在太阳表面的数目具有 11 年的周期性，这被称为太阳活动周。在每个太阳活动周的开始，太阳黑子在太阳南北半球 30° 纬度附近浮现，并逐渐向赤道附近迁移，形成太阳黑子的蝴蝶图。科学家利用塞曼效应发现太阳黑子是太阳表面强磁场区域，并且在能够记录太阳黑子的极性后，通过不同太阳活动周的观测，进一步发现太阳黑子的前导磁极性（太阳自转方向）和后随磁极性（太阳自转的反方向）在不同的活动周会发生磁极性的反转（海尔定律，如图 1 所示），并且太阳黑子凝聚的强磁场在耗散后形成的剩余磁场会在子午环流的作用下向太阳的南北两极迁移，造成极区磁场极性的反转，从而进一步形成太阳磁活动周，与太阳黑子的 11 年的活动周期相对应，太阳磁场的周期数是 22 年。图 2 展示了太阳黑子的蝴蝶图和视向磁场的磁蝴蝶图，可以非常明显地看到前导和后随磁极性随太阳活动周的变化，以及太阳极区磁场极性的反转。

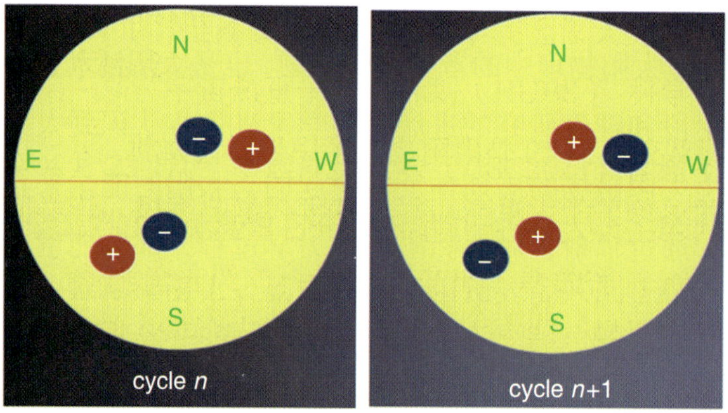

图 1　太阳黑子前导和后随磁极性反转（海尔定律）示意图

1.1.2　理论研究

太阳磁场的能量究其根本是来自内部核反应的能量。但太阳磁场的产生和维持机制仍然是未解之谜。目前，科学家使用太阳发电机模型来解释太阳磁活动周期。太阳发电机模型描述的是导电流体在磁场中运动时形成的自激发磁场使太阳的磁场得到维持，从而阻止磁场随着欧姆 / 湍流耗散逐渐减弱消失的理论模型。

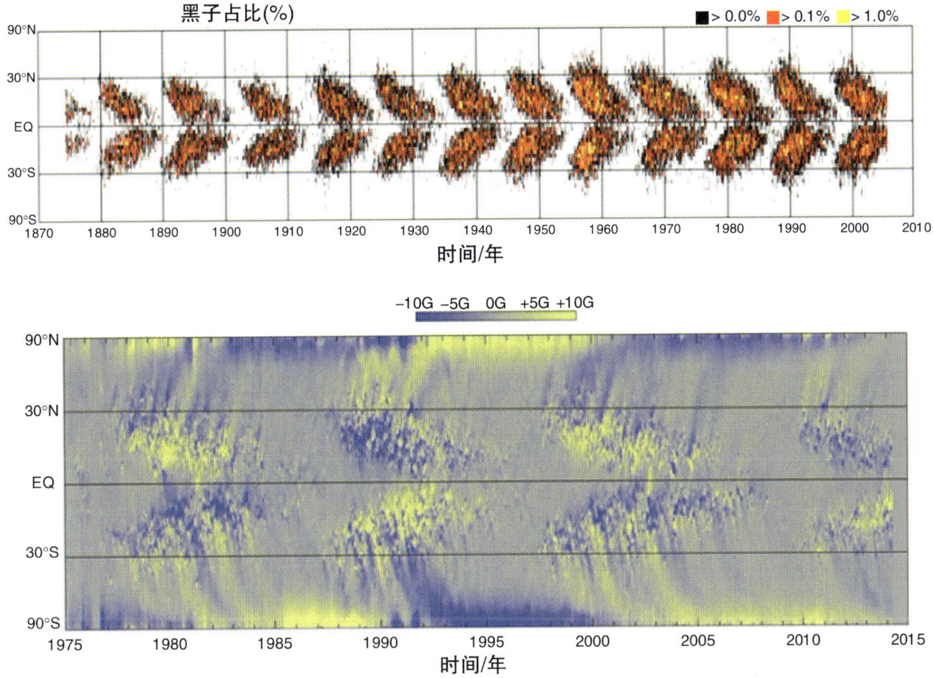

图 2　太阳黑子的蝴蝶图（上图）和太阳磁蝴蝶图（下图）

早期的太阳发电机模型用来解释太阳磁场的产生和周期性反转现象，但是柯林证明大尺度轴对称磁场无法长期维持，这与已知的太阳磁场观测数据表明的太阳大尺度磁场是能够维持并且长期存在的现象相矛盾。随后在 20 世纪 50 年代，尤金·帕克创造性地提出了 α 效应理论，将湍流在小尺度上的平均效应引入了太阳发电机理论中（又称为平均场发电机理论，如图 3 所示），成功解释了太阳磁活动周的现象。但是该理论也存在明显的不足：需要太阳内部的较差自转存在明显的梯度，而在之后的 40 年内的空间和地面太阳日震学和磁场观测数据证实，太阳内部对流层的大部分区域中较差自转变化不大（图 4），这又给平均场发电机理论带来了挑战；在近 10 年获取的日震学数据又发现太阳内部的子午环流存在着复杂的双层结构（图 5），这再一次对现有的太阳发电机模型提出了新的挑战。每一次新的太阳发电机模型都在一定程度上说明了太阳磁活动周期和反转的机理。然而数据的缺失或者新的观测数据的补充，都给原有的太阳发电机模型带来挑战。因此获取完整的太阳全球磁场探测数据和太阳活动图像是未来的核心和关键。

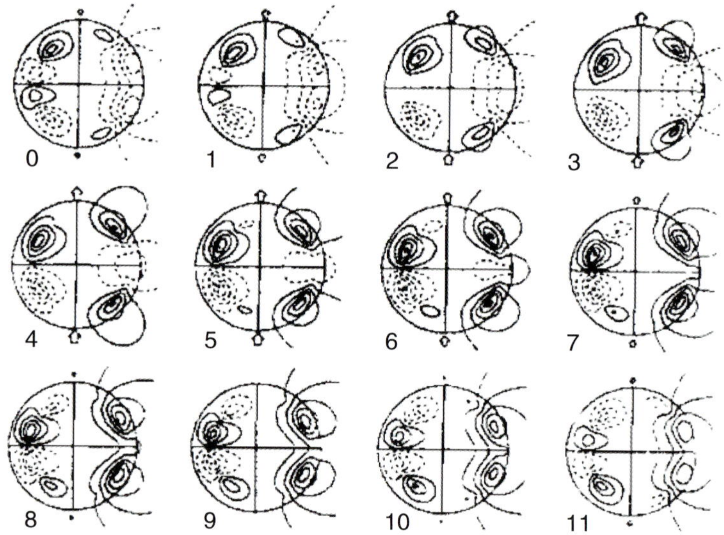

图 3　帕克平均场发电机模型示意图

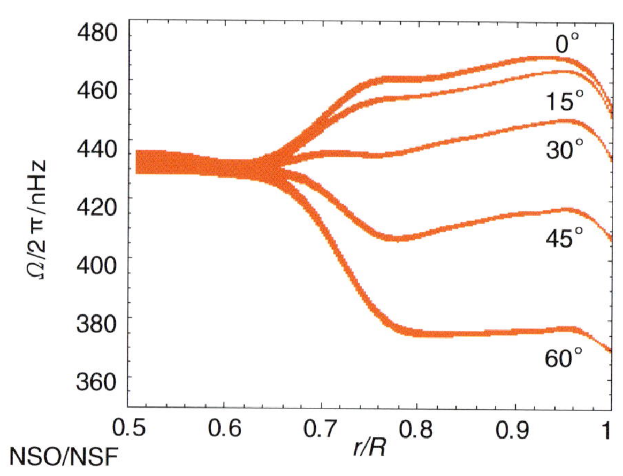

图 4　使用日震学方法得到的太阳内部情况

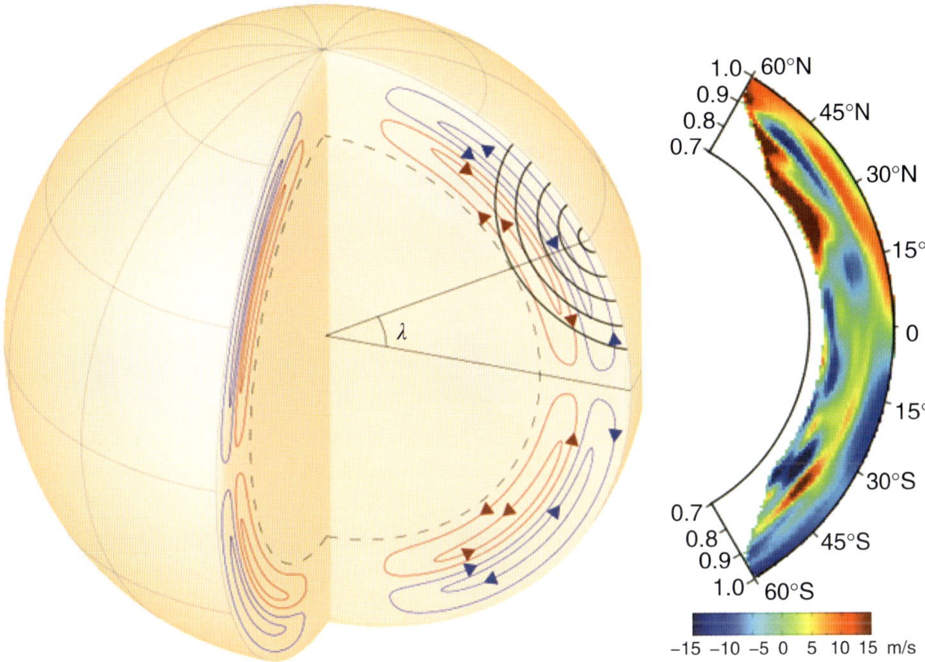

图 5　SDO 卫星发现的子午环流的双层结构

人类进行太阳磁场空间探测已经有半个多世纪的时间，取得了一系列的科学进展和技术发展，但是仍存在很多局限，比如，环黄道面的太阳磁场探测数据存在很大的边缘投影效应，太阳极区的正面磁场观测数据目前几乎未有进展。需要指出的是，日地连线方向的太阳磁场数据（磁蝴蝶图）的观测也仅有近 40 年的时间，随着太阳矢量磁场、电流螺度和磁螺度等反映磁场复杂性和拓扑属性资料的积累（图 6），太阳发电机理论还在继续向前推进，未来仍将面临更多新的挑战。太阳磁场观测和理论研究的魅力就在于每一次新的角度、新的波段、新的观测方式获取的新的数据总会给天体物理、给人类对宇宙的认识带来意外的惊喜。

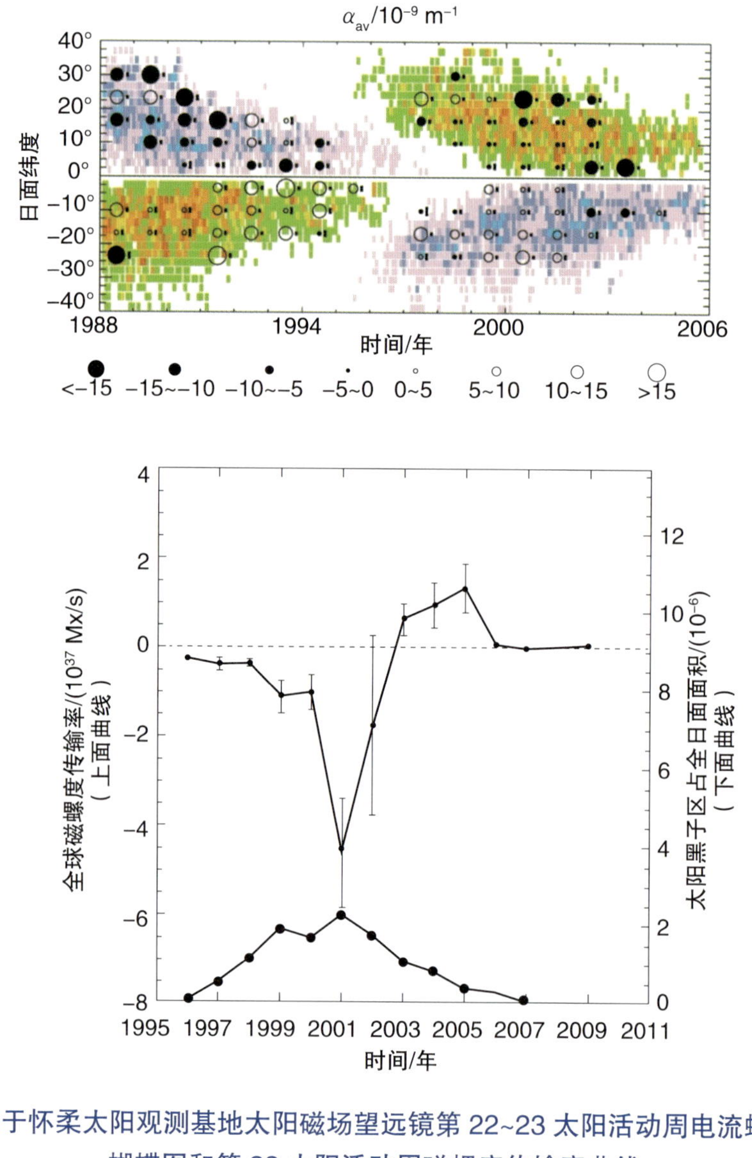

图 6　基于怀柔太阳观测基地太阳磁场望远镜第 22~23 太阳活动周电流螺度统计蝴蝶图和第 23 太阳活动周磁螺度传输率曲线

1.1.3　观测考量

太阳磁活动周的起源是太阳物理研究中的重大前沿科学问题，随着观测手段和理论研究的发展，科学家们认识到太阳活动周期本质上是由太阳磁活动引起的，并试图用太阳发电机模型来解释太阳磁活动周的起源。由于目前太阳磁场探测主要局限于黄道面附近，缺乏对太阳背面、高纬区和极区的观测，无法获取关键的太阳全球磁场数据，导致太阳磁活动周的研究存在很大不确定性。因此，获取太阳全球磁场数据是未来的核心和关键。即利用航天技术，构建一个全方位太阳立体探测系统，实现从低、中、高纬区及两极区域对太阳全貌进行观测，在行星际轨道转移以及高精度磁场探测等关键技术上实现突破，利用观测到的高质量磁场数据在太阳磁活动周的起源问题上取得重大进展。

1.2　应对方案介绍

1.2.1　国际国内认定

自 1908 年美国天文学家海尔第一次证实太阳磁场的存在以来，对太阳磁场观测的进展成为理解太阳活动和太阳磁场周期起源的决定性因素。经过 20 世纪 60 年代太阳矢量磁场的观测和理论上的进展，从 20 世纪 80 年代起进入太阳矢量磁场的常规观测。中国科学院国家天文台在怀柔太阳观测基地建设的太阳矢量磁场望远镜，已经积累了近四个太阳活动周的矢量磁场资料，是目前国际上太阳活动区矢量磁场积累时间最长、最完整的数据源。利用这些独有资料并结合国际空间数据资料，我国学者在半球螺度法则（北负南正）的矢量磁场的观测验证、三维空间中的相对磁螺度计算模型、太阳爆发过程中磁螺度的传输和数值模拟、太阳活动周的磁螺度观测传输特征和理论模型方面取得了国际领先的研究成果。国际上 20 世纪 90 年代通过地面布局于全球沿不同经度分布的日震观测网（Global

Oscillation Network Group，GONG）和位于L1点的SOHO/MDI发现了子午环流的大尺度特征。2010年发射的太阳动力学天文台SDO/HMI进一步揭示了太阳内部流场的复杂性。这些观测和理论上的进展证实了太阳中高纬度和极区的磁场及其动力学过程是表征太阳内部发电机和决定外部日球层磁场分布演化的关键，但目前太阳全球磁场特别是高纬度和太阳极区磁场缺乏探测数据。各种外推所得到的太阳开放磁通量都低于在日球层行星际原位探测估算的开放磁通量，这也是所谓“太阳开放磁通量问题”。由于太阳全球磁场探测的重要性和已有项目的不足，国际上各大航天机构一直在努力推进新的太阳全球探测计划，以获取太阳全球磁场探测数据，有望解决太阳磁场周期性反转这一科学问题。

1.2.2 关键技术

（1）构建全方位太阳立体探测系统

太阳全球磁场数据是研究太阳磁活动周起源问题的核心和关键，这一需求的实现最终转化为构建一个全方位太阳立体探测系统的航天问题，该系统需要能够实时从太阳的低、中、高纬度以及太阳极区等角度进行探测，以获取太阳全球磁场探测数据。

全方位太阳立体探测系统由位于黄道面360°观测和太阳极区观测的两组航天器组成，理想的空间布局如图7所示，该布局设计携带的全球磁场探测载荷能够实现同时对太阳南北两极及高纬地区、太阳背面（地日连线延长线方向）与侧面（太阳黄道面内日地连线的方向的两侧）和日地连线方向进行观测，从而获取全球太阳磁场探测数据，研究并揭示太阳磁活动周起源这一科学难题。

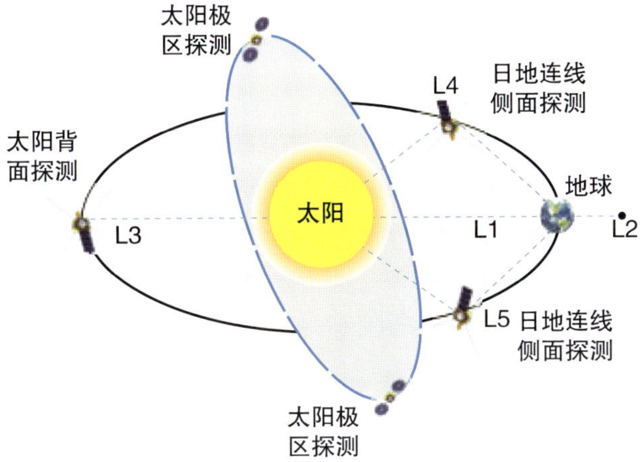

图 7　理想的系统组成与空间布局

然而从工程技术上实现这一空间布局，构建全方位太阳立体探测系统，实现全球太阳磁场探测，需要克服诸多关键技术：行星际轨道转移和推进技术、多器组合发射技术、超远距离的测控和探测数据下传技术，以及高精度磁场探测有效载荷技术等。

（2）行星际轨道转移和推进技术

将探测器送入如图 7 所示的理想位置需要极高的能量，单纯依靠运载火箭和探测器自身变轨成本过高，需要采用天体借力、太阳帆推进等其他途径。

天体借力在太阳立体探测空间布局设计中具有关键作用。我国嫦娥五号试验星成功利用月球实施了近月转向高速再入地球，奠定了相关技术基础。针对太阳立体探测的需求，还需进一步深化研究天体借力和轨道优化技术。

轨道设计与优化技术主要涉及 Lambert 理论基本模型和计算方法的研究、高精度摄动模型优化方法的研究等。轨道优化算法涉及多维非线性规划问题的人工智能算法，通过合理的模型处理，将轨道设计问题转化为含有多个非线性约束的多优化目标的多维非线性规划问题。

太阳帆推进是利用太阳光子从大型帆上反射产生的光压来推动航天器，是一种新兴推进技术，其优点在于无需燃料，能够获得持续小推力。太阳帆大规模应用需要克服多个技术难点：首先对帆膜自身重量要求很苛刻，要求平均密度小于 13 g/m^2（厚度在微米量级），且需要镀反射膜并有一定的强度和抗辐射能力；其次，要求帆的面积很大才能产生有意义的推力，理想的太阳帆尺寸应为 150 m × 150 m（22500 m^2）；最后，这种超大尺度薄膜结构发射时的折叠、在轨展开、支撑和控制是个巨大挑战，且由于存在重力和大气，在地面如何试验验证也需要考虑。

（3）多器组合发射技术

太阳全方位立体探测系统至少需要5颗探测器，为了降低发射成本，结合我国现有运载火箭的发射能力，采用一箭多器发射相较于单独发射优势明显：在满足全方位立体探测系统配置要求和运载火箭对卫星构型约束的同时，可实现运载火箭潜力的最大化利用及单星发射成本的最低；并且通过相同的探测器及有效载荷配置，多探测器运行过程中能够相互协同观测，提高科学产出。

一箭多器发射有多种实现方式：多星串联、多星并联（图 8）、串并联组合（图 9），以及一箭多器整流罩发射方式（图 10）。太阳全方位立体探测航天器在整器质量控制方面具有较高要求，同时，一箭多器发射对于探测器的构型与结构布局也提出了严格约束。因此，一箭多器发射首先要解决多器组合体协同构型优化设计问题，需要开展单器小型化与轻量化设计、适用于多器组合体发射的传力路径优化设计、星表大型部件协同布局优化设计等工作，确保多器组合体满足运载发射能力。此外，还需要进行多探测器安全分离和入轨技术研究。针对太阳全球磁场探测的任务特点，需要研究最优的组合体总体构型与结构形式，满足全方位太阳立体探测系统需求，实现太阳全球磁场探测。

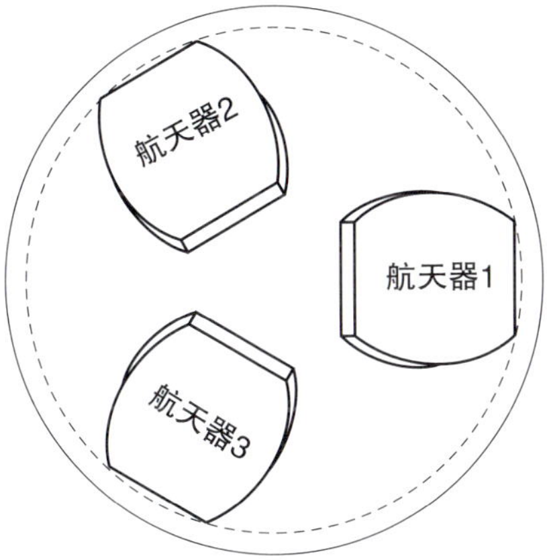

图 8　三器并联发射布局示意图

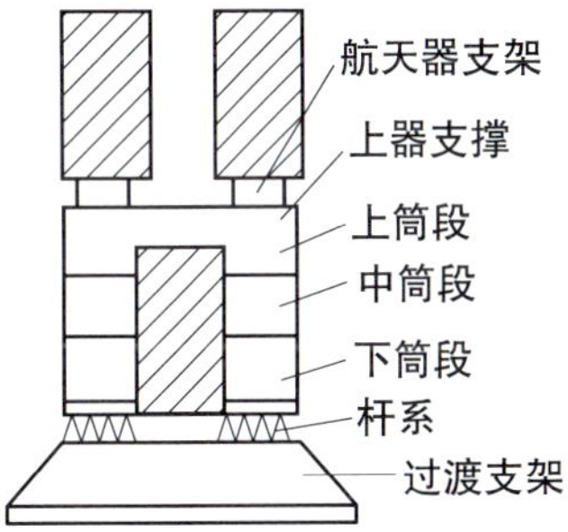

图 9　三器串并联发射布局示意图

（4）超远距离的测控和探测数据下传技术

构建全方位太阳立体探测系统无论是将多颗探测器布置在环黄道面还是在太阳极区，要完成这样的空间布局，整个系统的最远通信距离预估将达到 6~9 亿千米。全方位太阳立体探测系统航天器与地面之间的通信传输是通过无线电波实现的，探测器与地球距离越远信号衰减越大，探测器采集到的数据下传速率就越低；另外距离越远，无线电波的传输时间就越长，测控通信的延时就越大，对探测器在轨自主控制要求就越高。我国已经实施的火星探测任务天问一号探测器，最远距离地球超过 4 亿千米，是地球到月球距离的 1000 倍，测控数据延时达到约 22 min。而构建全方位太阳立体探测系统的测控通信延时将达到 50 min 之久。这对探测器数据传输与通信提出了极大的挑战，研究高效的测控和数据下传技术，寻求最佳探测器在轨自主控制与管理的解决方案对于构建全方位太阳立体探测系统至关重要。

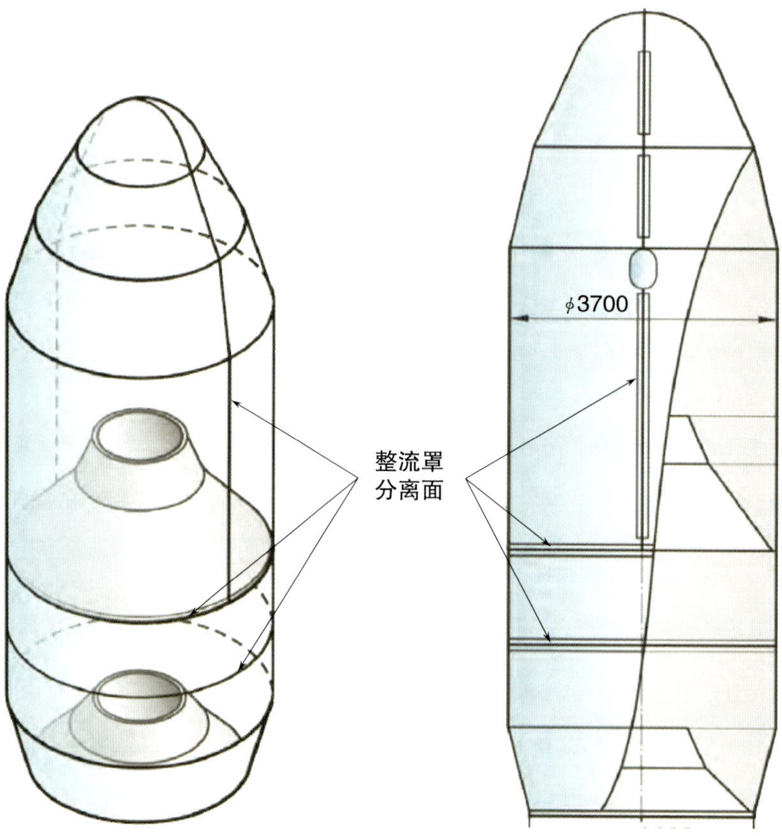

图 10　一箭双器整流罩发射示意图

（5）高精度磁场探测有效载荷技术

太阳磁场无法直接测量。太阳物理学家们通过太阳望远镜观测夫琅和费磁敏谱线经过磁场后分裂谱线的偏振变化，即塞曼效应，再利用太阳大气的辐射转移模型反演获得太阳磁场的信息。因此，一个经典的太阳磁场望远镜通常由望远系统、滤光系统、偏振调制系统和图像采集处理系统组成（图 11）。

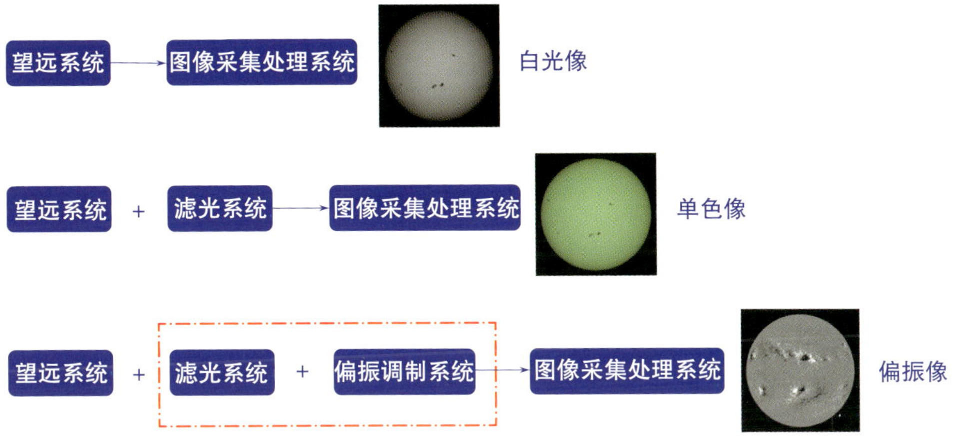

图 11　太阳磁场测量系统概念图（白光像→单色像→偏振像）

必须指出的是，由于太阳光球对磁场敏感的谱线带宽很窄，通常在 0.03 nm 以内。要求滤光系统的带宽在 0.01 nm 及以下且透过中心的波长可调节，以分辨和扫描谱线信息。另外，太阳磁场测量的灵敏度显著依赖于偏振调制系统的稳定度和偏振调制速度，而视向速度场测量依赖于滤光系统的波长稳定度和调谐速度。因此，窄带滤光系统和偏振调制系统是探测载荷实现高精度磁场和速度场测量的最核心组件。

目前传统的滤光系统采用机械旋转调制的双折射滤光器，需要配备多个旋转电机，结构复杂，速度慢（秒量级），空间可靠性较低，极难满足速度场测量需求。液晶调制型双折射滤光器，采用液晶调制取代机械调制，大大简化了结构复杂性，减轻了载荷重量，响应速度快（百毫秒以下），是高精度磁场与速度场探测载荷的最优选择。液晶调制的空间适应性以及在轨实时校准技术是液晶型滤光器首要解决的关键难题；另外，滤光系统的极窄带滤光以及速度场测量要求滤光器内部温度稳定度达到 ±0.01℃以内，满足航天技术要求的大尺寸滤光器精密温控是另一个有待攻克的技术难题。

2 问题研究进展

2.1 国内外研究动态

2.1.1 Solar Orbiter 任务

Solar Orbiter 由 ESA 发起，由 NASA 提供火箭，于 2020 年 2 月成功发射。任务的科学目标包括：研究太阳风等离子体和日冕中磁场的起源；太阳的短时标活动现象如何驱动太阳日球层以及空间天气变化；太阳爆发如何产生充满日球空间的高能粒子辐射；太阳发电机如何工作。

Solar Orbiter 的科学载荷包括太阳风等离子体分析仪、能量粒子探测仪、磁强计、无线电和等离子体波分析仪、偏振和日震成像仪器、极紫外成像仪、X 射线成像望远镜、用于成像和光谱学的多元素望远镜、日球层成像仪和日冕环境空间光谱成像仪（图 12）。

Solar Orbiter 大小为 2.5 m × 3.0 m × 2.5 m，采用三轴稳定平台，指向稳定性高于 3″/15 min。为了保护探测器，设计了一面朝向太阳的热盾，这也是近距离探测太阳的关键所在。热盾由多层多种材料组成：最外层是可以承受 500 ℃高温的绝热碳纤维材料，中间是多达 30 层、共 5 cm 厚的铝合金蜂窝结构，可以承受 300 ℃的高温，内侧是 10 层 1.5 mm 厚的钛合金，阻隔来自太阳的热辐射[33]。

探测器发射入轨后，将利用地球和金星的引力辅助轨道机动（GAM）来变轨，其中，第 2 次金星 GAM 后，探测器近日点为 0.284 AU，轨道和金星轨道达到 4∶3 共振，探测器第 1 次达到近日点需 3.5 年。每次金星 GAM 后，轨道倾角逐渐增加，轨道共振比依次变为 4∶3→4∶3→3∶2→5∶3。探测器最终达到的任务轨道周期为 168 天，近日点为 0.28 AU，倾角为 25°。在任务延长期，倾角经过金星 GAM 进一步增加，最终达到 34°。

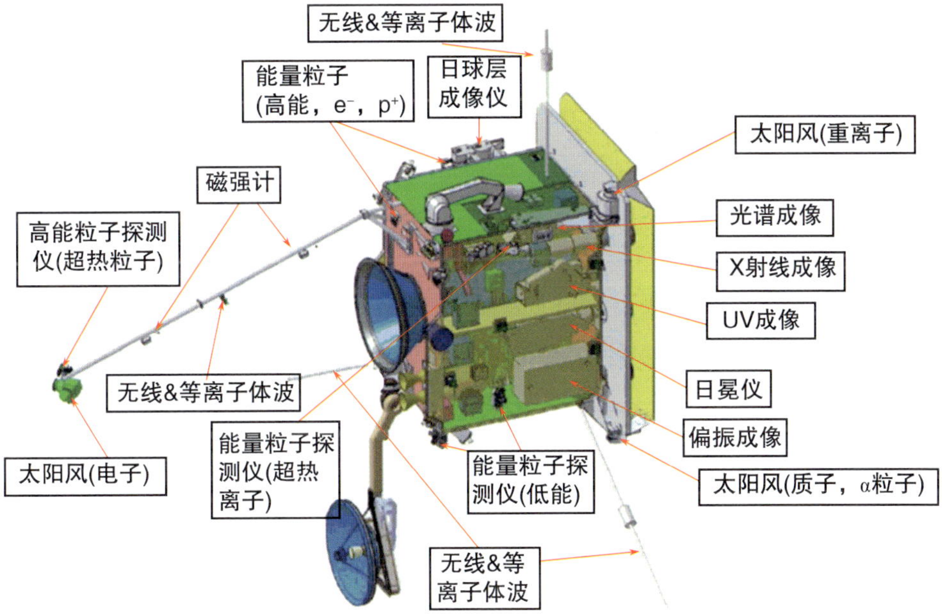

图 12　Solar Orbiter 探测器

2.1.2　Parker Solar Probe 任务

Parker Solar Probe 于 2018 年 8 月 12 日成功发射，该任务主要研究日冕加热和太阳风加速的能量粒子的过程；研究太阳能量粒子如何传输并且耗散在日冕和太阳风的过程；测定太阳风起源处等离子体和磁场的结构和动力学；研究太阳源区的磁场如何与光球层和日球层联系；

探测能量粒子加速和传播机制。

Parker Solar Probe 的科学载荷包括电场、磁场、等离子体波探测包（FIELDS）、太阳科学探测集成设备（ISIS）、大视场成像仪（WISPR）和太阳风电子、质子、α 粒子探测仪（SWEAP），如图 13 所示。

图 13 Parker Solar Probe 探测器

Parker Solar Probe 最大发射质量 610 kg，其中科学仪器约 50 kg，推进剂约 52 kg。卫星采用正六棱柱构型，本体长 3 m，直径 2.3 m。采用碳-碳热防护系统和带主动水冷系统的太阳阵，太阳阵总面积 1.8 m^2，在近日点具备 343 W 发电能力。卫星散热器 3.8 m^2。通信采用 Ka 波段下行科学数据，采用 X 波段进行测控，配备 0.6 m 高增益天线和低增益全向天线，在 1 AU 处科学数据下行速率可达 138 kbps。探测器将覆盖 11 年太阳周期的一半以上，并且每年经过近日点 3~4 次。在近 7

年的任务期间内，经过 24 个轨道周期，近日点距离将在 24 圈轨道中逐渐从 35$R_\odot$降低到 9.86$R_\odot$。在 21 个轨道周期中，探测器距太阳中心的距离将小于 30$R_\odot$，在 19 个轨道周期中，距太阳中心的距离将小于 20$R_\odot$。

卫星主要结构均装在厚度为 11 cm、直径为 2.3 m 的碳 - 碳热保护系统后面，以保护其免受极端太阳环境的影响，并使其能够在标准空间热环境下运行，而热保护系统对日面温度最高可达 1400 ℃。Parker Solar Probe 利用主动冷却的太阳能电池阵列进行发电，将太阳能电池保持在所需的温度限制内。

Parker Solar Probe 发现了太阳风中磁场的弯折现象；首次证实了近日无尘区的存在；研究了磁重联和冕流中的小尺度结构；进一步研究了近日点太阳风中的电磁场的起伏现象。

2.1.3　ASO-S 任务

2022 年 10 月 9 日，ASO-S（先进天基太阳天文台）发射升空（图 14），先进天基太阳天文台的科学目标瞄准“一磁两暴”，即太阳磁场、太阳耀斑和日冕物质抛射，首次在同一颗卫星上实现太阳高能成像和大气不同层次变化的同时观测。具体目标概括为以下三点：1）同时观测对地球空间环境具有重要影响的太阳上两类最剧烈的爆发现象——耀斑和日冕物质抛射（CME），研究耀斑和日冕物质抛射的相互关系和形成规律；2）观测全日面太阳矢量磁场，研究太阳耀斑爆发和日冕物质抛射与太阳磁场之间的因果关系；3）观测太阳大气不同层次对太阳爆发的响应，研究太阳爆发能量的传输机制及动力学特征。

图 14　ASO-S（先进天基太阳天文台）

总体上可以分成卫星平台和有效载荷两部分。卫星平台为所携带的科学探测载荷提供能源、通信和环境等保障。卫星有效载荷包括全日面矢量磁像仪（FMG）、莱曼阿尔法太阳望远镜（LST）和硬 X 射线成像仪（HXI）。预期在轨寿命不少于 4 年。

根据先进天基太阳天文台的科学目标和任务，为了获得尽可能多的观测时间，先进天基太阳天文台采用高度 720 km 左右、周期约 99 min 的太阳同步晨昏轨道。这样的轨道只有在每年的 5 月中旬到 8 月共约 2.5 个月的时间存在阴影，每轨最长阴影时间 18 min。卫星入轨后太阳矢量与轨道面夹角接近 98° 。整个卫星保持对日定向且三轴稳定的姿态。

2.1.4　Aditya-L1（“阿迪蒂亚 -L1”）太阳探测器

阿迪蒂亚 -L1 于 2023 年 9 月 2 日成功发射（图 15），是印度首次太阳空间探测任务，科学目标为：研究日冕加热和太阳风加速的机制；研究日冕物质抛射（CME）和太阳耀斑对近地空间天气的影响；研究太阳大气的耦合和动力学特性；研究太阳风分布和温度的各向异性。阿迪蒂亚 -L1 发射质量约 1475 kg，探测器的工作寿命为 5 年，任务携带 7 种有效载荷（总质量约 244 kg）。探测器于发射后约 127 天后，抵达距离地球大约 150 km 的日地 L1 点附近的晕轨道（Halo Orbit），并在之后开始执行科学探测活动。

图 15　阿迪蒂亚 –L1 太阳探测器

2.1.5　小结

太阳全球磁场探测蕴含重大科学机遇，美欧等发达国家早已有了探测极区的科学建议，近年来，随着 Parker Solar Probe 探测器实现进入太阳大气层观测、Solar Orbiter 实现（小角度）偏离黄道面太阳成像观测，印度也发射了一颗环黄道面的日地 L1 太阳深空探测器。太阳探测的竞争焦点自然转向了环黄道面的深空探测和太阳极区的立体探测，最终实现太阳全球磁场探测。太阳全球磁场探测将成为国际竞争的热点。

2.2 学术研究进展

太阳磁场周期性反转的观测和理论进展与太阳发电机理论进展紧密相联，太阳发电机模型描述的是导电流体在磁场中运动时形成的自激发磁场使太阳的磁场得到维持，从而阻止磁场随着欧姆 / 湍流耗散逐渐减弱消失的理论模型。下面分别从日震学、螺度研究、极区磁场研究和太阳空间探测四个方面讨论其前沿学术和技术研究进展。

2.2.1 日震学的进展

日震学是迄今为止唯一的探测太阳内部流场的方法。太阳并非一个寂静世界，它无时无刻不在产生声波，这些声波在太阳内部传播，并在到达太阳表面后才可以被捕获。日震学的目标是挖掘这些声波中所包含的太阳内部信息，从而得到太阳内部流场的大小与分布。目前，日震学对于太阳较差自转和浅表层流场的测量已经较为成熟，然而对于大尺度流场的结构以及如何演化还没有形成共识。这表明对于声波如何在太阳中传播依然欠缺了解。空间望远镜如 Solar and Heliospheric Observatory/Michelson Doppler Imager（SOHO/MDI）和 Solar Dynamics Observatory/Helioseismic and Magnetic Imager（SDO/HMI）对于日震学的发展以及太阳内部结构和流场的测量起到了重要的推动。然而这些望远镜都是在地球轨道附近，即黄道面上进行观测。这导致对太阳全球内部流场分布及演化知之甚少。

早在 1962 年，Leighton et al.（1962）就在观测太阳表面光球层时发现了周期大约为 5 min 的震荡。这种存在于光球层各类观测中（如白光和速度场）的震荡是由太阳表面附近的对流元胞“拍打”其附近的等离子体而产生的波动（Goldreich and Keeley，1977；Stein and Nordlund，2001）。这些波动无时无刻地穿梭于太阳内部和全球，从而使太阳内部的测量成为可能。根据这些波的物理特性，可以大致将它们归类于以下三种：

1）**声波（p 模波）：**太阳内部也存在由压强梯度作为回复力的声波。大部分（频率小于 5.3 mHz）的声波在太阳中都在一个与之对应的共振腔中传播。这是因为声波在向太阳内部传播时声速随着深度的增加而逐渐增加，并最终导致全反射的发生。当声波在向上传播至太阳表面时背景离子密度陡然减少，这导致声波振幅逐渐减小而最终大部分被“反射”回太阳内部。共振腔的存在导致仅有特定频率或者说模式的波可以在太阳中传播。

2）**表面重力波（f 模波）：**这是一种同池塘里的涟漪非常相似的波。它由重力作为回复力而主要在太阳表层传播，故而被用于研究太阳表层速度和局部声速扰动。

3）**内部重力波（g 模波）：**理论计算表明太阳内部应该还存在另一种由重力作为回复力的波，称其为内部重力波。内部重力波主要存在于对流稳定的区域（即辐射层），在这样的区域里等离子体元胞在受到扰动后会被拉回到原来的位置而不会放大，从而导致波的产生。目前，对太阳核心区的了解远远不如对流层，这主要是由于 p 模波和 f 模波在这个区域极难传播。而内部重力波则主要存在于这个区域，从而可以帮助更好地探测这些区域。然而 g 模波在经过对流层时，其振幅会被削减，以至于在到达太阳表面时已经非常微弱，这使得 g 模波非常难以被探测。Appourchaux et al.（2000）在研究中估算出单个内部重力波波模的振幅应该在 10 mm/s 以下。目前对于 g 模波是否已经被探测到还存在争议（Fossat et al.，2017；Schunker et al.，2018）。

以上三种波动在日震学研究中较常出现。从分类上讲它们都属于球形波（spheroidal modes），其特点是径向方向涡度为零（Aizenman and Smeyers，1977）。与球形波对应，还有一种被称为环行波（toroidal modes）的波动，这种波的径向涡度不为零。对于不含磁场的球对称恒星来说，环行波仅仅是水平方向上的涡流（Aizenman and Smeyers，1977；Unno et al.，1989）。而对于有磁活动和自转的恒星而言，这些涡流会变成罗斯比波。理论计算表明 r 模波的频率与恒星自转频率相仿，并由科里奥利力作为回复力。对于太阳来说，这意味着长达一个月左右的周期。如此长的周期导致其在充满噪声的观测中被淹没而迟迟没有被发现，从而渐渐地淡出了人们的视野。近些年，在对太阳表面和内部速度场长达两个太阳周期的数据进行分析研究后，终于发现了 r 模波。这一发现为研究太阳内部结构和动力学演化开启了一扇新窗口（见 Loeptien et al.，2018；Liang et al.，2018a）。

太阳震荡的本征频率遵循变分原理，即本征函数的微小改变不会影响本征频率（Chandrasekhar，1964）。本征频率的大小取决太阳的结构。而本征频率遵循变分原理这一点意味着，不需要十分精准地知道本征函数就可以利用观测到的本征频率来反演太阳内部结构。依靠这一点，日震学成功地验证了标准太阳模型所预测的太阳平均结构（Christensen-Dalsgaard et al.，1996），从而间接推动了太阳中微子问题的解决（Bahcall，2004）。不同深度和纬度的转动对不同震荡模式的影响有所不同。这使得探测太阳内部不同深度和纬度的自转速度成为可能。通过对 SOHO/MDI 视向速度场进行分析，发现太阳对流层自转速度存在较差，而辐射层则像刚体一样具有均一的自转速度（Schou et al.，1998；Larson and Schou，2018）。

局域日震学是对一系列测量太阳局部三维流场和声速扰动方法的统称。其包含环形图谱分析（Ring-diagram Analysis）和时 – 距日震学（Time-distance Helioseismology）。环形图谱分析即一个频率下的能量谱密度，交换 k_x、k_y 两个参量不会对结果产生影响。这导致能量谱密度在二维图谱中（k_x、k_y 为横纵坐标）表现为一系列的圆环。流场的出现会改变这一对称，从而使环发生扭曲。由于不同模式的波在太阳内部传播的深度不同，故而可以利用这一点来重构太阳局部各个深度的流场（Hill，1988）。目前这一技术已经相对成熟，已经被用来实时观测太阳浅表层的流场变化（Bogart et al.，2011a,b）。时 – 距日震学利用的是 p 模波在太阳表面两点之间的传播时间。这一传播时间受到 p 模波传播过程中所遇到的流场和声速扰动影响，从而可以通过反演得到这些信息（Duvall et al.，1993）。得益于其概念的简单易理解，时 – 距日震学自出现后便得到了广泛关注。现在它已经被广泛地应用于探测太阳内部结构，其中包括：超米粒组织的波动表现（Gizon et al.，2003；Langfellner et al.，2018），子午环流（Giles，2000；Liang et al.，2018b），活动区下的流场（Braun，1997；Gizon et al.，2009），超米粒组织相伴随的涡流（Langfellner et al.，2014），以及 r 模波（Liang et al.，2018a）。近些年来局域日震学在前向模型计算方面取得了较大的发展。Gizon et al.（2018）将太阳震荡的波动方程简化为一个包含流场在内的标量方程，并利用一阶玻恩近似推导出了基于格林函数的时 – 距日震学流场内核函数表达。格林函数的计算采用有限元法在频率空间上进行，并使用平滑后的标准太阳模型的声速和密度作为背景。这一方法使得可以快速准确地得到流场内核函数。

在观测方面，局域日震学第一次在太阳内部观测到了罗斯贝尔波。Loptien et al.（2018）首先将米粒追踪和环形图谱分析技术应用于SDO/HMI观测数据上，从而得到太阳表面和内部横向速度场。之后在对长达6年的数据进行分析后，在太阳赤道附近首次探测到了大尺度的罗斯贝尔波。随后Liang et al.（2018a）利用时－距日震学对21年日震观测数据（SOHO/MDI和SDO/HMI）的分析再次确认了这一发现。Hanson et al.（2020）及Mandal and Hanasoge（2020）等也用不同的数据或方法确认了罗斯贝尔波的存在。理论研究表明，罗斯贝尔波主要受太阳内部结构影响而几乎不受到浅表层影响（Damiani et al.，2020），这表明罗斯贝尔波极具研究对流层底部流场演化的潜力。随着时间的积累，罗斯贝尔波极可能会在研究太阳内部动力学演化时扮演越来越重要的角色，进一步推动对太阳磁场周期性反转的理解。

2.2.2 螺度研究的进展

螺度定义为空间内矢量场与矢量场自身旋度的积分量，同时反映了缠绕或嵌套矢量场的手征性。不同类型矢量也可以构成交叉螺度。磁螺度等问题早已被天体物理学家等所重视。磁螺度定义中的磁矢势具有规范不变性的特点，Berger和Field提出了相对磁螺度的概念，从而解决了在非封闭磁系统中磁螺度计算的问题，同时指出空间中磁螺度的积累可以通过计算边界面上的磁螺度传输获得。

太阳磁场的前沿研究目前围绕着两个基本问题：太阳磁活动周期的起源问题和太阳磁场能量的释放机制问题。太阳磁活动周期通常是使用太阳发电机模型来解释；太阳磁场能量的释放机制主要是由磁重联理论模型来解释。磁螺度作为在大磁雷诺数等离子体中的近似守恒量与这两个模型都有着密切的联系。发电机理论和磁重联理论都涉及湍动等离子体中磁场能量在不同尺度间传输的过程，而磁螺度守恒性质能够约束等离子体磁能、动能的不同尺度的谱分布，影响其动力学演化特征。例如，作为太阳发电机理论的核心概念，α 效应在磁螺度守恒的约束条件下，能够形成有效的褪火机制，避免发电机过程中磁能无穷增长的现象；在磁重联过程中，从磁螺度守恒出发，使用拉格朗日乘子法作变分分析，利用非线性不稳定性理论，磁流体力学过程中最终的磁场结构将趋向于常 α 无力场状态（单根磁力线），并得到了观测上的验证。磁螺度在太阳发电机理论中的应用已成为国际太阳物理研究的热点问题。

太阳磁螺度研究的一个重要进展是发现太阳南北半球手征性问题。美国太阳物理学家 G. Hale 等在 1927 年首先发现太阳黑子半影纤维在南北半球呈现相反的手征性。我国太阳物理学家丁有济等早在 20 世纪 80 年代就对太阳黑子的涡旋结构进行了统计研究，获得南北半球的统计特征的统计比律。德国太阳物理学家 N. Seehafer 首先进行太阳活动区电流螺度参数的统计分析，并把它和太阳发电机问题相联系。通过电流螺度、无力场参数、磁螺度积累量、日冕环的 Sigmoid 结构等大量的观测和计算研究表明，在太阳上存在着北半球负螺度占主导，南半球正螺度占主导的趋势，这种现象称为半球螺度符号法则。我国科学家首先利用怀柔太阳观测基地的大量矢量磁场观测资料对太阳活动区螺度分布随太阳周的变化进行了系列研究。利用国家天文台怀柔太阳观测基地20余年观测资料获得的太阳活动区电流螺度蝴蝶图，可以清楚地看到两个特征：1）电流螺度的符号随着太阳半球有明显的选择性，即北半球为负，南半球为正。这验证了之前所得到的统计结果。突出的一点是，这张蝴蝶图所采用的数据来自怀柔太阳观测基地磁场望远镜系统的第22和23连续两个太阳活动周的矢量磁场数据。2）在太阳活动周开始和结束阶段，蝴蝶图中有明显的反号螺度集中出现的区域。半球螺度法则演化的细节特征随后成为研究的一个热点。日本科学家Hagino和Sakurai研究了从1983年至2001年活动区无力场参数，发现尽管半球螺度符号法则总体上是成立的，可在活动周极小年的时候却不成立。使用“日出”（Hinode）太阳卫星矢量磁场数据也揭示了23周末和24周开始的半球螺度法则存在变化。使用MDI的综合磁图和全日面视向磁场也揭示了大尺度磁螺度传输的震荡特征，同时发现太阳总体磁螺度输运量和太阳黑子数统计相关（图16）。通过大量观测资料，分析了在太阳活动区的较强磁场的电流螺度密度存在和弱场反号的特征。

太阳发电机中两个最重要的参量是较差自转和α效应。前者通过较差自转，使太阳内部的极向磁场转化成环向场，而后者表明在科氏力等的作用下环向场重新变成极向场。从而较为合理地解释了太阳22年的磁活动周期现象。太阳表层和内部较差自转速度可以通过观测和日震学得到。但是α效应在很长一段时间里却处于纯理论解释。近几年，通过观测得到的电流螺度来研究α效应的一些特性。将α效应表述为运动学螺度和电流螺度的联合作用，具体可以写成

$$\alpha = \frac{\tau_c}{3}\left(\overline{V \cdot \nabla \times V} - \frac{1}{4\pi\rho}\overline{B \cdot \nabla \times B}\right)$$

式中，τ_c 是关联时间，ρ 是物质密度。这意味着流体涡旋运动和磁场缠绕之间伴随着磁场增强和衰减的全过程。对浮现太阳活动区磁螺度输运和活动区倾角关联性的研究表明，太阳活动区螺度起源于太阳内部，并呈现出一定的规律性。

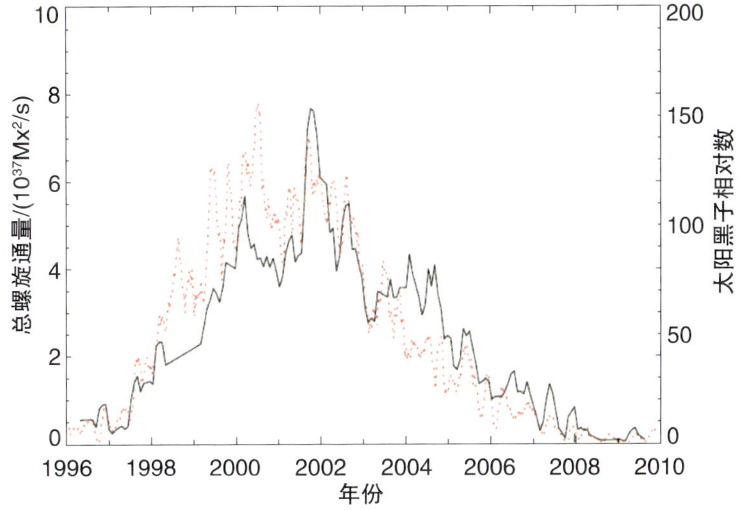

图 16　太阳活动周的磁螺度通量（实线）叠加在相应的太阳黑子相对数（虚线）上

应当说，大量太阳表层大气磁（电流）螺度的观测研究结果有利地刺激了发电机理论问题研究，其中的主要研究包括：探讨符合电流螺度半球符号法则的发电机模型；探讨太阳活动低年时电流螺度如何趋向于违反半球螺度符号法则；分析电流螺度和 α 效应可能的深度变化，在对流层底部电流螺度的符号是否会发生改变等课题。在通量输运太阳发电机和 Parker 平均场发电机模型框架下，也提出在新太阳活动周初期螺度反号是由于太阳内部环向和极向场形成的位相差所造成的。

传统发电机方程的边界条件仅仅使用的是黑子分布特征、纵向磁场的扩散特征或者不具有守恒性质的三维磁场的电流螺度分布特征，缺乏活动周磁螺度传输特征的观测约束。从磁螺度守恒角度分析太阳发电机问题在国际学术界正成为一个前沿研究领域。首先从观测上发现 23~24 太阳活动周中不仅存在活动周时间尺度的磁螺度震荡现象，而且一个太阳活动周中的净磁螺度不等于零，太阳南北半球大尺度磁螺度的守恒性很有可能在更多活动周的时间尺度上才能体现出来，而没有必要限制在同一个太阳活动周内，从而进一步影响不同太阳活动周的强度分布特征。

考虑到传统的平均场发电机理论和目前流行的输运发电机模型不能说明活动周磁螺度传输的观测特征，且受限于线性化、速度场和磁场的缠绕性隔离开来的理论假设。考虑了磁螺度守恒的非线性调制效应，成功解释了观测上看到的活动周磁螺度的震荡现象，复现了太阳黑子相对数非 11 年周期的长时标演化特征，这是从太阳磁螺度大尺度守恒特性出发对于“太阳磁活动周期起源”这个重大科学问题的新进展。

2.2.3 极区磁场研究的进展

在极区磁场的观测研究方面，利用具有国际先进水平的太阳磁场望远镜，我国学者在 20 世纪 90 年代中后期即开展了对极区矢量磁场的观测，观测到了双极磁结构、强磁场结构等现象，改变了对极区磁场的传统认知。这些前瞻性的工作是 2006 年投入观测的 Hinode 卫星的重要研究方向，利用 Hinode 卫星的“斜视”观测（图 17），我国学者继续在极区小尺度的磁浮现过程、磁活动事件等的分析研究中取得有影响力的成果。

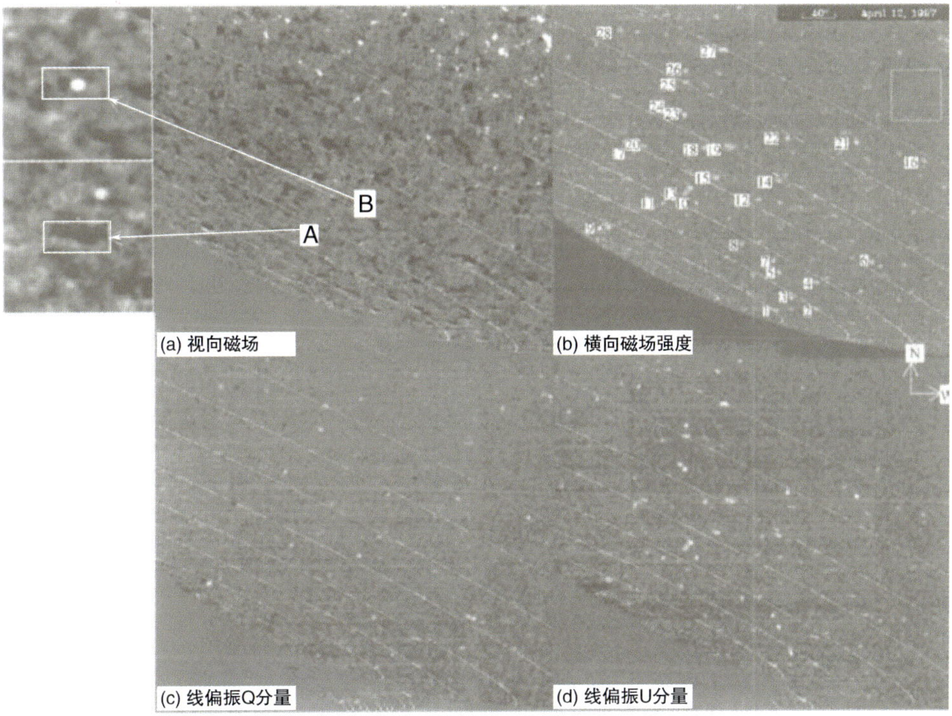

图 17　怀柔太阳观测基地太阳磁场望远镜得到的极区磁场“斜视”图

在太阳活动周的不规则性的产生机制、强度预报方面，我国学者近年来也取得了一系列的研究进展。太阳活动区的倾斜角是产生极区磁场和太阳活动周的关键物理量，我国学者明确提出倾斜角的平均大小与太阳活动周的强度有强可置信度的反相关性，这一特征可能是调制太阳活动周强度的一个可被观测证实的非线性机制；同时，除了倾斜角的非线性机制，黑子浮现的纬度是调节太阳活动周强度的另一种非线性机制。这两种机制对太阳活动周的调节作用大致相当，在这两种非线性的共同作用下，每个强、弱太阳活动周的所有黑子倾向产生接近相同的总轴向偶极场，尤其是太阳活动周足够强时，黑子产生的总的轴向偶极场达到饱和，这自然解释了太阳活动周的奇－偶现象。

此外，日地空间天气数值建模以太阳实时观测数据为初边值条件，驱动日地系统解域的三维时变数值磁流体模型，从而自洽描述“太阳大气—行星际空间—地球空间”各圈层的动力学耦合过程。但由于缺乏直接观测，当前仅能依赖光球磁通输运模型等数据同化措施来间接推断太阳极区磁场，进而利用日冕磁场外推和 WSA（Wang-Sheeley-Arge）模型来估算背景太阳风和行星际磁场的三维空间分布，这种推断结果存在诸多不确定性。因此，太阳全球磁场的获取是制约当前日地空间天气数值预报能力的瓶颈。此外，由于白光日冕仪的汤姆逊散射工作原理，黄道面内日冕仪仅能直接测量天空平面内边缘日冕物质抛射（CME）的运动速度，对地 CME 初始抛射速度及其方位的测量误差是影响当前灾害性空间天气数值预报效果的重要因素。太阳全球磁场（尤其是极区磁场）观测不仅可为日地空间天气建模提供太阳风暴的初始参数输入，而且能为数值预报结果提供黄道面内扰动传播的成像观测检验，提高模型输出的准确性。

2.2.4 太阳空间探测的进展

1960 年 3 月 11 日，美国发射了第一颗专门的太阳探测器，从此揭开了人类空间探索太阳的序幕。针对太阳磁场及磁活动周起源，需采用日震与磁场成像载荷进行研究。在人类历史上 50 余颗专门用于太阳探测的航天器中，携带此类载荷的典型航天器有 4 颗：太阳与日球层观测台（SOHO，1995），太阳动力学观测台（SDO，2010），太阳观测卫星（Picard，2010）和太阳轨道器（Solar Orbiter，2020）。另外，有一些航天器携带了进行太阳磁场局地探测的载荷，此类载荷与遥感探测载荷不同，缺乏对太阳磁场进行高分辨率成像观测的能力，这也决定了其难以揭示太阳磁场周期性反转的根本原因，如尤利西斯探测器（Ulysses，1990）、日地关系观测台（STEREO，2007）和帕克太阳探测器（Parker Solar Probe，2018）。经过 20 余年的发展，日震与磁场成像载荷功能逐渐强大，单台仪器已可同时获取太阳大气磁场和速度场数据，仪器性能逐渐提高，在地球轨道观测日面分辨率可达 140 km，速度场测量精度可达 13 m/s，对太阳内部结构与磁活动周期起源的研究起到了重要作用。例如，SOHO 发现了太阳对流区的近刚体自转，带来了 20 世纪 90 年代末建立在子午环流模型、Tachocline 层（对流层底部的强剪切层）、太阳光球表面的磁扩散模型等观测现象上的 Flux-Transport 模型；SDO 发现子午环流的复杂结构，揭示了 Flux-Transport 模型中的子午环流模型存在不足。截至目前，太阳磁场空间探测卫星主要位于日地连线之间，Solar Orbiter 向近日探测迈出了重要的一步，其在任务规划延长期，轨道倾角最高仅达到 34°。这导致目前的太阳发电机模型都是基于日地连线观测得到的理论模型，并且其依赖的太阳活动周的长期观测都是基于太阳的正面观测，太阳光球边界的矢量磁场信息是不完善的。磁螺度作为描述三维矢量磁场的拓扑参量，对等离子湍流中不同尺度流场和磁场能量的分布和传输起着至关重要的作用，它随太阳活动周的演化特征蕴含着对太阳发电机模型形成新的观测上的约束。因此，在黄道面和太阳极区开展对日联合观测，将能够捕获太阳活动区的浮现、网络磁场的形成和扩散演化、网络内磁场演化的全生命过程，获得精准、完整的太阳全表面的磁场耗散和磁螺度输运过程，为太阳发电机理论模型的进展提供至关重要的观测证据，这也是引导未来太阳全球磁场探测取得重大突破的发展方向。

2.2.5 小结

太阳磁场周期的反转与太阳全球磁场探测问题是太阳物理领域中的重大前沿科学问题和技术难题。其本质是理解自转天体湍动流场中自发维持磁场并形成周期性涨落的太阳发电机过程，在理论和观测上目前仍然存在着巨大的不足和挑战。目前研究团队在日震学、螺度研究、太阳极区磁场研究有了长足的发展和科学成果，在太阳空间探测领域中，一方面需要全太阳表面磁场和速度场的长期连续观测数据，尤其是太阳极区的观测；另一方面需要高分辨率的磁场和速度场数据，揭示小尺度上动力学特征。这将有助于解决太阳全球磁场探测技术难题，能够有力推动对太阳磁场周期性反转问题的解决。

2.3 学术会议

2.3.1 香山科学会议

太阳是太阳系的中心天体，是地球上一切生命之源，研究太阳具有重大的科学意义和重要的应用价值。太阳空间探测经过 60 余年的发展，取得了众多成果，但由于日地连线方向观测手段的限制，在前沿科学问题以及空间天气预报方面遇到了瓶颈，立体探测是解决这些难题的最佳手段。

为全面深入研讨太阳物理研究中的基础性科学问题以及空间天气预报的战略性需求，探讨最新突破性进展，展望未来发展趋势，促进太阳物理科学、空间天气预报应用和航天技术等学科的交叉与融合，凝练太阳立体探测的科学目标，为国家战略决策与立项实施提供支撑，香山科学会议于 2021 年 10 月 11—12 日在北京召开了以“太阳物理前沿科学问题和立体探测中的关键技术”为主题的第711次学术讨论会。来自国防科工局、航天工程研究所、中国科学院、教育部直属高校、国家气象局和中国航天科技集团有限公司等20余家研究机构、高校和企业的40余名专家应邀出席会议。会议围绕“太阳物理中的重大前沿科学问题”“太阳空间天气效应及预报”“太阳空间探测有效载荷”三个中心议题进行了深入讨论。

会议包含一个主题报告和13个分报告，分别是太阳空间探测进展与太阳立体探测设想，太阳物理中的重大前沿科学问题，太阳磁场起源研究，太阳爆发活动机理研究，太阳与类太阳恒星的星震学限制及活动性研究，太阳爆发抵近探测，太阳空间天气效应及预报，太阳风的动力学过程及其随太阳活动的变化，数据驱动的空间天气预报模式，灾害性空间天气预报瓶颈，太阳空间探测有效载荷综述，太阳磁场与速度场探测，空间太阳成像探测，太阳粒子探测等。从科学、应用和探测载荷等方面全面研讨了太阳立体探测任务设想。

会议主题报告回顾了太阳空间探测领域的发展历程，分析了当前存在的问题，提出了太阳立体探测的设想。报告指出，在60余年的太阳空间探测活动中，取得了大量科学成果，促进了空间天气预报的发展，并积累了宝贵的工程实践经验，但在太阳磁场和活动周的产生机制等重大科学问题，空间天气预报全面性、准确性和及时性等方面仍存在很大瓶颈，全方位立体探测是解决这些问题的最佳手段。报告提出一种太阳立体探测设想，该设想由3颗环绕黄道面（地球公转轨道面）+2颗太阳极轨（垂直黄道面的日心轨道）探测器组成，采用多器组合体设计技术，利用两次发射任务即可完成体系构建，实现从5个视角立体探测太阳。报告指出，我国已通过月球和火星等深空任务为太阳立体探测工程奠定了良好的基础，如果能够尽快立项，预计将在2035年前部署到位，为科学研究和空间天气预报提供高质量数据，实现太阳空间探测跨越式发展。

2.3.2 全国空间探测学术研讨会

2024年6月11日至6月14日，第37届全国空间探测学术研讨会在湖南长沙召开。会议由中国空间科学学会空间探测专业委员会主办，中国科学院太空应用重点实验室、太阳活动与空间天气重点实验室、中国航天科技集团有限公司航天进入减速与着陆技术实验室、湖南先进技术研究院、图像测量与视觉导航湖南省重点实验室、光电智能测控湖南省重点实验室、中国科学院复杂航天系统电子信息技术重点实验室等联合承办。

本届研讨会以“向新发力，努力抢占空间探测科技制高点”为主题，旨在通过广泛、深入的学术交流，活跃学术思想，推动我国空间科学与探测的进一步发展。

会议主会场共安排14场特邀报告，另设6个分会场共9个专题。应会务组邀请，北京空间飞行器总体设计部介绍了太阳极轨探测任务情况。为实现太阳全球磁场探测，构建一个太阳立体探测系统，即可以从太阳低、中、高和极区观测太阳全球。系统介绍了太阳极轨探测任务的背景、科学价值和科学目标、载荷配置、任务过程、任务难点及其解决方案。

2.4 文章发表

《科学通报》文章

2023年3月，针对太阳磁场周期性反转科学问题与太阳全球磁场探测技术难题，研究团队构建了一个太阳全方位立体探测任务，通过该任务的实施将有助于实现太阳磁场周期性反转与太阳全球磁场探测科学问题和技术难题的突破。团队在《科学通报》2023 年 68 卷第 8 期发表了题为《太阳立体探测任务设想》期刊论文，文章作者包括来自中国空间技术研究院、中国科学院、北京大学等科研院所和高校的学者。

摘要：太阳空间探测在太阳物理前沿科学问题研究和空间天气预报应用研究方面具有重要的意义。在 60 余年的太阳空间探测活动中，取得了一系列重要成果，但仍存在诸多根本性重大问题有待解决。太阳立体探测可以克服单视角观测的局限，获取全方位、多要素的物理数据，促进解决太阳物理中的重大科学问题。本文介绍了太阳内部结构和磁场起源、太阳活动全生命周期机理研究、太阳活动的全日球空间天气效应和空间天气物理预报模式研究等四个科学目标，以及太阳立体探测任务空间布局、系统组成和探测器总体设计，最后介绍了太阳立体探测任务的有效载荷配置和主要技术指标。

文章信息：YANG M F，WANG J X，WANG C，et al. Envisioning the solar stereo exploration mission（in Chinese）.Chin Sci Bull，2023，68:859-871，doi:10.1360/TB-2022-0706.

2023 年 2 月，针对太阳全球磁场探测问题，研究团队构建了一个能够实现太阳高纬度观测的深空探测器，可俯瞰太阳两极，实现太阳磁场周期性反转与太阳全球磁场探测科学问题和技术难题的突破。团队在《科学通报》2023 年 68 卷第 4 期发表了题为《太阳极轨天文台》期刊论文，文章作者包括来自 中国科学院、中国空间技术研究院、北京大学等科研院所和高校的学者。

摘要：太阳磁场演化及其驱动的太阳活动，是决定近地空间环境、太阳系行星系统和行星际空间环境及太阳系与星际边界环境的重要因素；而极区磁场及其动力学过程，是太阳内部发电机过程的重要表征和外部日球层磁场分布演化的边界条件。然而迄今为止，人类对太阳的成像观测均局限在黄道面附近；由于严重的投影效应，至今未能实现对极区磁场和流场的常规观测。“太阳极轨探测”计划，利用高轨道倾角（≥80°）和小椭偏率的太阳极轨飞行器，将首次实现对太阳极区的正面成像观测，包括对太阳极区磁场和速度场高精度定量测量，填补太阳全球磁场和速度场观测的空白，结合其他多波段遥感探测和原位测量，聚焦下列科学目标：1）提供前所未有的极区磁场、速度场成像观测，以回答世纪科学难题——太阳磁活动周的起源；2）提供对高速太阳风源区的详细观测诊断，破解“原初”高速太阳风的起源之谜；3）提供包含太阳极区的完整初、边界条件，创建自洽的数据驱动的全日球数值模型，理解日球层整体结构。

文章信息：DENG Y Y，ZHOU G P，DAI S W，et al. Solar Polar-oribit Observatory（in Chinese）.Chin Sci Bull,2023,68:298-308,doi:10.1360/TB-2022-0674.

3 策划与建议

3.1 加快构建全方位太阳立体探测系统，实现太阳全球磁场探测

随着观测手段和理论研究的进展，科学家们认识到太阳活动周期

本质上是由太阳磁活动引起的，并试图用太阳发电机模型来解释太阳磁活动周的产生与太阳南北两极磁场极性反转等现象，由于目前太阳磁场探测主要局限于黄道面附近，缺乏太阳高纬区和极区的观测，无法获取关键的太阳全球磁场和日震学数据，导致太阳磁活动周的研究存在很大不确定性。因此，获取太阳全球磁场数据是未来的核心和关键。这一问题最终转化为构建全方位太阳立体探测系统的航天问题。即利用航天技术，实现从低、中、高纬区及两极区域等不同方位对太阳全貌进行观测，在行星际轨道转移和推进以及高精度磁场探测有效载荷等关键技术上完成突破，利用观测到的磁场数据对太阳活动周和太阳内部进行深入研究，在太阳磁活动周的起源问题研究上取得重大跨越式进展。全方位太阳立体探测的实施将极大促进太阳物理学和天文学的发展，提高太阳活动的预报能力，拉动我国深空探测航天技术产业与太阳活动的空间天气预报应用的协同发展，为实现人类社会的可持续发展作出贡献。

3.2　提高有效载荷技术成熟度，实现高精度磁场探测技术

太阳磁场探测载荷将以高空间分辨率和高灵敏度开展长时间、不间断的全日面太阳光球矢量磁场探测。通过一系列反演算法，得到太阳内部尤其是低、中、高纬区以及太阳极区的较差自转和活动区的相互作用，并且能够提供前所未有的观测数据，为太阳磁场周期性反转科学问题提供重要数据支撑。太阳磁场探测载荷一部分技术难题已经攻克，并且成功应用于空间载荷试验。但是目前高精度磁场探测技术仍需要进一步提高技术成熟度，技术难点主要包括：基于宇航器件的大尺寸滤光器精密温控技术；高灵敏度（mK 量级）的温度变化测量传感器及电路设计；稳定精度 10 mK 以内的智能化

温控算法实现等。

3.3 尽快启动工程研制，抢占太阳全球磁场探测科学高地

太阳活动深刻影响着地球和人类生活，探测太阳对人类可持续发展具有重要意义。太阳空间探测是人类科学探索中非常活跃的领域，在60余年的空间探测历程中取得了丰硕成果，尽管我国在太阳活动周、高速太阳风起源等方向具有一定优势，但我国缺乏在国际上有影响力的太阳全球磁场探测任务，缺乏有效、全面、精确的太阳全球磁场探测数据，进而限制了太阳磁场周期性反转科学问题研究。目前，由中国科学院和中国空间技术研究院等联合提出的“太阳极轨探测卫星（SPO）”将实现人类首次对太阳极区正面成像观测，建议提前筹备，尽快启动工程研制，实现重大科学突破，支撑我国建设成为世界主要科学中心和创新高地。

附 1　研究预期进展路线

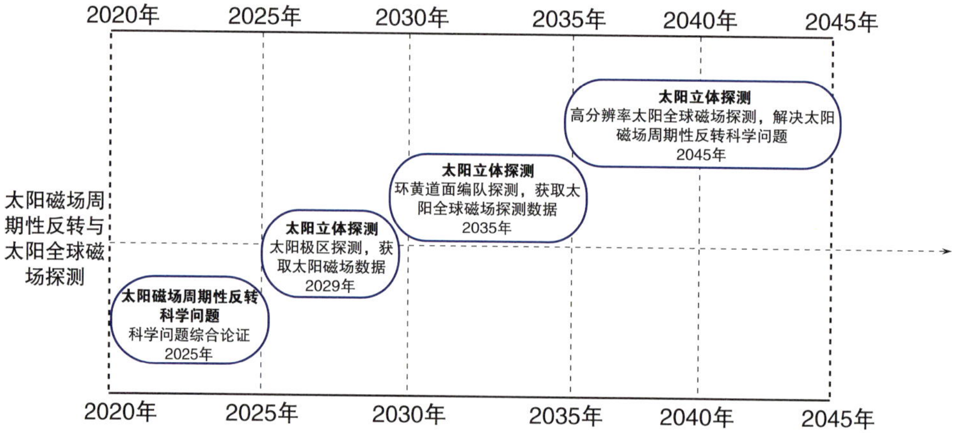

附 2　参考文献

[1] ZHANG H Q，BAO S D. Distribution of photospheric electric current helicity and solar activities，1999，ApJ，519：876-883.

[2] ABRAMENKO V I，WANG T J，YURCHISHIN V B. Analysis of electric current helicity in active regions on the basis of vector magnetograms，1996，SoPh，168，75.

[3] KUZANYAN K，BAO S AND ZHANG H. Probing signatures of the alpha-effect in the solar convection zone，Solar Phys，2000，191：231-246.

[4] ZHANG H Q，BAO S D，KUZANYAN K. Twist of magnetic field in solar active regions，Astronomy Reports，2002，46：424-434.

[5] ZHANG H Q，MOSS D，KLEEORIN K，et al. A new dynamo pattern revealed by solar helical magnetic fields，MNRAS，2010，402：L30-L33.

[6] PEVTSOV A A，CANFIELD R C，SAKURAI T，et al. On the solar cycle variation of the hemispheric helicity rule，ApJ.，2008，677：719-722.

[7] ZHANG H Q，MOSS D，KLEEORIN N，et al. Current helicity of active regions as a tracer of large-scale solar magnetic helicity，ApJ.，2012，751：47-57.

[8] PIPIN V V，ZHANG H Q，SOKOLOFF D D，et al. The origin of the helicity hemispheric sign rule reversals in the mean-field solar-type dynamo，MNRAS，2013，435：2581-2588.

[9] HAGINO M，SAKURAI T. Solar-cycle variation of magnetic helicity in active regions，PASJ，2005，57：481-485.

[10] HAO J，ZHANG M. Hemispheric helicity trend for solar cycle 24，ApJ，2011，733：L27-L33.

[11] YANG S B，ZHANG H Q. Large-scale magnetic helicity fluxes estimated from MDI magnetic synoptic charts over the solar cycle 23，ApJ，2012，758：61-67.

[12] ZHANG H Q，YANG S B. Distribution of magnetic helicity flux with solar cycles，ApJ，2013，763：105-111.

[13] YANG S B，ZHANG H Q. Large scale magnetic helicity fluxes estimated from MDI magnetic synoptic charts，IAUS，2013，294：157-158.

[14] ZHANG M. Helicity observations of weak and strong fields，Astrophys. J.，2006，646：L85-L88.

[15] WANG C Y，ZHANG M. A hemispheric helicity sign rule indicated by large-scale photospheric magnetic fields at three phases of solar cycle 23，2010，ApJ，720：632-638.

[16] GAO Y，ZHANG H Q，ZHAO J W. Comparison of photospheric current helicity and subsurface kinetic helicity，2009，MNRAS.，394：L79-L83.

附 3　词汇索引

太阳发电机模型，太阳黑子，塞曼效应，海尔定律，太阳日震学，子午环流，螺度，太阳矢量磁场，太阳立体探测系统，太阳磁场望远镜，太阳磁场周期性反转

附 4　研究团队

单位名称：中国空间技术研究院、国家天文台

研究团队成员：杨孟飞、汪景琇、代树武、朱成林、杨尚斌

六　星系生态环境中的反馈效应及“重子缺失”问题研究进展

【综述】

该科学问题自2021年发布以来，研究工作稳步推进，表现出较强的研发动力，持续受到国内外同行的广泛关注和认可。

通过申报并召开第707次香山科学会议、HUBS（Hot Universe Baryon Surveyor）国际科学研讨会、ISSI-BJ“探寻宇宙中的重子物质”论坛，在《中国科学：物理学 力学 天文学》（英文版）、《TAIKONG》等高质量期刊发表了重要代表性科学文章，深化并凝练了国际国内科学团队对HUBS所提出的超新星爆发或黑洞喷流对星系环境的反馈效应、“重子缺失”两大科学目标，以及其他相关星系宇宙学分支的学术共识，进一步夯实了科学研究活动的学术基础。

在技术攻关层面，为了实现HUBS科学目标并解决一系列相关科学问题，以X射线量子超导量能器创新载荷研制为核心，成功申报国家研发课题，截至2023年年底，已完成超导TES探测器阵列制作、超导量子读出、极低温制冷、X射线聚焦光学系统、机热一体化航天器等技术攻关工作，成果可支撑空间天文高能天体物理领域的科学研究，其中部分技术还可牵引天文红外探测器件的发展应用。

此外，伴随科学问题研究的深入和技术攻关能力的提升，HUBS拟采用以科学问题为牵引，按照技术持续交互迭代的发展路线推进后续工作，分步实现科学问题综合论证（2025年前，地面研究为主）、深化论证（2035年前，在轨观测为主）和拓展论证（2050年前，观测升级，科学体系逐步完善）。

1　背景情况

1.1　科学问题描述

1.1.1　问题提出

有别于至今还没有直接探测到的暗物质，重子物质是由元素周期表中元素所组成的正常物质。虽然重子物质在宇宙中只占物质总量的16%左右，但因其能够发光而成为人类探索宇宙的窗口，其研究范畴隶属于宇宙学和高能天体物理。当前，重子物质探测面临两个重大科学问题，即所谓的“重子缺失”和星系间相互作用生态系统中的反馈效应。

第一个问题涉及宇宙学。大爆炸理论是现代宇宙学的理论基石，其3个主要预言都已得到观测证实：1）宇宙膨胀通过哈勃望远镜的观测得到验证；2）原初核元素合成通过对氢、氦、锂等同位素原初化学丰度的测量得到验证；3）宇宙第一束光的存在通过对微波背景辐射的测量得到验证。其中，对原初轻元素的测量确定了宇宙中重子物质的总量，而对微波背景辐射的精密测量则显示在大爆炸后约38万年时所有的重子物质皆被观测到。在宇宙后续的演化阶段，利用大型光学望远镜对重子物质的普查结果表明：随着宇宙的演化，能够被直接观测到的重子物质越来越少，在现在的宇宙中大致只能观测所预言的一半，另外一半重子物质成为长期令人困惑的“宇宙重子缺失”之谜。

第二个问题涉及星系形成与演化。在冷暗物质宇宙学框架下构建的星系形成和演化理论在过去二十年取得了显著的成功。然而，近年来的一些新观测结果，如星系中心超大黑洞的性质与星系性质之间的强相关性、星系的超级风效应等，给这一理论提出了严峻挑战。目前初步的理论研究显示，应对这些挑战的关键很可能是活动星系核（Active Galactic Nucleus，AGN）及恒星反馈机制，但这些机制建立的正确性及其工作过程等问题均有待解决。

1.1.2 理论研究

面对上述两个科学问题，天文理论家利用大规模数值模拟、解析等方法进行了大量的研究。针对第一个问题，几乎所有研究都得出了类似的结论：一部分“缺失”的重子物质分布在大尺度纤维状结构的热气体中，另一部分则分布在星系周围的环星系介质以及热晕中。Planck 卫星所探测到的弥漫热气体对微波背景辐射的扰动（所谓的 Sunyaev-Zeldovich 或 SZ 效应），也验证了星系际及星系周热气体的存在，表明理论模型在定性层面是正确的，但在定量层面上有着非常大的不确定性，这对理解宇宙大尺度结构形成和演化形成了极大的障碍。

针对第二个问题，理论研究几乎都认为解决问题的关键是“反馈过程”。这包括星系中心的活动星系核以及超新星爆发产生的辐射与物质外流与星系中的星际介质气体之间的相互作用，这些相互作用影响了星系中气体的温度和密度值以及它们的空间分布，进而影响了恒星形成和星系演化。比如，活动星系核以及超新星爆发产生的携带着巨大能量的风可能会把星系中的气体和金属吹到星系外部的环星系介质甚至星系际介质中，这样星系内的恒星形成就会被抑制。

1.1.3 观测考量

面向上述两大科学问题的理论猜想，有针对性的观测验证至关重要，但是目前都很欠缺。实际上，重子物质“缺失”和“反馈过程”这两个科学问题的观测研究是密切相关的：两者都需要开展对大尺度纤维状结构的热气体、星系周围的环星系介质和热晕，以及星系内部热气体的温度、密度、金属丰度、运动学状态等方面的详细观测，其辐射一般集中在软 X 射线波段。由于在波段上缺乏观测能力，该类热气体大部分至今还未被直接观测到。现有的 X 射线观测通过获取较亮背景活动星系核的吸收谱并测量吸收线，间接揭示了热气体的存在，但该观测仅限于几个视线方向。综上所述，探寻这些热气体并研究其空间分布、物理和化学性质，解决重子物质的“缺失”问题，深刻理解“反馈过程”对星系演化的影响，正是后续实施空间任务的目的所在。

1.2 应对方案介绍

1.2.1 国际国内认定

为了应对并解决上述科学问题，需要通过观测获得热气体等目标的空间分布和光谱分布等有效数据，而研发高分辨率高灵敏度的软 X 射线光谱仪是必经之路，其中，X 射线量子超导量能器（X-ray Quantum Superconducting Calorimeter，XQSC）是公认的关键设备。欧洲空间局已经在研立项的先进高能天体物理空间望远镜（Advanced Telescope for High-ENergy Astrophysics，ATHENA）设计里包括一个基于微量能器的高光谱分辨率 X 射线积分场成像光谱仪（X-Ray Integral Field Unit，X-IFU），由于其视场非常小而缺乏所需要的探测大尺度弥漫温热气体的能力。国际天文界的共识是在未来 20 年内，没有空间观测设备具备实质性推动“重子缺失”及星系际与环星系热重子物理的研究，这为中国推动天体物理及宇宙学前沿研究提供了一个良好契机。

自 2014 年起，国内天文界即开始讨论采用宇宙热重子大型空间探测设备以解决上述科学问题的意义和可行性。从初期围绕核心科学目标和技术需求的小规模讨论，到 2016 年 7 月由 12 家单位（包括美国和荷兰的 3 家单位）参加的专题研讨会，再到 2017 年 6 月底在清华大学召开的第一次宇宙热重子探寻（Hot Universe Baryon Surveyor，HUBS）合作会议（共有国内外 20 家高校和研究所参加，包括来自美国、荷兰及日本的代表），HUBS 的科学目标和技术可行性逐渐清晰。2017 年 7 月，在日本举行的第 17 届低温探测器国际会议期间，会议主席 Kazuhisa Mitsuda 教授专门安排了一个小型讨论会（参会代表来自日本 ISAS、美国 Goddard 和 Wisconsin 大学、荷兰 SRON 及意大利 INAF），邀请清华大学崔伟教授介绍了 HUBS。为了进一步凝练 HUBS 的科学目标，优化载荷设计，崔伟教授于 2018 年 8 月在维也纳举行的国际天文组织总会期间主办了一个专题研讨会，详细介绍了 HUBS 项目，引起了国际高度关注。同年 10 月，在上海崇明举办的 HUBS 专题研讨会上，来自荷兰、意大利、日本、美国等多国的相关天文学家均做了报告，表达了参与项目合作的意愿，再次突显 HUBS 科学目标的先进性。在 2021 年 9 月举行的第 707 次香山科学会议上，来自国内天文学界和工程界的 60 余位专家学者，围绕 HUBS 科学问题本身、解决方案和实现手段进行了深入交流和探讨，进一步推动了外界对项目科学性和技术实现的认可度。

1.2.2 技术途径

HUBS 将针对星系际和环星系热气体的探寻任务进行优化，在核心科学目标和光谱观测能力方面与 ATHENA 形成互补，希望相对于后者以更少的资源解决关于星系形成及演化的“卡脖子”问题。为此，从技术需求角度，作为 HUBS 的主要科学载荷，X 射线量子超导量能器需要配置一个 X 射线微量能器阵列，每个像素的能量分辨率对于软 X 射线能段（高电离态的氧原子所辐射信号的能段）优于 2 eV，该能力已超过现有国际水平。为了进一步增强 HUBS 对于吸收线的探测能力，考虑为微量能器阵列设计一个混合阵列，即采用更小的像素完成阵列组合，以实现更高的能量分辨率，并开展热重子运动学性质研究。

X 射线量子超导量能器的主体是超导转变边传感器（Transition-Edge Sensor，TES）阵列，如前文所述，其在国内外尚无商业产品，只能通过自研途径实现。由于 TES 必须在极低温超导态环境下工作才能实现其优良光谱性能，因此极低温制冷技术是 X 射线量子超导量能器的另一个关键技术，该技术将解决高可靠极低温大冷量制冷、空间环境适应性、高效绝热技术等难题。极低温环境带来的另一大技术挑战是传感器阵列的信号读出，其对低噪声电子学设计的要求高，需采用复用读出电子学技术，这也是 X 射线量子超导量能器需要攻克的又一关键技术。为了获得热气体的空间分布，X 射线量子超导量能器还需配置一台宽视场 X 射线望远镜用于信号成像采集，该望远镜采用的多层嵌套设计及制作也需开展关键技术攻关。此外，面对 X 射线量子超导量能器在结构设计稳定性和导热性方面的需求，还需要开展高效的机热一体化设计攻关。

“重子缺失”和星系生态系统中的反馈效应两大科学问题的解决，除了持续开展科学理论层面的深度探索之外，还需为将来的空间任务实施做好工程技术储备。采用 X 射线量子超导量能器作为 HUBS 的主要科学载荷，按既定途径开展攻关以形成技术积累是后续实现两大科学目标的重要支点。

1.3 立项情况

研究团队 2021 年获得国家相关项目支持，并自 2022 年至 2023 年重点围绕 HUBS 科学载荷 X 射线量子超导量能器所涉及的超导 TES 探测器阵列制作、超导量子读出、极低温制冷、X 射线聚焦光学系统、机热一体化航天器等技术开展了技术攻关，实现了技术积累和提升，为后续 HUBS 任务实施奠定了坚实基础。

2 问题研究进展

“重子缺失”和星系生态环境中的反馈效应两大科学问题的研究，目前持续保持国际范围内的研究热度。HUBS 任务已入选国家空间科学发展规划，并在《中国天文学 2035 发展战略》《中国空间科学 2035 发展战略》等出版物中进行了相关介绍。

本节将通过对国外同类项目发展现状与趋势的调研分析，获得后续科学问题研究和 HUBS 任务实施的相关建议，并重点介绍本任务于 2021—2023 年间研究的进展情况。

2.1 国外研究动态

2.1.1 LEM 任务

谱线发射绘制器（Line Emission Mapper，LEM）是一个 X 射线探测器概念任务。美国天文学 2020 年十年调查报告认为星系形成的物理过程，包括恒星和黑洞反馈以及重子物质进出星系等，最后均在 X 射线谱段中进行，对发射线的绘制是该领域的迫切需求。LEM 即是在该科学研究驱动下提出的，该任务计划在 2030 年择机发射，通过绘制环星系介质（Circumgalactic Medium，CGM）和星系际介质（Intergalactic Medium，IGM）中“缺失重子”的发射线，回答诸如宇宙结构形成等突出问题，并为天体物理学各领域以及太阳物理学和行星物理学提供变革性的观测能力。

在技术途径上，LEM 是由一个具有较大收集面积和适中角分辨率的 X 射线镜头和一个低温微量能计阵列所组成的单一望远镜，二者都针对 0.2~2 keV 能段进行响应优化。该能段中最丰富的 CGM 或 IGM 离子种类具有多条发射线。银河系会在其他星系暗淡的 CGM 和 IGM 前方形成一个明亮的屏障。为了消除该前景，需要具有 eV 水平的光谱探测能力，该指标的达成需要采用微量能计。LEM 的大型微量能计阵列覆盖 $30' \times 30'$ 的视场，角分辨率达到 $10''$，以绘制构成星系生态系统的天体软 X 射线发射图。除了 2023 年的 X 射线成像和光谱任务（X-Ray Imaging Spectroscopy Mission，XRISM）外，此类成像 X 射线微量能计尚未在轨飞行，LEM 将在综合能力上超越 XRISM。

2.1.2 XRISM 任务

XRISM 是日本宇宙航空研究开发机构与美国国家航空航天局的合作任务，欧洲空间局也参与其中。该任务的目的是通过高通量、高分辨率光谱研究宇宙中的 X 射线天体。XRISM 已于 2023 年 9 月 7 日搭载 H-2A 火箭在鹿儿岛发射场成功发射。2024 年 3 月，XRISM 已经完成在轨调试，过渡到科学探测阶段并启动科学观测和校准工作。

XRISM 任务的科学目标是开创前所未有的高分辨率 X 射线光谱学

的宇宙新视界，其有效载荷包括 Resolve 和 Xtend 共两台仪器，前者是一台软 X 射线光谱仪，结合了轻型软 X 射线望远镜和 X 射线热计光谱仪，在 0.3~12 keV 能段具有非色散方式的 5~7 eV 能量分辨率，视场约为 3′；后者是一台软 X 射线成像仪，探测器为 CCD，具有较大视场，能量范围为 0.4~13 keV。

2.1.3　ATHENA 任务

国外后续相关探测计划中，欧洲空间局已经在研的先进高能天体物理空间望远镜（ATHENA）与 HUBS 科学目标最为接近，该任务预计 2030 年发射，为其 CosmicVision 工程第二大任务。

ATHENA 的科学目标包括探索超大质量黑洞周围的极端物理环境，确定黑洞吸积功率对宇宙能量分配的影响；定位大质量黑洞，揭示宇宙热重子的物理状态和演化过程；确定恒星及黑洞反馈（Cosmic Feedback）的重要性，建立其背后的物理机制。

ATHENA 的两大有效载荷之一，高光谱分辨率 X 射线积分场成像光谱仪（X-IFU），其主要部件是 X 射线微量能器，采用超导转变边传感器阵列，具有 0.2~12 keV 的探测范围，像素尺寸为 5″，视场为 5′；另一台有效载荷是中光谱分辨率大视场成像仪（WFI），其采用 5 个阳极场效应晶体管阵列，探测范围为 0.1~15 keV，大面积阵列由 4 片芯片组成，每片具有 512 × 512 像素，共覆盖 40′ × 40′ 视场。

2.1.4　小结

通过对当前全球范围内新发射任务以及 2030 年左右计划任务的动态调研，获悉了国际天文学界对星系生态环境、“重子缺失”和高能天体物理等科学问题的认可度和关注度。鉴于 LEM 任务与 HUBS 任务在科学目标和技术手段上的高度相似性，一方面为科学问题本身的意义和重要性提供了佐证，另一方面也为后续潜在的竞争，即通过高质量观测首次解决两大科学问题埋下了伏笔。因此，为了保持国内对该问题研究的先发优势，应加大 HUBS 任务科学研究和技术攻关力度，实质启动任务的工程研制进程，领先美国完成在轨部署，获得第一手观测数据，抢占科学与技术制高点。

2.2　学术研究进展

星系生态环境中的反馈效应及“重子缺失”科学问题的研究，在无针对性观测数据支持的条件下，仍是以理论研究和仿真模拟的方式展开。本节将对近期国际学术团队就上述科学问题的代表性研究进展进行介绍，以把握当前国际最新研究动态。总体而言，当前研究的重点集中在星系生态系统、星系团和大尺度结构方面。

2.2.1　星系生态系统

当前的理论研究表明，星系是通过重子循环的动力学过程来实现观察的。星系盘中的重子气体被认为是被超新星爆发、恒星超声速风或活动星系核相对论喷流等高能活动形成的冲击波加热，并被输送到 CGM 甚至 IGM。一些被喷出的热重子冷却后落回星系盘，完成重子循环，为下一代恒星的形成提供物质。在这样一个不断演化的生态系统中，CGM 是宇宙网物质增殖和重子循环的发生地，因此是理解星系演化的关键所在。

2.2.1.1　热银河系环介质

在银河系热介质的多阶段组成中，热气体可能是弥散和扩展最广的部分，其可延伸至星系暗物质晕的外围，称之为热 CGM。根据气体的来源和主要加热机制，热 CGM 可分为 4 种基本类型：主要由引力能加热的外部气体；主要由引力能加热的内部气体；主要由各种星系反馈加热的内部气体；主要由反馈加热的外部气体。这些不同类型的热 CGM 原则上可以在不同类型的星系中起到不同的作用，并表现出不同的形态以及物理和化学性质。

如果暗物质光环的质量足够高，外部吸积的气体可能会被引力加热（通过弱冲击或引力压缩）至 X 射线辐射范围内的温度。在该温度下，冷却时间将足够长，因此气体在被吸积至星系盘周围之前无法完成有效冷却。根据近年来的最新观测结果，扩展的大尺度 X 射线辐射往往没有内部气体产生的辐射强。

在质量足够大的星系中，主要来自恒星质量损失的内部气体也可能在恒星轨道运动过程中被引力加热至辐射 X 射线的温度。该部分气体因其金属丰度更高，在星系周围的空间分布更集中而有别于引力加热的外部气体。由于大质量星系一般是位于大质量星团中心的椭圆星系，其恒星喷出物的温度足以加热至辐射 X 射线的温度。引力加热的内部气体也可以与星系反馈加热的内部气体区分开来，因为它们在 X 射线谱段的光度和星系质量示踪量（星系质量、光学/红外光度、晕质量、旋转速度、速度色散等）之间存在明显不同的比例关系。引力加热部分（通常指大质量椭圆星系）比反馈加热部分（通常指盘状恒星形成的星系）的比例关系要陡峭得多，但不及星系群和星系团等更大质量的系统。

星系通常会有高能外流，这可能是由不同类型的星系反馈过程产生，如 AGN、活跃恒星的形成。这些外流在与周围介质或夹带气体云相互作用时会产生强烈的 X 射线辐射。

需要强调的是，反馈通常被认为主导了 X 射线辐射，但并不主导被加热气体的总量。这是因为反馈加热的内部气体通常具有较高的密度和金属丰度，因此与低密度的外部气体相比，其 X 射线的辐射强度无法表征与热气体总体的关系（X 射线辐射发射率与密度平方和金属丰度成正比）。星系反馈的主要类型包括 AGN 的注入能量，或年老恒星群和年轻恒星群的能量及富含金属的物质的注入。精确测量金属丰度将是研究热 CGM 来源于反馈过程的最直接方法。然而，在现有的大多数局部星系 X 射线观测中，并没有足够多的光子和足够高的能量分辨率来精确测量金属丰度。大多数情况下，仅通过以下两种方法确定热 CGM 是由反馈产生的：1）与 AGN 或盘状恒星形成区直接相连的单个扩展 X 射线特征；2）热 CGM 特性与恒星反馈的各种示踪量之间的统计比例关系。

2.2.1.2　基于现有观测的主要结果

根据 ROSAT、ASCA、Chandra、XMM-Newton、Suzaku 和 eROSITA 等望远镜多年来对附近星系的 X 射线观测，现在已获得部分关于热 CGM 的关键性结果：

（1）热 CGM 存在的证据

局部星系内部和周围的 X 射线辐射一般可分解成以下部分：AGN、单独探测到的恒星源、未解决的恒星源和热气体。多数情况下，去除恒星和 AGN 部分后，可以看到过量的软 X 射线辐射。这种辐射通常被认为是由热气体产生的。少数情况下，还能探测到扩展的漫射硬 X 射线辐射，可以解释为宇宙射线中轻子的非热同步辐射，而在大多数星系中，这种成分并不常见。

（2）热 CGM 的空间分布

在不同类型的星系中，超出星系恒星含量的漫射软 X 射线辐射无处不在。漫射软 X 射线辐射的形态与其他波长的扩展特征显示出连贯结构，但精细结构明显不同。这种漫射软 X 射线的辐射成分通常在星系之外，而往往靠近星系（在 $r<10$~20 kpc 处），通常被认为是在圆盘－光环相互作用过程中产生的，当时热粘性气体与冷气体混合并发生物理作用。该成分由于密度高，通常主导着星系周围的漫射软 X 射线辐射。此外，还存在一个扩展的热 CGM 成分，它主要由热气体组成，分布在整个或至少相当一部分暗物质光环中。

（3）热 CGM 的物理和化学特性

由于大多数 X 射线成像光谱观测的光谱分辨率和计数统计量都较低，热 CGM 的物理和化学性质难以确定。尽管在有限情况下可以进行更详细的分析，但漫射 X 射线光谱通常采用固定金属丰度模式的 1-T 或 2-T 模型拟合，所获得热气体的温度 kT 值一般小于 1 keV，而金属丰度通常低于或略高于太阳系，尤其是在富含冷气体的晚型星系中。这表明探测到的星系周围的扩展 X 射线辐射主要来自周围冷 CGM 和富含金属的外流热气体所形成的混合气体。

（4）热 CGM 的统计数据

不同类型的星系在热 CGM 特性（包括 X 射线光度、垂直或径向延伸、热气体温度和熵）和其他星系特性（包括恒星质量、引力、暗物质晕质量和恒星形成率）之间遵循不同的比例关系。热 CGM 有别于星团内介质（IntraGroup Medium，IGrM）、星系团内介质（IntraCluster Medium，ICM）或 IGM，因为其温度通常较低，单位恒星质量的光度较低，延伸率较小。

2.2.1.3 进一步需解决的科学问题

尽管取得了上述进展，但与热 CGM 有关的许多关键科学问题还无法通过现有观测来解决。

（1）热 CGM 不同成分的分解

分解上述不同成分的最直接方法是进行高能量分辨率的空间光谱分析，以确定热 CGM 的物理、化学和动力学特性在空间中的变化特征。然而，在现有的大多数 X 射线观测中，由于 X 射线光子数量有限和 CCD 光谱的能量分辨率较低，有效观测难以实现。能量分辨率低导致无法分解不同的 X 射线发射成分，也无法在软 X 射线中分离和测量连续面上的单个发射线，从而直接限制其金属丰度。另一种分解方法是对大型星系样本进行统计。现有基于 Chandra、XMM-Newton 或 Suzaku 档案数据的 X 射线巡天通常只关注某些类型的星系（星爆星系、普通螺旋星系或椭圆星系等），且样本量通常有限（只有几十个星系）。由于预计不同类型的星系会遵循不同的 X 射线缩放关系，样本量小和不同类型星系的混杂往往会导致缩放关系的巨大散差，从而无法清晰了解热 CGM 的起源。

（2）热 CGM 和多相 CGM 的重子预算

在局部星系周围，观测到的恒星和多相气体中的重子数量往往大大低于预期的宇宙重子数。“缺失”重子有很大一部分可能储存在扩展的弥漫热 CGM 中。受限于天空背景系统影响和统计的不确定性，特别是来自热晕的污染，无法探测到来自扩展热 CGM 的极低表面亮度 X 射线辐射。根据现有的 X 射线观测结果，通常只能探测到大质量静止星系暗物质光环半径的 10%~20% 的热 CGM。根据对精心挑选的星系样本 X 射线图像进行堆叠，可以扩大 X 射线信号的探测半径范围，但仍然受到天空背景的限制，统计不确定性较大。在大尺度上探测扩展热 CGM 的困难直接导致了热 CGM 所含重子总质量估计的不确定性。

（3）星系反馈机制

在与银河系相似（或质量较小）的星系中，其周围的弥漫 X 射线辐射可能是由年轻和 / 或年老恒星群加热的内部气体造成，其形式是由超新星爆发或大质量恒星风产生的星系外流。然而，在来自热 CGM 的 X 射线辐射中只探测到一小部分（约 1%）预期的超新星爆发反馈能量。如果反馈能量的热化效率和冷气体的质量负荷因子都取决于恒星形成率，则该部分能量在几个数量级上几乎是一个常数，与理论预期差异较大。这种“反馈缺失”问题可以解释为超新星爆发能量沉积到了其他 CGM 中，或者仅作为一种低效率的亚声速辐射流向外传输。对不同 CGM 的能量预算进行完整的多波长普查仍是空白，这将需要高质量的多波长数据予以填补。

（4）ISM、CGM 和 IGM 之间的气体循环

热 CGM 是气体进出星系循环链中的一个关键点。在星系附近，热 CGM 的辐射冷却时间尺度和动力学时间尺度间的比值可能足够小，因此气体可以冷却并沉淀至星系中，成为星际介质（InterStellar Medium，ISM）中的新鲜燃料，促进恒星的形成。另一方面，恒星反馈也可能将能量和富含金属的物质沉积至 CGM 甚至更大尺度的 IGM 中。在该气体循环过程中，许多物理过程可能会影响热 CGM/IGM 中所储存的气体量与形成 ISM 的冷恒星之间的平衡，例如冷热气体相互作用（热传导、蒸发、湍流混合，甚至电荷交换）引起的强化冷却。由于无法获得不同类型星系的高质量多波长数据，对热 CGM 的辐射

冷却率、星系中的冷气体数量及其恒星形成率进行系统比较将受到限制。在大多数 L* 或亚 L* 盘状恒星所形成的星系中，热 CGM 的辐射冷却不足以补偿恒星形成过程所消耗的气体，这表明恒星形成还需要额外的燃料（冷气体吸积、合并等）。

2.2.1.4　未来展望

为了进一步解决这些问题，需要进行高灵敏度和高光谱分辨率的观测，以更好地限制热 CGM 的热结构和化学结构及其空间分布。具体而言，这将能够测量热 CGM 中气体的密度和声速，进而检验超新星爆发驱动的外流是否具有辐射效率。通过描述发射线的增宽，还可以估算出以湍流形式储存的能量。通过改进对辐射冷却时间尺度沿径向（在椭圆星系或面旋涡星系中）或垂直（在边旋涡星系中）方向分布的描述，并基于热 CGM 所表现出的显著的空间变化，可以与理论模型进行比较，从而进一步了解热 CGM 的热力学。通过高分辨率光谱，还可以研究除热电离平衡等离子体发射之外可能导致 X 射线发射的其他物理过程，如电荷交换等。其中的一些过程甚至可能主导某些波段的发射，其将使得冷却率的测量产生强烈偏差。此外，结合其他波长的数据，X 射线观测还有助于研究热 CGM 动力学中其他 CGM（如宇宙射线和磁场）在重子循环中的作用或其他形式的能量注入（如较冷气体相中的湍流）。

2.2.2　星系团和大尺度结构

在过去的二十年里，Chandra、XMM-Newton 等 X 射线卫星极大地增强了对星系团重子分布、气体动力学和化学历史的了解。然而，受限于仪器能力，仍有一些关键问题有待解决，例如多相气体的状态和物理特性、合并和 AGN 反馈对 ICM 演化的影响，以及星系团化学富集历史的完整图景。

2.2.2.1 热重子

星系团中成员星系之间的广阔空间充满了 ICM，这些弥漫的高温气体在星系团形成过程中由于引力能量的释放和吸积而产生的冲击被加热并电离。ICM 的典型温度为 10^7~10^8 K，这意味着其主要辐射机制是轫致辐射和重元素的线辐射所导致的 X 射线发射。ICM 的典型电子密度为 10^{-4}~10^{-2} cm^{-3}，并随着半径的增大而迅速减小，大致比例关系为 r^{-3}，在外围则更加陡峭。尽管目前的模型可以较好地描述 ICM 的大部分全局特性，但星团核心区域的非引力效应和外围偏离流体静力学平衡的情况则带来了更高的复杂性，只能通过光谱分辨率和灵敏度更高的 X 射线仪器进行详细观测研究。

2.2.2.2 冷却和加热机制

在附近的星系团中，大约有三分之一到一半拥有冷核，通常表现为中心表面亮度增强，温度急剧下降，气体密度增加。由于冷核星系团的中心经历了显著的辐射冷却，预计会有大量的内向气体流动和极端恒星形成。虽然已经探测到冷分子气体和暖分子及原子气体，但 Chandra 和 XMM-Newton 的观测也无法证明所预测的冷却流部分，这意味着需要一些额外的加热机制来平衡冷却。

中央射电 AGN 是目前公认的阻止大质量气体冷却和恒星形成的主要能量来源。它们以射电模式运行，驱动强大的喷流，使充满相对论粒子的气泡尺度在 ICM 中膨胀到高达 200 kpc，并通过混合、冲击、声波和宇宙射线流传输能量。AGN 喷射产生的 X 射线空穴所隐含的能量与冷却光度相匹配，表明 AGN 反馈足以平衡冷却。然而，由于冷却的 ICM 的观测缺失，因此难以进一步理解该严格的平衡，对于低质量系统，因其 AGN 活动不算强大，而观测到的熵曲线与高质量系统类似，则更难理解。

要解决气体冷却问题，必须将 ICM 分解为多相成分，并将研究重点放在低温端，这将需要仪器以 eV 级的能量分辨率覆盖 1.5 keV 以下的能量范围，以识别不同电离状态下的金属光谱线。未来的观测需要完成以下工作：

1）通过高精度谱线识别诊断，精确测量明亮中央星系附近冷气体的温度、金属丰度和密度；

2）量化 AGN 中喷流驱动的外流数量和速度，从而提供 AGN 加热的观测证据；

3）探测辐射冷却和 AGN 加热之间的时空平衡。

2.2.2.3　星团外围

星系团是在大尺度结构的节点上形成的，并不断从宇宙吸积物质。星系团的外围（主观定义为半径 r_{500} 以外，但在维里半径 r_{200} 以内）占据了星系团体积的 90%，随着物质被吸积到暗物质晕的势阱中，预计会发生高能活动。在这一区域，结构形成效应导致的平衡态偏离和气体团聚可能会在平衡假设下进行分析时产生偏差。

利用 Suzaku 的数据发现，英仙座星团和室女座星团外围的表观重子数高于宇宙平均值，表明 ICM 呈团块状分布。对于松弛系统来说，在 r_{500} 以外仍有相当数量的气体团块。因此，研究气体团块将有助于理解星团气体和总质量的偏差，以及熵的测量，并提供 ICM 中结构形成的细节。

在维里半径之外，对 Abell 2744 的观测表明，热纤维状结构与星系和暗物质的超密度区域相吻合。这些结构占重子气体的 5%~10%，表明未探测到的重子有很大一部分存在于大尺度结构的纤维状结构中。对星系团外围的深度 X 射线观测可以加深对星系团形成和吸积过程的理解。由于 X 射线表面亮度大致随气体密度的平方下降，目前的 X 射线任务所获得的星系团外围的信噪比，因其粒子背景高且不稳定，表现并不确定，仅寄希望于未来的 X 射线任务能够提高观测能力。

2.2.2.4 星团动力学

如前所述，存在某种形式的加热机制以阻止气体在星团核心冷却，而 AGN 活动是最可能的来源。然而，目前尚不清楚这种用于加热的能量是如何传递的。Hitomi 的研究结果表明，湍流是一种可能的能量转移渠道。加热 ICM 的能量首先通过湍流的动能释放出来，然后逐渐消散到更小的尺度，最终转化为热量。对星团动力学的进一步观测限制可以增强对非热过程的了解，并有助于建立 ICM 的热力学模型。

自 20 世纪 50 年代以来，在 ICM 中多次探测到相对论电子引起的同步辐射和逆康普顿散射。观测和模拟都表明，超过三分之一的星系团都存在弥散射电辐射，其尺度范围从几百 kpc 到 Mpc，形式各异，通常被归类为射电晕、迷你晕和射电遗迹。在星团合并的早期阶段也发现了射电桥。目前，对这些射电源形成的了解大概是：早期的 AGN、恒星形成活动和其他未知过程所贡献的大量化石相对论电子；化石相对论电子在星系团合并中产生的 Mpc 尺度的湍流作用下，通过费米 -II 过程重新加速，形成射电光环；星系合并引起的低马赫数冲击使磁场重新排列，导致化石电子和高能电子在冲击中来回穿梭，并通过费米 -I 过程重新加速，形成射电遗迹；由于小规模合并或中心 AGN 活动引起的星系团核心区域的气体振荡加速了化石相对论电子，并在星系团核心几百 kpc 范围内产生小型光环。

对于主要合并可以与 AGN 效应区分开，但对于小的合并有时则很难实现。例如，紧凑星系团 HCG62 在距离核心约 36 kpc 的地方出现了表面亮度超标现象，这可能与 AGN 喷射产生的冲击加热或合并事件中的气体晃动有关。流体力学模拟显示，大合并（质量比为 3∶1）可能是造成这种结构的唯一原因，但仍不能排除 AGN 的影响。

未来的大视场和高能量分辨率仪器将能够提供附近星系团气体动力学的全貌，从而结合金属丰度分布测量了解星系团的演化过程。具体而言，以下问题有望解决：

1）测量 ICM 的速度场，深入了解湍流引起的能量传输；

2）限制星系团中磁场的强度和分布；

3）与射电设施合作进行观测，加深对星系团中弥漫射电源的形成和演变的了解，以及 X 射线粒子的加速机制。

2.2.2.5　星团化学史

在天文学中，比氦重的元素被称为金属，其主要通过恒星核心的热核过程或超新星爆炸产生。当大质量恒星（质量大于约 $10M_\odot$ 的恒星）死亡时，核坍缩超新星就会产生，并主要喷出氧、氖、镁、硅和硫。Ia 型超新星发生在白矮星形成（与低质量恒星有关）和爆炸时，释放出大量氩、钙、铬、锰、铁、镍以及硅和硫；碳和氮等轻元素则是在白矮星形成之前，在低质量恒星演化中通过银河风释放出来的。

在天体物理学背景下研究化学成分时，金属丰度被用来描述某种元素的含量。一种元素的丰度被定义为相对于太阳的那部分氢原子（$Z_\odot$）而言，该元素的原子占氢原子的比例。由于漫射 ICM 处于碰撞电离平衡状态，因此可以通过韧致辐射连续面上的发射线确定其重元素的丰度。

首次在英仙座星团的 ICM 中探测到 Fe-K 线发射。从那时起，观测发现金属并不局限于其形成的地方，而是存在于 Mpc 尺度的整个广阔的 ICM 中。为了回答诸如 ICM 在何时、何地以及如何富含金属等问题，首先必须绘制出重元素的空间分布图。目前对附近星团的观测表明：

1）ICM 中的金属丰度沿径向大致恒定，与银河系类似；

2）在冷核星团中，金属丰度趋向于中心峰值，而非冷核星团中金属丰度则更为平坦；

3）朝向星系团外围，金属丰度汇集已达到约 $0.3Z_{\odot}$；

4）存在高金属丰度子结构，并与 X 射线空洞和 / 或冷锋相关。

上述的观测证据支持早期富集假设，即大部分金属是在星系团组装之前（红移 2-3）从星系中释放出来：在星系团外围观测到的丰度均一性是星系团形成过程中预先富集气体吸积的结果，而中心金属峰是在早期明亮中央星系组装过程中就地形成的，或通过已富集气体下渗形成。这种情况也符合宇宙学流体力学模拟。除了全局均匀性之外，局部金属性结构也属于金属再分布的迹象，其追踪了 AGN 喷流、冲压剥离、气体晃动和星团合并引起的气体运动。

尽管对早期富集的总体情况形成了统一认识，但仍不可回避面临着仪器的观测能力限制，如能量分辨率低将影响区分单条谱线的能力，由于有效面积向低能量方向快速衰减，从而给多相成分的分离带来困难，同时在观测视场较小的条件下，如不能获取多个深度定点探测数据，将难以对附近星团外围进行详细分析。

2.2.3　小结

通过对星系生态系统、星系团和大尺度结构等天文学理论的学术研究与讨论，得出的结论统一为：解决上述所提及的科学问题的重要且有效的途径，均是开展面向星系周围和宇宙大尺度结构中热气体的高精度光谱和空间分布测量。因此，HUBS 任务的技术攻关和工程实施需背靠科学问题，尽快推进研究进程，填补研究空白。

2.3　学术会议

2.3.1　香山科学会议

2021 年 9 月 9 日至 10 日，香山科学会议第 707 次学术讨论会在北京香山成功召开，会议以“宇宙缺失重子探寻的关键科学和技术问题”为主题，围绕“科学背景及尚未解决的重大问题”“科学问题解决方案及实现前景”和“观测手段及关键技术研发进展”等 3 项中心议题进行了集中讨论，深入分析了“失踪的重子物质”“超大质量黑洞与恒星反馈在星系演化中的作用”两大未解科学问题的本质及其对星系形成与演化的影响，明确了解决该问题所需要的观测数据及探测技术，交流了国际合作的方式，探讨了专用科学卫星的初步方案与其实现科学目标的独特能力。

经过讨论，与会专家学者一致认为，开展宇宙热重子探测将对前述两个重大科学问题的解决起到至关重要的作用。HUBS 项目将要实现的高分辨率 X 射线光谱及成像观测是进行宇宙热重子探测的主要手段，突破研制该卫星所需的关键技术将牵引我国空间技术水平的提升，并将有力支撑国家空间科学领域的全面建设。下一步的工作目标应继续聚焦重大科学问题，持续深入开展科学研究，并行启动卫星平台载荷攻关研制，积极推进关深和型号项目立项论证，并主动寻求广泛的国际合作，以期尽早实施工程任务，为国际高能天体物理界提供来自中国同行的优质一手探测数据。

国家国防科工局、国家自然科学基金委、清华大学、中国科学院空间应用工程与技术中心、国家天文台、上海天文台、中国航天科技集团、上海航天技术研究院等单位的院士和专家出席会议，来自北京大学、上海交通大学、浙江大学、南京大学、中国科学技术大学、同济大学、厦门大学、中国科学院紫金山天文台、高能所、理化所、微系统所等 8 家高校及 11 家科研院所的 40 余名专家学者应邀参加会议。

2.3.2 第九届 IAA 大会

2021 年 10 月 14—15 日，第九届航天技术创新国际会议（International Academy of Astronautics，IAA）在上海成功召开，本次大会以“探索浩瀚宇宙，共筑人类太空命运共同体”为主题，包括主论坛和 3 个分论坛，共有 43 位国内外专家作了邀请报告。中国国家航天局、中国航天科技集团、中国航天科工集团、上海市科技工作党委、上海航天技术研究院等单位领导出席大会。

清华大学天文系崔伟教授在太空探索与突破性技术分论坛作了题为“宇宙热重子探寻（HUBS）卫星”的学术报告，详细介绍了 HUBS 项目背景和当前研究情况，进一步扩大了 HUBS 项目的国际与国内影响力。

2.3.3 第二届 HUBS 科学讨论会

2022 年 3 月 31 日至 4 月 2 日，由清华大学、中国科学院上海天文台、厦门大学、上海交通大学李政道研究所联合举办，厦门大学承办的第二届“宇宙热重子探寻计划（HUBS）”科学讨论会于线上成功举行。

参加本次会议的共有160余位专家和学者，分别来自中国、美国、德国、意大利、荷兰、法国、西班牙、日本等国家的30余个科研机构和高校。会议设有9个议题，分别是星系周介质、星系际介质、活动星系核、恒星反馈、星系团、热星际介质、超新星遗迹、X射线弥漫背景、X射线各大空间项目。

会议期间，与会者围绕HUBS科学研究主题，通过多种方式进行了广泛深入的交流，效果显著，为HUBS项目的科学研究和技术发展起到了重要的推动作用。

2.3.4　ISSI-BJ 论坛

2023年7月20日至21日，在国际空间科学研究所（北京）（ISSI-BJ）成功举办了以“探寻宇宙中的重子物质”为主题的ISSI-BJ论坛。来自国内外10多个高校院所的20余位科学家齐聚一堂，从天文观测、技术研发和理论研究3方面探讨了缺失重子探寻国际前沿发展和未来规划。

在天文观测方面，德国马普天文所的Marat Gilfanov教授介绍了2019年发射的德俄联合卫星SRG/eROSITA巡天观测结果。日本国立天文台的Kazuhisa Mistuda教授综述了过去20年美国国家航空航天局和欧洲空间局的X射线望远镜对宇宙纤维网络结构中热重子的搜寻情况。

在技术研发方面，美国威斯康星州立大学的Dan McCammon教授介绍了第一代和最新一代X射线微量能器探空火箭实验的技术研发及天文观测成果。JAXA的Noriko Yamasaki教授介绍了XRISM卫星的状况。清华大学的崔伟教授介绍了由我国自主研发的独立卫星项目宇宙热重子探寻计划和中国空间站项目银河系热重子探寻（DIffuse X-ray Explorer，DIXE）计划的研发情况。

在理论研究方面，中国科学院上海天文台的袁峰教授、美国马萨诸塞大学阿默斯特分校的 Houjun Mo 教授等展示了星系和宇宙尺度的数值模拟新近成果。

论坛的成功举办进一步强化了HUBS项目科学目标的国际认可度，夯实了项目科学研究和技术研发的国际学术基础。

2.3.5 第三届 HUBS 科学研讨会

2023 年 12 月 1 日至 4 日，由中国科学院上海天文台与海南大学联合承办的第三届“宇宙热重子探寻计划（HUBS）”科学研讨会在海南海口成功召开。此次会议吸引了来自国内外 25 所高校及研究机构的逾百位专家学者。国家自然科学基金委、清华大学等单位的领导和专家学者出席了会议。

本次会议的学术讨论内容主要涉及 5 大主题：星系周的介质与星际介质；活动星系核以及恒星反馈和其他反馈物理机制；星系团与大尺度结构；银河系的相关科学研究；高分辨率光谱学。会议期间共设有 42 场口头报告。此外，与会人员还积极参与了 HUBS 项目 4 个科学工作组的分组讨论。

本次会议进一步扩大和统一了 HUBS 科学问题国内的认可度和影响力，为项目研究的接续推进提供了良好支撑。

2.4 文章发表

2.4.1 《中国科学》文章

2023 年 9 月，HUBS 项目科学团队在《中国科学：物理学 力学天文学》英文版 2023 年 66 卷第 9 期发表了题为《Scientific objectives of the Hot Universe Baryon Surveyor（HUBS）mission》(《宇宙热重子探寻（HUBS）任务的科学目标》) 的文章，文章作者包括来自美国、意大利和中国的多位学者。

摘要：宇宙热重子探寻（HUBS）任务通过一台望远镜探测宇宙中热气体的 X 射线辐射，其凭借高空间分辨率、高光谱分辨率和大视场测量星际介质、星系周介质、星系间介质和星系团内介质中热气体的物理和化学性质，揭示控制星系形成和演化的活动星系核和恒星反馈物理过程，并探测从星系到宇宙尺度的重子预算和多相态。

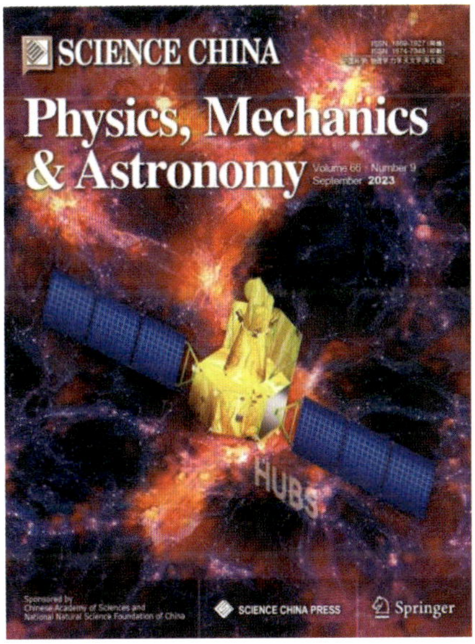

图 1　文章刊发期刊封面

文章信息：BREGMAN J，et al.（2023）“Scientific objectives of the hot universe baryon surveyor（HUBS）mission”，Science China Physics，Mechanics & amp；Astronomy，66（9）.doi：10.1007/s11433-023-2149-y.

2.4.2 其他代表性文章

此外，项目团队还在国际其他重要期刊发表相关科学文章，其中的代表性文章信息如下：

1）WANG S，et al. “Development of supercon-ducting microcalorimeters for the HUBS mission”，Superconductivity，2022，4，p.100027.doi：10.1016/j.supcon.2022.100027.

2）ZHANG Y N，et al. “Mock HUBS observa-tions of hot gas with IllustrisTNG”，Experimental Astronomy，2022，53（3），pp.1053-1074. doi：10.1007/s10686-022-09856-7.

3 策划与建议

3.1 工作策划

3.1.1 学术交流

持续开展面向星系生态环境中恒星或黑洞反馈效应、重子“缺失”等问题的研究，配合 HUBS 工程任务解决上述科学问题，进而推动星系形成与演化相关天文学理论和学术的发展，是 HUBS 项目所设定的目标之一。HUBS 项目的发展演进始终与科学研究相伴而行。项目的科学研究团队已经实现国际化，且成员稳定并逐步扩大，学术水平业内一流。

结合当前 HUBS 项目尚未实施等实际情况，科学研究后续工作策划是以学术研讨交流为集中形式（如参与 SPIE 相关仪器会议等）、仿真建模研究验证为分散形式开展，二者相辅相成。通过上述研究和交流形式，可及时了解掌握全球最新研究动态、辅助科学研究工作持续创新并把牢话语权，这将对后续支撑项目的新颖性、必要性和引领性等方面大有裨益。

3.1.2 技术深化

如前文所述，天文学的发展与观测能力密切相关。要取得科学问题的突破，获得一手的先进观测数据是关键。作为 HUBS 项目主要观测载荷的 X 射线量子超导量能器，其所涉及的诸多关键技术和实现手段均为全球首次，如 TES 传感器没有现成的产品可以购置或移植，创新和实现成为本项目技术环节所要解决的重要课题。

工作策划上，需要持续开展包括 TES 传感器阵列、超导量子读出、极低温制冷、宽视场 X 射线聚焦成像以及载荷平台机热一体化等技术攻关工作，通过实物样机研制、测试、集成、试验等环节，不断积累工程数据，指导完善设计，迭代优化最终形成具备工程可实施性的任务方案。

3.1.3 项目申报

星系生态环境中恒星或黑洞等的反馈效应、重子“缺失”等问题的最终解决，与 HUBS 项目的成功申报和实施密不可分。在科学上持续研究、扩大影响力，在技术上稳步攻关、夯实技术能力体系，通过详细策划和汇报沟通，推动项目最终成功申报，是后续工作的重要内容之一。

具体而言，项目组需要有组织地开展项目汇报和申报工作，科学团队与技术团队要密切配合，及时梳理完善科学研究和技术攻关成果，把控科学目标的新颖性和技术发展的创新性，借助 HUBS 项目已跻身国家空间科学中长期发展规划优先发展任务前列的有利形势，尽早向科工局等上级机关汇报，力争获得国家立项支持。

3.2 发展建议

3.2.1 获得上级及用户关注

HUBS 项目科学问题的解决和技术攻关的突破，将充分体现原创性科学任务的国际水准，为我国空间科学领域的高质量建设和发展、国际深度合作与交流等带来巨大影响，是体现新域新质发展方向，落实国家空间科学、空间技术、空间应用发展战略的重要抓手，意义重大，挑战性极高。为此，建议通过团队的共同努力，尽早完成项目综合论证，提出进展路线图，主动加强向上级及用户汇报，争取获得关注和指导。

3.2.2 人才支持

鉴于 HUBS 项目在科学研究、技术攻关方面的目标设计，需要在两大方面加大投入。科学层面需要进一步吸引星系宇宙学、高能天体物理等学术领域的高级人才加盟，优化并夯实科学团队力量，把持国际联络和话语权。技术层面则需要超导材料、纳米技术、微电子、极低温制冷、X 射线高能光学、工程力学和热学等多学科资深工程人员的补充。建议通过项目团队的前期论证，在取得相应研究进展和成果基础上，争取通过海外引进、内地招聘等获得人才支持。

3.2.3 资金投入

HUBS 项目由于任务的创新性和技术积累情况，需要在论证和研发前期有较大的投入，尤其在技术攻关环节，鉴于没有成熟器件可供使用，需要开展 TES 传感器阵列、超导量子读出系统、极低温制冷系统和 X 射线聚焦光学系统原理样机至工程样机的 1∶1 研制和试验验证，后期还需开展科学载荷集成与整星机热一体化验证。为此，建议通过合理化方式，多渠道争取国家相关项目的经费支持，尽早形成技术积累，推动项目按照进展路线图逐步落实。

附1　研究预期进展路线图

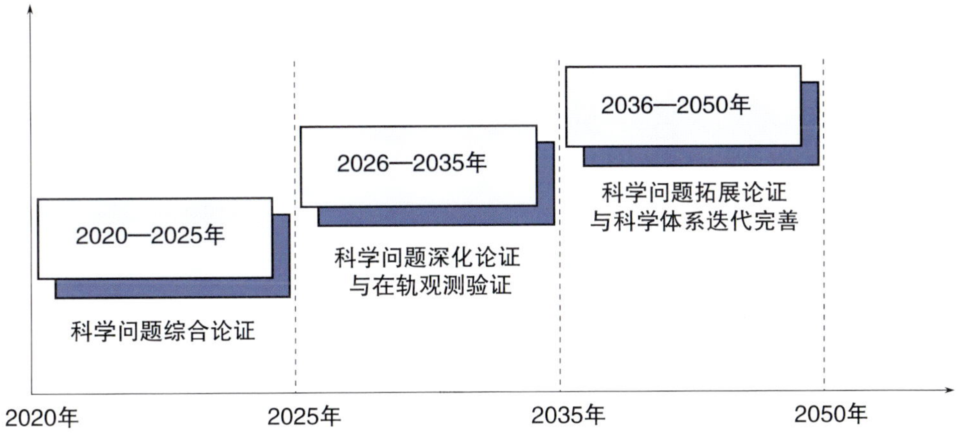

附2　参考文献

[1] BREGMAN J. et al.(2023)“Scientific objectives of the hot universe baryon surveyor(HUBS) mission”, Science China Physics, Mechanics & Astronomy, 66(9). doi: 10. 1007/s11433-023-2149-y.

[2] WANG S. et al. (2022)“Development of superconducting microcalorimeters for the HUBS mission”, Superconductivity, 4, p. 100027. doi: 10. 1016/j. supcon. 2022. 100027.

[3] ZHANG Y N. et al. (2022)“Mock HUBS observations of hot gas with IllustrisTNG”, Experimental Astronomy, 53(3), pp. 1053-1074. doi: 10. 1007/s10686-022-09856-7.

[4] CUI W. et al. (2023)“Detecting Missing Baryons in the Universe”, TAIKONG, ISSI-BJ Magazine, No. 21 December 2023.

附 3　词汇索引

宇宙热重子探寻（HUBS），大爆炸理论，星系生态系统，重子物质，热气体，重子缺失，反馈效应，大尺度纤维状结构，星系际介质，环星系介质，活动星系核，超新星爆发，恒星超声速风，星团外围，软 X 射线，X 射线量子超导量能器，成像光谱仪，微量能器，超导转变边传感器，超导量子干涉仪，极低温制冷，宽视场 X 射线望远镜，宇宙热重子探寻卫星

附 4　研究团队

单位：上海卫星工程研究所、清华大学

研究团队成员：张伟、崔伟、张嵬

七　大空域跨速域高速飞行器气动布局设计方法与技术研究进展

【综述】

该技术难题自2021年发布以来，受到业界广泛关注，研究工作取得显著进展。

作为水平起降大空域跨速域高速飞行器设计领域的关键核心技术难题之一，气动布局设计方法与技术一直是学者们的研究热点。近年来，围绕高速飞行器的气动布局设计，各航空航天专业学会和委员会、航空航天研究院所和高校等单位组织了大量系列化的学术会议，就涉及该问题的固定外形和可变外形展开了广泛的讨论和交流，代表性的有中国航天大会、航空大会。航空学会飞行器总体技术专业委员会、空气动力学专业委员会、变体技术专业委员会、中国空气动力学会计算专业委员会和航天一院、三院、十一院等机构和单位就大空域跨速域飞行器气动设计问题开展了持续广泛的交流。不同研究单位和学者的高水平学术文章持续在《AIAA Journal》《Aerospace Science and

Technology》《航空学报》等国内外航空航天学术顶刊发表，代表了该领域的重要性和活跃度。这些工作持续深入凝练大空域跨速域高速飞行器气动布局设计方法与技术的科学问题和技术难题，不断提出新的理论、方法和技术研究的方向与路径。

其中从充分利用不同速域流场结构的角度提出的高超跨速域“涡波一体”气动设计原理和方法，在高超非线性增升机理、定平面形状/定前缘型线乘波体设计方法、宽速域乘波体设计技术及双后掠乘波布局方案、乘波依赖区概念、乘波效应评估方法，以及相关的地面和飞行试验验证等方面取得了系列化的较为显著的成果和进展，有望基于固定外形实现跨速域高升阻比气动布局。

1　背景情况

1.1　技术难题描述

1.1.1　技术背景

随着航空航天技术的不断发展，高速飞行器作为重要的技术前沿，具有巨大的潜力和广泛的应用前景。水平起降可重复使用空天飞行器、临近空间高速无人机等飞行器具有极为重要的社会、军事和经济价值，无论是作为武器系统还是运载工具，高速飞行器都能够在短时间内打击远距离目标，可以执行低成本空天往返、全球远程快速运输、高价值战略战术目标快速侦察打击等任务，显著提高突防能力和作战效率。

作为高速飞行器的一类典型代表，可重复使用空天运载器（Reusable Launch Vehicle，RLV）是节约空天往返运输成本、提升运载效率和发射灵活性的未来发展趋势。水平起降可重复使用的空天飞行器（即“空天飞机”）和高超无人机（图 1），代表了航空航天技术的前沿突破，它不仅能够像常规飞机那样在机场跑道上进行水平起飞与降落，还具备在大气层内以高超声速穿梭的能力，并能加速至宇宙速度，突破大气层限制，进入宇宙空间执行任务，之后还能安全返回大气层，实现水平着陆。这一创新飞行器预示着空天往返将更加便捷，一体化作战能力也将得到显著提升。

此类空天飞行器在执行任务过程中，需跨越整个大气层，其空域与速域范围广，对飞行器的气动设计要求极高。从低速水平起飞开始，经历亚声速、跨声速、超声速乃至高超声速的加速爬升阶段，再到以高超声速进行巡航，以及达到宇宙速度入轨。完成空间任务后，从高超声速减速再入大气层，随后大空域跨速域能量管理机动，直至低速水平降落，每一个环节都充满了挑战。

为了满足这一系列复杂且严苛的飞行要求，空天飞行器的气动布局设计极为重要。它不仅直接关系到飞行器的研制成败，还深刻影响着飞行器的总体性能。气动布局设计需综合考虑飞行器的升力、阻力、稳定性、操纵性等多个方面，确保飞行器在不同飞行阶段都能保持良好的气动性能。

(a) 水平起降可重复使用空天飞行器

(b) 临近空间高超无人机

图 1　大空域跨速域高速飞行器

1.1.2　问题提出

对于垂直发射水平回收空天飞行器，上升段气动特性要求相对简单，决定其气动布局形式的是再入段。其气动布局为适应大空域宽速域，需要维持中等升阻比的减速再入外形。主要的布局形式为钝前缘升力体、翼身组合体或融合体等。水平起降、两级入轨的空天飞行器上面级往往也属于此类。

水平起降大空域跨速域高速飞行器则往往采用基于吸气式组合动力的巡航加速外形。要求其具有机体推进一体化的跨速域低阻力高升阻比特性，主要的布局形式为细长翼身组合体、融合体、尖前缘升力体、乘波体等。相关的气动布局设计需求和难题主要体现在如下几个方面：

（1）水平起降、亚跨超加速爬升、高超巡航的气动/推进/操稳一体化设计需求

基于组合动力的大空域宽速域空天飞行器气动布局需着重考虑吸气式宽速域推进系统，特别关注气动/推进/操稳一体化设计。一方面，受限于该类飞行器的宽速域气动特性、控制特性和动力系统的推力特性，布局的气动特性、操稳特性和组合动力发动机系统必须进行强耦合设计；另一方面，组合动力系统的进排气系统需要根据不同的飞行工况进行相应的调整，采用可调进气道和喷管以获得所需的推力；此外，推进系统中进气道、燃烧室、喷管的流动特性也会对飞行器气动和操稳特性形成强烈干扰。这就要求高度关注机体/推进/操稳一体化气动布局设计，使其在大空域跨速域的宽飞行包线内，同时满足各速域气动特性、进排气特性和操稳匹配特性的需求。

（2）高超大攻角再入与大空域宽速域能量管理需求

可重复使用空天飞行器的飞行轨道涵盖第一宇宙速度再入、高超声速滑翔/巡航、低速水平着陆等典型阶段。其中最为突出的矛盾是：高超大攻角再入和低速着陆，以及全飞行过程安全可控。高超再入阶段通常以大攻角飞行，重点关注的是纵向配平特性和三个方向的稳定性；而低速着陆则需要重点关注高升阻比、高升力和可控性。针对尖化前缘高升阻比的巡航加速外形如何满足高超大攻角再入、大空域跨速域能量管理和水平着陆，是此类飞行器气动设计必须解决的难题。

（3）高装填空间条件下高容积率、高升阻比需求

升阻比是反映飞行器总体气动性能非常重要的参数。对于水平起降大空域跨速域高速飞行器而言，升阻比很大程度上决定了其能够实现怎样的飞行包线、达到的航程、机动性以及载荷能力等关键技术指标。从工程角度看，此类飞行器的高升阻比是需要在高装填空间的条件下实现的。然而，高升阻比和高容积率是矛盾的，美国NASA曾对简单布局概念的升阻比与容积率的关系开展过风洞试验研究，给出了典型外形高超条件下最大升阻比与容积率之间的关系（图2），可见最大升阻比随着容积率的增大而降低。需要针对该类飞行器开展兼顾高升阻比与高容积率需求的气动设计原理与方法研究。

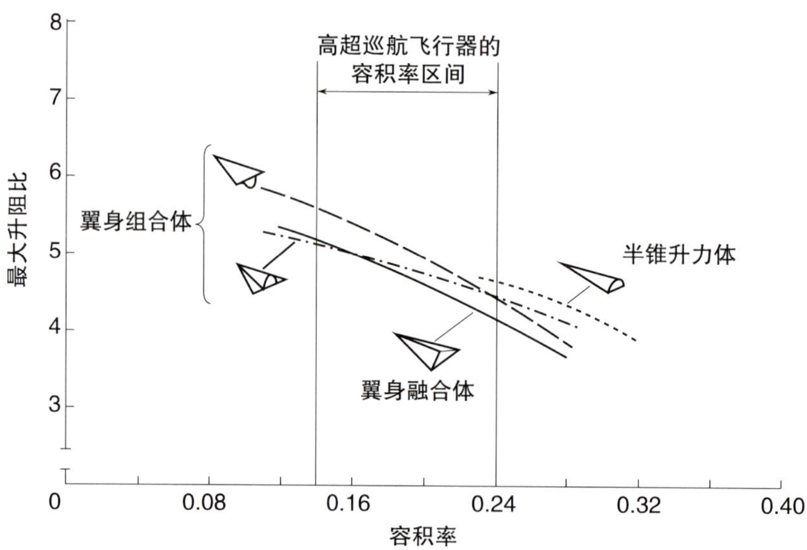

图2 简单布局概念最大升阻比与容积率关系

（4）中低热流高总加热量可重复使用防隔热需求

与减速再入类气动布局不同，巡航加速构型的前缘较尖，飞行过程中气动加热的特征突出表现为中低热流和高总加热量（图3）。此类

外形气动设计时需要兼顾中低热流可重复使用热防护系统和高总加热量长时间隔热系统。这对较为尖锐的驻点和前缘，较薄的机翼和舵面，以及局部舵轴带来了严峻挑战，在可重复使用空天飞行器的气动布局设计中必须一并考虑。

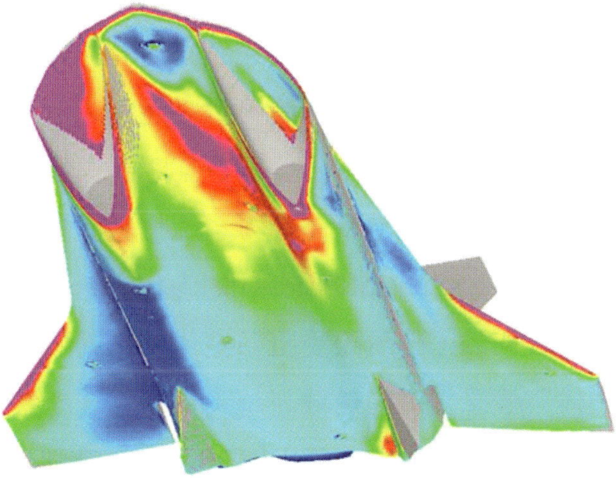

图 3 典型巡航加速构型气动加热特点

1.2 应对方案介绍

大空域跨速域高超飞行器气动布局设计方法与技术是水平起降高超无人机、空天往返运载器、跨速域战略战术导弹武器系统面临的共性核心技术难题。相较于传统的飞机和火箭气动布局设计问题而言，该技术问题面临的速域空域工况更为复杂，需要同时兼顾宇宙速度再入、高超声速巡航、亚跨超巡航加速爬升、低速水平起降等不同工况，以满足所需的升重和推阻平衡；涉及的学科和分系统耦合程度更高，需要考虑气动推进系统耦合、气动力与防热系统耦合、气动操稳特性与飞行控制系统耦合，更进一步可能还需要兼顾气动隐身、气动热结构耦合等复杂问题，导致气动布局设计难度更大。该技术是跨速域高超飞行器设计研制必须首先突破的核心关键技术之一。

针对大空域跨速域高超飞行器气动布局设计理论、方法和方案，国内外开展了大量的相关研究工作。在布局设计理论和方法方面，研究者分别从细长体、翼身组合体、升力体、乘波体等角度针对大空域跨速域气动设计问题开展了长期较为系统的研究工作。这些传统的气动布局设计理论和方法用于大空域跨速域高超飞行器气动布局设计面临诸如跨速域气动特性难以兼顾、容积率不足、操稳特性变化剧烈等技术难题，同时受限于跨速域高超动力系统技术储备和成熟度不足等问题，导致 20 世纪以 NASP 和 Hotol 计划为代表的采用升力体、细长翼身组合体布局方案的工作纷纷受阻乃至停止。近年来国际上提出的“涡升力乘波体”概念，对跨速域高超飞行器的气动布局设计提供了新的有益思路。与之对应的是美国提出的以 SR72 高超无人机和依托英国 SABRE 发动机的空天飞行器为代表的双后掠气动布局方案。此外，国际上还针对火星再入飞行器和超声速民机等大空域跨速域飞行器开展了可变形气动布局概念研究，用于改善不同工况的气动性能和音爆特性。目前获得可行解决方案的是以美国 X-37B 和 Space Shuttle 为代表的边条翼身融合体减速再入布局，而针对以水平起降高超无人机和空天飞机为代表的飞行器还没有获得成熟可行的气动布局方案，依然需要开展系统深入的设计理论、技术和方案研究。

针对该技术难题，近年来开展的理论研究和关键技术攻关及取得的突破主要包括如下两个方面。

第一，固定外形气动布局设计理论与方法方面。基于针对高超航天飞行器气动布局和航空低速飞行器气动布局长期的基础理论研究和工程实践，提出了高超工况充分利用迎风面乘波效应，低速工况利用背风面旋涡效应的涡波一体跨速域高升阻比气动布局设计原理。澄清了“涡升力乘波体”概念中对高超声速非线性增升效应机理研究的偏差，提出了亚声速带涡高升阻比巡航的可行性；基于密切乘波体设计方法，推导建立了密切乘波体设计曲线与平面形状之间的微分方程关系式，奠定了定平面形状 / 定前缘型线密切乘波体设计的理论基础，拓展了密切乘波体设计理论、方法和设计空间，将乘波体可考虑的速域范围拓展至亚声速；设计了系列典型涡波一体气动布局方案——双后掠乘波气动布局。研究表明通过合理的平面形状 / 前缘型线设计，在大幅改善乘波体亚声速气动特性的同时，可以有效影响纵向和横侧向压心焦点，调整操稳特性。设计了跨速域涡波一体飞行器双后掠乘波工程化气动布局方案，通过试验验证证明了上述气动设计理论、技术和方案的合理性和可行性。但该固定外形设计方法在兼顾跨速域气动特性的同时，在单个飞行设计工况上无法实现最优。

第二，可变外形气动布局设计技术方面。从跨速域飞行器气动布局设计工程实践和未来新概念飞行器应用场景需求出发，针对跨速域高超飞行器可变形概念开展了多种方案的探索、研究、设计和验证工作。着重针对不同飞行工况下飞行器对升阻力和操稳特性需求的巨大差异，采用变后掠、伸缩、折叠等不同的变形方式，改变飞行器的翼面积、展弦比、后掠角等重要参数，在对升阻性能和操稳特性带来显著变化的同时对结构重量、变形结构复杂度、飞行控制和防热系统难度等方面带来明显的挑战。

本问题与大空域跨速域高超飞行器总体、飞控、结构和动力系统的设计结合紧密，对于总体和分系统设计方案闭合、性能优劣，乃至飞行器的研制成败至关重要。该问题既具有鲜明的学术意义又具有突出的工程背景价值。其突破一方面对提升我国在大空域跨速域高超气动布局设计理论和技术方面的学术地位和技术能力，占领学术高地具有重要意义；另一方面对于推进我国水平起降临近空间高超飞行器、可重复使用空天飞行器、大空域跨速域战略战术导弹武器的气动总体设计能力，以及提升我国航空航天远程及空天高效运输、侦察、投送、打击能力价值意义重大，将对我国科技、军事、国民经济、社会等产生深远影响。

2 问题研究进展

高超声速飞行器的基础布局形式大致决定了飞行器的气动性能，对飞行器的总体性能至关重要。从几何特征的角度看，常用的高超声速气动布局大致可分为四类：

1）细长体布局。典型的是轴对称锥形体。这类布局阻力较小，并且可以在头部设置马赫锥减小波阻，并为发动机提供入口进气条件。这种外形控制系统设计简单，技术成熟度较高。但该类布局升阻比较低，内部装载空间有限，多用于高超声速导弹设计。

2）升力体布局。典型特征是没有明显的机翼。其内部空间效率高，升力大，结构设计相对容易，但升力体的阻力较大，升阻比有限。该类布局主要用于轨道再入飞行器的外形设计。目前升力体气动外形多用于火箭式发动机飞行器，如美国空军的 X-38 系列以及 HL-20 飞行器等。

3）翼身组合体 / 融合体布局。存在明显的机翼升力面，采取机翼与机身组合或融合的布局形式。这类布局借鉴了传统航空飞行器的设计思想和经验。其气动热防护、气动操纵等技术相对成熟，空间使用效率较高，低跨声速性能较好。该类布局主要分为两类。一类是以高超声速轨道再入为代表的无动力减速再入类飞行器，其典型特征是大钝头，不追求高升阻比，如美国的航天飞机、可重复使用运载器 X-34 和 X-37 等；另一类是以 SR-72 为代表的水平起降巡航加速类布局，其低跨声速性能较好，但高超声速升阻性能有限，激波系非常复杂，对于吸气式动力的安装带来较大困难。

4）乘波体布局。乘波体是适合高超声速飞行的典型布局，根据已知的高超声速激波流场追踪流线生成，外形特征简洁优美，高超声速升阻特性良好，同时波系简单，可以方便设计保留进气道入口。但传统的乘波体设计方法得到的乘波体布局存在容积较小、纵向稳定性差、边缘尖锐等一系列难题，尤其是低亚跨性能差的缺点极大地制约了乘波体布局在跨域高超飞行器设计中的应用。当前乘波效应的应用体现在以高超声速滑翔导弹气动布局设计和以 X-51A 为代表的飞行器前体进气道设计当中，但在跨速域高超飞行器气动布局方案中尚未得到广泛应用。

上述四类高超声速气动布局各自存在明显的优缺点。事实上飞行器的气动布局设计需要在飞行器的任务使命、动力形式、飞行弹道和结构防热等约束下综合确定。

2.1　国内外研究动态

2.1.1　减速再入构型国内外发展现状

采取升力式再入的可重复使用高超飞行器，主要有钝前缘升力体和有翼再入两种再入减速构型。钝前缘升力体布局具有结构简单、防热技术较成熟、容积率高等优点，可以实现中等高超声速升阻比的再入飞行，适合作为低成本运载器、空间站应急救生载具。有翼再入构型具有升阻比大、低翼载的优点，机翼设计灵活度大，可以通过改变平面形状调节高、低速气动布局的矛盾，结合多种舵面可以实现很强的机动能力，适合作为高机动军用飞行器的方案。采用主动控制技术可以有效提升飞行器性能，优化气动布局，协调高低速矛盾，充分挖掘飞行器的潜力。

（1）钝前缘升力体

钝前缘升力体的兴起主要是考虑热防护的问题，由于防热材料不过关，高超声速再入时，采取钝头体布局所产生的弓形脱体激波可以将大量的热量耗散在大气中，减少了对飞行器结构的热传导。同时，上下不对称的外形和大攻角飞行方式使得飞行器在高超声速飞行中具备中等升阻比，通过外形的修正使其获得可以接受的低速气动特性以满足着陆要求。然而，作为一种大阻力体，钝前缘升力体构型所能达到的高超声速和亚声速升阻比是极为有限的。

（2）有翼再入构型

飞行器高超声速再入时，升阻比越大，再入过载越小，横向机动范围就越大。亚声速和低速时，升阻比越大，着陆特性越好。同时翼载越低，着陆速度越低，着陆品质越好。因此，空天飞行器的发展方向是在满足防热要求的前提下追求大的升阻比和低翼载。随着热防护材料和技术的发展进步，飞行器前缘可以做的越来越尖。合理的翼身组合设计可以大幅增加高超声速升阻比，改善亚声速和低速特性。同时机翼的使用，可以有效降低翼载荷，因此，有翼再入构型得到了快速发展。

当前，最成功的第二代有翼再入飞行器就是美国的 X-37B（图 4），已经成功完成了六次长时在轨飞行。X-37B 采用细长边条翼与小三角翼翼身组合体布局，机翼后缘设计有全翼展的襟副翼、一对 V 形尾翼（集方向舵和升降舵的功能），V 型尾翼中间设计有减速板，飞行器机身后部带有体襟翼，飞行器下表面为平面，该布局在高超声速机动、超声速俯仰转换、跨声速及亚声速机动、着陆升阻比、着陆速度、接地姿态及侧风状态下，都获得了良好的配平和控制特性。

图 4　X–37B 构型

2.1.2　巡航 / 加速构型国内外发展现状

如前所述，当前比较成熟的跨域高超飞行器基本采用传统的火箭发动机为动力。采取火箭动力实现高超入轨，技术可靠但成本较高，机动性较差。随着技术的发展进步，吸气式动力是未来跨速域高超飞行器的重要发展趋势，需要发展吸气式巡航 / 加速构型飞行器。

从总体的角度看，巡航/加速构型的典型设计目标是使飞行器从地面水平起飞依托组合动力加速爬升至临近空间高超声速飞行。巡航/加速构型的要求是在满足容积的条件下，将具有小阻力、大升阻比的飞行器气动外形与推进系统设计紧密耦合。这里介绍两类主要的巡航/加速构型。

（1）尖前缘升力体（乘波体）

首先定义尖前缘升力体主要是为了与钝前缘升力体作区别。在经典文献中，一些空气动力学专家把乘波体列为升力体范畴。这里的尖前缘升力体是指乘波体或采用乘波设计思想的加速/巡航外形的统称。

早期的超燃冲压发动机设计与飞行器机体设计是相对独立的，如 NASA 在 20 世纪 60 年代研制的轴对称超燃冲压发动机 HRE 采用了外部吊舱布局。试验结果表明，这种方式发动机产生的推力无法抵消巨大的外阻力，因此需要寻找新的设计思路。美国从 20 世纪 70 年代开始探索吸气式高超声速飞行器的机身/推进一体化设计。当时典型的例子是 X-24C（图 5），这种布局在小攻角下的横向稳定性和大攻角下的侧向稳定性难以得到保证，另外当时采用的方案一体化程度并不高，机身前体下表面与发动机进气道并没有很好地有机结合，进气道入口截面流场均匀性难以得到保证。因此，后来 NASP 气动外形设计综合考虑了攻角和前体形状，飞/发一体化程度有所提高，较之 NASP，X-43A 和 X-51A 等采取了乘波体设计思想的机体与推进系统一体化程度更高，并在试飞中验证了其良好的高超声速气动性能。

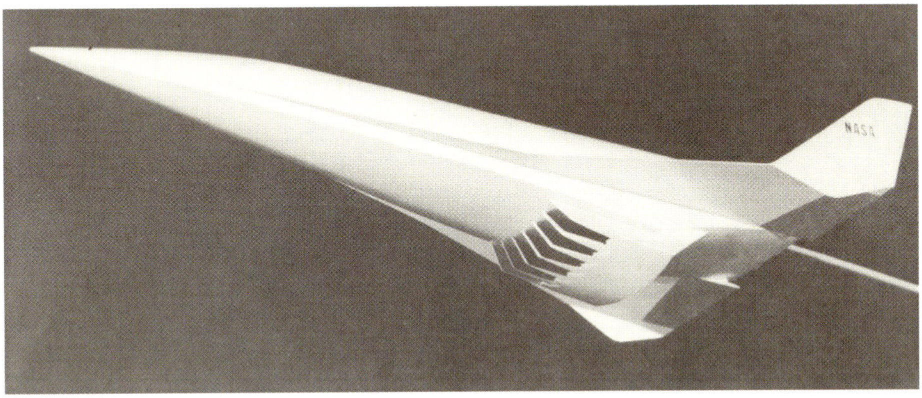

图 5　X–24C 构型

在实际工程应用中，无法采用纯粹的乘波体设计，大多数设计方案是采用了乘波体原理的部分乘波飞行器。对于采用乘波体设计原理的跨速域高超吸气式巡航 / 加速构型飞行器，其最主要的气动设计难题是兼顾高超巡航、低亚跨飞行和低速水平起降之间气动需求的矛盾，以及飞行器与发动机紧耦合气动设计的问题。

在飞 / 发一体化集成设计方面，美国的 Astrox 公司走在了世界前列，该公司对各种进气道、发动机、飞行器组合方案，包括 SSTO、TSTO、VTHL、HTHL 进行了大量的研究，其设计方案得到了美国军方的青睐。该公司与波音公司合作研究了一种以 RBCC 为动力完全可重复使用的水平起降两级入轨飞行器——HSGTS 方案（图 6）。HSGTS 二子级采用了三维内收缩进气道与机体高度一体化设计，并采用了进气道 / 发动机背负式方案，很好地解决了再入大气层时的热防护问题。采用该类背负式方案的还有欧洲的 LAPCAT-MR1 和 LAPCAT-MR2 飞行器（图 7 和图 8），该方案有可能会成为未来的主流。

图 6　HSGTS 方案

图 7　LAPCAT-MR1 构型

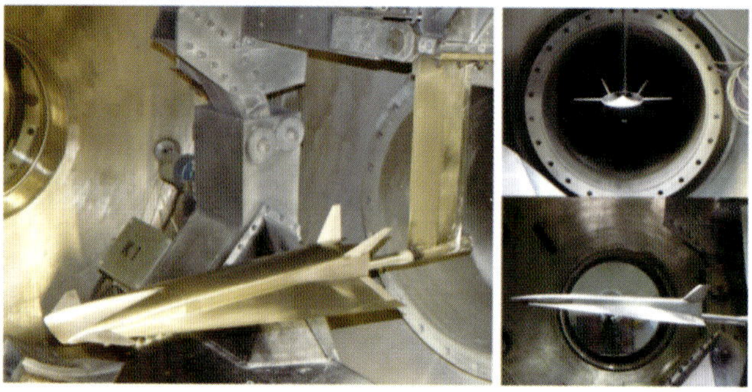

图 8　LAPCAT-MR2 构型

尖前缘升力体构型用于跨域高超飞行的另一个主要问题是高低速气动特性的协调设计难题。采用乘波原理设计的构型为大后掠细长体，在高速飞行时具有很高的效率，但高速外形与低速气动特性要求是一对天然的矛盾。为解决这个矛盾，主要有以下两种方式：一是通过采用边条翼的方式以在低速时获得涡升力，例如，采用该方案设计的 HTV-3X 构型具有大边条翼翼身融合特性，可以显著改善低速气动特性；二是采用鸭式布局，在低速时利用前翼进行配平和控制，如 LAPCAT-MR2。

（2）翼身组合 / 融合体构型

传统的尖前缘升力体构型虽然具备大的高超声速升阻比优势，但其弱点是容积率较低，且外形扁平，给结构装填带来了较大的难度。因此，源于高速飞机类构型的翼身组合 / 融合体构型自然成为该类跨域高超飞行器的研究方向之一。该类布局方案主要分为两种：细长翼身组合体构型和机体推进一体化融合构型。

第一种以英国的 HOTOL 空天飞机（图 9）、Skylon 空天飞机，美国采用 SABRE 发动机的单级和两级入轨空天飞机方案为代表。该类布局的一个典型特征是组合动力系统与机身机翼的相对独立布置，由于 SABRE 发动机的特殊性，该类布局往往考虑将其布置在翼梢、翼中或机身腹部。

第二种是以美国的 SR-72 为代表的机体推进一体化融合构型［图 1（b）］。从公开的概念图看，该类布局充分借鉴了超声速航空飞行器的布局形式。采取边条翼加大后掠翼的布局形式，机身与机翼有机融合，强调机体与组合动力系统的一体化设计。从公开的图片看采取了腹部单进气道和双进气道的匹配形式。目前难以确定该项目实际进展情况，技术细节有待进一步跟踪确认。

图 9　HOTOL 空天飞机

2.1.3　小结

细长体、翼身组合 / 融合体、升力体等是当前研究较为广泛的几类典型高超声速布局形式，每种形式各有优劣。空天飞行器气动布局的最大特点是兼顾航空飞行器和航天飞行器的设计要求，在气动力效率和容积效率及热防护要求之间取得平衡，因此在气动布局设计上也体现了空天融合的趋势。

大空域宽速域高速飞行器气动布局设计具有两方面的鲜明特征：首先该问题是一个复杂的气动设计问题，当前并没有成熟的气动布局形式和方案可以满足需求；与此同时，气动布局设计是飞行器总体设计至关重要的组成部分，具有明显的总体约束和多学科耦合属性。

2.2　学术研究进展

总体气动布局设计是飞行器设计过程中的关键环节，跨速域高超声速飞行器进行工程研制时，气动布局设计与优化是亟待首先解决的瓶颈问题之一。乘波体是升力体飞行器的一种特殊类型，其特性在于利用附着在飞行器前缘的激波，在高压区下方产生额外的升力，从而提高升阻比。这一特性使得乘波体有望突破由 Küchemann 提出的“升阻比屏障”，这是乘波体特殊构型的一大优势。然而，乘波体的最优性能高度依赖于飞行马赫数，偏离设计马赫数状态可能会影响飞行器的气动性能。特别是在亚声速工况下，传统乘波体的气动性能变差。这也是限制乘波体应用于跨速域高超飞行器气动设计的一个重要因素。

为了克服单一马赫数乘波体配置的技术限制，并更好地满足航空航天飞行器更宽的飞行速度范围和更宽的空域需求，研究者们提出了多种新型设计。这些设计旨在通过不同的方法提高乘波体在不同马赫数下的气动性能。具有代表性的研究主要分为 3 个方面：1）以乘波体布局为基础的宽速域扩展设计，包括组合拼接乘波体、乘波体翼身组合体、可变马赫数 / 激波角组合体；2）采用宽速域气动优化设计方法，结合 CFD、数值优化算法以及人工智能技术等，通过对基准构型开展兼顾不同工况气动性能的翼型、机翼乃至全机的跨速域气动优化设计，挖掘基准构型在不同速域下的性能潜力；3）针对高超声速跨速域变体布局的研究。目前，对于跨速域飞行器气动布局设计与优化方法的研究已取得一定的进展，但由于跨速域气动设计问题本身的复杂性，任何单一的设计技术均无法完全满足跨速域高超声速飞行器气动设计的需求，必须继续深入探索并创新宽速域气动布局设计方法与技术，才有可能达到目标。

2.2.1 涡波一体概念提出

主流的开展固定外形跨速域高超气动布局设计有两种思路：一是

以低速气动布局为基准，考虑高超声速飞行要求，优化修形；二是以高超声速外形为基准，兼顾低速飞行要求。考虑到高超声速性能无论对飞行器的使命任务而言，还是对飞行器的气动要求而言都是首当其冲的需求，由此本研究团队采取第二种思路。如前所述，常用的高超声速气动布局包括细长体、升力体、翼身组合 / 融合体和乘波体等，虽然欧美提出过以 Skylon、X-33、SR-72 为代表的细长体、升力体、翼身组合 / 融合体布局形式，但都处于概念研究和关键技术攻关阶段。乘波体外形在高超声速状态具有高升阻比，同时下表面流场均匀，适合吸气式发动机进气道的安装与布置。

所谓涡波一体就是指充分利用不同飞行工况下流场中的主导流动结构，高超工况下，充分利用迎风面的乘波效应获得高升阻比，亚声速和低速工况充分利用背风面的旋涡效应获得低速高升力，从而使得高超跨速域飞行器获得全速域高气动性能。该理论和设计方法的关键在于以乘波体为基础构型，通过合理设计利用低速旋涡以兼顾亚声速性能。在利用涡的布局中平面投影形状至关重要，其中双后掠乘波体外形是一种取得跨速域高升阻比非常可行的设计思路。

（1）高超声速乘波效应

图 10 给出了六类双后掠布局外形。其中 Mode-1~Mode-3 为尖头双后掠外形，分别为双后掠乘波体、下单翼双后掠翼身组合体和上单翼翼身组合体；Mode-4~Mode-5 为弯头双后掠乘波体，同样给出了双后掠乘波体和典型翼身组合体形式。使用数值模拟手段评估以上 6 种外形的气动性能。总体上看，在设计状态下（H=30 km，Ma=5.0），无论是尖头还是弯头，乘波体外形的升阻比明显高于平板外形。当乘波体在设计状态下飞行时，其迎风面产生的激波完全附着在前缘，就

像是骑乘在激波面上飞行，激波后的高压区被限制在迎风面，没有向背风面泄漏。而对常规布局飞行器而言，这种流动泄漏可以导致多达25% 的升力损失，造成升阻比显著下降。

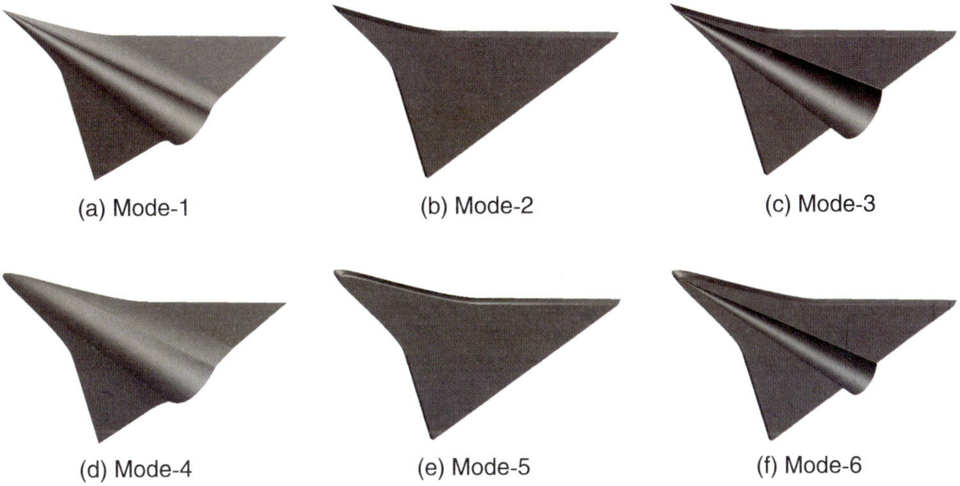

图 10 六类双后掠布局外形示意图

对于双后掠乘波体或具有类似构型的外形，高超声速状态大攻角下存在非线性增升现象。对此一些学者认为，乘波体的非线性增升现象源于高超声速大攻角下的涡升力，解释如下：随着攻角增大，涡诱导的低压区域逐渐增大，使上表面压力减小，尤其是大后掠前缘生成涡，小后掠区域增强涡，带来较大的非线性升力增加。但高超声速情况下，旋涡相比于激波效应的强度很低，很难对升力施加很大的影响。而且如果非线性增升来自上表面的旋涡，那么上表面的升力贡献应该较大，但乘波体因为附着激波影响，其升力主要来源于下表面，上表面对升力的贡献很小，通过分析乘波体的流场压力分布，确认了后掠角对激波附着的影响是这种现象产生的主要原因。

研究团队设计了典型的双后掠乘波体作为研究对象，同时以容积率一致的单后掠乘波体作为对比。查看乘波体的截面流场分布，如图 11 所示，取四个横截面沿流场长度分别为全长 25%、50%、75%、98% 位置，对应双后掠乘波体的第一后掠、两后掠交接处、第二后掠和后缘区域。在 25% 处，Model-1 和 Model-2 在侧缘激波均脱体，因为此处 Model-1 后掠角为 75°，大于 Model-2 的 63.6°，所以 Model-1 的泄漏程度要比 Model-2 大；而在 75% 处，Model-1 的激波在前缘附着，同一位置的 Model-2 仍然脱体。Model-3 的前缘激波均先脱体，且比 Model-2 严重。

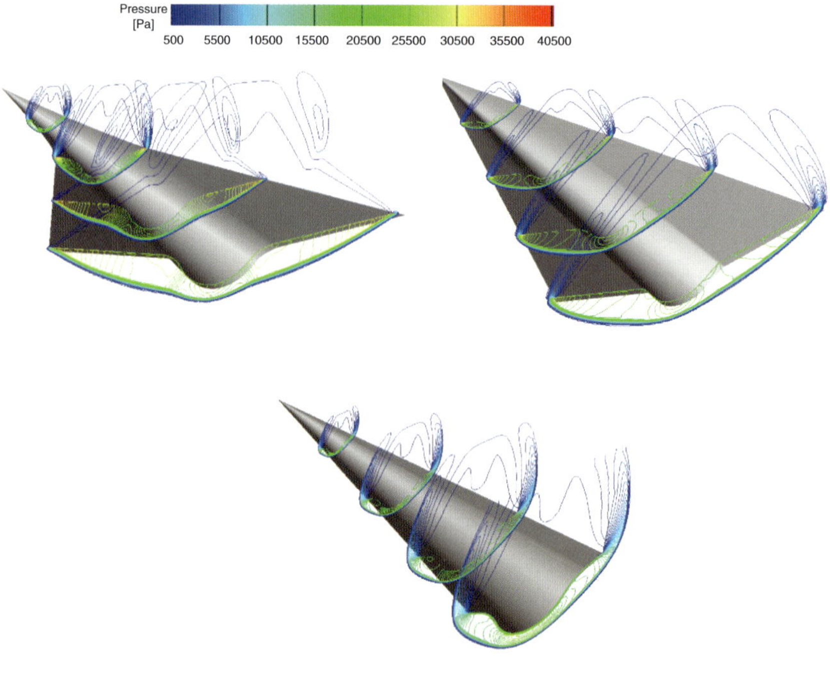

图 11　横截面压力分布对比（α=20°）

因此，后掠角越小，激波随攻角增大越不容易脱体，而附着激波的存在使波后下表面压力非线性增长，导致升力系数非线性增长。根据这一原理，马赫数对于非线性增升的影响机理为：随马赫数增加，根据斜激波关系式，激波脱体所对应的物面角变大，随攻角增加的激波附着程度也更高，所以非线性增升更强。

（2）低亚声速旋涡效应

一般而言，乘波体外形在高超声速下升阻比优势明显，但往往低速性能恶化严重。传统方法设计得到的外形因为前缘尖锐且后掠角大，其低速升阻比很低，这是乘波体应用于跨速域气动布局工程实践中的最大障碍之一。通过指定乘波体平面形状，定制双后掠平面形状，能够极大地改善乘波体的低速性能。通过对图中尖头和弯头乘波体与相应平板外形在 H=0 km，Ma=0.4 下的升阻比性能研究可知，与平板外形相比，尖头双后掠乘波体布局的升阻比大小基本相当，表明所设计的双后掠乘波体外形在低速范围气动特性未显著恶化。弯头外形与尖头外形类似，低速状态下仍保持了良好的升阻比特性。

针对乘波体外形低速环境下的流动结构开展深入分析，可知其低速下气动特性大幅改善的机理在于双后掠外形在背风面产生的有利的旋涡结构。图 12 分别给出了尖头和弯头乘波体外形在 H=0 km，Ma=0.4 下的空间压力系数分布，两图显示其背风面两侧均产生了强烈的旋涡结构，造成背风面前缘附近两片大范围的低压区，有效地提高了升力和升阻比特性。

乘波体外形低速下的旋涡效应来源于外形本身的双后掠设计。该设计与边条翼布局类似，在低速状态下可以通过大后掠的前翼引起旋涡，并通过外翼部分的扰动增强旋涡。乘波体双后掠设计产生的有利的旋涡效应有效保证了外形低速下的气动性能。

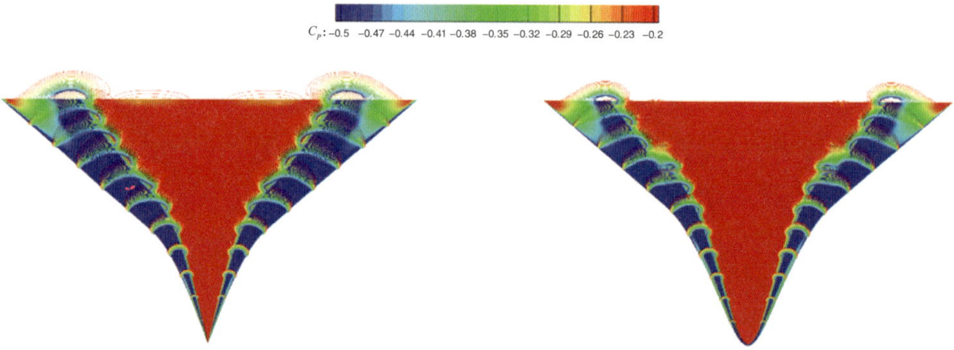

图 12　H=0 km，Ma=0.4 尖头和弯头乘波体低速涡结构

上述研究揭示了利用高超迎风面乘波效应的流动机理，利用低、亚声速背风面旋涡效应提高升力，提出综合利用高速乘波和低速旋涡的涡波一体气动设计思想，提高气动布局的宽速域性能，并通过相关案例验证了涡波效应的可行性。揭示了乘波体大攻角非线性增升的产生原理是由激波附着引起的，澄清了“涡升力乘波体”的概念内涵。涡波一体创新融合了航空、航天气动布局设计技术，在气动布局设计领域具有创新性，将有力支撑跨速域高超飞行器的气动总体设计。

2.2.2　定平面形状 / 前缘型线乘波体设计方法

为实现以双后掠乘波体为代表的涡波一体气动布局，项目团队推导了密切乘波体设计方法中设计曲线与所生成外形平面形状轮廓线之间的设计几何关系，并在国际上首次使用微分方程组数学表达，奠定了定平面形状乘波体的设计理论基础。建立了该设计几何微分方程关系式的数值求解方法，探索了解的存在性和规则性，实现了乘波体平面形状的定制化设计。进一步发展了定前缘型线乘波体设计方法，为兼顾乘波体宽速域性能、提高纵向及横侧向稳定性提供了途径。图 13 给出了定平面形状乘波体设计的具体实现路径图。在密切锥理论中，推导设计曲线和平面形状轮廓线的几何关系，研究数学性质和数值求解方法，建立定平面形状乘波体的设计理论基础；分别研究给定不同平面形状和正视图投影的乘波体生成方法，分析设计参数对气动性能的影响；研究设计曲线曲率分布的影响，扩大设计空间，完善设计方法。

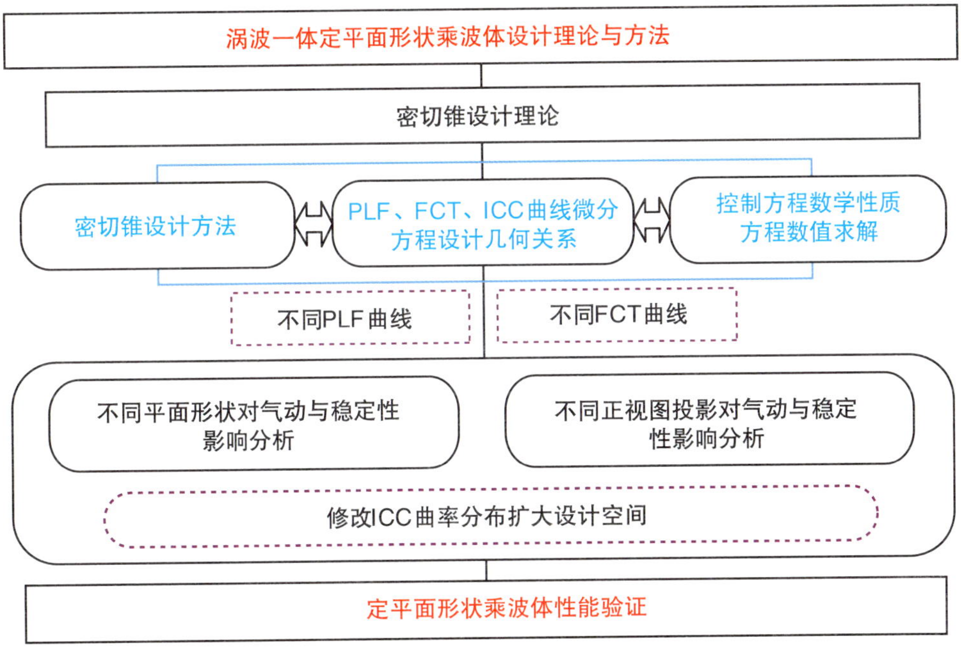

图 13　涡波一体定前缘型线乘波体设计方法研究方案

具体技术包括密切锥设计几何关系、定平面形状乘波体设计实现以及修改曲线曲率分布扩大设计空间。

（1）理论基础：密切锥方法中的设计几何关系

在密切锥方法中有两条设计曲线：激波出口型线（ICC），决定激波的出口形状；流动捕获管（FCT），为流线追踪面的起始点。ICC、FCT 和所生成外形的平面形状之间存在设计几何关系，Rodi 曾给出 FCT 和 ICC 为直线时的表达形式，本团队进一步推广到一般曲线，推

导设计关系的数学表达为

$$\begin{cases} c'(x)=\dfrac{x-y}{f(y)-c(x)} \\ c'(x)-f'(y)=\sqrt{1+[c'(x)]^2}\cdot p'(y)\cdot \tan\beta \end{cases}$$

（2）定平面形状乘波体设计方法

求解密切锥设计几何关系有三种情况：

1）已知 c 和 f 求 p，这是传统的密切锥方法。

2）已知 p 和 f 求 c，然后将求得的 c 和 f 代入密切锥方法中生成乘波体。因为 p 代表平面形状，即前缘线在俯视图方向的投影，f 是前缘线的正视图投影，所以这种方法是给定前缘型线的乘波体设计。

3）已知 p 和 c 求 f，然后将求得的 f 和 c 代入密切锥方法中生成乘波体。因为 c 代表激波在后缘截面的形状，所以这种方法是给定平面形状 - 激波型线的乘波体设计。特别需要说明的是，情况 2），即定前缘型线乘波体设计，应用前景最为广泛。首先，给定不同的函数 p，可以允许设计不同平面形状的乘波体，为低速阶段引入涡效应和提高纵向稳定性提供了途径；其次，f 是前缘型线的正视图投影，通过给定 f 函数可以设计不同的前缘型线正视图外形，有效提高乘波体的纵向及横侧向稳定性。

定平面形状乘波体概念可以很方便推广到轴对称流场和可变马赫数流场，因为定平面形状乘波体设计几何关系的理论推导基础是激波为直线型，原则上说，只要高超声速流场的激波为直线型，就可以给定平面形状设计乘波体，为进一步扩大设计空间提供了途径。

这一设计方法有效地拓展了传统的密切锥乘波体设计理论，扩大了设计空间。

2.2.3　宽速域乘波效应评估方法研究

对于大空域跨速域高超飞行器，飞行过程常常面临速度、攻角的变化，以乘波体布局为基准的外形在偏离设计攻角的情况下，下表面高压部分外泄到飞行器上表面，同时当飞行马赫数小于设计马赫数时，激波脱体情况更严重，上下表面压力交换更强，压差减小，使得升阻比下降越明显，所以需要着重考虑偏离设计状态的“乘波”效应和高升阻比如何保持；其次，兼顾低速性能需要对高超声速外形特征做一定的修改和妥协，例如增加机翼面积、低速翼型优化等，可能导致“乘波”效应的削弱；再次，理论设计的乘波体需要工程化处理，比如前缘钝化、上表面凸起扩容、垂尾 / 安定面的安装等，对边缘进行钝化后，会使得激波和前缘距离变大，下表面的高压气体向上表面泄漏量增大，乘波体在设计状态下的升阻比降低，同时翼舵的安装也会使激波出现明显的脱体现象，产生泄压，从而无法完美保持“乘波”特性。

一直以来乘波体的定义是描述性的，缺乏定量的评估指标，各种乘波体设计方法所设计出的理论乘波体是充分条件而非必要条件，研究团队初步建立了乘波效应定量评估方法，图 14 为研究乘波效应定量评估方法和准则的研究方案图。使用 CFD 结合自适应网格计算流场，并评估气动性能；采用 Lovely-Hamies 算法识别和提取激波面；统计激波面前缘线和物面之间的通量近似为下表面到上表面的气体泄漏量，作为衡量“乘波效应”的定量评估标准，定义适当的乘波效应无量纲评估参数——乘波因子，分析典型外形的乘波效应与气动特性之间的影响规律；分析工程化处理对“乘波效应”的影响；同时结合斜激波理论，研究马赫数和攻角变化对气动性能的影响，尤其是大攻角时的非线性增升效应。

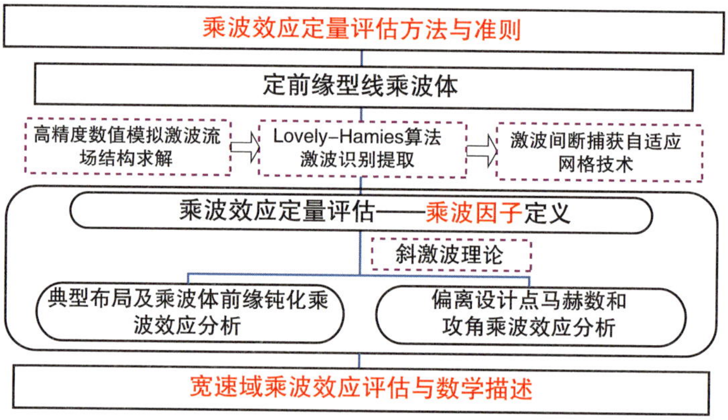

图 14　乘波效应定量评估方法与准则的研究方案

这里给出了乘波因子的初步定义，根据超声速激波流场中提取的激波面（图 15），定义如下参数：

1）溢流面 S_{of}（Overflow Surface）

前缘型线与其投影到脱体激波面的投影线之间构成的平面，面积（有量纲）。

2）泄漏量 q_l（Leak Flux）

溢流面的法向流量（需要考虑方向性，约定法向指向上为正），表征飞行器下表面气流向上表面流动的量，流量（有量纲）。

3）流向投影面 S_p（Projection Surface）

飞行器下表面沿流动方向向远场作投影，面积（有量纲）。

4）流向参考流量 q_p（Projection Flux）

即该投影面的流量（速度 × 密度 × 面积），流量（有量纲）。

采用分段函数定义乘波因子：

$$K_w=\begin{cases}0 & ,S_p=0\\ 1-\dfrac{q_l}{q_p} & ,S_p\neq 0\end{cases}$$

这里 K_w 越接近 1 表示飞行器对激波的“捕获”能力越强，乘波性能越好。目前由于激波识别在高超声速时更为精确，所以该定义也主要针对高超声速状态。

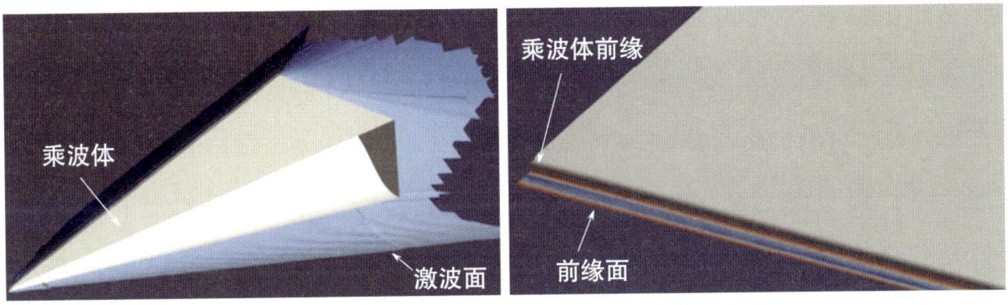

图 15　单掠乘波体流场激波面、前缘面提取

考察了设计状态为 $Ma=8$，高度 $H=30$ km 的弯曲前缘乘波体在不同马赫数、高度条件下泄漏量和乘波因子随攻角变化情况：乘波因子随攻角增大有一定下降，对应下表面溢流量增大，乘波效应减弱；来流马赫数明显高于设计状态，泄漏量和乘波因子随攻角变化幅度明显减弱，乘波效应有所增强，反之乘波因子减小，乘波效应减弱；高度增加，乘波因子减小，乘波效应减弱；其次，对于容积率一致、不同后掠角的单后掠乘波体，后掠角大小对前缘激波附着强度影响显著，后掠角越大，前缘部分激波附着性越低，泄漏量越大，对应的乘波因子越小。

通过乘波因子可以定量地评估乘波体或常规布局飞行器超声速飞行时的乘波效应；同时，乘波效应的定量评估可以指导高超声速飞行器布局设计，尽可能避免工程化处理对乘波效应的破坏；最后，乘波效应的定量评估有助于重新明确乘波体的定义和范围。

2.2.4 乘波依赖区概念的提出与研究

在目前大多数的乘波体设计中，乘波面都是由流线追踪得到的流面。一般在应用乘波体概念进行气动布局设计时，默认乘波面不可修改，或不知道哪些范围可修改，这带来了很多问题：第一，有效载荷布置、进气道一体化设计及安定面和舵面布局等存在困难；第二，当设计的乘波体腹部存在显著凸起或凹陷时难以处理；第三，难以借鉴升力体、细长体、翼身融合体/组合体等典型高超声速布局的设计经验；第四，难以结合亚跨超航空器的设计思路以提高宽速域性能。这些问题导致乘波体的设计理论研究向工程设计转化存在困难，给乘波体的工程实用带来了严峻挑战。如果能在不破坏乘波效应的基础上，确定乘波面是否可以修改、哪些范围可以修改、哪些范围不可修改以及如何根据需求修改，则具有重大的理论价值和工程实践意义。

依据超声速流场中的信息单向传播的特征，即流场内的扰动只能在下游马赫锥内传播，不能传播到马赫锥外。由此，对于一道确定的激波，会存在一定范围的流场区域决定它的形状和特性。引申来看，对于乘波体骑乘的主激波，必然存在一个流场区域决定它的形状和特性。相应地，在乘波面上也存在一个范围决定主激波的形态；超出这个范围，对其形状进行调整就与主激波的形态无关了。所以，只要寻找到决定主激波的对应物面，就可以确定出保持乘波性能的区域。其他区域与乘波性能无关，即使修改这些区域，也不会影响外形“产生下表面激波以提高波后流场压力”的能力，使外形仍然符合乘波体定义。

基于楔形流场或锥形流场的乘波体设计，虽然提出时间很早，但较小的设计空间限制了它们的应用范围。近几年，密切锥方法因为在设计空间、设计效率和设计灵活性等方面的独特优势，成为应用广泛的乘波体设计方法。研究团队借助特征线理论，使用特征线或逆特征线法确定无粘轴对称超声速流场中激波依赖的流场区域，将此部分区域流场作为基准流场，追踪流线生成物面，将其定义为“乘波依赖区”（Waveriding Dependent Area，WDA）。

另外，密切锥方法还可以将不同的乘波体设计方法联系起来，也就是说，密切锥方法可以变化为其他的乘波体设计方法。如图 16 所示，楔导乘波体、锥导乘波体、轴对称流场乘波体可由密切锥乘波体退化得到；密切流场乘波体、可变流场乘波体、定平面形状乘波体等可由密切锥方法改进得到。基本涵盖了除三维流场之外的所有乘波体设计方法。

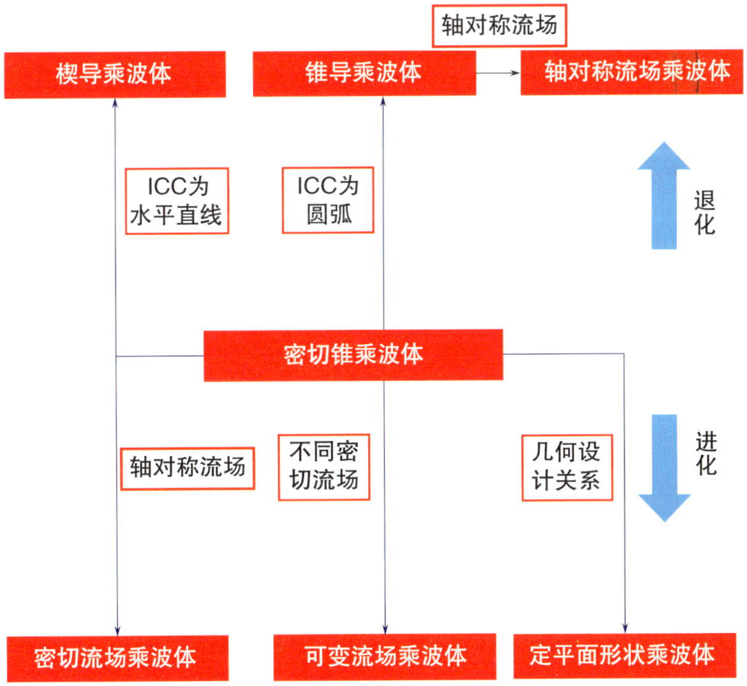

图 16　密切锥和其他乘波体设计方法的联系

从以上两个角度来说，确定密切锥乘波体的依赖区具有重要的意义。确定密切锥乘波体乘波依赖区的方法与楔导、锥导方法类似，都是在基准流场中确定过激波端点的左行特征线簇，然后流线追踪到这条特征线簇为止。不过，密切锥方法要额外考虑激波出口型线（Inlet Capture Curve，ICC）曲率半径的影响，因为密切锥乘波体在每个密切面内使用的锥形流的尺度跟 ICC 当地曲率半径有关，流场的尺度进而影响了乘波依赖区的范围。

当曲率半径越小，流场尺度越小，流线追踪起始点越贴近锥形流的物面，乘波依赖区的范围也就越大；而当曲率半径越大，流线追踪起始点越远离锥形流的物面，流线追踪经过的密切流场越接近二维楔形流动，乘波依赖区范围越小。通过保留乘波依赖区的测试外形与原始外形流场对比可以看到：仅保留乘波依赖区的测试外形能够较好地维持对称面及后缘截面处的激波强度，激波形态与理论设计曲线吻合较好；同时，乘波面保留范围越大，获得的流场激波强度越高，流场越接近于基准外形；反之，过小的乘波面则会使得激波强度不足，“乘波”特性下降明显。图 17 和图 18 所示为测试外形对称面压力分布及后缘截面压力分布。

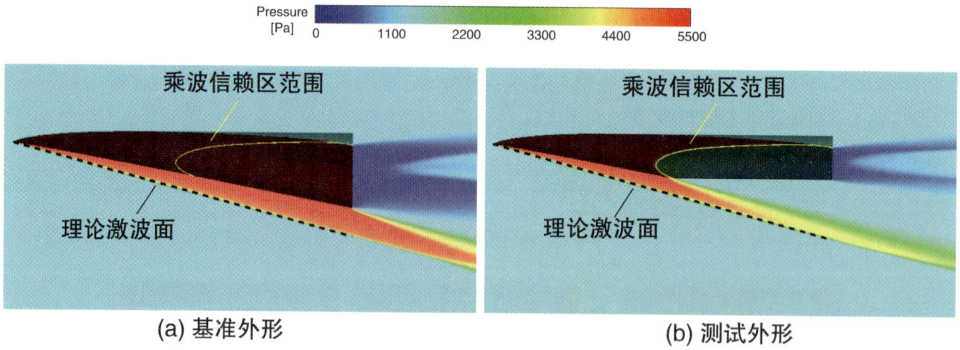

图 17　测试外形对称面压力分布

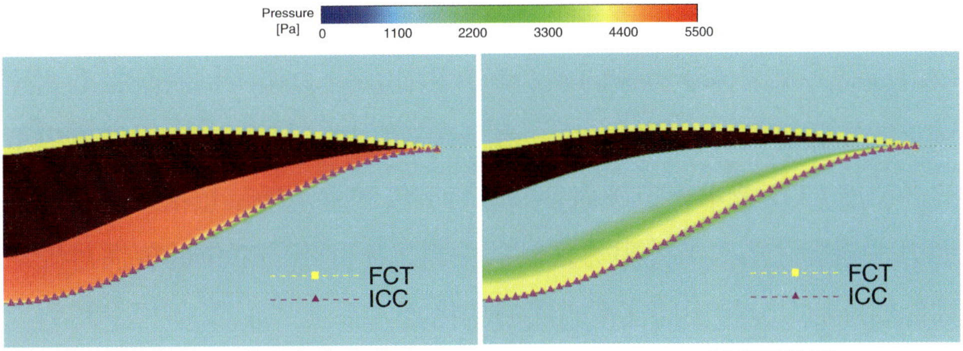

(a) 基准外形　　(b) 测试外形

图 18　测试外形后缘截面压力分布

提出乘波依赖区概念的目的是在不破坏整体“乘波”特性的基础上，确定可以修改的曲面范围。从上述的研究分析可以看到，决定乘波特性的区域范围有限，且都靠近前缘，非乘波依赖区域都是可以修改或替换的，因此这对乘波体的扩容、减阻、宽速域设计和进气道安装布置具有一定意义。具体来说，非乘波依赖区的范围较大，将其替换可以改变内部容积的大小以及形状，为载荷和进气道等的布置提供便利。其次，乘波体往往有一个巨大的底部，虽然高超声速阶段底阻随马赫数增长逐渐降低，但它在阻力中的占比是无法忽略的。通过替换非乘波依赖区可以有效减少底部面积，进而减小底阻乃至阻力。最后，将乘波体曲面沿流向剖分，可以看到乘波依赖区仅在靠近前缘的小部分区域，非依赖区则可以进行合理的优化设计，有可能得到性能更优的宽速域气动外形。

2.2.5　涡波一体低速旋涡效应研究

在低速流动中，气动力主要来源于边界层内以及脱体涡中的涡量所产生的涡力。为了充分利用涡力来实现增升减阻，首先需要对升阻力的各组分做出正确的物理解释与准确的理论预测，从而深入探究涡结构与气动力的关系，进一步追踪涡结构的产生与演化过程。在旋涡效应方面，乘波体亚声速的旋涡高升阻比高升力作用机制是提升宽速域乘波体低速气动性能的核心。在亚声速阶段，使用 DES 类湍流模型的高精度 CFD 技术模拟旋涡，并结合空气动力学断层扫描技术分解气动力，分析涡结构与升阻力之间的关系，研究不同部位的旋涡对气动性能的影响，分析不同速度时涡的变化。

空气动力学断层扫描技术将研究对象由速度、动能转变为导致升阻力的紧致 Lamb 矢量场纵横部分在近场的非线性演化特性，并追溯其产生机制。如图 19 所示，尾流截面可以切入物体内部，将 Lamb 矢量场及其相关边界量随流向或展向的截面积分变化作为诊断和溯源的重要信息。通过扫描、切片得到一系列流动结构的截面数据并进行局部流场结构的动力学分析，并结合边界涡量流追溯其产生机制，此技术称为空气动力学断层扫描技术，即空气动力学 CT（Computed Tomography）。

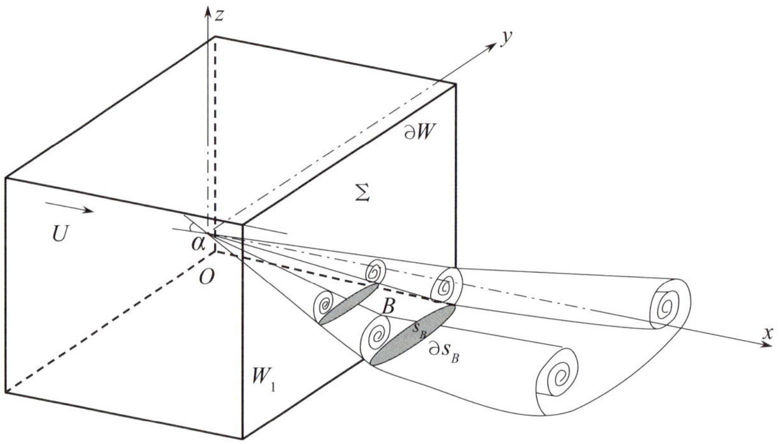

图 19　近场空气动力学 CT 示意图

外流绕翼型流动中，涡量从壁面产生，然后进入流场形成近场涡结构，最后演化到线性远场。涡量的壁面产生可以采用边界涡量流（Boundary Vorticity Flux，BVF）理论来进行讨论，并通过边界涡量流的合力积分公式将 BVF 与气动力结合；近场涡结构可以采用基于导数矩变换（Derivative Moment Transformation，DMT）的涡力理论（Vortex Force Theory，VFT）与气动力建立关系，为了适配空气动力学 CT，进一步将该理论推广为可切割物体的涡力理论；而远场涡结构可以采用远场统一合力理论（Universal Force Theory，UFT）与气动力建立关系。

在实际应用中，从远场出发，通过 UFT 来预测可以产生高升阻比的涡结构；然后采用可切割物体的涡力理论，对近场涡结构及其非线性演化与气动力之间的关系进行定量研究；最后采用 BVF 追溯近场涡结构的产生原因与效果。通过“远场—近场—壁面”的视角，结合“UFT—VFT—BVF”理论实现对 Lamb 矢量产生与演化的多层次、多视角的立体全面研究。

图 20 是 Ma=0.3，α=20° 双后掠乘波体上表面的涡量分布。图 21 给出升阻力沿长度方向的分布，分析了涡结构与气动力之间的关系，并研究了不同部位涡量的影响。

对于双后掠乘波体的研究得到了以下结论：基于速度 – 压力层次，发现沿着流向，升力系数先是非线性增长，在拐角之后开始线性增长，阻力系数的增长更加线性，受尾缘影响也更大。沿着展向，当脱体涡形成之后，单位面积的升力在 y≈0∶35 处达到最大值，且随着 y 先减小后增大；升阻比在 y≈0∶3（α=8°、12°）处达到最大值。但仅仅通过压力云图，很难对这些曲线的变化给出定量的解释。

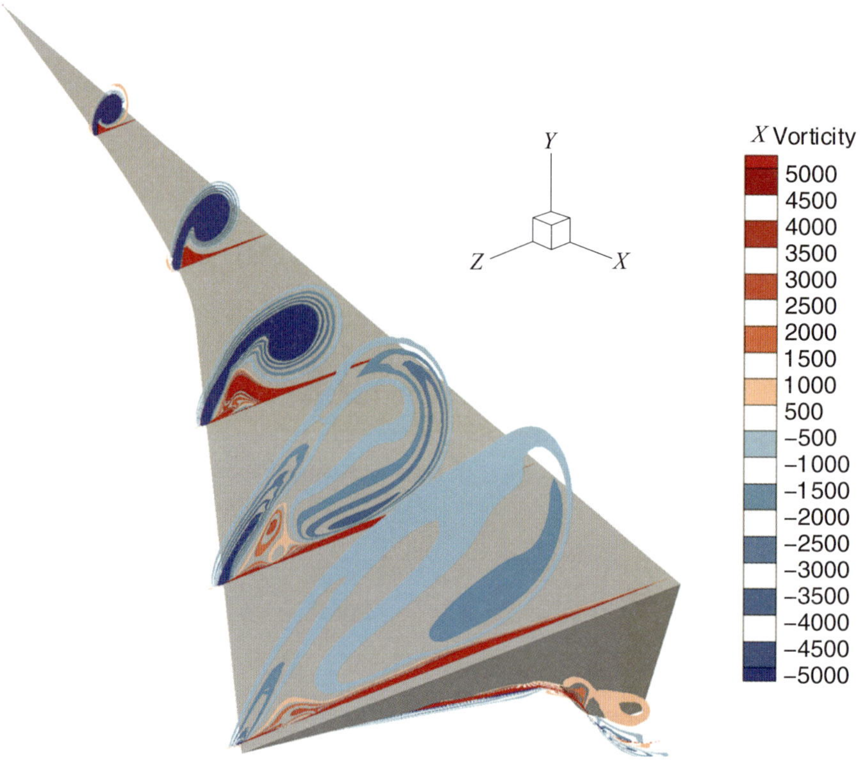

图 20　双后掠乘波体上表面的涡量分布（Ma=0. 3，α=20°）

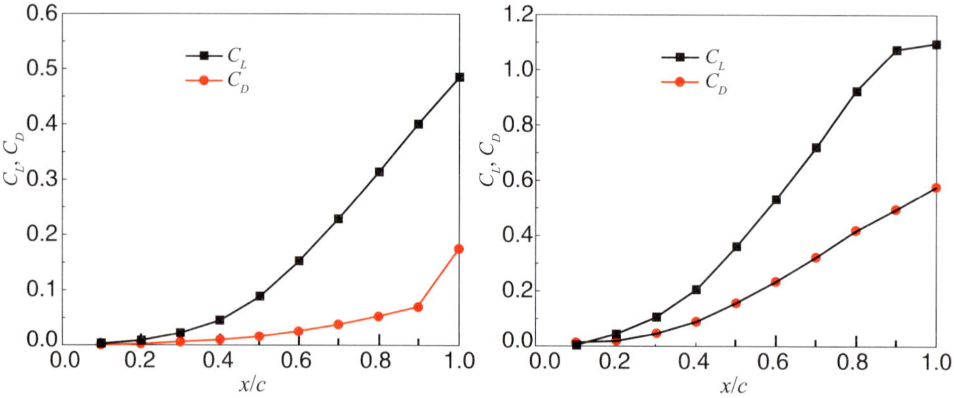

图 21　Ma=0. 3 升阻力系数随流向位置变化曲线（左 α=4°，右 α=20°）

从结构层次出发，通过对流场进行分区，发现沿着流向，边界层与脱体涡开始相互干扰，之后互相转化，最终脱体涡贡献了大约 60% 的升力，而边界层贡献了大约 40% 的升力。沿着展向，单位面积升力的峰值在 $y \approx 0:45$ 处，且随着 y 先减小后增大；这种变化来源于边界层与脱体涡产生的涡升力之间的竞争：脱体涡一方面本身带来了很大的涡升力，另一方面也诱导了上表面边界层产生了负的涡升力。从线性非线性分解出发，得到涡升力的主导项为线性部分，非线性部分在边界层和脱体涡中的值相互抵消。

2.2.6　跨速域可变形气动布局探索

可变形飞行器是指能够根据不同的任务需求和飞行环境，改变飞行器的气动外形，以提高其飞行包线内的飞行性能及机动控制能力，从而达到在整个飞行阶段的气动和飞行性能最优的飞行器。由于空气的作用，飞行器不同速度下的飞行性能与其几何外形密切相关。传统的固定几何外形飞机虽然能够在主要的设计工况下拥有较好的气动性能，但不一定能够兼顾其他情况，即无法在各个飞行速度下执行不同的任务时都保持优良的飞行性能，而跨速域高超声速水平起降飞行器在面对速度变化和飞行空域跨度极大时更是如此。显然解决此类问题的一个自然的思路就是使飞行器具有必要的外形布局变化的能力，使其针对不同飞行速度执行不同任务时都能够达到最优，以满足总体气动、飞控性能需求等。目前所发展的变形有多种形式，包括变后掠翼、变扭转角、改变机翼面积、折叠翼等外部变形方式，以及变喉道、变尾喷口等内流道变形方式；而从变形尺度上则分为以实现流动控制为主要目的的局部小尺度变形、分布式中等尺度变形和整体式大尺度变形。目前来看，尽管工程实现难度很大，可变形仍然是未来大空域跨速域高超飞行器的重要发展趋势，对提高飞行器气动性能、飞行性能和操纵性能，研制未来高性能新概念无人机，发展大空域跨速域飞行器具有重要意义。

2.2.7　小结

综上所述，目前大空域跨速域高超声速飞行器布局发展的主要思路包括综合利用涡波效应的固定外形布局和可变形布局两大类。

图 22 显示在不同的速度范围内，较优的气动布局有很大的差异。图 23 显示飞行器的气动特性与其飞行速度范围密切相关。因此，结合飞行器在不同飞行速度范围内的构型特点，走空天融合涡波一体固定外形是一种工程可行性较强的设计思路。但是，固定布局必然涉及高速工况和低速工况两者之间的折中和兼顾，一方面无法实现两个及以

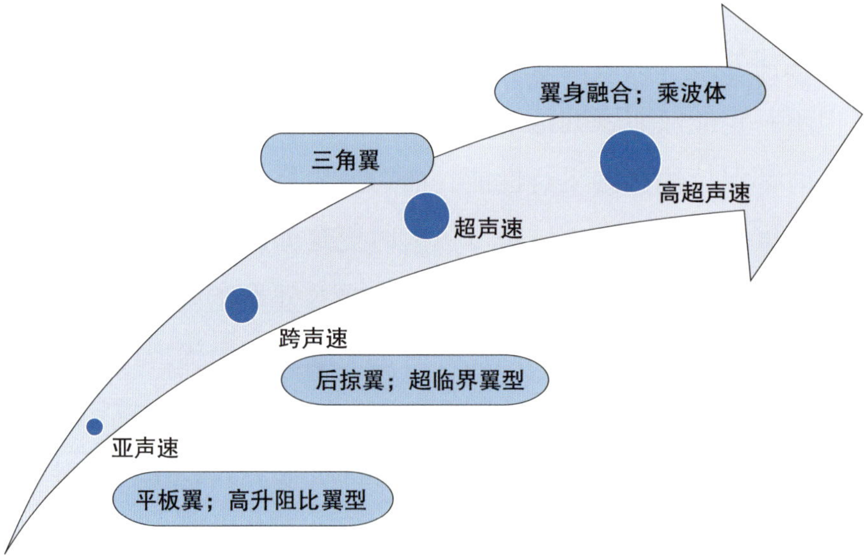

图 22　不同速度下较优气动外形

上工况各自性能的最优；另一方面也很可能在复杂的工程约束条件下，无法给出有效的设计空间和可行的设计方案。变体技术从原理上讲，有可能给出不同工况性能各自更优的气动布局方案，但极大的结构、防热和控制实现难度及代价，无疑大幅提高了其工程实践的难度。至少从可见的未来，综合考虑结构、控制、防热等多学科约束，实现具有工程意义的可变形气动布局还比较遥远，但这并不能否定学者们和工程师们开展有益的探索，也不能阻止跨速域高超声速可变形气动布局的研究工作成为前沿热点。

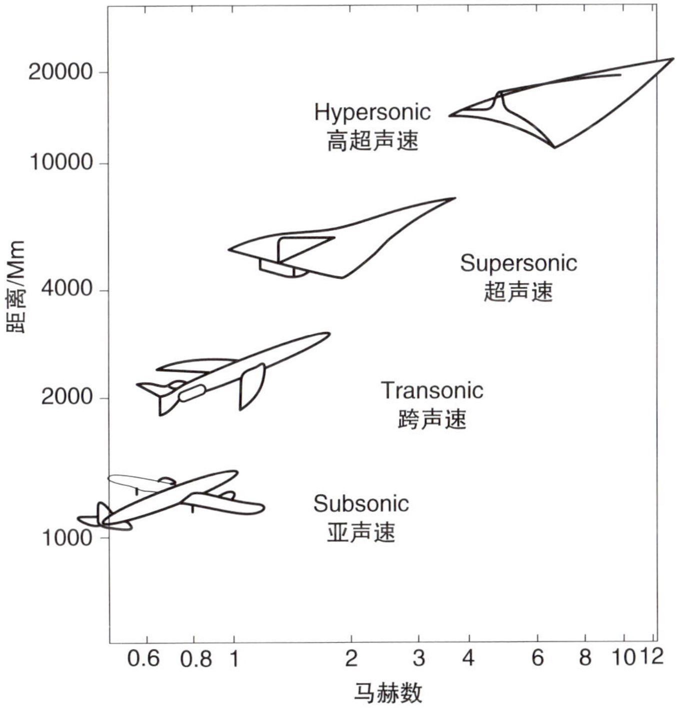

图 23　飞行器布局与速域空域的关系示意图

2.3 学术会议

2.3.1 智能变构飞行技术创新链会议

2023 年 12 月 27 日，“智能变构飞行技术创新链会议”在中国航天科技创新研究院举行。智能变构飞行技术创新链瞄准人工智能与可变外形等前沿技术在航天领域的应用转化与新质能力生成目标，在中国航天科技集团有限公司的领导下，由中国航天科技创新研究院牵头联合国内优势单位共同组建并常态化运行，该创新链兼顾重大任务牵引与前沿技术推动，互补融优、协同创新、共同发展，力争打造航天智能变构飞行领域的原创技术高地，助力航天强国与世界一流军队建设。

会议就智能变构飞行技术对跨速域高速飞行器气动布局设计的推动作用开展了讨论。主要明确了该技术通过实时调整飞行器的外形结构，如机翼的展长、弦长和厚度等，使飞行器能够在多种飞行速度和环境条件下保持最优的气动性能。不仅有助于降低飞行阻力，提高升阻比，还能减少能耗，增强飞行器的机动性和适应性。智能变构飞行技术融合了新型智能材料、作动器、传感器和控制系统的运用，代表了未来先进飞行器的发展方向，为跨速域飞行器气动布局设计提供了全新的思路和解决方案。

2.3.2 变构型结构 / 机构技术研讨会

2024 年 1 月 4 日，“变构型结构 / 机构技术研讨会”在哈尔滨召开，会议由重大研究计划专家组主办，创新院、哈工大共同承办。本次变构型结构 / 机构技术研讨会围绕智能变形技术在飞行器设计中的应用展开深入讨论。会议重点探讨了如何通过变构型技术优化跨速域高速飞行器的气动布局，以提升飞行性能、降低能耗并增强适应性。与会专家分享了最新研究成果，包括智能材料、作动器、传感与控制技术等关键技术的进展，并讨论了这些技术在跨速域高速飞行器设计中的实际应用案例。此外，会议还就技术挑战、解决方案及未来发展趋势进行了广泛交流，旨在推动变构型结构 / 机构技术的进一步发展与应用。

在变构型结构 / 机构技术研讨会上，与会专家深入探讨了如何将这一创新技术应用于跨速域高速飞行器设计中。变构型技术通过实时调整飞行器气动布局，有效应对跨声速、超声速等复杂气动环境，显著提升飞行性能与效率，成为未来高速飞行器发展的关键。

2.3.3　2024 年中国航天大会

2024 年中国航天大会（China Space Conference 2024）于 4 月 23—26 日在湖北省武汉市举办，本次大会以“极目楚天，共襄星汉”为主题，旨在深入探讨航天发展新格局，全面展示宇航前沿技术，并广泛推动世界航天深度合作。大会由中国宇航学会和中国航天基金会联合主办，吸引了国内外航天领域知名专家、学者、管理者参与。

会议共设有 20 余场专题论坛，涉及空天变构飞行技术、航天控制、空间科学和试验等多个前沿领域。其中跨速域高速飞行器成为讨论的热点之一。由于跨速域高速飞行器在军事、民用等领域具有广泛的应用前景，其气动布局设计、控制策略、材料技术等方面都面临着诸多挑战。与会专家围绕跨速域高速飞行器的气动特性、热防护技术、控制系统设计等方面进行了深入探讨。他们分享了最新的研究成果和技术进展，并就如何提高跨速域高速飞行器的飞行性能、降低能耗、增强适应性等问题提出了宝贵的意见和建议。

2.3.4 第一届全国变体飞行器技术及应用大会

2024 年中国航空学会新设变体飞行器分会，为促进变体飞行器技术交流与发展，于 2024 年 7 月 12—13 日在哈尔滨万达嘉华酒店召开第一届全国变体飞行器技术及应用大会，作为专注于变体飞行器领域的盛会，主要聚焦于变体飞行器技术的最新进展、创新应用以及未来发展趋势。会议汇聚了来自国内外的专家学者、科研机构及企业代表，共同探讨变体飞行器在军事、民用领域的广泛应用前景及其面临的挑战与机遇。会议内容涵盖变体飞行器的气动设计、智能材料应用、控制策略优化、实验验证等多个方面，旨在推动变体飞行器技术的快速发展与实际应用。

在第一届全国变体飞行器技术及应用大会中，跨速域高速飞行器作为变体飞行器技术的重要应用方向之一，受到了广泛关注与讨论。与会专家围绕跨速域高速飞行器的气动布局设计、跨速域飞行性能优化、智能变构控制技术等方面展开了深入探讨。专家们分享了各自的研究成果与经验，并就如何提高跨速域高速飞行器的飞行效率、降低能耗、增强气动稳定性等关键问题提出了创新性的解决方案。同时，会议还就跨速域高速飞行器的未来发展趋势进行了展望，认为随着技术的不断进步，跨速域高速飞行器将在航空航天领域发挥更加重要的作用。

2.3.5 中国航空学会飞行器总体 / 气动专题学术会议

中国航空学会飞机总体分会、空气动力学分会于 2023 年 3 月 23—

26日在重庆组织召开第一期总体/气动分会专题学术会议，会议主题为“航空航天领域飞行器研发最新进展”。本次会议由中国航空学会飞机总体分会、空气动力学分会联合主办，航空工业第一飞机设计研究院、中国航天空气动力技术研究院联合承办。总体/气动分会专题学术会议是由中国航空学会飞机总体分会、空气动力学分会联合组织的全国性学术会议，旨在分享飞行器领域最新研究成果，探寻未来发展趋势，构建高水平中国航空航天领域专家交流平台。

在中国航空学会飞行器总体/气动专题学术会议上，关于跨速域高速飞行器的讨论主要聚焦于气动设计、飞行性能优化及控制技术等方面。与会专家深入探讨了跨速域高速飞行器在不同速度域下的气动特性变化，以及如何通过创新设计来提升其飞行效率和稳定性。同时，还就跨速域高速飞行器的智能变构控制技术进行了交流，以期实现更精准、更高效的飞行控制。这些讨论不仅推动了跨速域高速飞行器技术的进一步发展，也为我国航空航天领域的科技进步贡献了重要力量。

2.3.6　中国空气动力学会计算空气动力学专业委员专题研讨会议

中国空气动力学会计算空气动力学专业委员会于6月14日至17日在宁夏银川国际交流中心铂瑞酒店召开2024年度工作暨专题研讨会议，会议主题为“气动布局设计方法与优化”。会议由中国空气动力学会计算空气动力学专业委员会主办，中国科学院力学研究所、中国空气动力研究与发展中心计算空气动力研究所、空天飞行空气动力科学与技术全国重点实验室联合承办，宁夏大学和北方民族大学协办。

会议深入探讨了跨速域高速飞行器在不同速度域下的气动特性、气动布局设计的挑战与优化策略。与会专家分享了最新的研究成果和技术进展，并就如何提升跨速域高速飞行器的气动性能、降低飞行阻力、提高飞行效率等问题进行了深入交流和讨论。这些讨论对于推动跨速域高速飞行器技术的发展具有重要意义。

2.3.7 第一届临近空间与空天飞行器气动技术研讨会

为深入探讨临近空间与空天飞行器气动技术领域的关键技术问题，引领相关领域的研究方向与研究热点，为国内学者专家在空天飞行器气动技术领域提供一个交流平台，深入探讨空天飞行器空气动力学基础研究、气动试验技术、CFD 技术、气动布局设计、气动热预测技术、复杂外形载荷预测技术、轻质大尺度飞行器热气动弹性预测技术等，2023 年 9 月 26—28 日在福建省厦门市组织召开了第一届临近空间与空天飞行器气动技术研讨会，此次会议由科技工程中心、中国空气动力学会、中国空气动力学会高超声速专业委员会、空天飞行技术全国重点实验室联合主办，北京海鹰科技情报研究所承办、厦门大学协办。

在第一届临近空间与空天飞行器气动技术研讨会上，跨速域高速飞行器作为重要的议题之一，受到了与会专家的广泛关注。跨速域高速飞行器因其独特的飞行特性和广泛的应用前景，成为当前研究的热点。会议中，专家们围绕跨速域高速飞行器的气动特性、气动布局设计、控制策略等方面进行了深入探讨。他们分享了最新的研究成果和技术进展，并就如何提高跨速域高速飞行器的飞行效率、降低能耗、增强稳定性等关键问题提出了宝贵的意见和建议。这些讨论不仅推动了跨速域高速飞行器技术的进一步发展，也为未来相关领域的研究提供了重要的参考和借鉴。

2.3.8　2024 年第二届临近空间与空天飞行气动技术研讨会

为深入探讨临近空间与空天飞行气动技术领域的关键技术问题，引领相关领域的研究方向与研究热点，加强国内学者专家在空天飞行气动技术领域的交流。2024 年第二届临近空间与空天飞行气动技术研讨会以“乘气动之风，逐空天之梦”为主题，于 9 月 27—30 日在陕西省西安市组织召开。本届会议由科技工程中心、中国空气动力学会、雄安空天实验室、空天飞行技术全国重点实验室联合主办，高超声速空气动力学专业委员会、计算空气动力学专业委员会、空气弹性力学专业委员会、中国力学学会流固耦合力学专业委员会联合协办，西北工业大学、雄安 - 西安空天技术联合实验室承办。

在研讨会上，跨速域高速飞行器再次成为重要的讨论议题。与会专家将围绕组合动力形式的空天跨域飞行器的气动 / 动力耦合轨迹优化技术进行深入探讨。这类飞行器具有大空域、宽速域的特点，其飞行轨迹与动力性能紧密相关。因此，如何优化飞行轨迹以提高飞行效率和燃油经济性，成为研究的重点。此外，针对高马赫数流动中强化点火和稳燃机理的研究也将为跨速域高速飞行器的研发提供重要支持。这些讨论将有助于推动跨速域高速飞行器技术的进一步发展，提升我国在该领域的国际竞争力。

2.4　文章发表

2.4.1　《AIAA Journal》文章

2024 年 5 月，本研究团队在 AIAA Journal 期刊 2024 年 62 卷第 5

期发表了题为《Waverider Design Using Osculating Method》(《密切方法乘波体设计》) 的文章。文章摘要及相关信息如下：

摘要：由于对有效载荷能力、宽速域飞行和机动性的要求，高超声速飞行器需要具备良好的气动性能。在高超声速状态下，乘波体由于其高升阻比特性而受到广泛关注。在过去的 60 多年里，学者们提出了许多设计乘波体的方法，其中密切锥法在设计空间、效率和灵活性方面具有独特的优势。此外，几乎所有的乘波体设计方法都可以用这种方法实现。本文概述了 2023 年以前利用密切锥理论进行乘波体设计方法的研究进展。首先描述了密切锥法的设计理论和详细实现方法，然后介绍了该方法及其衍生的密切流场法的进展和改进。接下来重点讨论了近年来迅速发展的基于密切锥法的定平面形状乘波体。此外，还绘制了密切锥法与其他乘波体设计方法之间的联系图，以展示其强大的适用性。文中还概述了乘波体在实际飞行器设计中的应用。最后，对未来的发展提出了一些观点和建议。

文章信息：LIU C Z，BAI P. Waverider Design Using Osculating Method. AIAA Journal，2024，62（5）：1643-1661. doi: 10.2514/1. 1063558.

2.4.2 其他代表性文章（英文）

此外，研究团队还在国际其他重要期刊发表相关科学文章，其中的代表性文章信息如下：

1）LIU C Z，MENG X F，ZHOU J，LIU J Z，BAI P. Experimental investigation for subsonic，transonic and supersonic performances of double swept waverider. AIAA Journal，2023，61(10):

4247-4258. doi: 10.2514/l.J062881.

2）LIU C Z，MENG X F，BAI P. Applicability analysis of inverse method of characteristics. Aerospace Science and Technology，2023，108428. doi: 10.1016/j.ast.2023.108428.

3）LIU C Z，LIU R J，MENG X F，BAI P. Experimental investigation on off-design perfonnances of double swept waverider. AIAA Journal，2023，61(4): 1596-1607. doi: 10.2514/1.J062254.

4）LIU C Z，MENG X F，LIU R J，BAI P. Experimental and numerical investigation for hypersonic performanc of double swept waverider. Acta Astronautica，2022，200: 291-300. doi: 10.1016/j.actaastro.2022.08.004.

5）LIU C Z，MENG X F，BAI P. Design and analysis of double swept waverider with wing dihedral. AIAA Journal，2022，60(4): 2075-2084. doi: 10.2514/1.1060706.

6）LIU C Z，TIAN J W，BAI P. Effect of upper surface shape on waverider performances. Proceeding of Institution of Mechanical Engineers，Part G: Journal of Aerospace Engineering，2022，236(6): 1239-1250. doi: 10.1177/09544100:211029454.

7）LIU C Z，BAI P. Mathematical expression of geometric relationship in osculating cone waverider design. Journal of Aircraft，2021，58(4): 858-866. doi: 10.2514/1.C036122.

8）LIU C Z，BAI P. Effect of curvature distribution on customized-planform waverider. Aerospace Science and Technology，2021，109: 106422. doi: 10.1016/j.ast.2020.106422.

9）LIU C Z，BAI P，TIAN J W，LIU Q. Nonlinearity analysis of increase in lift of double swept waverider. AIAA Journal，2020，58(1): 304-314. doi: 10.2514/1.J058405.

10）LIU C Z，BAI P. Nonlinear lift increase at high angles of attack for double swept waverider. International Journal of Modern Physics B，2020，34(14n16): 2040124 doi: 10.1142/S02179792:20401244.

2.4.3 其他代表性文章（中文）

1）孟旭飞，白鹏，刘建霞，陈立立，刘传振．乘波依赖区．力学学报，2024，56（6）：1644-1654.DOI：10.6052/0459-1879-23-510.

2）刘传振，孟旭飞，白鹏．逆特征线法的适用性分析．航空动力学报，2024，39（10）：318-326 doi：10.13224/j.cnki.jasp.20220761.

3）孟旭飞，白鹏，刘传振．基于可变马赫数锥形流场的定平面形状乘波体设计方法研究．力学学报，2023，55（9）：1809-1819.DOI：10.6052/0459-1879-23-123.

4）孟旭飞，白鹏，刘传振，李盾，王荣．上下反翼对双后掠乘波体低速特性的影响．力学学报，2021，53（12）：3310-3320.DOI：10.6052/0459-1879-21-234.

5）刘传振，孟旭飞，刘荣健，白鹏．双后掠乘波体高超声速试验与数值分析．航空学报，2022，43（9）：374-385.

6）孟旭飞，白鹏，李盾，王荣，刘传振．上 / 下反翼对双后掠乘波体高超特性的影响．航空学报，2022，43（2）：264-276.

7）刘传振，白鹏，王骥飞，刘强．给定前缘线平面形状的密切锥乘波体设计方法．力学学报，2019，514：991-997 DOI：10.6052/0459-

1879-18-368.

8）刘传振，刘强，白鹏，陈冰雁，周伟江．涡波效应宽速域气动外形设计．航空学报，2018，39（7）：73-81.

9）刘传振，白鹏，陈冰雁．双后掠乘波体设计及性能优势分析．航空学报，2017，38（6）：104-114.

3 策划与建议

3.1 工作策划

3.1.1 学术交流

跨速域高超高机动飞行器执行任务难度大、飞行工况复杂，气动设计十分困难，需要国内外领域专家和学者形成广泛的学术交流氛围与共识，紧跟国际学术理论最新动态，实时提出中国方案，展现中国智慧，提升我国在该领域的国际影响力。

3.1.2 技术深化

一方面需要持续深化相关气动布局设计理论研究和关键技术攻关，对宽速域布局的流动机理还需要开展细致深入的研究和分析；另一方面需要结合跨域高超飞行器总体设计的需求和约束，开展跨速域高超气动布局方案研究、数值仿真、风洞测试和飞行试验研究，探究多种布局形式应用效果。

3.1.3 项目申报

需要相关的研究院所和团队梳理总结前期技术攻关成果，把控技术进展和节奏，形成联动机制，推动大空域跨速域高超飞行器气动布局设计方法与技术获得持续的资金支持和项目资助，以持续地推动相关理论、方法和技术的进步，实现我国在这一领域跻身国际前列。

3.2 发展建议

3.2.1 上级及用户关注

大空域跨速域高超飞行器气动布局设计方法与技术的建立，可以极大提升我国在空天飞行器新概念气动布局设计理论和方法方面的学术地位，对我国跨域高超飞行器后续的工程实践也会起到至关重要的支撑作用，是落实国家临近空间资源利用、全球快速到达、空间应用战略、实践航天强国的重要抓手，具有重要的科学意义和工程价值。

尤其值得一提的是，在2024年度航空科学大会上，“跨速域跨介质大空域高超飞行器气动布局设计理论方法与技术”被列入航空领域十项重大科技问题。表明这一问题是航空航天领域所共同面对的重大技术挑战和难题。

近年来本团队的相关研究工作和成果得到了飞行器设计相关单位、国内外学术机构的重视、关注。但需要指出的是，这方面的研究工作技术挑战性极高，除了从气动设计理论和方法开展工作取得突破外，还需要结合工程实践，考虑总体约束，结合动力、飞控、结构、防热等多学科耦合设计，国内各优势单位通力合作才能取得最终的突破。未来将继续在涡波一体气动设计理论，跨速域布局优化设计，气动进排气一体化，气动力/热/飞控耦合设计方法等方面持续发力，进一步结合上游用户的总体设计需求和指标，结合工程实践将设计理论和方法转化为成果落地。

3.2.2 人才支持

项目在技术研究发展层面需要持续强化空气动力学、飞行器设计、飞行控制等方面的研究型人才，在技术应用方面，需要材料、电气、力学等多领域工程技术人才。需通过海外引进、内地招聘等方式实现项目人才队伍不断壮大。

研究团队负责人白鹏研究员被斯坦福大学列入2023年度世界2%顶尖科学家榜单，显示国际上对该领域的重视，以及研究团队相关系列化研究工作得到了学术界的重视和认可。

此外，需要相关领导和机关加强对该项目研究团队的支持，给予团队更多的资源，鼓励团队持续技术攻关，作出更高水平的理论成果，实现成果转化，助力我国航空航天设计研发。

3.2.3 资金投入

大空域跨速域高超飞行器气动布局设计方法与技术研究，除需要持续开展多类型的学术技术交流和讨论之外，与技术研究并行的应用推进工作也需强化投入。根据应用需求目标梳理获得技术攻关要素，牵引相关技术的攻关，提升技术成熟度。当前，技术发展还主要停留在理论设计阶段，需要进一步加大投入，持续深化相关基础理论研究和关键技术攻关，进而在工程约束条件下开展气动 / 推进 / 控制一体化气动布局方案设计，开展飞行演示验证等研究工作。

附 1　研究预期进展路线图

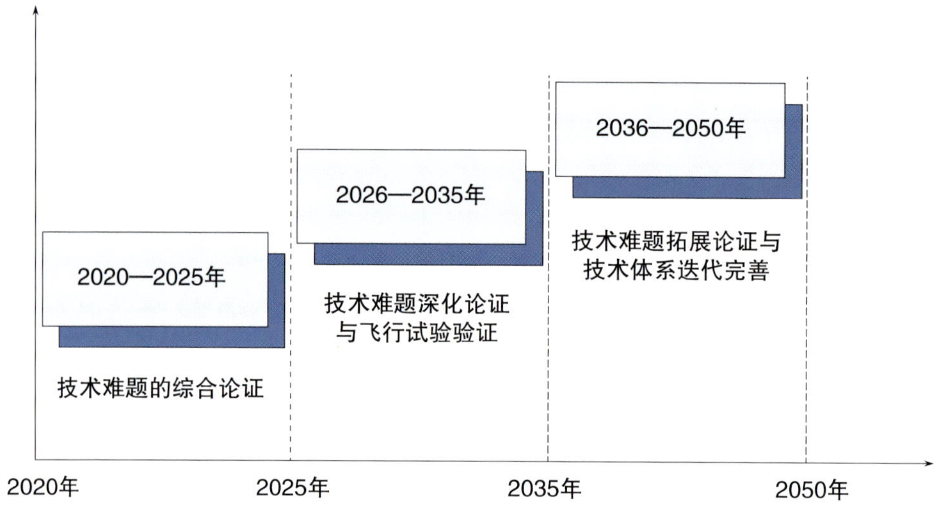

附 2　参考文献

[1] 蔡国飙，徐大军．高超声速飞行器技术［M］．北京：科学出版社，2012.

[2] 吴颖川，贺元元，贺伟，等．吸气式高超声速飞行器机体推进一体化技术研究进展［J］．航空学报，2015，36（001）：245-260.

[3] REED D R. Wingless Flight：The lifting body story［R］. NASA-SP-4220. 1997.

[4] DAVY J J，THIMOTHY N，JOY N，et al. Skylon space plane［J］. International Journal of Engineering and Science，2016，6（4）：71-77.

[5] RODI P. Vortex lift waverider configurations［C］//50th AIAA Aerospace Sciences Meeting Including The New Horizons Forum And Aerospace Exposition. 2012：1238.

[6] LIU C Z，LIU R J，MENG X F，BAI P. Experimental investigation on off-design performances of double-swept waverider［J］. AIAA Journal. 2023. 1（Published on line）.

[7] LIU C Z，MENG X F，BAI P. Design and analysis of double swept waverider with wing dihedral［J］. AIAA Journal. 2022，60（4）：2075-2084.

[8] LIU C Z，LIU Q，BAI P，ZHOU W J. Planform-customized waverider design integrating with vortex effect［J］. Aerospace Science and Technology，2019，53（3）：438-443.

[9] 陈树生，贾苜梁，刘衍旭，高正红，向星皓．变体飞行器变形方式及气动布局设计关键技术研究进展［J］．航空学报，2024，45（6）：7-53+2.

附 3　词汇索引

空天飞机，涡波一体，乘波体，乘波依赖区，可变形飞行器，乘波效应

附 4　研究团队

单位：中国航天空气动力技术研究院

研究团队成员：白鹏、刘传振、王荣、孟旭飞、张红军

八　太阳系外宜居行星与生命标记及其搜寻、证认方法研究进展

【综述】

该科学问题自 2022 年发布以来，受到业界科研人员及公众广泛关注，研究进展显著。

在年度科学会议牵引下，研究团队梳理了宜居行星探测及下一代空间大型天文台发展态势，提出“觅音”——宜居行星搜寻空间计划；凝练科学目标，构建观测变量体系并提出在轨验证方法；在《中国空间科学技术》《空间科学与试验学报》等高质量期刊上发表代表性文章，并启动《中国空间科学技术》专刊《宜居行星探测》工作。同时，研究团队组织成立 IAA 国际咨询顾问研究小组并开展研讨，问题提出人以专家身份加入 IAF 空间天文技术委员会，促进形成代表国家水平的科技成果。

在航天科技集团牵头组织下，在国家国防科工局、科技部、自然科学基金委等渠道支持下，研究团队开展了一系列基础研究与技术攻关，在光干涉成像、飞行器编队及

红外探测等关键技术领域取得了一系列突破，部分技术指标达到国际先进及领先水平；提出了工程实施路线图，排除技术途径与实施方案的颠覆性风险，初步实现了系统方案闭合。

当前觅音计划已具备推动工程实施条件，研究团队正积极开展工程立项论证，力争在2035年建成阵列望远镜基本型，实现系外宜居行星与生命标记及其搜寻、证认等科学目标，取得重大科学发现。

1 研究背景

1.1 问题内涵

太阳系外宜居行星是指太阳系之外，绕其他恒星公转的，可能发展并维持生命存在的行星。生命标记（生命信号）包括生物成因的化学、形态、沉积或同位素过程或结构，可以被检测到以推断过去或现在生命存在的信号。当前，系外宜居行星与生命标记及其搜寻、证认问题是天文学和空间科学前沿和热点研究领域，科学家期望通过搜寻并证认地球以外的宜居行星乃至系外生命，来回答“地球是唯一的吗？”“人类在宇宙中是否孤独？”等重大科学关切问题。

对太阳系外行星进行系统性的观测和刻画，搜寻系外宜居行星并探测生命信号，具有极其重要的意义。首先，这将大大加深人们对地球和太阳系过去与未来的理解，与人类未来发展休戚相关；其次，系外行星的观测提供了检验太阳系的形成和演化理论的关键证据，将极大提高人们对地球和生命起源、太阳系天体（如火星）宜居环境等方面的认知；最后，这也将有可能直接回答“人类在宇宙中是否孤独”等重大科学问题，且是寻找宜居行星乃至建立系外家园的先决条件。

同时，该问题的回答将带来具有重大国际影响力的原创性科学成果，提升人类对宇宙以及自身在宇宙中所处位置的认知水平。正因如此，系外宜居行星探测是航天强国竞争合作的焦点，同样也是宇航领域重大工程的重要策源地，吸引全球公众目光，促使科技工作者不懈求索。作为航天科技、信息科学与基础科学领域交叉前沿，系外宜居行星探测也将驱动颠覆性技术发展，驱动各航天大国竞相拼搏奋斗。

由于系外行星距离地球遥远、信号微弱，特别是与宜居性及生命存在性有关的特征分子光谱范围宽，探测工作不仅要从宿主恒星本底中分离目标行星宜居性及生命标记信号，还要在较宽的光谱范围内获得约束性、支撑性光谱信号，据此排除相关的假结果。搜寻特别是证认宜居行星及生命标记，需克服 0.01 角秒高分辨率、亚微央斯基高灵敏度、中红外波段 10^7 : 1 高对比度（可见光波段 10^{10} : 1）与宽谱段探测的技术挑战。

1.2 研究范式

自 20 世纪 90 年代以来，研究人员针对该问题开展了大量的理论与观测研究，理论进展对科学观测提出了新的需求，牵引出观测设备的发展，以及关键技术的突破。进一步地，观测能力的提升又推动了相关理论研究取得进一步突破，加深人类对相关科学问题的认知。

自 1995 年人类首次探测到围绕类太阳恒星运行的系外行星以来，系外行星探测和研究非常活跃，逐渐形成了证认系外行星存在性、精确刻画系外行星、搜寻宜居行星、刻画宜居行星的发展态势。其中，国际上已经并计划开展一大批空间和地面望远镜观测任务，且在观测和理论方面取得了显著进展，部分重要进展与观测依托的空间探测望远镜发展如图 1 所示。

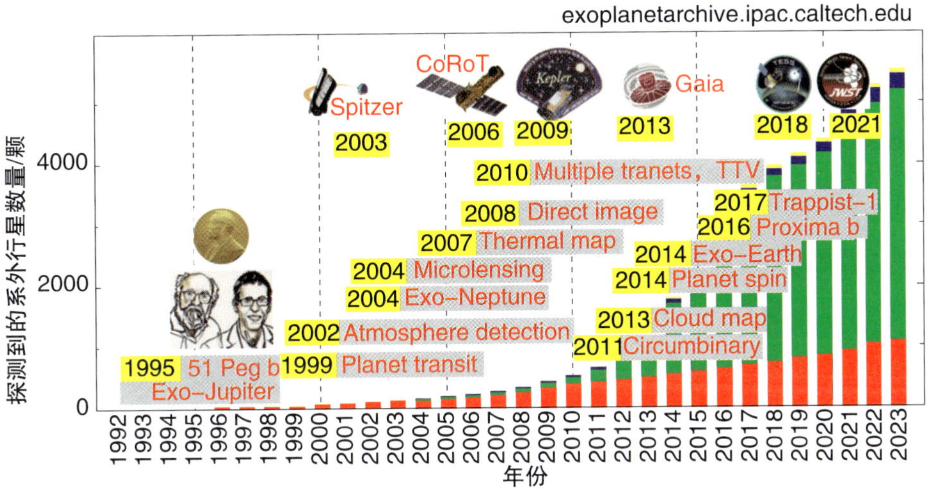

图 1　系外行星探索中的重要进展和空间望远镜情况

1995 年，天文学家 Mayor 和 Queloz 发现了首颗围绕类太阳公转的系外行星，并于 2019 年获得了诺贝尔物理学奖。该发现证实了类太阳恒星附近行星的存在性，同时表明系外行星的性质与太阳系的行星有显著不同，该发现标志着系外行星探索正式拉开帷幕。当前阶段，系外行星科学的前沿及热点主要是系外宜居环境界定与系外生命特征探测等问题，利用空间望远镜进行宜居行星的搜寻和生命信号的证认是探索该问题的有效途径，进而有望回答“人类在宇宙中是否孤独”等重大科学问题。

2　国内外研究态势

2.1　国际研究态势

2.1.1　观测任务

系外宜居行星与生命标记及其搜寻、证认的研究基础是对系外行星的大样本搜寻，并对其中类地行星进行精确刻画。前期，系外行星探测以间接探测方法（凌星法）为主。凌星法通过探测行星遮挡恒星光导致的周期性变化来探测系外行星。当行星绕恒星公转，且位于恒星和观测者之间时，行星会对恒星的光产生遮挡，使恒星光发生周期性的变暗。此时观测恒星可以得到行星的凌星光变曲线。通过分析凌星光变曲线，可以得知行星的半径、凌星持续时间等信息。若行星存在大气，对系外行星的凌星过程进行多波段测光和光谱观测，也可分析其大气特征。凌星法的优势在于，通过大视场望远镜同时监测大量恒星的光度变化，可以提高搜寻系外行星的效率。

20 世纪 90 年代发射的哈勃空间望远镜（HST），在系外行星大气探测方面取得了许多代表性的成果。2002 年，HST 首次探测到了系外行星大气中钠原子的存在。2008 年，HST 在 HD 189733b 上首次探测到含碳分子甲烷（CH_4）存在的证据。2014 年 HST 在超级地球 GJ 1214b 上探测到云的出现。2021 年 HST 探测到一颗类地行星的次生大气。

2003 年发射的斯皮策（Spitzer）空间望远镜，于 2006 年和 2007 年测定了系外行星 υ Andromeda b 和 HD 189733b 的全表面温度分布，并限制了行星大气热分配的性质。在 2007 年和 2008 年，该望远镜在热木星 HD 18933b 上发现水的信号。2019 年，Spitzer 探测到了一颗地球大小行星 LHS 3844b 的岩石表面。

2007 年欧洲发射的 CoRoT 空间卫星是首颗以系外行星探测为主要科学目标之一的空间卫星，发现了 30 多颗系外行星和几百颗系外行星候选天体，包括首次发现一颗岩石类行星 CoRoT-7b。

2009 年美国发射的开普勒（Kepler）空间望远镜，在 2009—2013

年对约100平方度的固定天区内的约15万颗恒星进行长期的高精度测光观测，2014—2018年开展了黄道带上的13个K2天区的观测。10年内，Kepler发现了5000多颗系外行星候选天体，其中2700多颗已经被证认，成为现阶段发现行星最多的望远镜。

欧洲空间局（ESA）的盖亚（Gaia）卫星自2014年开始观测以来，已经分三批发布了10亿颗恒星的精度达几十个微角秒的天体测量参数。Gaia的第三次数据发布中公布了约20颗通过天体测量法发现的系外行星。

2018年美国发射的凌日系外行星巡天卫星（TESS），接替Kepler望远镜开展了全天高精度测光凌星搜寻，采取4台10 cm广角望远镜，旨在发现围绕距离地球30~300光年的恒星运转的短周期系外行星。到目前为止，TESS已经发现了6000多颗系外行星候选体，通过地面望远镜的后随观测，其中300多颗已经得到证认。

2019年欧洲发射的系外行星特性探测卫星（CHEOPS），主要科学任务是对已知系外行星，包括地面和空间发现的系外行星，进行细节刻画观测，测量系外行星的大小，结合视向速度来确定行星的质量、密度、大气成分，以及发现新的系外行星。

2021年，美国发射詹姆斯·韦布空间望远镜（JWST），成为继哈勃空间望远镜之后的最大规模空间望远镜。JWST拥有四个科学主题，包括早期宇宙、星系形成与演化、恒星形成与原行星盘系统以及行星系统和生命起源。其中系外行星是JWST的重要科学目标之一。自发射以来，JWST在系外行星探测方面取得了一系列进展，包括对WASP-39b的凌星透射光谱进行了高精度观测并确认了大气中CO_2的存在，并在2~16 μm波段对HIP 65426b进行了直接成像，展现了

JWST 在行星大气观测和直接成像方面的潜力。此外，该望远镜也对潜在宜居行星 K2-18b 的凌星透射光谱进行高精度观测，发现了 CO_2 和 CH_4 的吸收信号，以及疑似生命信号的二甲基硫醚（DMS）。

2.1.2 地面实验

随着观测仪器和技术的进步，实验室数据将变得更加重要。在开展观测任务的同时，为了建模、解译行星大气并研究其探测过程，必须依靠实验获取实际观测及理论模型必要的物理化学输入和约束。地面实验使用实验室设备对可能存在的系外行星大气成分和特性进行模拟研究，理解系外行星大气中可能存在的化学反应和物理过程，为更好理解和探究宜居行星的物理、化学和生命活动特性，以及为寻找宜居行星和生命存在提供理论支持和实验数据。行星大气温压条件、气体成分参数、热化学和光化学反应、云霾性质等基本过程及特性与地球截然不同，仅仅依靠类似地球环境的实验模拟无法量化模型及观测数据偏差对结果的影响程度。

美国等西方国家在行星大气探测地面实验方面处于领先地位。现有系外行星探测及表征主要围绕其大气光谱进行。多数系外行星地面实验设施旨在提供与大气化学、云雾有关的信息。美国约翰斯·霍普金斯大学的 PHAZER（行星霾研究室，如图 2 所示）模拟了多种系外行星大气层中的霾形成过程，以研究系外行星大气中的光化学过程。PHAZER 研究室使用冷等离子体和紫外线光子等不同能源模拟行星大气中不同的能量过程，将样本收集在干燥（不含 H_2O、O_2）的手套箱中进行后随分析。美国国家航空航天局搭建的宇宙模拟舱（Cosmic）模拟和表征较冷大气中雾霾的形成。加州大学圣克鲁斯分校利用装有残余气体分析仪（RGA）质谱仪的熔炉对球粒陨石进行排气实验，用于提供来自每个陨石样品的脱气挥发性物质（如 H_2O、CO、CO_2、H_2、H_2S、CH_4）的分压、摩尔分数和相对丰度，并与早期类地行星大气理论建模进行比较。

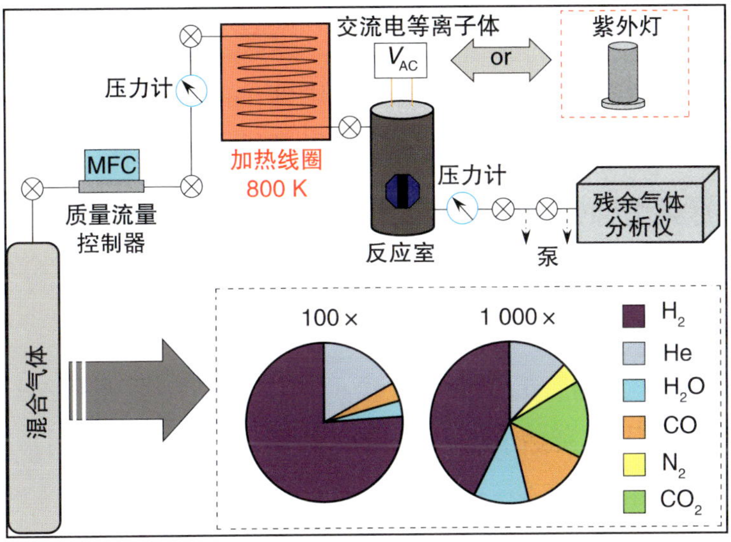

图 2 PHAZER 实验装置

美国喷气推进实验室（JPL）的 CAAPSE（系外行星大气和气溶胶光化学模拟腔体）设施使用紫外线放电灯和高温炉管（额定温度为 1500 ℃），研究各种系外行星大气层和表面的高温光化学过程和雾霾形成。美国国家航空航天局戈达德航天飞行中心（GSFC）的热重分析（TGA）系统可用于模拟系外行星大气层，确保系外行星云形成模型使用准确的热力学输入。

总体来说，地面实验可以开展光谱成像探测端到端的模拟、提供部分原位的大气化学和物理数据，对理论模拟及观测结果进行验证和修正。同时，地面实验还可以提供重要的参数，如分子反应速率常数、光解离截面等，用于化学平衡模型的计算。上述实验设施的主体是光谱模拟系统（含气体生成处理，改变其化学成分、温度和压力等）、观测模拟、采样探测及数据收集系统等。

2.2 国内研究态势

国内在系外行星研究领域起步相对较晚，但近二十年来几乎所有的天文学研究机构都积极围绕系外行星理论研究、数据分析、观测方法等方面开展工作，从无到有、发展迅速，其中一些代表性成果如下。

系外行星统计方面，结合我国重大科学设施 LAMOST 和国外的 Kepler 空间望远镜观测数据，揭示行星圆轨道的普遍性以及偏心率和轨道倾角的线性规律。发现新的行星族群——热海星，为揭开热木星的起源、检验行星形成理论模型提供了新的线索；结合 Gaia 和 LAMOST 数据，揭示动力学演化历史影响行星系统的观测证据，给出星团中热木星和热海王星沙漠的形成时标单位限制。

系外行星大气方面，通过多波段测光在国内首次成功刻画了系外行星大气性质，首次探测到极热木星的延展氢壳层，以及经典热木星高层大气加热产生的氢巴尔末吸收；首次揭示海洋热量输送和海冰动力对红矮星周围潮汐锁定行星气候与宜居性的重要影响。

行星形成和动力学演化方面，针对太阳系起源和动力学演化提出了早期原行星盘演化和小天体形成模型，自洽地解释了陨石和类地行星的同位素含量分布特性。同时，建立了巨行星轨道演化模型，指出在气体盘耗散的过程中，四大巨行星通过反向迁移，依次脱离共振态并引发轨道不稳定。此外，提出了木星形成早期的大撞击理论。

系外行星探测方面，利用国内仪器设备，2013 年通过视向速度法首次发现系外行星。利用我国南极观测设备，通过凌星法发现 100 多颗系外行星候选体。结合 Gaia 和视向速度观测数据发现大批系外行星。

仪器研制方面，主要集中在对系外行星（非宜居行星）开展观测阶段。其中，中国空间站工程巡天望远镜系外行星成像星冕仪处于研制阶段，为我国首次开展系外“冷”行星科学研究奠定基础。成功研制地基系外行星成像星冕仪，与国际 4 m 口径望远镜开展联合观测，观测到 κ And b 等系外行星高对比度图像。

地面实验方面，我国在系外行星大气探测地面实验研究方面尚处于起步阶段，地面实验装置主要面向地球及太阳系行星大气探测任务，尚无法满足系外宜居行星大气光谱探测及行星多样性刻画表征研究需求。

2.3　未来任务规划

当前，国内外纷纷将搜寻宜居行星和生命信号的表征作为天文学和空间科学发展的重点方向。NASA 在其 2020 年的《天文学与天体物理学十年调查报告》中将“寻找可居住的系外行星和外星生命”作为主要方向之一；ESA 的《远航 2050》白皮书中也包括“温润系外行星的表征”；我国在天文学和空间科学的中长期规划中，也将“宜居类地行星和地外生命搜寻”作为战略方向之一。

已有的空间项目大多数都采用凌星方法探测系外行星，然而由于凌星观测存在一定的选择效应，通常发现的都是距离恒星很近的、大质量的气态巨行星。为探测到距离恒星较远的、小质量的类地岩石行星，现有计划所采用的探测方法正逐渐向直接成像探测过渡。在这样的背景下，国内外立项或规划了一系列任务：

柏拉图（PLATO）空间望远镜，是 ESA 于 2017 年正式立项启动的空间望远镜，计划于 2026 年年底发射。PLATO 将采用 24 个口径为 12 cm 的小口径透镜式广角望远镜，视场大小为 2232 平方度。当所有

24 个望远镜重合观测同一空间区域时（这个区域为 301 平方度），集光能力与 60 cm 口径望远镜相当。PLATO 计划通过凌星法在 2 年时间内凝视特定天区以寻找宜居行星。

ESA 的阿里尔（Ariel）空间望远镜，预计在 2028 年左右发射，科学目标是在近红外到中红外波段通过凌星法对上千颗系外行星的大气进行详细刻画。

罗曼（Roman）空间望远镜，是美国在 JWST 之后规划的下一个旗舰级空间望远镜，口径约 2.4 m，配备 0.28 平方度视场的宽视场近红外相机，其主要科学目标之一是利用微引力透镜法在银河中心核球方向开展冷行星和流浪行星巡天；同时，该望远镜也将装有星冕仪进行系外行星直接成像观测。

在 NASA 2020 年《天文学与天体物理学十年调查报告》规划中，宜居世界天文台（HWO）是 NASA 主导的下一代空间通用大型（10 m 级）望远镜，且将是一个大型紫外、可见光、红外空间望远镜，预期在 2040 年前后发射。这将是第一个专门设计的，用星冕仪在相对明亮的恒星附近识别宜居类地行星，并证认它们是否存在生命的证据，有望直接观测太阳系近邻 100 个恒星系统，预期发现并证认约 25 个类地行星。

2.4 发展趋势小结

系外行星领域经过近三十年的发展，已经拥有了比较成熟的系外行星搜寻和表征方法，而过去十年以 Kepler 为代表的系外行星空间探测任务将系外行星这一新兴的前沿领域推向了一个前所未有的高潮。紧随其后 Gaia、TESS、CHEOPS 和 JWST 等空间望远镜的发射标志着系外行星空间探测时代的全面来临。系外行星空间探测的发展体现了发现系外行星、行星系统的精确刻画和统计、宜居行星的发现和刻画、生命信号和地外生命探测的趋势，探测方法呈现出由间接方法到直接成像方法的过渡。

为了实现对长周期、小质量的潜在系外宜居行星的直接探测，并进行生命信号探测，面临的问题主要有：如何准确地、更清晰地直接观测遥远行星的辐射信号，并且从中更好识别出反映宜居性及生命信号的特征？为了回答这些问题，对于潜在宜居行星的直接探测整体上需要满足“三高一宽”的探测条件，即高分辨率、高灵敏度、高对比度和宽谱段观测。

高分辨率，主要解决“如何看得更清”的问题，需要能够直接分辨恒星及其周围的行星。高灵敏度，主要解决“如何看得更远”的问题，需要能够直接捕获来自行星光子的辐射信号。高对比度，主要解决“如何看得更准”的问题，在直接成像观测中，由于行星自身不发光，不可避免地将受到恒星光子的影响，因此需要高对比度区分恒星和周围行星的亮度。宽谱段观测，主要解决“如何看得更多”的问题，为了实现生命信号证认，直接成像观测需要能够获取行星的辐射光谱，并且尽可能地扩展工作波段，覆盖宜居行星特征中的多种生命信号。

3 研究进展

3.1 重大工程论证

3.1.1 项目概述

围绕宜居行星搜寻和生命信号证认科学问题，我国学者经过多年研究和反复论证，由郑晓静、包为民等院士专家牵头提出“觅音”——

宜居行星搜寻空间计划，期望对太阳系近邻65光年内的宜居带类地行星开展直接成像与光谱探测，率先发现并证认太阳系近邻“另一个地球”，支撑实现科技强国目标。

觅音计划拟利用分布在空间不同位置的望远镜（包含1个合束器与多个集光器）协同工作，通过波前调控等手段实现对系外行星的高分辨率、高灵敏度、高对比度、宽谱红外的“三高一宽”直接成像观测。觅音计划所采取的分布式技术路线，能够克服运载及地面加工装调约束，是下一代空间大型天文台、超大口径光学遥感系统的变革性技术途径，有望跨越式提升我国太空探索能力。

觅音计划的首要目标是在太阳系近邻恒星的周围搜寻类地行星，并通过光谱分析等手段评估其宜居性，以期实现对太阳系近邻系外宜居行星的搜寻以及生命信号的证认，从而“寻另一地球，觅人类知音”。除此之外，觅音计划还将兼顾太阳系天体观测和高分辨率天文观测两个科学主题：系统地普查太阳系小天体的物理特性，揭示太阳系中水、有机物的分布，理解太阳系天体的动力学演化过程，为地球生命起源寻找关键证据；以前所未有的空间分辨率对各类天体开展观测，在原恒星盘探测、中等质量黑洞搜寻、哈勃常数精确测定等方面开展观测研究。

觅音计划自提出以来，受到国家高度重视，形成了航天科技集团牵头、高校与科研院所广泛参与、汇聚优势单位和团队的跨学科、跨部门队伍，研究方向涵盖天文与空间科学、信息科学、力学及材料科学等。项目团队按照基础研究到工程实施分阶段发展路线图和技术体系布局，通过有组织的科研形式，布局并开展了一系列科学目标、系统方案及前沿技术等方面研究，推进重大工程立项论证。

在科工局民用航天预先研究项目支持下，项目团队面向系外宜居行星及生命信号搜寻、证认科学目标进行研究，开展任务设计并形成系统初步方案，实现了分布式光干涉及编队控制等多项核心技术原理验证，并围绕超导单光子红外探测等关键技术开展攻关。在国家重点研发计划“变革性技术关键科学问题”重点专项项目支持下，项目团队围绕空间分布式合成孔径光学干涉成像理论方法开展研究，并搭建分布式光干涉地面样机，光程探测精度、闭环控制精度等指标达到国际先进水平。在基金委联合基金集成项目支持下，项目团队开展分布式空间光干涉系统多级控制研究，预期将解决观测任务动态规划、观测效能在线预示等问题，支撑实现科学及工程目标。

3.1.2 科学目标

为寻找宜居行星，需要选择适当的目标恒星作为观测样本。“觅音”计划的观测目标主要集中在太阳系近邻（20 pc，65 光年内）的恒星。近邻恒星筛选方面，研究团队主要选择了 TESS 的 Input Catalogue（TIC）星表，作为 20 pc 以内的近距离恒星的母样本，同时对全天亮星星表（亮于 6.5 等）中恒星的特征进行梳理，并对光谱等信息进行了补充。通过星表的交叉匹配，研究团队共选取了 20 pc 内的 5254 颗恒星，完善了恒星的赤经赤纬、自行、亮度、有效温度及半径等信息。

以太阳 - 地球恒星系统为典型示例，行星 - 恒星的对比度约 10^{-7}，属于非常暗弱的信号，因此，对较亮的主星进行观测，虽然行星 - 恒星对比度不会增加，但行星的信号更强，能提高行星的信噪比，因此，研究团队选择了 Vmag<12 等的恒星作为母样本，总计为 1100 颗。针对这 1100 颗恒星，还对恒星的温度、视差、星等（V 波段和 K 波段）进行了统计分析，如图 3 所示。进一步地，对上述样本的恒星温度、

光度、宜居带边界和星等等信息进行限制，其判据包括：

1）恒星温度：4000~7000 K；

2）恒星光度：0.1~10 倍太阳光度；

3）恒星宜居带内边界：< 720 mas；

4）恒星星等：Vmag<6.5 & Kmag<6.5。

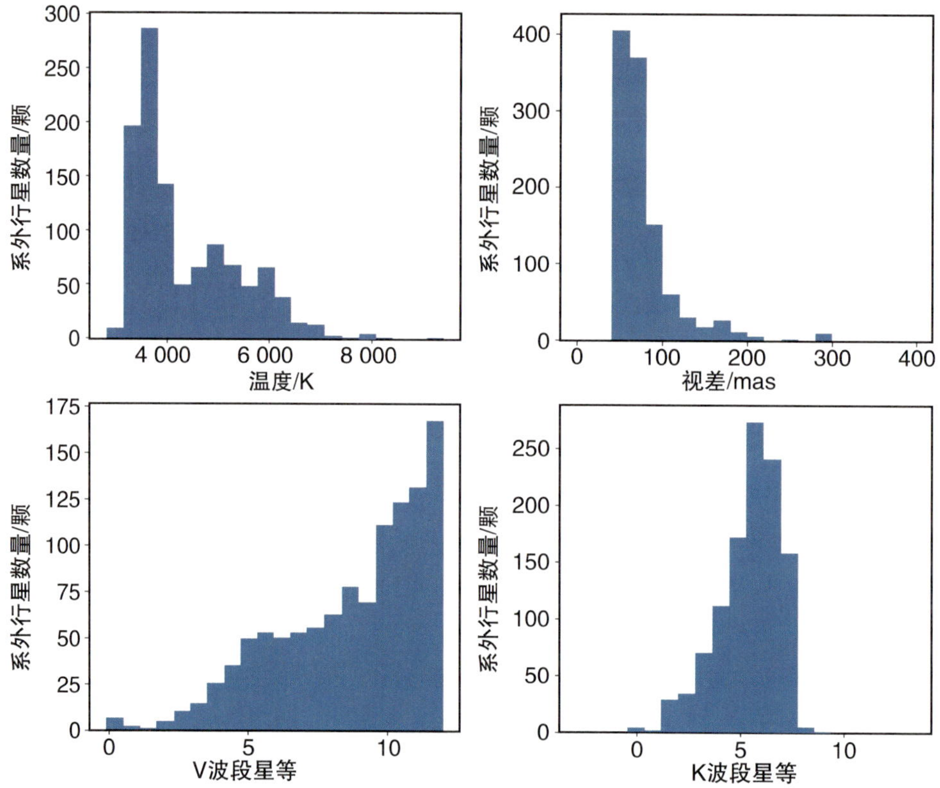

图 3　恒星的温度、视差、星等（V 波段和 K 波段）的统计分布图

研究团队还研究了恒星耀发对系外行星宜居性的影响，并基于相关特征进一步筛选观测候选体。恒星耀发是一种由于恒星表面磁重联而能量快速释放的过程，其产生的远紫外线辐射可以加剧行星大气侵蚀，但近紫外线辐射又可能是在低质量恒星周围的岩石类行星上产生

生物机制所必需的。因此，详细了解恒星耀发率和耀发紫外能量分布对于研究恒星周围行星宜居性至关重要。

利用 Kepler 和 TESS 空间望远镜的高精度时序测光数据，可以对不同类型恒星的耀发频率随能量分布（Flare Frequency Distributions，FFD）进行统计研究。不同望远镜的测光精度、时间采样率、凝视时间等存在差异，导致基于不同望远镜数据的耀发探测极限、完备性和偏置也不同。研究团队使用统一的方法，对来自 TESS 和 Kepler 的数据进行了耀发探测和校正。经过校正后，来自 Kepler 和 TESS 波段的耀发频率随能量的累积分布（Cumulative FFD）接近一致，显示出更完备的累积分布（图 4）。

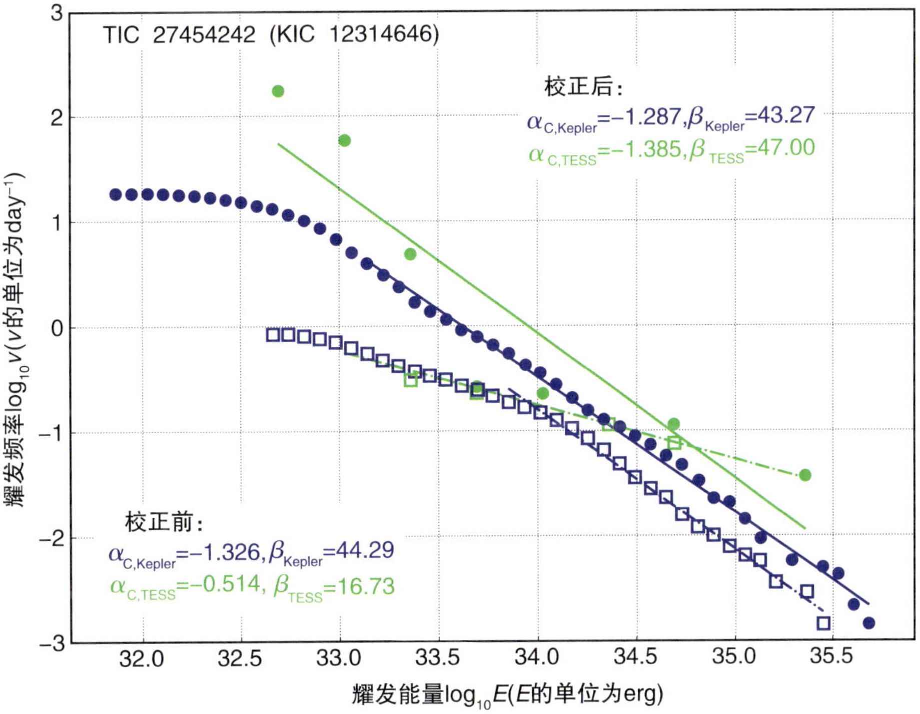

图 4　校正前后 TIC 27454242（KIC 12314646）的 Cumulative FFD

图 4 中绿色方框是从 TESS 数据中探测到的原始累积分布，绿色圆点是使用探测概率和能量恢复率对每个耀发事件进行校正后的累积分布，绿色的虚线和实线分别表示校正前后的、来自 TESS 数据的累积分布拟合线；类似地，蓝色的符号标示来自 Kepler 数据（原图来自 Gao et al.，2022）。

目前耀发多波段同时观测资料非常少，因此耀发能量随波长分布模型（Spectral Energy Distribution，SED）的研究受到限制。传统方法使用 9000 K 热黑体谱假设，并使用单波段观测结果估算恒星耀发的全波段能量会造成较大偏差。另外，热黑体谱假设不能很好地表征近紫外波段的能量。研究团队在对恒星耀发频次随能量的累积分布进行探测和校正的基础上，构建了参数化耀发能谱模型，并应用到了计算耀发恒星周围紫外宜居带工作中去，发现恒星耀发可以维持低质量 M 型矮星周围液态水宜居带内的紫外宜居性（图 5）。

图 5 中，背景为耀发恒星周围的 NUV 辐射流量，白色虚线和实线为其等高线。深绿色细线为不考虑耀发时的液态水宜居带边界，浅绿色粗线为考虑耀发后的液态水宜居带边界。紫色细线为不考虑恒星耀发时紫外宜居带的内边界；紫色粗线表示考虑恒星耀发后紫外宜居带的内边界。因为主要考虑的是液态水宜居带内的紫外宜居性，因此紫外宜居带外边界和液态水外边界是一致的。紫色虚线表示假设行星表面温度是 0 ℃时，紫外辐射所满足的紫外宜居带外边界。金色水平线和紫色水平线所指示的背景分别是不考虑耀发和考虑耀发的紫外宜居带区域。右上方地球图标为 38 亿年前远古地球所在的位置（原图来自 Gao et al.，2024）。

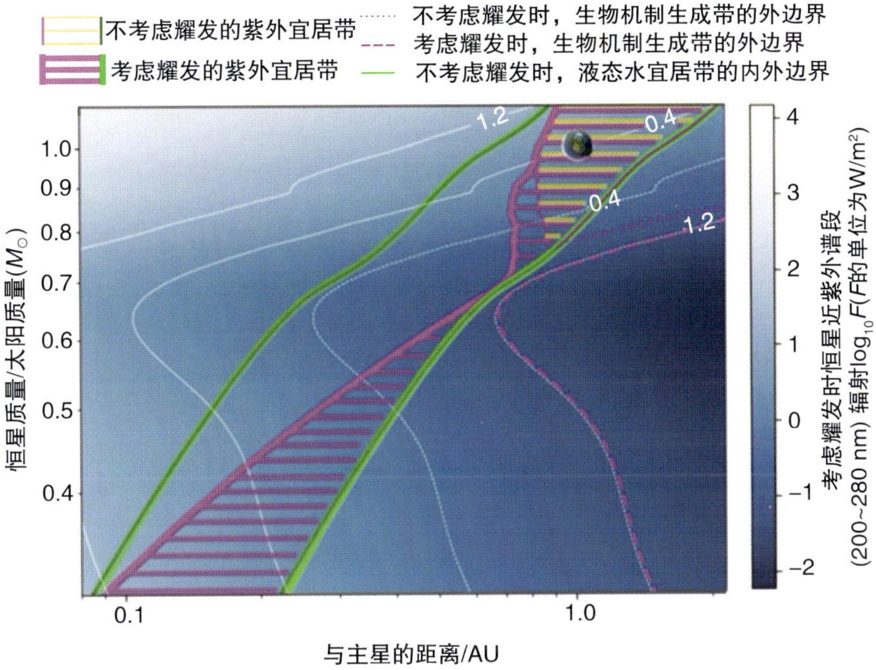

图 5　考虑耀发后的恒星周围的液态水宜居带、紫外宜居带的分布情况

关于恒星耀发频率随能量分布校正的工作，可以更准确地评估不同类型恒星的耀发能量，为研究恒星耀发对系外行星的行星际环境的影响提供更完备的资料。在获得更准确的耀发能谱分布和总光度之后，可以更精确计算出恒星的液态水宜居带、紫外宜居带等，这些对寻找宜居带行星和行星宜居性的研究具有重要意义。

综上，对于宜居行星搜寻和生命信号的探测，研究团队从宿主恒星温度、光度、恒星宜居带边界以及恒星活动性等多条件入手开展观测目标的筛选，结合宜居行星搜寻和大气刻画的任务目标，制定观测计划，筛选出了 221 颗符合上述判据的恒星，将其作为太阳系近邻潜在宜居行星的优选观测样本，其在天球上的分布如图 6 所示。

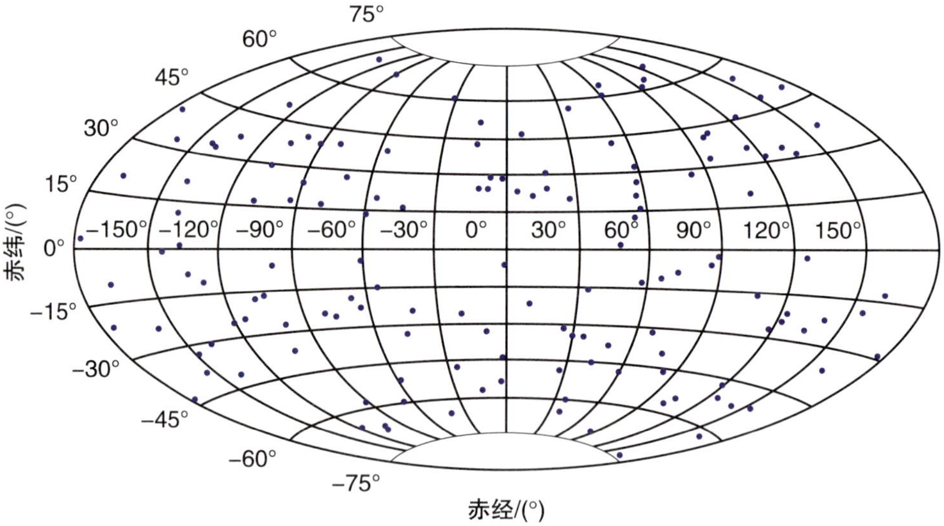

图 6　221 颗初选目标源在天球上的分布

在观测模式方面，基于所选择的观测目标，即 20 pc 以内的 GK 型恒星，期望在这些类太阳恒星周围搜寻到宜居带类地行星。考虑到宜居带的行星信号随着天空坐标的变换会有所变换，有的区域比较亮有的区域比较暗淡，为了使有效观测区域覆盖到整个宜居带，综合考虑信噪比、曝光时间等因素，期望的观测模式是：

1）对一颗目标星进行单次的凝视观测（单次或多次曝光叠加）；

2）在垂直指向的方向旋转固定角度，继续对该目标星进行凝视观测；

3）重复步骤 2）直到有效观测区域覆盖整个宜居带。

为了更好地覆盖整个目标星的宜居带，需要多次改变基线长度，重复上述的步骤；为了获得行星轨道参数，对同一目标星的观测次数至少 n=3 次，相邻两次观测的间隔大于 30 天；当搜寻到宜居类地行星后，将进行光谱观测，凝视特定宜居带的行星，获取大气光谱，反演行星大气的成分，证认宜居性及生命信号。

3.1.3 观测需求

观测可初步分解为两个阶段：首先，需要搜寻到系外宜居行星并探测到宜居行星的特征；其次，需要从宜居行星的特征中提取出生命活动信号，并确定其来源。可见，随不同的阶段，所需的观测对象存在不同，其过程也将具有相应的复杂性。因此，需要在论证阶段明确实现科学目标所需的观测需求，用于开展任务及系统方案设计。

科学需求矩阵又称科学可追溯性矩阵（Science Traceability Matrix，STM），常用于天文学和空间科学的任务设计上，是用于规划和设计科学任务的结构化工具。其目的是确保科学目标得到明确界定，并系统地与预期任务的观测和技术要求联系起来。STM的主要目的是，从高层次的科学目标和重大科学问题出发，描述一条到具体的技术和观测需求的清晰且可追溯的路径。这将保持任务的科学目标与其设计参数之间的一致性。

STM常被NASA等美欧相关组织用于空间科学任务规划上，包括哈勃空间望远镜、詹姆斯·韦布空间望远镜、Roman空间望远镜和未来的起源空间望远镜（Origin Space Telescope）。STM的主要内容包括：科学目标（Science Goals和Science Objectives），通常是任务规划旨在实现的高层次科学目标和本任务需要解决的具体目标；观测需求（Observations Requirements），为实现科学目标所需的具体测量或观测，包括观测目标和具体的观测参数；测量需求（Measurement Requirements），对具体的观测目标和参数需要观测到什么程度才能够达成科学目标；仪器需求（Instrument Requirements），进行观测所需的仪器的详细技术指标。

研究团队参考已有及计划中空间任务的科学需求矩阵构造方式，结合自身特点，针对科学目标，初步建立了系外宜居行星搜寻科学需求矩阵，提出观测需求，为任务及系统方案设计提供输入。

3.2 应用基础研究

觅音计划科学目标高远，系统复杂、创新性强、指标先进。在需求牵引与问题驱动结合下，项目团队通过有组织的科研，围绕目标特性、观测方法、控制方法、集成方法等开展研究，取得了显著成果，使得应用基础研究兼顾了面向实际需求，促进其向工程应用的转化。

3.2.1 目标特性

系外宜居行星搜寻及生命信号探测首先的关键在于寻找到地球外的宜居行星。目前已发现了 5000 多颗系外行星的样本，但尚未证认有系外宜居行星的存在。考虑目前仍只有地球是当前人类认知中的唯一宜居行星，如何设计宜居行星搜寻的观测任务，并从暗弱的行星信号中提取出宜居性乃至生命信号指征是其中的关键。因此需结合科学目标及需求分析，建立观测变量体系，明确宜居性及生命信号各项指征的可观测性，为工程任务实施提供可供量化参考的工具。

一般来说，宜居性是指“行星或天然卫星能够发展和维持适宜生命生存环境的能力”，生命既可能从行星或卫星上产生，也可能从另一个天体转移而来。所以，行星的宜居性是用来衡量行星是否有生命以及能否维持生命的指标。考虑到地球是目前唯一已知生命存在且能够发展生命的行星，关于行星宜居性的研究在很大程度上还取决于对地球生命的了解。考虑到地球生命起源的条件，对系外行星宜居性的研究往往关注行星是否能够维持液态水的存在。从这个角度出发，可定义恒星的经典宜居带的概念（也称液态水宜居带）。

随着认识的不断深入，经典宜居带概念正不断受到挑战。考虑对生命存在和发展的条件定义不同，也提出了一些新的宜居带概念：例如研究表明，在 RNA 合成过程中适当的紫外辐射会起到关键作用，而过高的紫外辐射会侵蚀行星大气，由此基于恒星的紫外辐射通量也提出了紫外宜居带的概念；基于植物的光合作用转化二氧化碳和氧气的速率，提出了光合作用宜居带的概念。对同一恒星来说，根据不同因素计算出的宜居带范围可能不同，如图 7 所示。

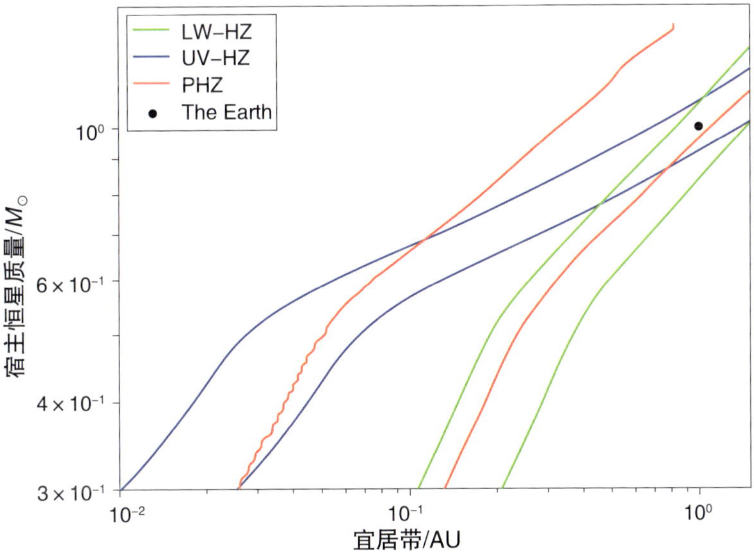

图 7　不同质量的液态水宜居带（LW–HZ），紫外宜居带（UV–HZ）和光合宜居带（PHZ）范围

生命信号可定义为：包括生物成因的化学产物、形态结构、沉积或同位素过程等在内，可以被检测到以推断过去或现在的生命存在的观测证据。系外行星探测中，生命信号可粗略地被分为三种：

1）气体生命信号，即在行星大气中能够直接或者间接反映生命存在的气体，如微生物不完全反硝化过程产生的 N_2O，光合作用产生的 O_2，以及 O_2 被光解之后产生的 O_3；

2）行星表面生命信号，是光与生物质直接作用的光谱特征，如地表植被的叶绿素对红光和近红外线强烈反射，从而产生的红边效应（Vegetation Red Edge，VRE）；

3）时变生命信号，随季节变化的气体浓度以及行星反照率季节变化等，如地球大气中 CO_2 的周期性振荡，可以反映植被随季节变化的情况等，如图 8 所示。

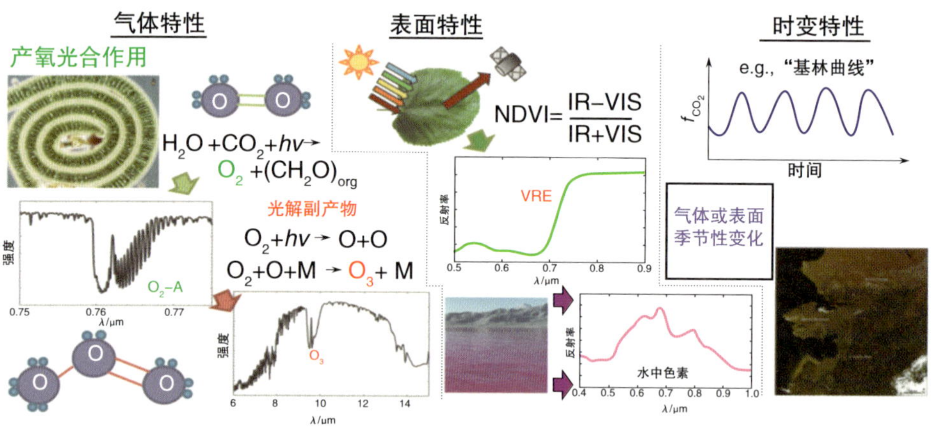

图 8　三种不同类型的生命信号，均可反映生命存在

在明确了行星的宜居性、恒星宜居带和生命信号定义之后，容易得知其与多种因素紧密相关，因而无法从单一的恒星的宜居带范围评判其中的行星就一定是宜居的，也无法从单一的生命信号指征中判断行星是存在生命的，因为多种因素可能会导致宜居带内的行星不一定宜居，行星大气成分也可能有多种非生命产生的来源，以此产生假阳性信息。因此，综合考虑多种因素，建立一套行星宜居性和生命信号的观测变量体系，给出定量化的评估指标是其中的关键。

该观测变量体系旨在根据多种不同的行星特征，给出行星宜居性及生命可能性的量化评估。需要指出，受限于当前技术手段，人类无法获取遥远的系外宜居行星的全面信息，对系外宜居行星的探测只能探测到其有限的特征。因此，在对行星特征的有限了解下，需要获取关于行星宜居的有把握推论。其目的是计算在给定观测数据和环境参数的情况下，目标行星上存在生命的概率。如何获取似然函数、先验概率，以及它们之间的关系如图 9 所示。

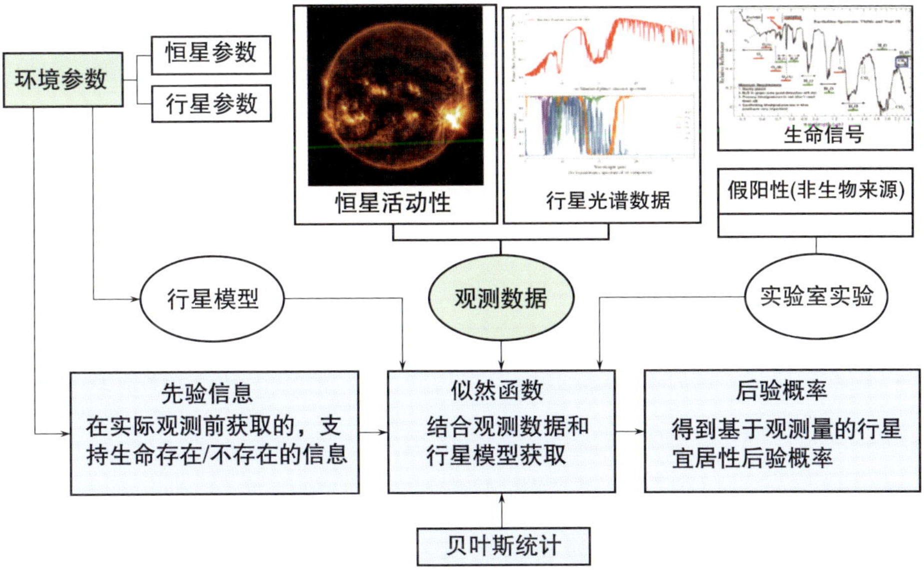

图 9　观测变量体系的各项元素及其之间的关系和获取方法

其中，行星模型指的是基于特定条件下恒星和行星参数建立辐射传输模型，生成模拟观测光谱数据，估计先验概率。由于该过程无法确定给出生命信号来源，即 O_2、CH_4 及 N_2O 等大气分子同时具有多种生命及非生命产生机制，非生命活动可以在光谱中引入假阳性信号，比如地质过程产生的 CH_4，因此需要通过地面实验了解生命 / 非生命特征信号的产生机制，以区分真实信号和假阳性信号。在此基础上，结合模型从观测数据中反演行星的各种参数，从而加深对行星特征的理解，以此获取更新的似然函数。

要利用上述观测变量体系评估行星的宜居性，需要将宜居行星的观测量和特征量联系起来。其中，观测量即为宜居行星的观测数据，而特征量则包括宜居行星的参数与特征，对应着宜居行星的环境参数和生命指征。其中，环境参数包括宿主恒星参数、行星系统参数和行星自身参数，它们可以提供目标行星的背景信息，作为行星模型的各种输入量在实际观测前获得行星宜居性的初步了解，并且影响观测变量体系的先验信息和有生命的似然函数。而生命指征特指“需要生命活动来源并且可观测的大气成分或光谱信息”，这与非生命的似然函数密切相关。因此，需要依不同阶段所获取的特征不断完善行星宜居性的评价指标。

3.2.2 观测方法

觅音计划采取分布式空间光学干涉技术路径，依托分布式平台，通过多个不同位置处的子望远镜接收目标辐射信号，在焦面探测器上形成干涉条纹。利用分布式子望远镜的超长基线，获得超大等效口径，以此针对特定目标实现等效合成孔径衍射极限分辨率，最终实现“三高一宽”的观测需求。

高分辨率探测能力要求光学干涉能够保证光程差及指向的稳定，从而形成干涉长期稳定的观测条件。在国家重点研发计划“变革性技术关键科学问题”重点专项等项目支持下，项目团队开展扰动下高稀疏、高分辨率、高对比光学合成孔径干涉成像方法研究，建立了分布式光干涉全链路模型，明确误差链传递机理及控制规律，完成了多型样机研制（图 10），实现了受限运动平台上光干涉技术途径验证，整体能力赶上了美国同类技术水平。

图 10　分布式光干涉地面样机

探测明亮恒星附近暗弱行星信息需要系统具备高对比度探测能力。采用消零干涉半波延迟的方式，将恒星光布置于主光轴方向，将行星光偏离主光轴方向入射，将其中一光路引入半波长相位延迟，使沿主光轴方向入射的光互相抵消，从而消除恒星光，进而实现对行星光的高对比度探测。在科工局民用航天预先研究等项目支持下，研究团队针对上述需求，开展基于消零干涉原理的无色差半波延迟技术研究，明确光程差、指向误差、镜面材料等对高对比光学干涉探测的影响机理，采用潜望式消零平台从原理上验证了宽谱段高对比光学干涉探测技术。

高灵敏度、宽谱段探测需要灵敏的探测器捕捉来自行星的宽谱段微弱信号。研究团队围绕高灵敏度红外探测这一“卡脖子”环节，探索先进低噪声中红外探测技术。其中，在阻挡杂质带红外探测器方面，搭建光敏元制备系统并开展试制；在超导红外探测器方面，实现了技术突破、量子效率、噪声等关键指标达到国际先进水平，为系外宜居行星搜寻及其他应用提供核心器件支撑。

3.2.3 控制方法

阵列望远镜系统在轨工作受空间力热环境等多干扰源影响，相比地面干涉释放了更多的自由度，高精度长期稳定控制难度大。针对任务、系统、平台、载荷等层面及耦合环节，觅音计划团队分别提出了阵列望远镜任务规划、多体轨道编队控制、多体卫星平台指向控制、分布式光学干涉共相控制等问题，并开展多级控制方法研究（图 11）。

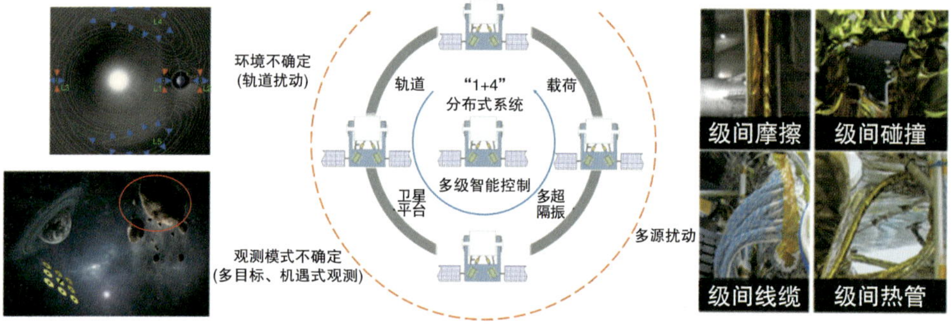

图 11　阵列望远镜系统多级控制

分布式光学干涉共相控制方面，研究团队提出了粗精两级高精度共相控制方法，实现了 3/1000 波长的高精度相位差测量，以及多孔径高精度（优于 1/20 像元）共指向探测及控制，为实现分布式空间光干涉在轨长期稳定观测建立基础。

多体卫星平台指向控制方面，研究团队提出主被一体、可观可控性强的超静超稳控制方法，在轨“快、稳、准”的性能指标提高了

1~2 个数量级。在此基础上，研究团队开展位姿耦合的平台控制研究，建立多体卫星内外回路控制协调运行机制，实现控制精度与燃料消耗的冲突消解，以期实现更高精度的姿态与位置控制。

多体轨道编队控制方面，为确保由于太阳光压、轨道摄动条件下干涉编队的稳定性，研究团队围绕复杂力光耦合下干涉编队姿轨动力学与控制问题开展研究，针对共面、共向及共构型保持需求，完成受摄多体系统编队稳定构型设计，提出航天器高精度相对位姿的测量与控制方法，实现十微米级测距精度及亚角秒级测角精度，为保持分布式平台的高精准高稳定长期构型提供支撑。

阵列望远镜任务规划方面，针对传统方法存在跨级耦合控制、资源分配瓶颈等问题，研究团队结合采样策略、动力学环境及状态参数，重建质量、资源开销约束项，从频域（干涉 UV 域）采样特征出发，提出多目标多约束频率稀疏随机采样任务规划方法，初步实现了计划式、机遇式等多目标观测规划，验证任务实施能够实现科学目标。

3.2.4　集成方法

基于以上研究基础，在基金委集成项目的支持下，研究团队开展分布式空间光干涉探测与系统多级控制集成方法研究，建立各级精细化模型；在集团公司基础研究稳定支持重大项目下，研究团队搭建分布式光学共相干涉、分布式平台相对位姿确定技术实验系统，并开展综合实验；研制集成演示系统，从共相干涉闭环的实现与维持，到变基线采样的编队重构，再到巡天观测目标的变基线采样数据获取等三个典型场景展示在轨工作状态，不仅实现了前期关键技术的集成，还初步形成了阵列望远镜数字样机，为整体任务仿真、集成演示（图12）、推进立项等提供了强有力的支持。

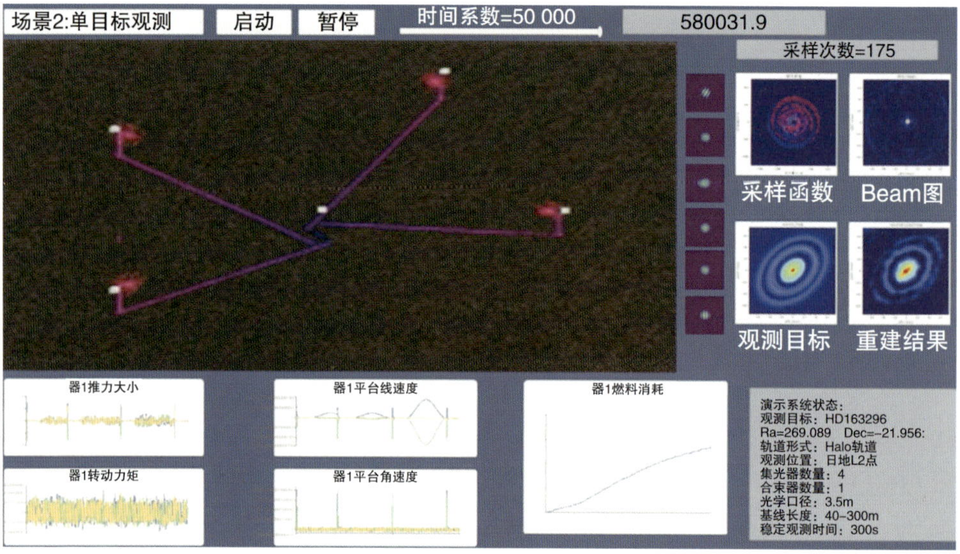

图 12　单目标观测场景集成演示效果图

3.3　前沿技术攻关

觅音计划致力于建设成一个兼顾当前及未来需求、可按需重构、成长扩展的下一代空间大型天文台。相对于传统整体镜或分块镜技术路线，觅音计划采取的分布式技术路线，能够通过分阶段实施，实现扩展升级，发挥分布式架构弹性可重构优势。当前，研究团队在谱段拓展、性能提升与效能优化等方面开展布局并开展前沿技术攻关，为扩展型储备载荷技术。

3.3.1　谱段拓展

红外到太赫兹谱段包含了宇宙大量重要信息，是时域天文观测突破的重要方向，太赫兹高时频采样是当前时域天文学研究领域的空白。

在太赫兹谱段对快速射电暴等短时瞬变宇宙活动开展观测，可获得涵盖河外辐射动态信息，具有催生重大发现的潜力，能够有效拓展觅音计划的高分辨天文观测科学主题，获得更有价值的科学产出。研究团队与国家天文台、中国科学院空间中心等国内优势团队合作，围绕太赫兹动态宇宙测量前沿技术开展研究，针对太赫兹高速成像、精细谱探测等环节开展攻关，研制低噪声大阵列太赫兹超导动态电感探测器等样机，支撑取得原创性科学发现。

3.3.2　性能提升

系外行星距离地球远，所能接收到的用于刻画宜居性及生命信号的辐射信号弱且多集中在中红外谱段。当前我国在中红外探测器方面较为滞后，尤其在暗电流、阵列规模等方面严重落后于国外先进水平。作为一种新体制的事例型探测技术，单光子探测器具有能隙低、噪声小、灵敏度高、响应速度快等优点，有望在大幅减少燃料开销的同时提供采样探测变革性技术路径。

面向系外宜居行星及生命信号探测需求，研究团队围绕高灵敏度中红外探测技术开展技术研究，攻克多个关键科学技术难题。通过技术创新，研制出的超导纳米延迟线（SNSPD）红外探测器工作谱段覆盖 1~10 μm，其中 10 μm 附近量子效率达 50%，噪声比美国同类技术小三个数量级，将综合性能指标提高了 300 倍。目前正在研制更长波段的高灵敏千像元阵列 SNSPD 原理样机，以及深低温环境获取所需的逆布雷顿制冷技术关键环节原理样机，有望实现“从 0 到 1”的突破、转化，为系外宜居行星搜寻及其他应用提供核心器件支撑。

3.3.3 效能优化

为进一步提升觅音计划分布式平台状态感知与载荷高精度干涉闭环能力，项目团队提出基于集成光子的时空一体化测量技术，当前正在进行光子芯片异质异构集成调控、高精度时间和距离测量等技术攻关，进行分布式高精度位相同步半实物仿真，有望为构建更高精度的分布式平台相对位姿确定系统，实现分布式空间光学干涉探测全回路的精密相对位姿确定、共相控制初始化及星间计量光路等环节提供前沿技术供给，支撑觅音计划扩展型多模式工作及科学目标的实现。

3.4 创新生态建设

由集团公司牵头，通过总体院、专业院协同创新机制，研究团队形成了有效的组织模式。在此基础上，研究团队联合集团外高校、科研院所以及新型研发机构聚焦系外宜居行星搜寻科学问题及技术难题，统筹部署开展研究，扩大深化觅音计划合作基础，有力促进集团公司履行“链长”职责、打造原创技术策源地，实现成果转化。

3.4.1 国内协同创新

系外行星大气是行星宜居性及生命指征的观测载体，也是科学问题与技术难题的交叉界面。因大气系统的复杂性、系外行星环境的多样性，系外行星大气的研究是国际关注的重点、前沿方向。研究团队联合南京大学、之江实验室、北京大学、中国科学院空间中心、中国科学院地质地球所等集团外优势单位，围绕宜居行星大气光谱特征及探测方法开展研究，构建系外行星大气三维辐射转移模型，开展生命信号光谱特征线表计算，提出数据处理及特征解译方法，并进行桌面实验验证，以期实现对潜在系外宜居行星光谱信号的综合刻画，在任务设计、数据分析、宜居性及生命信号解译等方面具有重要促进作用。

分布式空间光学干涉探测技术核心在于实现长距离下各望远镜间光束的共相控制，涉及轨道、编队、平台及光机各级精细调控。面向分布式空间光学干涉探测在轨工作共相干涉需求，研究团队联合集团内优势力量的同时，联合国防科技大学、浙江大学等优势队伍围绕分布式相对位姿确定、粗精两级共相保持、光机耦合动力学建模等方面开展研究，提出空间环境（多自由度、微重力等）下相位检测与控制方法，形成粗精两级高精度共相控制方案，搭建分布式光干涉综合实验平台，开展数实一致性验证，有效促进原创性、颠覆性技术形成，发挥显著作用。

3.4.2　国际交流合作

研究团队在组织国内优势力量开展研究的同时，锚定国际同行认可的科学目标，成立 IAA 国际咨询顾问研究小组，开展面向下一代空间大型天文台的科学目标交流研讨，促进形成代表国家水平的科技成果，持续加强“觅音”计划在国际组织的影响力和号召力，建立觅音计划工程立项实施的国际合作基础，力争将觅音计划打造为对外交流合作的名片，为牵头组织实施国际大科学计划和工程创造有利条件。

3.5　学术会议

2018—2024 年，觅音计划举办全国范围内年度科学会议 6 次、各专题学术会议及研讨 70 余次，通过科研院所与航天工业部门就基础研究、前沿技术与重大工程开展广泛学术交流，促进凝练基础科学问题、工程技术难题。

3.6 文章发表

在《Astronomical Journal》《Nature Communications》《中国空间科学技术》《空间科学与试验学报》等高质量期刊上发表10余篇代表性文章，并正在进行《中国空间科学技术》专刊《宜居行星探测》编制工作。

4 策划与建议

4.1 工作策划

4.1.1 基础研究

系外宜居行星搜寻及生命信号证认意义重大、前瞻性强，需针对后续工程实施中的系外宜居行星探测相关重大科学问题进行持续探索。研究团队计划进一步联合优势团队，持续识别、凝练其中核心、关键科学问题，形成面向基础研究的系外宜居行星及生命信号探测研究构想，论证设计研究内容与实施方案，形成项目建议书，具备上报条件。

4.1.2 立项论证

在各渠道支持下，觅音计划关键技术均已取得原理验证，技术途径不存在颠覆性风险，具备推动立项条件。当前研究团队积极开展工程实施方案论证，验证工程目标可实现性及科学目标可达性，充分评估技术可行性，通过开展集成演示验证及多方案比较，提出工程实施路线，形成觅音计划工程实施方案，推动该计划获得国家立项，具备工程实施条件。

4.2　发展建议

4.2.1　加强学术交流合作

为充分总结相关科学问题研究成果，持续提升觅音计划影响力，建议积极与国内外优势单位开展广泛的学术交流，深化并丰富科学目标，促进不同学科领域的交叉融合。通过编写专著和专刊等形式，集中刊登、系统展示相关研究团队最新科学研究及技术创新成果，在提升研究可见度及认可度的同时，为科研人员提供宝贵的交流平台，促进知识传播和应用。

4.2.2　探索基础科学问题

系外宜居行星探测及生命信号证认亟待解决系外宜居环境界定与生命信号识别等核心科学问题。通过对相关研究进行梳理，研究团队识别出了行星系统形成演化对宜居性的约束、行星大气物质能量输运过程、行星大气精细光谱计量及特征反演、能量耗散对生物分子自组装及早期代谢网络的调控过程、以及地外生命活动跨尺度模型构建等基础性、交叉性科学难题。建议在前期工作基础上，持续针对系外行星宜居环境的关键制约因素及生命信号识别等原创性理论、方法开展研究，积极推动相关研究在基金委等渠道获得支持，在研究过程中不断壮大团队，为任务取得重大科学产出提供理论、方法支撑。

4.2.3　在轨开展技术实验

为进一步提升觅音计划扩展型的观测谱段、探测性能及效能，研究团队持续开展了单光子探测等前沿技术探索及攻关，预期将在近期取得突破。面向在轨应用需求，相关技术仍面临空间环境效应影响，地面验证无法准确反映在轨实际能力。为此，建议针对已经布局的前沿技术，通过空间站实验等方式开展在轨实验，以探寻各类空间环境效应对其影响，并验证其在真实视同条件下的效果，这将有效推动技术的成熟和应用，为尽早建成下一代空间大型天文台提供技术基础。

附 1　研究预期进展路线图

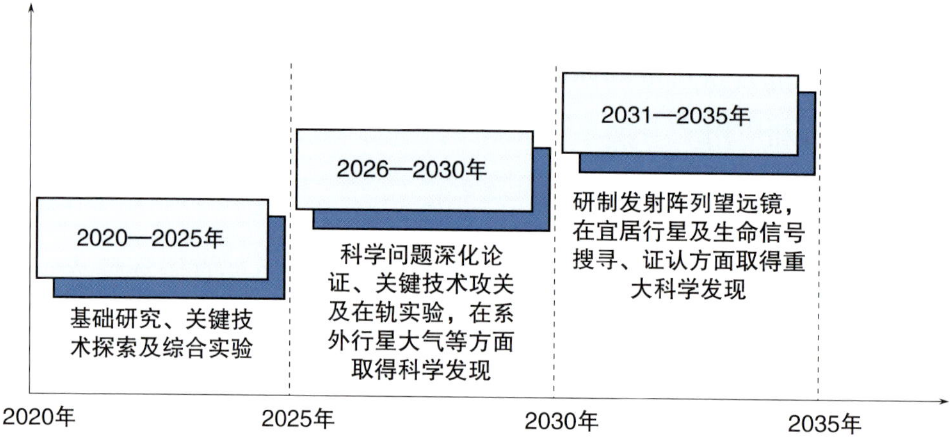

附 2　参考文献

[1] MAYOR M，QUELOZ D. A Jupiter-mass companion to a solar-type star [J] . Nature，1995，378（6555）：355-359.

[2] SWAIN M R，VASISHT G，TINETTI G. The presence of methane in the atmosphere of an extrasolar planet [J] . Nature，2008，452：329-331.

[3] HARRINGTON J，HANSEN B M，LUSZCZ S H，et al. The phase-dependent infrared brightness of the extrasolar planet υ Andromedae b [J] . Science，2006，314：623-626.

[4] BORUCKI W J，KOCH D，BASRI G，et al. Kepler planet-detection mission：introduction and first results [J] . Science，2010，327：977.

[5] COLLABORATION G，PRUSTI T，DE BRUIJNE J H J，et al. The Gaia mission [J] . A&A，2016，595：A1.

[6] JWST Transiting Exoplanet Community Early Release Science Team. ldentification of carbon dioxide in an exoplanet atmosphere. Nature 614，649-652（2023）. https://doi.org/10.1038/

s41586-022-05269-W.
[7] XIE J W, DONG S, ZHU Z, et al. Exoplanet orbital eccentricities derived from LAMOST-Kepler analysis [J] . PNAS, 2016, 113: 11431.
[8] WANG W, VAN BOEKEL R, MADHUSUDHAN N, et al. Ground-based detections of thermal emission from the dense hot Jupiter WASP-43b in the H and K bands [J] . ApJ, 2013, 770: 70.
[9] BAI X N, STONE J M. Wind-driven Accretion in Protoplanetary Disks. I. Suppression of the magnetorotational instability and launching of the magnetocentrifugal wind [J] . ApJ, 2013, 769: 76.
[10] LIU Y J, SATO B E, ZHAO G, et al. A substellar companion to the intermediate-mass Giant 11 comae [J] . ApJ, 2008, 672: 553-557.
[11] ZHU Y T, DOU J P, ZHANG X, et al. Portable adaptive optics for exoplanet imaging [J] . Research in Astronomy and Astrophysics, 2021, 21: 082.
[12] National Academies Of Sciences, Engineering, And Medicine. Pathways to discovery in astronomy and astrophysics for the 2020s [M] . Washington, DC: The National Academies Press, 2021.
[13] 詹虎 . 载人航天工程巡天空间望远镜大视场多色成像与无缝光谱巡天 [J] . 科学通报, 2021, 66 (11) : 1290-1298.
[14] Voyage 2050 Senior Committee. Voyage 2050 [M] . ESA, 2021: 7-18.
[15] “中国学科及前沿领域发展战略研究（2021—2035）”项目组 . 中国天文学 2035 发展战略 [M] . 北京：科学出版社，2023.
[16] GAO D Y, LIU H G, YANG M, et al. Correcting stellar flare frequency distributions detected by TESS and Kepler. AJ 164 (5), 213 (2022) https: //doi. org/10. 3847/1538-3881/ac937e arXiv: 2301. 07552 [astro-ph. SR] .
[17] GAO D Y, LIU H G, YANG M, et al. Stellar flares can sustain the habitable zone around low-mass stars. Submitted to Nature Communications, 2024.
[18] SEAGER S. Exoplanet habitability [J] . Science, 2013, 340 (6132) : 577-581.
[19] SCHWIETERMAN E W, KIANG N Y, PARENTEAU M N, et al. Exoplanet biosignatures: a review of remotely detectable signs of life. Astrobiology 2018, 18: 663-708.
[20] Catling D C, Krissansen-Totton J, Kiang N Y, et al. Exoplanet biosignatures: a framework for their assessment [J] . Astrobiology 2018, 18: 709-738.
[21] 刘清，姜爱民 . 光学综合孔径望远镜光程探测方法研究 [J] . 2017, 14 (04) : 519-525.
[22] 袁沭，姜爱民 . 仪器偏振对空间干涉仪高对比度成像的影响 [J] . 中国空间科学技术，2023, 43 (6) : 43-50.

［23］张彪，陈奇，管焰秋，等．超导纳米线单光子探测器光子响应机制研究进展［J］．物理学报，2021，70（19）：198501.

附 3　词汇索引

系外宜居行星，宜居性，生命标记，系外行星间接探测，系外行星直接探测，科学需求矩阵，分布式空间光学干涉技术

附 4　研究团队

单位名称：中国航天科技创新研究院、南京大学

研究团队成员：霍卓玺、刘冀林、张晓静、刘慧根、欧阳青林

九　远距离大功率无线能量传输技术研究进展

【综述】

该技术难题自2022年发布以来，持续受到国内外同行以及社会的广泛关注，研究工作不断取得突破。

2023年，国防科工局组织开展空间太阳能开发与利用发展规划论证工作，形成了一系列论证成果，也激发了国内对远距离大功率无线能量传输技术的持续研究。

通过申报并召开第717次香山科学会议、中国宇航学会空间太阳能电站专业委员会2023年学术交流会，在《International Journal of RF and Microwave Computer-aided Engineering》《中国空间科学技术》等国内外重要期刊发表了代表性的文章，深化并凝练了国际国内团队开展远距离高效微波能量传输验证，进一步夯实了技术研究活动的学术基础。

在技术攻关层面，为了实现工程可实施性及高效目标并解决一系列相关技术问题，以微波能量传输阵列为核心，成功申报“十四五”民用航天技术预研重点项目，截至2024年8月，已完成多功能结构设计、集成微波功率发射阵列等技术攻关工作，成果可支撑国内在轨验证论证项目，其中集成微波功率发射阵列技术可牵引微波功率器件、集成工艺的发展和应用。

此外，伴随难题研究的深入和技术攻关成熟度的提升，远距离无线能量传输技术拟采用持续递进的发展路线推进后续工作，分步实现难题的关键突破（2025年前，以地面研究为主）、工程突破（2035年前，以在轨试验为主）和应用突破（2045年前，实现系统应用）。

1　背景情况

1.1　技术难题描述

1.1.1　难题提出

电能是人类社会生活和生产最重要的能源之一。2021 年中国全社会发电总量达到 8.11 万亿千瓦时，其中火力发电量占到 71.13%，而作为绿色能源代表的太阳能发电量仅占 2.26%（约 1.83 千亿千瓦时）；这一占比距离 2030 年碳达峰能源结构中的 27%、2060 年碳中和能源结构中的 47%，差距还相当大。常见的地面太阳能光伏发电受日夜循环、气象条件、大气损耗等因素影响，光照利用效率非常低；而空间太阳能发电光照利用效率远远高于地面光伏发电，因此有望成为太阳能发电产业的新增长点。

1968 年，Peter Glaser 将微波功率传输技术应用于地球同步轨道卫星，提出了太阳能发电卫星（SPS）的概念，SPS 为一颗在地球同步轨道上运行的、作为发电站的巨大卫星。其基本构想是在地球外层空间建立太阳能发电卫星基地，利用取之不尽的太阳能来发电，然后通过微波将电能传输到地面的接收装置，再将所接收的微波能量转变成电能供人类使用。SPS 的太阳能发电不同于地面上的太阳能发电，空间太阳能具有不受天气影响、辐射强度高、土地需求较小等优势。

空间太阳能开发和利用需要解决的一个核心问题是：如何将空间太阳能电力远距离传输回地面？从 36000 km 高的地球静止轨道到地面，利用电缆传输电力是不可想象的，无线传输成为唯一可能。广义的无线能量传输技术，就是将能量以无线方式进行远距离传输，这种能量传输的起始与终点可以是地、空、天的任意两两组合。基于能量载体的不同，电波辐射式无线能量传输技术又分为微波无线能量传输和激光无线能量传输两种方式，其显著优势在于可实现较远距离的无线能量传输。

空间无线能量传输是实现空间太阳能电站的核心关键技术，国内外已对基于微波与激光的无线能量传输技术开展相关研究。随着 20 世纪末能源危机日益显现，美国、日本等能源需求大国，特别是日本开始对基于微波无线能量传输技术的空间太阳能发电卫星计划进行规划、试验和验证。美国、日本、英国已经宣布，将分别在 2025 年后开展近地轨道星地微波功率传输演示验证。这成为该技术一个最重要的应用领域和发展动力。但直到如今，远距离高效率的微波能量传输仍然未能实现，公里级传输距离的试验系统传输效率不过百分之几，面向空间太阳能电站的星地无线能量传输仍然停留在规划和设计阶段。基于未来应用需求和技术发展现状，远距离大功率无线能量传输无疑仍属于航天领域技术难题。

1.1.2 理论研究

英国科学家麦克斯韦（James Clerk Maxwell）建立了描述电磁场和电磁波的基础理论，它首先推动了无线通信应用的发展，香农（Claude Elwood Shannon）于 1948 年提出了著名的香农定理，阐述了信息传输通道容量与发射参数、接收参数、链路参数（带宽）的约束关系；弗里斯（Friis）于 1946 年提出了弗里斯传输公式，后来在此基础上形成了雷达方程，阐述了回波功率与发射、接收、链路参数（频率和距离）的关系；自 1964 年布朗（Brown）提出用电磁波进行功率传输以来，天线功率传输技术已经发展了 60 年，但描述无线功率传输的基本原理还是坡印亭（Poynting）定理，尚未出现类似于通信系统的香农理论、雷达系统的雷达方程那样的基础理论。

坡印亭定理从场的角度描述了功率的转移行为，但未能关联起系统的发射、接收和链路特性。截至目前，已经有专家和学者针对无线功率传输讨论了空间匹配、多界面匹配以及无衍射传输等理论，都为无线功率传输基础理论做出了有益探索，但尚未发展成为该领域的第一性原理。要提出无线能量传输的基础理论，需要以坡印廷定理为基础，结合整流环节影响，忽略频率因素，得到针对传输功率容量的约束关系。

1.1.3　验证考量

目前对远距离无线能量传输的验证已经开展了初步的工作，各项尖端的指标如最高效率、最大功率、最远距离，都是在互不约束的前提下得到的，也就是说，至今仍没有实现远距离的高效无线能量传输（如公里级传输距离、50% 以上传输效率）。其原因在于：波束收集效率作为传输效率的重要环节，受距离和收发口径影响显著，增大传输距离必须同时增大收发口径，而增大收发口径的经济成本是验证试验难以接受的。如何开展远距离高效微波能量传输验证是解决这一技术难题的重要步骤。

1.2　应对方案介绍

1.2.1　国际国内认定

自 1964 年远距离无线能量传输技术提出以来，该技术就成为微波工程界的重要话题，尤其是在 1968 年空间太阳能电站系统概念进入人们视野之后。2006 年，国际无线电联盟（UISI）发布《空间太阳能电站白皮书》，专门介绍了星地微波能量传输技术的发展和解决方案，以及未来展望。自此之后，JAXA、ESA、NASA 等机构都发布过微波能量传输技术的技术报告。

为拓展远距离大容量连续无线功率传输的应用模式，凝练相关科学问题和技术难题，深入探讨发展规划，助力科学问题研究和创新技术攻关，香山科学会议召开了主题为“远距离大容量连续无线功率传输的科学与技术问题”的第 717 次学术讨论会。本次会议于 2022 年 8 月 15—16 日在北京香山饭店召开，由中国空间技术研究院李明研究员、重庆大学杨士中教授、西安电子科技大学段宝岩教授及中国空间技术研究院李军研究员担任执行主席。与会的 40 位专家分别来自国家能源局、国家航天局、中国空间技术研究院、重庆大学、西安电子科技大学、四川大学、上海大学、中国空间技术研究院西安分院、钱学森空间技术实验室、中国电子科技集团公司第二十二研究所、中国科学院上海光机所等国内 20 家单位，与会专家立足自身的专业领域，深入思考，平等交流，热烈研讨，自由碰撞，对高效推动远距离大容量连续无线功率传输研究形成了重要共识，并提出了有益建议。

1.2.2 关键技术

远距离无线能量传输系统是一个多环节的负载综合体，包括直流变化、微波转换、波束发射与控制、射频整流、直流合成调控等。

空间大容量微波功率传输发射端的主体是大口径有源相控阵天线，其主要发展需求是低面密度和高效率，而低面密度的实现途径是高集成度和先进材料应用。当前，多功能结构（MFS）和薄膜天线技术都得到了快速发展。多功能结构（MFS）是一种将系统的结构机构、供配电、热控、电子等功能子系统和部件进行集成的设计思想和实现方式，由洛克希德·马丁公司提出。多功能结构思想已经用于星载 SAR 天线的开发，C 频段 SAR 天线阵列的面密度已经达到 10 kg/m^2。该思想同样可用于开发微波功率发射阵列，并继续减小阵列面密度。

微波功率器件与电路的转换效率是决定微波功率传输效率的关键因素之一。目前商业化的微波功率器件，对于无线通信应用强调的是带宽、线性度等指标；对于雷达应用强调的是脉冲功率、带宽等指标。对于微波功率传输这种要求窄带、高效的应用，有针对性的研究并不多见，在固态器件方面，第三代半导体已经广泛应用，研究主要体现在效率的提升；在电真空器件方面，研究主要体现在开展低成本器件的相位控制和可靠性提升。

微波整流器件与电路的转换效率是决定微波功率传输效率的又一关键因素。目前可采用的微波整流器件主要是肖特基二极管和晶体管，但并没有专门针对微波功率传输应用的产品。1974 年，雷声公司的 W.C.Brown 研制了一批 GaAs 肖特基二极管，其整流效率达到 90.6%，但该技术并未固化下来。

反向波束控制是保证微波功率传输波束收集效率（BCE）的主要技术措施，是远距离无线功率传输的重要技术谱系组成。软件化方向回溯和相位共轭是两种基本的反向波束控制技术。软件化方向回溯是将导引信号来波方向测量和相控阵波束指向控制结合起来、基于数字信号处理的方法。软件化方向回溯的指向精度取决于相控通道的数量和相位偏差特性，是一种规模随适的技术途径，也就是说随着系统规模增大，波束指向精度的要求越高，实现高精度的条件也容易得到保证。相位共轭是直接利用导引信号相位信息的方法。该方法不依赖导引信号来波方向解算，适用于远、近场条件下的传输链路。

激光器的输出功率、光束质量是决定激光无线功率传输性能的关键因素之一。半导体激光器和光纤激光器是目前常用的激光无线功率传输系统激光源，光谱合束、光纤光栅等激光器技术的进步为激光器的实用化发展奠定了坚实基础。

激光光伏电池的转换效率不仅影响激光功率传输系统的效率，而且影响着具有一定输出电功率的功率传输系统中电池组件的面积、组件对散热的要求、对激光器功率的要求等。通过多结叠层激光电池技术的发展，以及液相外延技术、电极图形的优化设计、减反膜的优化设计和制备等激光电池制备关键技术工艺的提升，获得了更高光电转换效率、高功率密度、高开路电压的 GaAs 光伏电池和 InGaAs 光伏电池。

除了上述核心技术，无线功率传输的其他支撑技术也取得重要进展。在微波功率接收天线方面，引入电磁超表面的概念，将微波吸收效率提升至 96% 以上；引入滤波天线的概念，将整流器的滤波功能集成到接收天线单元上，简化了整流器设计；引入差分天线的概念，提高了整流器在低接收功率密度时的效率。这些进展都为微波功率传输的发展提供了动力。

2　问题研究进展

2.1　国外研究动态

2.1.1　美国

2021 年，NASA 开始重新启动空间太阳能电站研究工作。2021 年

8月，美国智库 The Beyond Earth Institute 发布《空间太阳能国家战略》报告，并提交美国国家太空委员会，报告提出了新的空间太阳能电站发展路线图并明确了国家各部门在空间太阳能电站项目中的职责，提出美国将安全、可靠、持续地开发、部署和使用空间太阳能，特别强调与商业航天公司的合作以及国际合作，目的是应对气候变化所带来的全球威胁，保持和促进美国在新能源开发领域和太空领域的领先地位。以美国空军研究实验室（AFRL）、美国海军研究实验室（NRL）、诺斯罗普·格鲁曼公司、加州理工学院等为主的部门、军工企业和大学在高功率太阳电池阵、微波无线能量传输技术等方面开展了实质性的研究，迎来了空间太阳能电站研究的新高潮。

美国空军研究实验室正在执行一项新的验证项目——将空间收集到的能量无线传输到地面上的军事设施，项目名称为 SSPIDR［Space Solar Power Incremental Demonstrations and Research，空间太阳能电站增量（持续）验证研究］。在第一阶段中安排了三项空间试验：1）Arachne，2）SPINDLE，3）SPIRRAL。Arachne 将在空间对太阳光-微波模块进行形面测量，优化波束形成，并开展对地无线传能的验证试验；SPINDLE 将验证较小规模的太阳能电站模块在轨展开，并验证展开运动和结构动力学；SPIRRAL 将会验证长期稳定的热管理技术，计划在与国际空间站交会对接的 Alpha Space’s MISS-E 平台上进行验证。为了支撑上述验证计划，2021 年美国海军研究实验室研制了口径面积为 1 m^2 的低功率密度整流天线阵列（图 1），可工作在微波入射功率密度为 1~1000 mW/m^2 的范围内，当功率密度为 1 W/m^2 时，接收整流效率可达 39%，主要用于 Arachne 及其他初期的空间验证（距离远，发射功率小，接收处的功率密度低）。

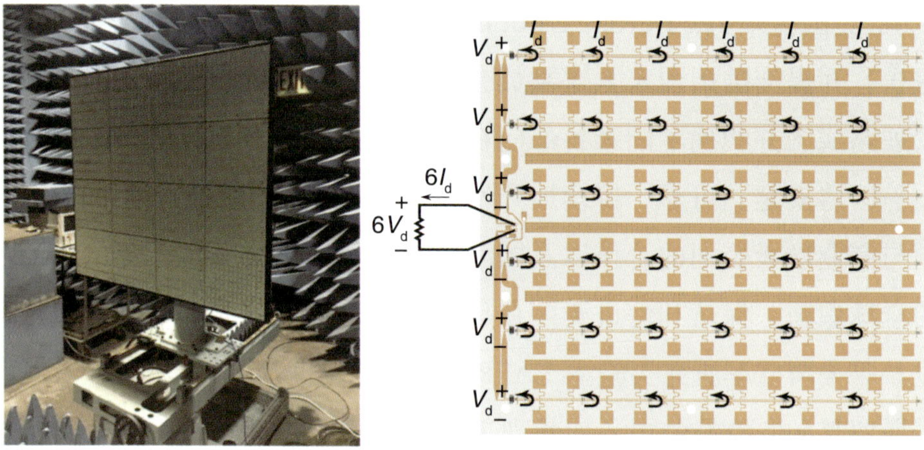

图 1　美国海军研究实验室低功率密度整流天线阵列

2021 年美国海军研究实验室和林肯实验室还开展了 2 次远距离大功率地面微波功率传输试验（图 2），首先采用 5.4 m 口径的反射抛物面天线和 1.02 m × 1.09 m 整流表面阵进行了 1046 m 功率传输，工作频率 9.73 GHz，微波功率源输出 91.2 kW，整流输出功率 1.65 kW。然后采用 36.6 m 口径卡塞格伦天线和 2.06 m × 2.19 m 圆极化整流表面阵进行了 1141 m 微波功率传输实验，工作频率 10.5 GHz，发射功率可达 210 kW 以上，整流输出功率为 1030 W。这次微波功率传输试验首次考虑了地面反射效应，也是第一次频率高达 X 频段、距离超过 1 km、传输电功率大于 1 kW 的试验。

加州理工学院持续获得私人企业和诺斯罗普・格鲁曼公司超过 1 亿美元的大额资助，在空间太阳能电站新型结构、高效发电和无线能量传输等方面开展研究，提出的研发路线图主要包括：2023 年开展 SSPD-1 关键技术原型空间验证；2024 年开发双面太阳电池结构原型，验证热平衡；2027 年验证太阳电池、微波传输以及结构的集成；2030 年验证全集成航天器系统（尺度大于 100 m^2，可能的尺

(a) 发射天线　　　　(b) 整流天线

图 2　美国远距离大功率地面微波功率传输系统

寸 25 m × 25 m）。2023 年 1 月 3 日，搭载 SpaceX 公司的 Transporter-6 发射任务，成功发射了空间太阳能发电演示器（Space Solar Power Demonstrator，SSPD）原型机。任务轨道为太阳同步轨道，轨道高度 500 km，空间验证将持续 7 个月。SSPD 质量为 50 kg，针对空间太阳能电站相关的器件和关键技术进行小规模在轨测试，执行三项实验任务，分别测试空间太阳能项目的三项关键技术（图 3）：在轨部署超轻复合装置（Deployable on-Orbit ultraLight Composite Experiment，DOLCE），为一个在轨展开为 1.6 m × 1.6 m 的小型结构，验证薄膜结构展开技术；高效太阳电池性能测试装置，用于评估 32 种光伏电池的空间发电效率；功率传输低轨试验微波阵列（Microwave Array for Power-transfer Low-orbit Experiment，MAPLE），为一个小型微波能量传输装置，传输距离几十厘米，其中微波发射天线包括 32 个相控单元，估计传输功率为几瓦量级。SSPD 验证工作将为后续开展更大尺度的空间太阳能电站集成模块的在轨验证提供技术支持。

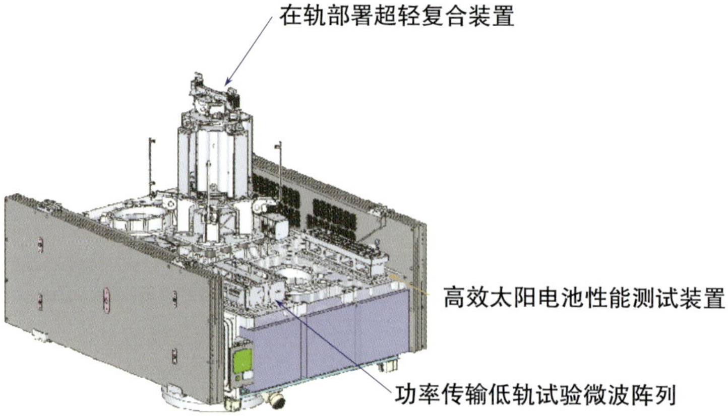

图 3　加州理工学院 SSPD 原型空间验证装置

入轨后的 SSPD 中的微波功率发射阵列 MAPLE 演示了无线能量传输，MAPLE 配备了两个独立的接收器阵列，距离发射器约 1 英尺，用于接收能量，将其转换为直流电，并用来点亮一对 LED 灯，以演示太空中远距离无线能量传输的全过程。MAPLE 通过单独点亮每个 LED 并在它们之间来回切换，在太空中进行了测试，验证了 MAPLE 可以成功地向太空中的接收器传输能量（图 4）。

图 4　柔性微波功率发射阵列

2023 年 5 月 22 日，位于加州理工学院帕萨迪纳校区戈登和贝蒂 - 摩尔工程实验室屋顶上的接收器检测到了发射的能量。接收到的信号出现在预期的时间和频率上，并根据其从轨道上传输的情况预测出了正确的频率偏移（图 5）。

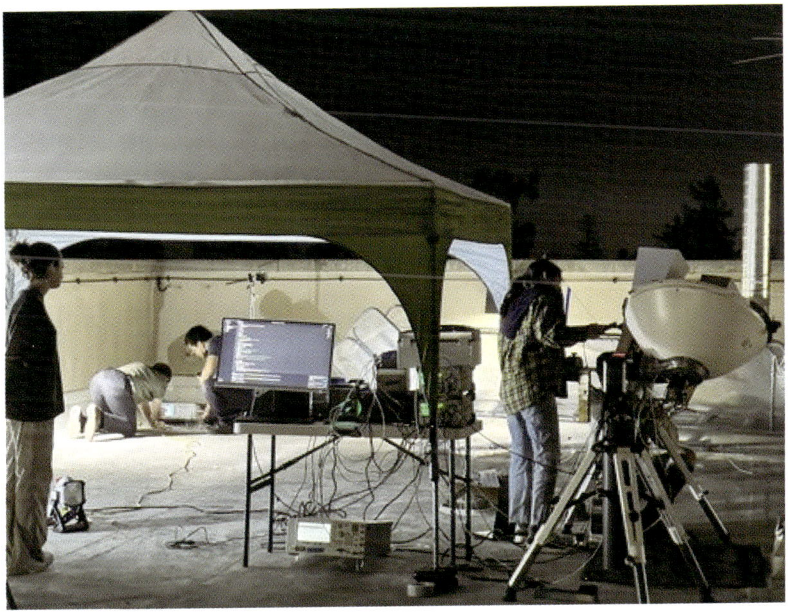

图 5　屋顶接收实验场景

硅谷初创公司 Orbital Composites 和总部位于密歇根州的 Virtus Solis Technologies 于 2024 年 2 月 1 日宣布计划在 2027 年进行空间太阳能演示，该实验将在中地球轨道展开。2027 年的任务旨在展示关键的发电技术，包括太阳能电池板的太空组装和向地球传输超过 1 kW 的电力。

Virtus Solis 成立于 2019 年，计划在中地球 Molniya 轨道上部署 1.65 m 的太阳能板。通过机器人组装建造庞大的阵列。

2.1.2 日本

2021 年年底，日本在修订后的宇宙基本计划中明确提出面向净零排放目标，推动空间太阳能电站的实现，作为宇宙基本计划的优先发展项目，将开展低轨到地面的微波无线能量传输试验。该项目也纳入日本与美国合作开展的 Artemis 计划，研究月球探测用微波无线能量传输技术。根据最新的计划，日本将在 2025 年利用国际空间站分离 HTV-X 进行名为 DELIGHT（DEployable LIGHtweight planar antenna Technology demonstration）的相关大型平面结构展开及微波无线能量传输技术验证项目，包括平面天线的展开、天地间的能量传输验证（图 6）。展开天线尺寸为 4 m × 2.2 m，质量为 275 kg，供电功率不小于 450 W，能量传输距离约为 500 km，接收功率大于 10^{-10} mW。

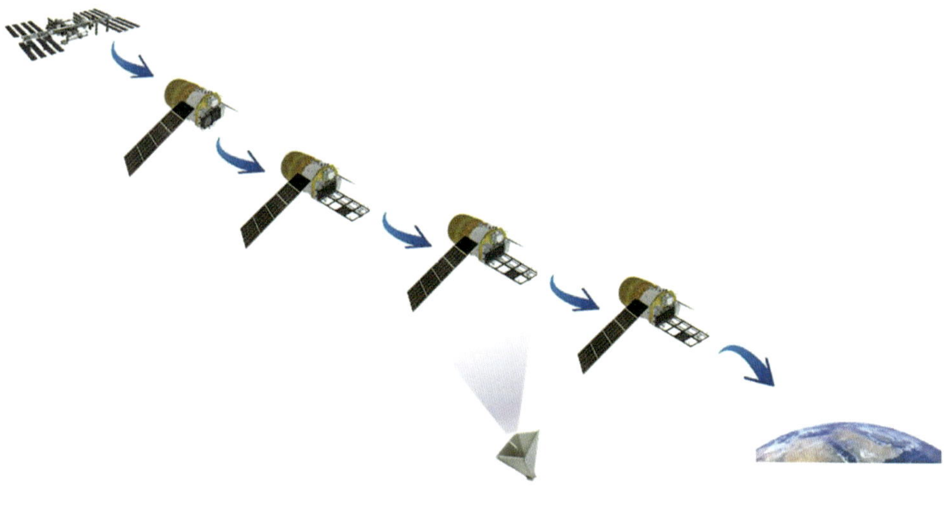

图 6 DELIGHT 项目试验流程

2022 年 10 月，日本京都大学报道了一套用于为微型无人机供电的 MPT 系统。系统组成及实验照片如图 7 所示。

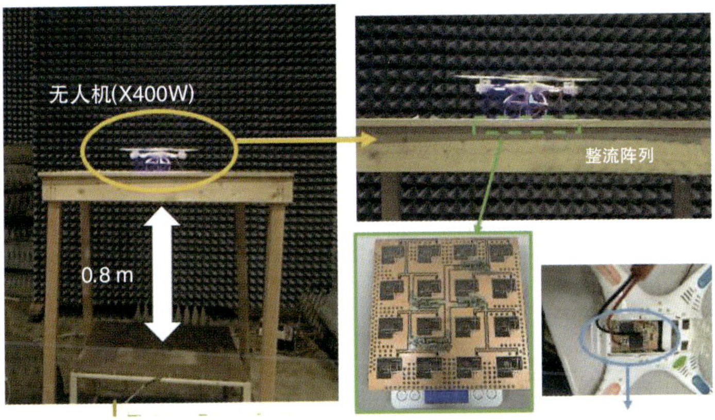

图 7 微型无人机 MPT 系统组成及实验照片

发射端采用的是磁控管，工作的直流到射频效率为 52.7%。实验时输入功率 280 W，经四路功率分配器后，再分别经过 49 路的功率分配器，至 196 路微带天线元件构成的发射阵列上，发射天线端口的总功率为 134 W。在距离发射端 0.8 m 的平面上放置开发的 16 单元轻量紧凑型矩形整流天线阵列，尺寸为 146.4 mm × 146.4 mm。

在 196 个单元的相控阵平顶波束照射下进行了 WPT 测试。当发射端口的总功率为 134 W 时，接收阵列获得了 43.6 W 的总功率，功率密度为 203 mW/cm^2，接收端输出功率为 27.0 W，整流天线阵列重 37.5 g，功率重量比为 0.72 W/g。接收天线及整流电路照片如图 8 所示。

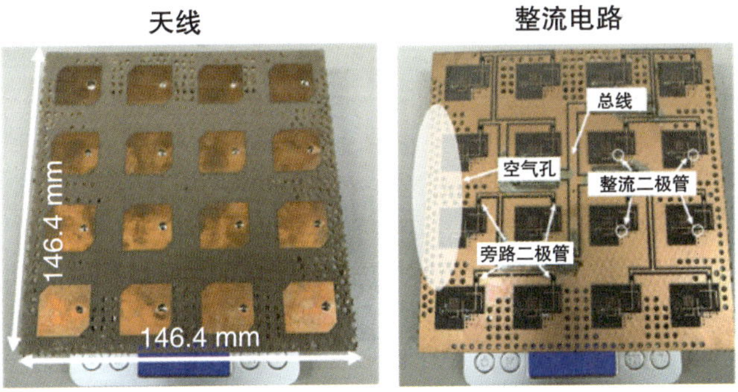

图 8 接收天线阵列及整流电路

日本筑波大学也报道了为悬停无人机供电的实验，采用 28 GHz 毫米波为距离地面高度 1.2 m 的无人机连续供电超 60 s，重点验证波束及无人机位置的比例积分微分控制，如图 9 所示。

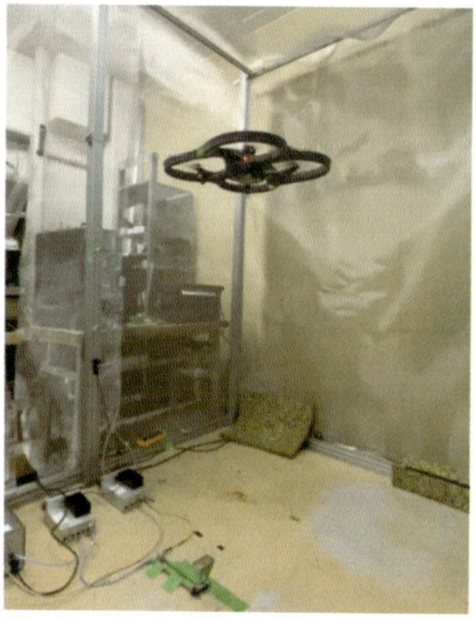

图 9　无人机验证实验照片

日本 Japan Space System（JSS）公司在日本经济产业省（METI）的支持下，重点围绕绳系空间太阳能电站开展研究工作。2024 年 2 月，JSS 成功开展了小型的三明治结构试验（图 10），在地面进行了太阳光照情况下的 2.5 m 距离传输验证，传输功率为 6.5 W。

图 10　JSS 三明治结构试验件

目前，日本重点在推动名为“HIgh-precision beam control using small SAtellite for MicrowAve power transmission （OHISAMA）（利用小卫星实现微波功率传输高精度波束控制）”的 LEO 在轨天地间无线能量传输验证任务，工作频率 5.8 GHz，质量约 180 kg（待定），天线尺寸 2 m×0.74 m×10 cm（待定），发射功率 1 kW。实验重点验证反向波束导引控制技术，导引信号工作在 S 频段，实验传输距离预计 5~50 m，实验中卫星及测量探头上将安装测量环境等离子体条件及激发波的仪器（图 11）。该项目与 IHI 宇航公司合作开展。由于日本前段的火箭发射失败，预期时间将推迟到 2025 年。

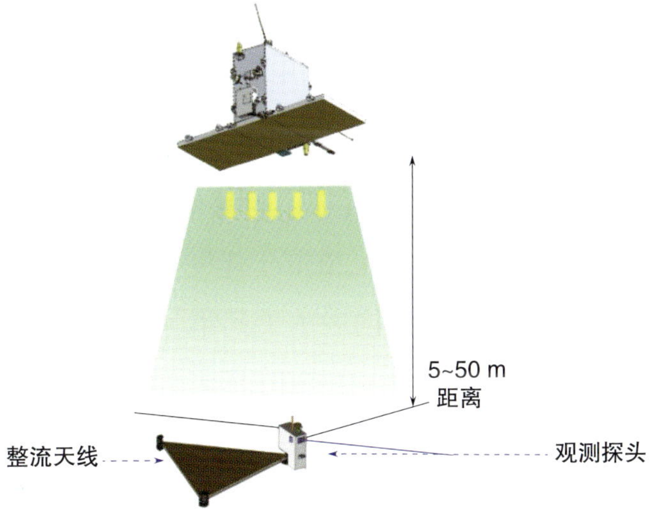

图 11　实验布局

2.1.3　韩国

2019 年的国际空间太阳能电站研讨会上韩国公布了其空间太阳能电站研究计划，表 1 所列为其设计指标，电站系统示意图如图 12 所示。

表 1　韩国 SSPS 设计指标

序号	项目	指标
1	地面接收功率	2 GW
2	包络尺寸	2.2 km × 6.8 km
3	系统效率	13.5%
4	发射天线尺寸	1 km^2
5	轨道	GEO
6	频率	5.8 GHz
7	接收天线尺寸	4 km

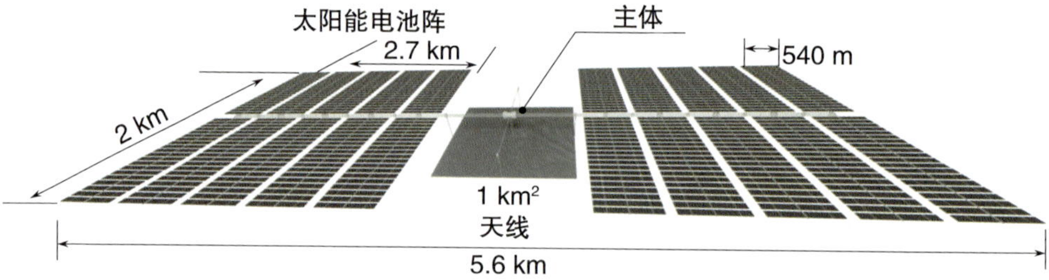

图 12　韩国 SSPS 示意图

韩国规划在 2030 年前开展两颗小卫星间的能量传输技术验证，2040 年建设低轨 MW 示范电站，2050 年建设 GEO 轨道商业化电站。

2022 年的 IAC 大会上，韩国展示了其第一阶段实验星计划 KSSP PS-1（图 13），拟在两卫星间开展在轨的高功率能量传输验证。设计飞行高度在 500~1000 km，单卫星重量 120 kg，发射尺寸 60 cm × 60 cm × 80 cm，展开后尺寸 450 cm × 220 cm × 80 cm，工作频率 5.8 GHz，发射微波功率 3.4 kW，100 m 距离下接收直流功率 162 W。2023 年的 IAC 大会上又公布了其下一步从 LEO 向地面传输功率的 KSSP PS-2，发射尺寸 1.7 m × 2.1 m × 3.1 m，展开后尺寸 21.9 m × 18.5 m × 3.9 m，展开过程如图 14 所示。卫星工作频率 5.8 GHz，发射微波功率 180 kW，设计飞行高度在 400~2000 km，卫星质量 978 kg，400 km 距离下接收直流功率 29.5 W。

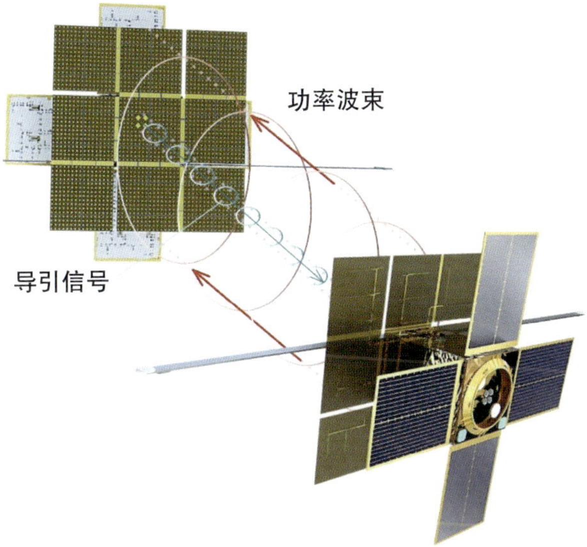

图 13 KSSP PS–1 卫星

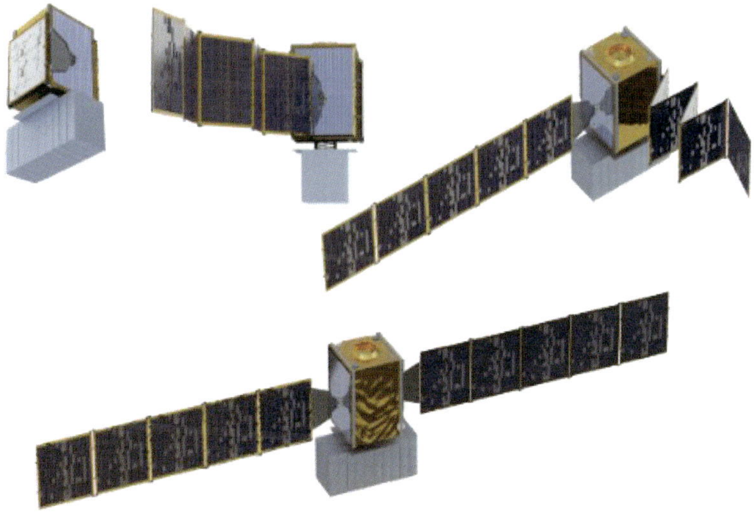

图 14 KSSP PS–2 展开过程

韩国电工技术研究院 KERI 自 2019 年设计建造了模块化无线能量传输系统，系统如图 15 所示，设计参数见表 2。

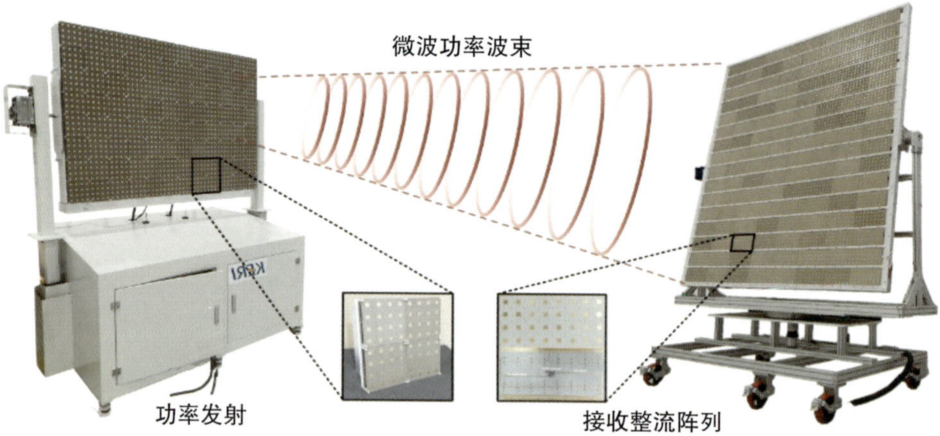

图 15　模块化无线能量传输系统

表 2　系统参数

序号	系统	项目	指标
1	MPT 发射机	工作频率	5.8 GHz
2		射频输出功率	4.8 kW
3		发射尺寸	1.8 m × 1.2 m
4		阵列天线方向性	38.4 dBic
5		模块数	24
6		波束控制精度	0.31°
7	MPT 模块	最大射频输出功率	200 W
8		通道数	4
9		PAE	50.1%@50 W
10		单位功率的质量	18.7 g/W
11	接收阵列	口径尺寸	2.2 m × 2.5 m
12		整流模块数	128
13	接收模块	整流效率	73.6%@0.12 W
14		整流电路数	32
15		DC-DC 转换效率	90%
16		输出直流功率	28 V

KERI 基于每年升级改造的该系统已经主导完成了一系列的地面微波无线能量传输试验，开展了百米级 4 kW 级微波能量传输，在 110 m 距离下进行了方位角的测试，并描绘了 50 m 处的二维场分布情况，发射射频功率 4.048 kW，接收的射频功率 2.263 kW，阵列表面接收最大功率密度 1041 W/m^2，RF-RF 转换效率 55.8%。对于整个能量传输链路基于反向波束控制技术进行了实时的动态能量传输技术实验验证（图 16 和图 17）。

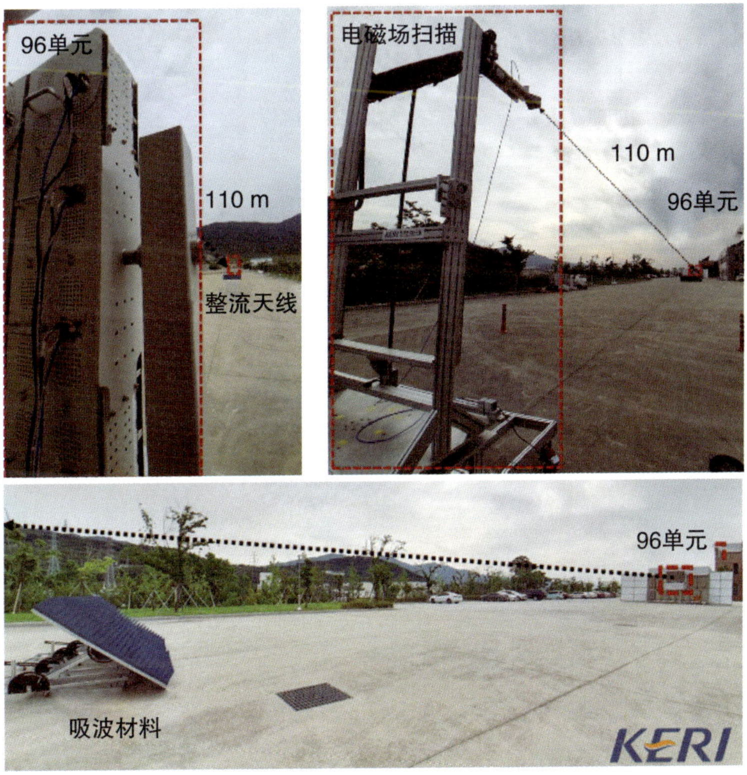

图 16 MPT 阵列的波束特性测试

KERI 研制了用于千瓦级 LEO 能量传输验证的自动校准系统，对于自动校准开展了相应外场实验，实验场景如图 18 所示。

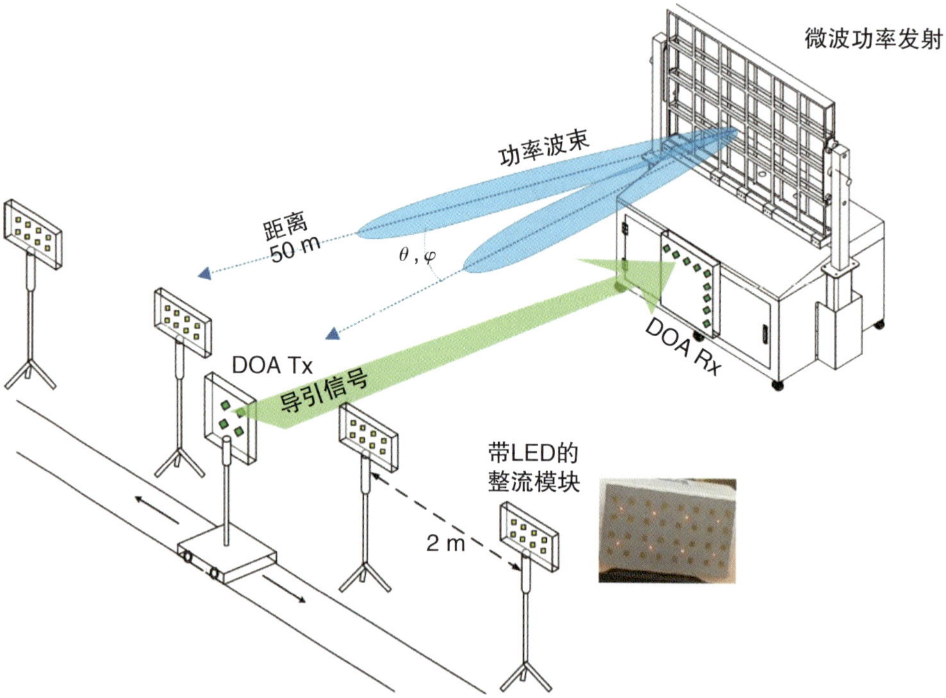

图 17　实时目标跟踪实验

图 18　自动校准实验

据报道，2024 年 1 月韩国航空航天研究所（KARI）完成了 1.81 km 的空间无线能量传输实验。此次测试是韩国航空航天研究所与韩国电工技术研究所合作进行，接收天线和发光二极管（LED）安装在气动飞行器上用于接收能量（图 19）。在演示中，位于京畿道骊州的韩国航天天线将 2 kW 的功率向航空器上的接收天线传输微波功率，接收天线将微波功率转换为直流电，点亮 LED 灯。

图 19　实验航空飞行器

2.1.4　英国

贝尔法斯特女王大学在英国零碳创新基金的支持下，开展了名为 CASSIE 的能量传输试验项目。该项目基于英国 Ian Cash 设计的 CASSIOPeiA 概念，提出一种新型的十字排列螺旋天线阵列，可以实现 360° 的能量传输反向波束控制。16 × 7 阵列示意图如图 20 所示。目前已经进行了仿真研究，并正在研制直径 1060 mm、高度 685 mm 的试验样件，拟进行 6.5 m 传输，并在接收端实现 200 W/m^2 的微波功率密度，其中包含效率 80% 以上功放。

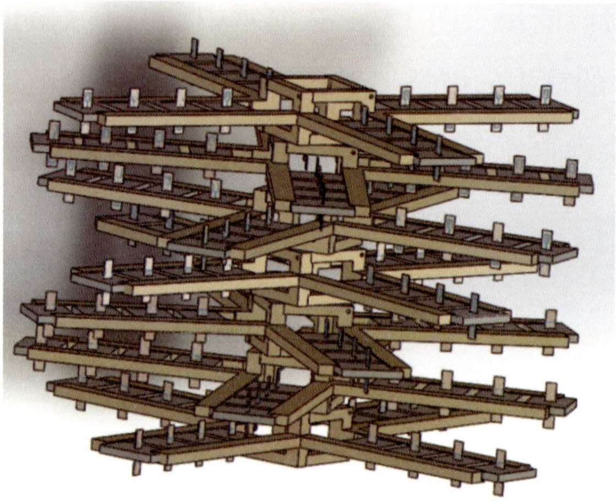

图 20　贝尔法斯特女王大学的设计方案 CASSIE

同时，采用单独实验板开展了反向波束控制技术的初步试验验证。实验设定及场景如图 21 所示。

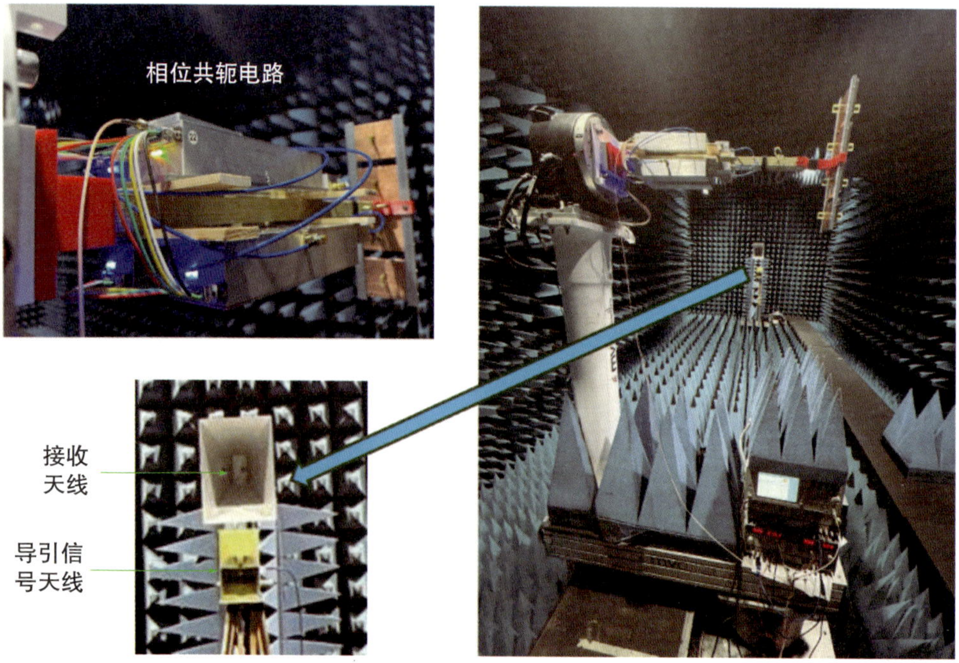

图 21　单板验证测试

英国航天局于2021年9月正式发布《国家空间战略》，明确提出应当发展空间太阳能电站，为英国提供一种潜在的零排放能源。同时，贸易能源与工业战略部将空间太阳能电站列入英国的零排放创新投资计划，作为颠覆性技术方向给予资金支持。该决议是基于英国贸易能源与工业战略部于2020年委托Frazer-Nash咨询公司对于空间太阳能电站的发展前景进行的技术及经济性全面评估，发布的《空间太阳能电站——消除通向零排放之路的风险》评估报告认为空间太阳能电站在技术上是可行的，为英国提供了实现零排放的新选择，并提出发展路线图建议（图22），目标是2039—2042年将建造多个电站为英国提供15%的能源。评估报告认为，花费160亿英镑可在太空建设太阳能电站。该项目预计将从小型试验开始，到2040年建成一个可运行的太阳能发电站，直径为1.7 km，重约2000 t，将为英国提供2 GW的电力。

2.1.5　欧洲空间局

2021年3月，欧洲空间局正式发布《ESA AGENDA 2025》，提出将对空间太阳能发电开展深入研究，以支持欧洲的循环经济、碳中和与能源转型。根据ESA初步提出的发展路线图，将在2030年前完成缩比系统在轨验证工作，2035年前完成示范电站建设，2040年实现商业化空间太阳能电站在轨运行，最终在2050年为欧洲“净零排放”目标提供实质性的支持（图23）。

2021年12月欧洲空间局举行第一届空间太阳能电站研讨会，邀请全球开展空间太阳能电站及相关技术研究的国际组织、研究机构、企业、大学的主要专家参会。2022年11月，欧洲空间局提出了天基太阳

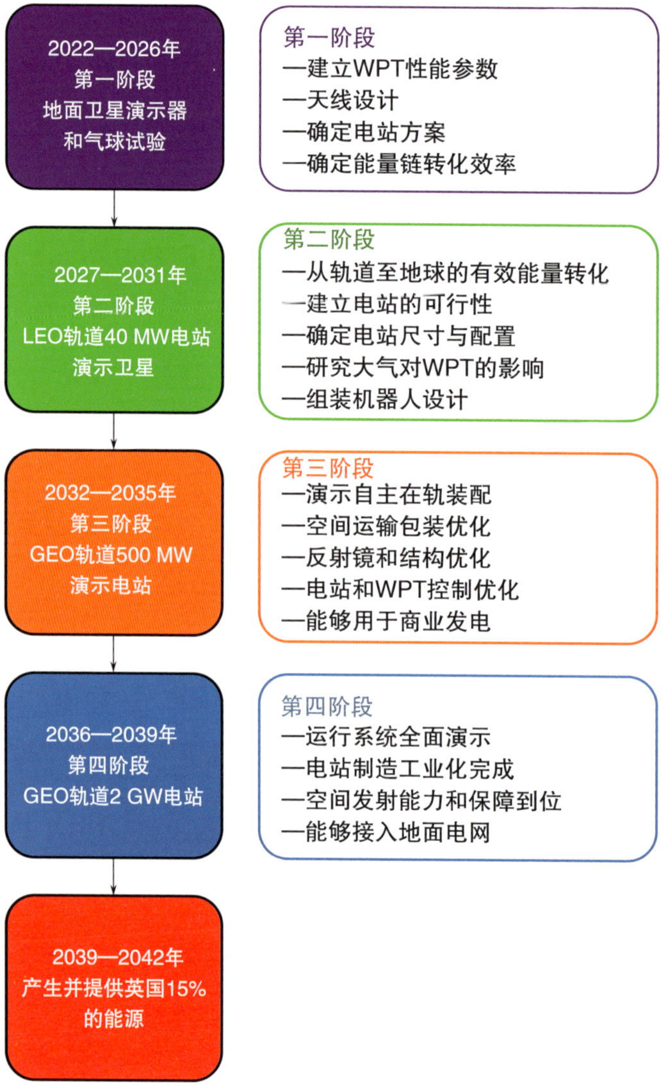

图 22　英国的空间太阳能电站发展路线图建议

能电站预先研发计划（SOLARIS），该项目涉及一系列技术问题研究，包括确认低功率微波对人类和动物健康的影响以及与飞机和卫星的兼容性等，最终研究目的是探索空间太阳能电站概念的可行性。2023 年 1 月，欧洲空间局正式启动 SOLARIS，3 年间将投资 6000 万欧元，开展空间太阳能电站系统、关键技术、环境健康与安全性方面的预研工作，为 2025 年后开展在轨验证以及全系统示范工程实施决策提供支持。根据目前的研究进度安排，于 2023 年年底提出欧洲空间局的商业化空间太阳能电站概念方案；2025 年年底将重点开展在轨验证任务系统的深入研究和主要关键技术研发，并对环境、健康及安全性方面开展研究，提出欧洲空间局后续在轨验证计划，提交欧洲空间局部长理事会审议，支持在轨验证任务的开展。

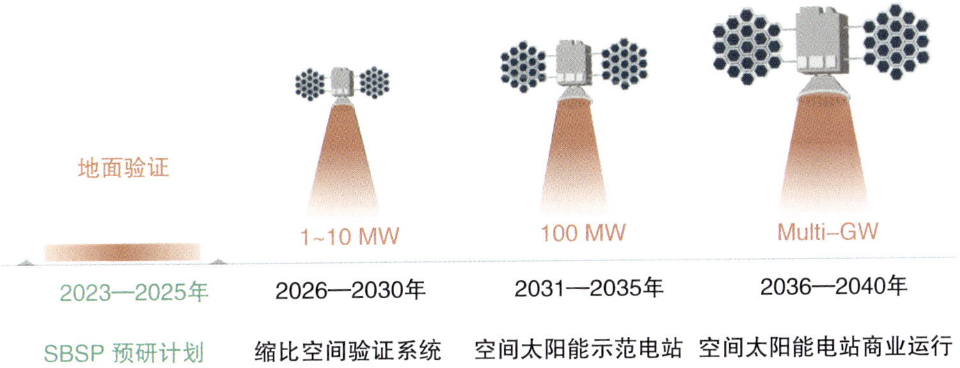

图 23 欧洲空间局空间太阳能电站发展建议

2023 年 5 月，EMROD 在国际宇航联合会（IAF）2023 年气候变化全球空间会议（GLOC 2023）上展示了其天基无线电力传输架构。该系统名为 “全球能源矩阵”（WEM），是一个利用无线电力传输技术向地球或近地空间设施供电的卫星系统。WEM 为解决可再生能源供需不匹配问题提出了一个解决方案，它将全球的可再生能源发电商和消费者连接起来，使发电资产的布局更加优化。

EMROD 展示了其与欧洲空间局、空中客车公司和 Technocarbon 公司合作开发的天基太阳能发电（SBSP）应用技术。图 24 所示是在空中客车公司的慕尼黑基地的 EMROD 室内演示系统，使用直径为

1.92 m 的方形相控阵发射天线和同样大小的接收天线，以 5.8 GHz 的频率将电能无线传输到 36 m 以外的地方。

图 24　空中客车公司慕尼黑基地的 EMROD 演示系统

作为欧洲首次为天基太阳能应用进行的远距离无线能量传输演示，此次活动是欧洲空间局拟议的天基太阳能预先研发计划（SOLARIS）的基础。EMROD 准备在 2025 年开展更大规模的试点项目。

在 ESA 支持下，Sirin orbital system AG 联合卢塞恩工程与建筑学院（Hochschule Luzern）开展了毫米波无线能量传输系统研究，主要探索毫米波无线能量传输为月球车供电的可行性。旨在设计实现高效的 WPT 波束和天线以及整流电路和毫米波放大电路。工作频率 35 GHz，验证的实验系统照片如图 25 所示。

图 25 毫米波 WPT 实验系统

2.2 国内研究进展

2.2.1 水平方向微波无线能量传输试验

2021 年，中国空间技术研究院西安分院在民用航天预研项目“太空发电站系统技术”支持下，完成了固态相控阵体制微波能量传输系统验证试验，发射功率达到了 920 W，传输距离为 30 m，接收输出的直流功率约 37 W，微波能量传输试验系统如图 26 所示。

图 26 微波能量传输试验系统

该院的微波能量传输系统中，能量波束指向控制采用基于导引信号 DOA 测量的软件化方法，其原理框图如图 27 所示。导引信号采用 2.45 GHz 连续波，导引信号 DOA 测量采用二维相位干涉方法，在俯仰和方位 2 个方向上各利用 3 副天线形成的长短基线实现来波方向精确测量。然后中心控制计算机以来波方向为波束指向计算微波能量发射阵列的相位控制码，将相位控制码传输到微波功率通道中的移相器，移相器执行控制码将微波能量波束沿导引信号来波方向回溯。西安分院这套微波能量传输试验系统在暗室实现了 30 m 的微波能量传输，波束指向精度达到 0.266°。

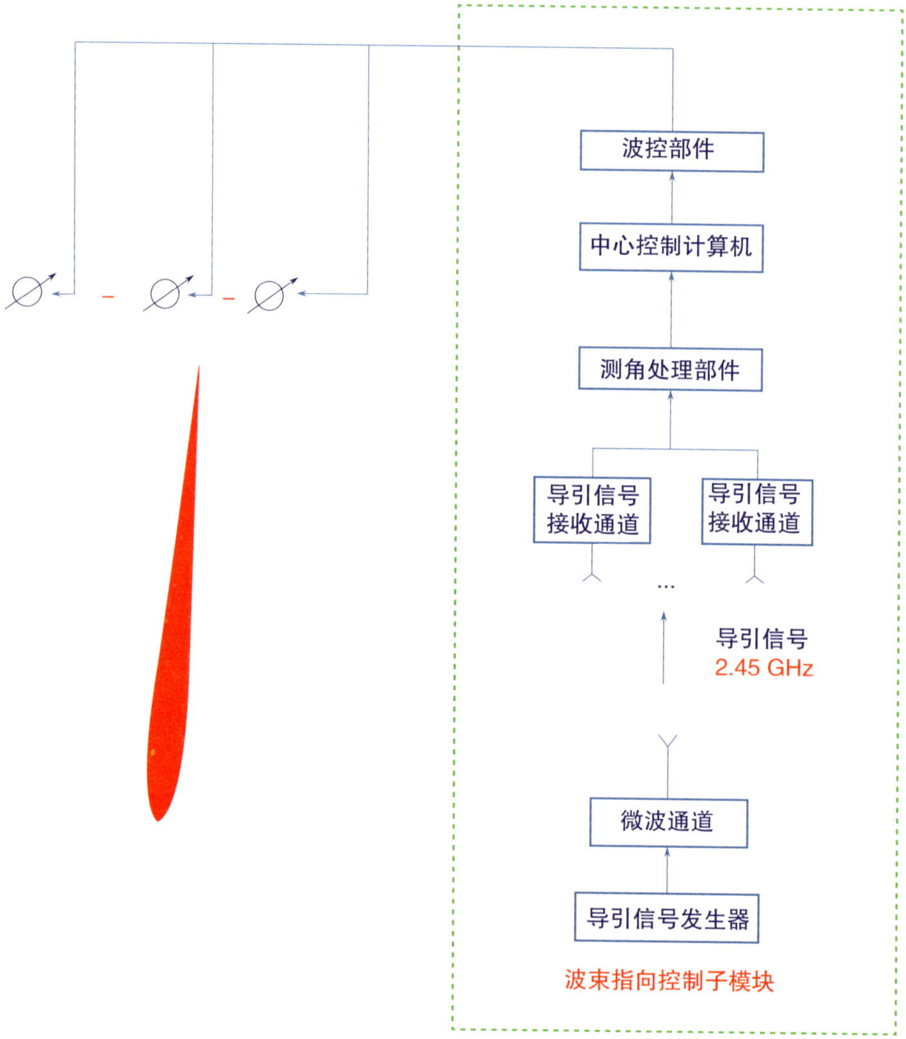

图 27　软件化波束指向控制原理框图

导引信号 DOA 二维测量天线的排布如图 28 所示，在方位向（x 向）和俯仰向（y 向）各设置 3 副 S 频段接收天线，共 5 副接收天线形成“L”构型，长基线长度是某一维度上相距最远的接收天线之间的距离。研制并集成到微波能量传输系统的基于导引信号的软件化反向波束控制装置如图 29 所示，测角精度可以达到 0.04°，为波束控制提供了合理的输入条件。

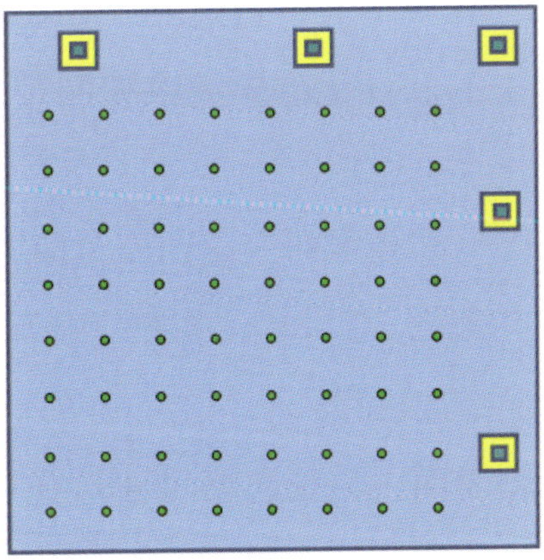

图 28　二维测角天线排布

图 29　基于导引信号的软件化反向波束控制装置

微波能量波束控制模块根据导引信号 DOA 测量结果，生成移相器的控制码，微波能量发射阵列中的移相器执行控制码，调整波束指向要求的方向。针对微波能量传输系统的特点，科研团队提出从波束跃度和指向误差两个方面评估微波能量指向精度问题：软件化反向波束控制在采用虚位控制方式时可达到 0.239° 的跃度，在常规控制方式下可达到 0.334° 的跃度；在发射阵列法线方向波束指向误差达到 0.06°；偏离法线方向后，误差有所增大，也达到了 0.266° 的精度。西安分院的微波能量试验系统中的软件化方向波束控制装置实现的技术指标与国际先进水平相当。

2023 年 8 月，中国空间技术研究院西安分院开展了 30 m 传输距离的微波能量传输试验，如图 30 所示，系统工作频率为 5.8 GHz，发射天线采用子阵激励的固态相控阵，口径尺寸为 1.2 m × 1.2 m，整流阵列采用非均匀序整流超表面，口径包络尺寸达到 2 m × 2 m，发射功率达到 890 W，接收整流功率达到 36 W，波束指向控制精度达到 0.3°。该试验是国内第二次“收—发—控”一体的全功能试验验证。

图 30　全功能 30 m 距离微波能量传输试验系统

2023 年年底，电子科技大学和中国空间技术研究院西安分院联合开发了毫米波能量传输系统整流表面，并基于此开展了毫米波能量传输试验验证（图 31），研制的整流天线阵列工作频率采用 35 GHz，尺寸为 15 cm × 15 cm，单元整流效率均大于 55%。当天线的功率密度为 8 mW/cm^2 时，整流天线阵列的输出功率达到 612 mW，效率大于 40%。该试验是微波能量传输向更高频段发展的创新探索，为远距离大功率毫米波能量传输系统提供了技术支撑和参考。

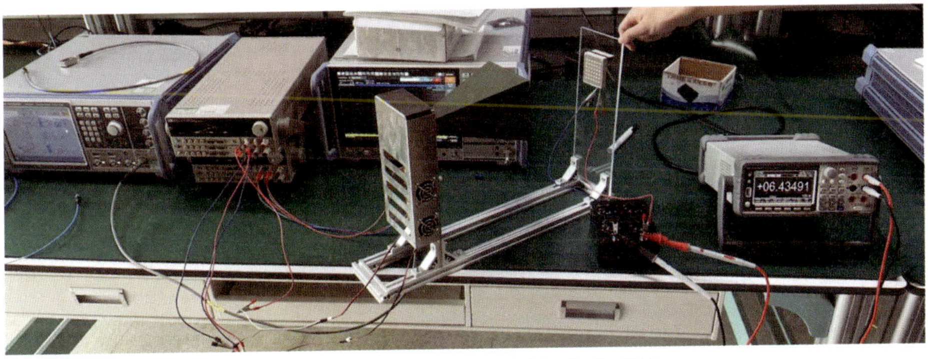

图 31　毫米波能量传输试验系统

2.2.2　垂直方向微波无线能量传输试验

2022 年 6 月，西安电子科技大学结合逐日工程发展计划，开展了空间太阳能电站全链路能量转换和传输试验，采用垂直传输模式，发射端用塔索结构悬吊在空中，接收端铺排在地面，如图 32 所示。该系统的微波能量传输系统传输距离 55 m，工作频率 5.8 GHz，发射天线口径为 1.2 m × 1.2 m，整流天线阵列口径为 5.2 m，波束收集效率达到 87%，传输效率达到了 15%。波束指向控制采用阵面机械扫描方式。

图 32 西安电子科技大学空间太阳能电站全链路验证系统

逐日工程试验系统微波能量发射阵列如图 33 所示，采用 177 个发射通道，每个发射通道激励 2×2 的辐射单元组，辐射效率较高；发射通道的功率等级分为 4 类，形成阵面锥削，有利于降低副瓣。有源阵列采用风冷，并加装翅片散热器。全阵发射功率为 2080 W，接收端可截获 1810 W，整流输出功率可达 730 W。

(a) 微波能量发射阵面　　(b) 微波能量发射阵列分解图

图 33 逐日工程试验系统微波能量发射阵列

2024 年年初，重庆大学利用车载能量发射和移动飞艇接收完成了微波能量垂直传输，如图 34 所示，传能工作频率为 5.8 GHz，微波能量发射阵列采用机械扫描方式，传输距离 106 m，微波发射功率达到 1200 W，艇上接收整流功率为 138 W。

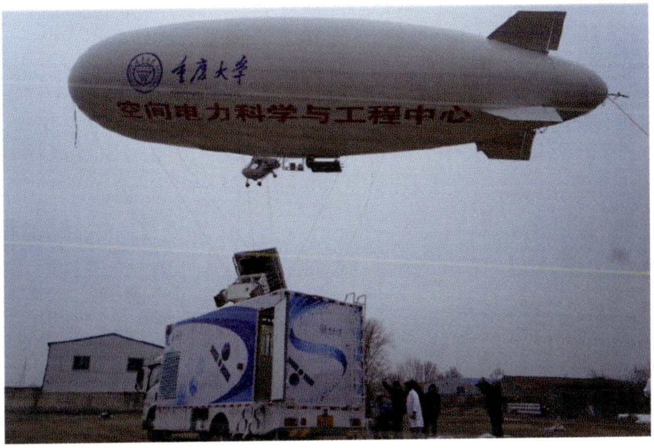

图 34　移动式微波能量传输试验系统

微波能量传输的单项支撑技术仍然是发展的重点。在能量波束形成方面，重庆大学利用全金属惠更斯超表面（图 35）实现了波束远场聚焦和近场聚焦，甚至预期可以实现三维螺旋波束，从而适应不同的应用场景。研究者还指出，这种全金属的结构可以降低成本，提高可靠性。

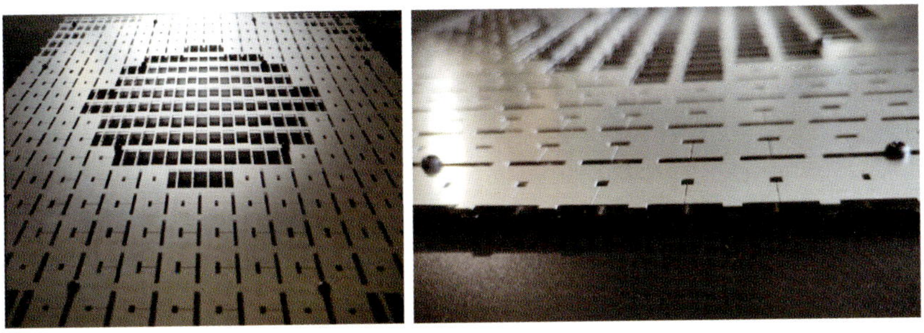

图 35　全金属惠更斯超表面

此外，四川大学围绕微波能量发射端开展了超导超增益天线、平顶波束天线、非衍射波束天线等研究，在高温超导超增益天线方面研制了 S 频段，比传统天线的理论增益高 2 dB，表现出超增益特性。

2.2.3 小结

2023 年，国防科工局组织开展空间太阳能开发与利用发展规划论证工作，形成了一系列论证成果，也激发了国内对远距离大功率微波无线能量传输技术的持续研究。

微波能量传输系统级演示验证是当前发展的重点，尤其是在轨试验验证更成为国际瞩目的热点。国内先后启动了几个在轨验证论证项目，2023 年开始的空间太阳能电站双星微波无线传能验证由商业航天公司牵头总体，由西安电子科技大学和中国空间技术研究院西安分院进行微波传能载荷联合设计，形成了试验流程规划和载荷设计方案（以星间传输为主）。2023 年下半年启动的空间太阳能开发与利用演示验证设想则由五院牵头总体论证，由中国空间技术研究院西安分院进行微波传能分系统设计，形成了星地和星间微波能量传输分系统方案（以星地传输为主）。除此之外，重庆大学在试验验证卫星中也规划了微波能量传输验证任务。目前，这些在轨验证项目都处于论证过程中。

为了简单对比国内外发展的差距，表 3 列出了国内外开展的微波能量传输试验所采用过的模式，这反映了试验的充分性和丰富性。与 2023 年相比，中国增加了地对空的垂直传输试验模式。

表 3　国内外微波能量传输试验模式对照表

传输模式		国外试验	国内试验
地面水平传输模式		√	√
地面垂直传输模式	地对空	√	√
	空对地	√	√
空间传输模式	星上	√	×
	星间	√	×
	星地	×	×

可以看出，国内外微波能量传输技术发展存在以下几个方面的差距：

1）国外试验的能量传输模式更加丰富。他们充分利用无人机、气球、低轨卫星、子母火箭等平台，开展了多种模式的微波能量传输试验，而国内传输试验模式少得多。多模式能量传输的验证一方面可以及时利用各种条件，对微波能量传输进行技术验证；另一方面也反映了该技术丰富的应用可能性。

2）国外试验系统的技术成熟度更高。他们已经利用子母火箭、空天飞行器、低轨卫星进行了在轨飞行试验验证，说明他们的设备已经能够初步适应空间环境的要求。

3）国外在轨试验系统涉及的研究内容更加丰富。在早期日本开展的空间在轨试验中，不仅验证了微波能量传输技术，还研究了大功率波束与地球电离层的相互作用。

2.3　学术会议

2.3.1　香山科学会议

2022 年 8 月 15 日—16 日，香山科学会议第 717 次学术讨论会在北京香山饭店成功召开，会议以“远距离大容量连续无线功率传输的科学与技术问题”为主题，围绕“远距离无线功率传输的应用场景及科学问题”“连续大容量无线功率传输关键技术与前沿”和“无线功率传输的核心器部件技术的挑战与进展”等3项中心议题进行了集中讨论，深入分析了“连续高功率微波无线传能技术的最新进展、发展趋势及应用前景”“空间太阳能电站微波功率传输的发展方向”以及“空间微波功率部件集成的创新研究”等技术问题，深化远距离大容量连续无线功率传输技术的应用场景与应用模式，优化完善我国技术发展路线图，确立关键节点和阶段性目标，有步骤地实施气球阵平台演示验证、平流层太阳能电站、空间太阳能电站的研发工作；强化远距离大容量连续无线功率传输技术对空天太阳能电站的支撑，树立我国航天强国形象，支撑我国基础能源的安全发展战略。与会专家立足自身的专业领域，深入思考，平等交流，热烈研讨，自由碰撞，对高效推动远距离大容量连续无线功率传输研究形成了重要共识，提出了有益建议。

2.3.2 第74届IAC大会

2023年10月2日—6日，第74届国际宇航大会（International Astronautical Congress，IAC）在阿塞拜疆首都巴库召开，本届会议由国际宇航联合会（IAF）和阿塞拜疆共和国航天局共同举办，会议主题是“全球机遇与挑战：给太空一个机会”（Global Challenges and Opportunities：Give Space a Chance）。

中国空间技术研究院西安分院董士伟研究员参加了“无线能量传输技术与应用”分会场会议并宣讲学术报告，介绍了微波能量传输4阶段空间验证过程顶层参数的演进，建议采用相对量化参数来描述这一过程，并据此指出每一阶段要发展的关键技术。在这次分会场，听取了 JAXA 的 Tanaka 教授报告的无线能量传输技术在轨验证中精确波束控制试验的任务设计，结合 OHISAMA 项目介绍了软件化反向波束控制系统；韩国 KERI 的 Sang-Hwa Yi 教授介绍了 LEO 空间太阳能电站的微波能量发射阵列的远程标定，基于原有的旋转电场矢量法（REV）提出了单元间测量法（MTE ），可实现阵列的远程自动化标定；意大利 Suncubes 公司介绍了太阳同步轨道星座激光能量传输在轨能源服务设想；阿塞拜疆宇航公司的 Sakit 介绍了星地微波和激光能量传输技术的应用场景和优劣对比，Zarifa 介绍了电容耦合、微波、激光、超声等无线能量传输技术的发展情况和优劣对比。

2.3.3　中国宇航学会空间太阳能电站专业委员会 2023 年学术交流会

2023 年 10 月 29 日—29 日，中国宇航学会空间太阳能电站专业委员会 2023 年学术交流会在扬州召开。中国空间技术研究院科技委主任委员李明、中国工程院院士段宝岩、中国宇航学会副理事长兼秘书长王一然担任大会主席；中国宇航学会空间太阳能电站专业委员会执行委员王立担任大会执行主席。来自空间太阳能电站领域的 200 余名专家学者、工程技术人员及研究人员现场参会。会议采取大会报告、分会交流与海报展示相结合的方式，围绕空间太阳能电站系统技术、空间超大型结构构建与控制技术、空间高压电力系统技术、无线能量传输技术、高效能量转换器件与材料等方向进行了深入交流与研讨。

在无线能量传输技术分会场，董士伟作了题为《微波能量传输效率链演化与分解》的技术报告，首先综述了已有文献中效率链的分解方法，然后面向空间太阳能电站应用特点，从经典的3因子法出发，突出发射端和接收端的“合成”效应，演化提出了9因子法、17因子法和27因子法，并对其中的关键效率因子进行了阐述和分析。论文应用27因子效率链模型，对微波能量传输系统的效率链和效率因子进行了全面探讨，给出了兆瓦级微波能量传输系统的整体效率预估。

2.3.4 2024年国际无线能量技术会议暨博览会（WPTCE）

2024年5月7—12日，无线能量技术会议暨博览会（WPTCE）在日本京都召开，WPTCE是全球最大的无线电力传输技术研究和行业盛会，由电气与电子工程师学会（IEEE）的两个学会：微波理论与技术学会（MTT-S）和电力电子学会（PELS）联合举办。2018年，这两个会议合并为一个会议，即“无线能量传输会议（WPTC）”。2023年增加了一个行业展览（博览会），并更名为“无线能量技术会议暨博览会（WPTCE）”，成为全球无线电力行业的盛会。WPTCE 2024是第二年采用新的名称召开该会议，此次会议中扩大了行业展览规模。会议为期共四天，与会者来自28个国家和地区共469人，其中参加技术会议381人，研讨会126人。收录文章167篇，口头报告96篇，海报张贴71篇。会议日程设置2篇全会报告，7篇主旨报告，23个主题报告会议，其中包含5个专题研讨会，2个海报张贴环节，另外还在午休间隙举办了3场专家组研讨会、1场工程界女性就多样性和包容性问题问答、主题演讲、专场研讨会等。

受大会主席教授邀请，中国空间技术研究院侯欣宾在大会作了主旨报告，从高功率发电及无线能量传输验证任务背景、中国发展现状、高功率发电与无线能量传输验证任务、总结等四个方面进行了交流。

重点对于国内在近些年的主要活动、主要研究工作、发展路线图建议以及宇航学会空间太阳能电站专委会活动进行了介绍，并重点针对第一阶段在轨技术验证任务进行了较为详细的介绍，包括任务目标、任务描述、任务指标、任务模式、试验流程、微波无线能量传输系统、激光无线能量传输系统等，回答了与会人员的问题，并在会后与国际专家进行了交流。

中国空间技术研究院西安分院王颖和赵卫岗分别作了口头报告，对微波功率波束指向误差进行了分析和分解，并根据影响占比对软件反向波束指向各因素进行折中，最后通过实验进行验证。为了在大规模能量发射阵列过程中精确测量电场矢量，提出了一种电光微谐振器的光子天线，可以用作电场矢量探测器并避免电磁干扰。借助于此高精度的微波场探测器，可以精确且不受干扰地勾勒出来自超大规模相控阵天线的远场电磁场分布情况。并同与会各国学者就报告内容进行了学术方面的讨论。

2.3.5　2024 年中国航天大会空间太阳能电站专业论坛

2024 年 4 月 23 日，2024 年中国航天大会“空间太阳能电站专业论坛”在武汉国际会议中心成功举办。论坛以“空间太阳能电站与商业航天”为主题，聚焦空间太阳能电站应用前沿并与商业航天结合，探索空间太阳能大规模开发和利用的新模式和多元化发展途径等，邀请多位专家作了精彩的论坛主题报告。李明研究员和王立研究员分别主持了报告和圆桌会议环节。

中国空间技术研究院钱学森空间技术实验室研究员任迪和王立分别作《太空经济发展展望》和《空间太阳能电站的经济性与产业链构

成分析》报告、北京紫微宇通科技有限公司张晓敏作《基于空间太阳能电站开发与利用的太空文旅》报告、蓝箭航天空间科技股份有限公司王岩作《可重复运载成本分析与发展趋势》报告、北京无限光辉空间能源有限公司李涛作《空间太阳能电站商业开发前景分析》报告。董士伟参加了圆桌会议环节的讨论，阐述了通过商业航天项目进行微波能量传输在轨验证的必要性、可行性。

2.3.6 中国宇航学会空间太阳能电站专业委员会2024年学术交流会

中国宇航学会空间太阳能电站专业委员会2024年学术交流会于9月27—29日在西安召开，本次会议由西安电子科技大学团队和本团队承办，会议仍然围绕空间太阳能电站系统技术、空间超大型结构构建与控制技术、空间高压电力系统技术、无线能量传输技术、高效能量转换器件与材料等方向进行交流。在无线能量传输方面，策划了段保岩院士、杨士中院士作大会邀请报告，本团队王立和段崇棣担任会议的执行主席，李正军担任大会学术委员会委员，董士伟在分会场作LEO轨道星地微波能量传输试验方面的学术报告。

2.3.7 第八届无线传能与能源互联技术论坛

第八届无线传能与能源互联技术论坛于2024年10月25—27日在南京召开，无线传能与能源互联技术论坛是由中国电子学会（化学与物理电源技术分会）发起，本次论坛分为六个主题：光学无线传能技术、电磁波无线传能技术、局域近场电能无线传输技术、能量-信息共传与互联技术、创新应用与技术展望。大会邀请本领域的权威人士、专家学者就无线传能和能源互联领域的最新研究成果、学科前沿发展及研究热点等作大会报告和专题报告，为业内提供一个展示技术创新、推动技术应用、探讨携手合作的开放学术平台。本团队董士伟围绕电磁波无线传能技术和能量——信息共传与互联技术开展交流，并作技术报告。

2.4 文章发表

2.4.1 《International Journal of RF and Microwave Computer-aided Engineering》文章

2022 年 10 月，项目研究团队在《International Journal of RF and Microwave Computer-aided Engineering》(《射频与微波计算机辅助工程国际期刊》)（图 36）发表了题为《Design of a microwave power transmission demonstration system for space solar power station》(《用于空间太阳能电站的微波无线能量传输验证系统设计》) 的文章。文章摘要及相关信息如下：

摘要：为了全面模拟空间太阳能电站的微波功率传输运行模式，设计研制了一套微波功率传输演示系统。该系统以固体功率放大器和相控天线阵为基础，由微波功率发射子系统、微波功率整流子系统和功率波束转向子系统 3 部分组成。验证了波束收集效率与发射天线和整流天线尺寸、传输距离、工作频率之间的制约关系。此外，还演示了高效整流和精确波束对准。功率发射天线由 64 个贴片天线子阵列组成，尺寸为 1.2 m × 1.2 m。

此外，矩形天线阵列是边长为 2 m 的截角方阵，其设计基于完美匹配层和集成整流面的概念。功率波束对准子系统采用反向导引思想，根据导引信号的到达方向将微波波束指向整流天线。

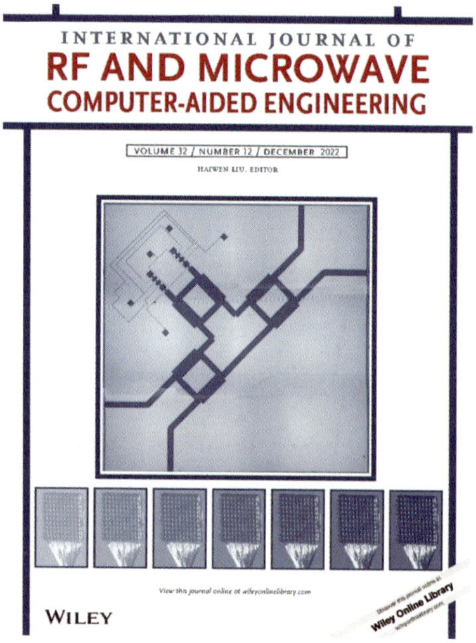

图 36　文章刊发期刊封面

文章信息：WANG Y，WEI G，DONG S，DONG Y，LI X. Design of a microwave power transmission demonstration system for space solar power station［J］. Int J RF Microw Comput Aided Eng.2022;e23523. doi：10.1002/mmce.23523.

2.4.2　其他代表性文章

此外，项目团队还在国际其他重要期刊发表相关科学文章，其中的代表性文章信息如下：

1）李明，董士伟，石德乐 . 远距离大容量连续无线功率传输的机遇与挑战［J］. 中国空间科学技术，2023，43（3）：1-13.

2）DONG S W，et al. Decomposition and compromise of microwave power beam steering error［C］. 2024 IEEE Wireless Power Technology Conference and Expo（WPTCE），Kyoto，Japan，2024：110-113， doi：10.1109/WPTCE59894.2024.10557354.

3）WANG X，ZHANG H Q，DONG S W，et al. Theoretical and experimental studies of retro-reflective antenna array for microwave power transmission from space solar power satellite to earth［J］.Space Solar Power & Wireless Transmission，June 2024，https：//doi.org/10.1016/j.sspwt.2024.05.002.

4）ZHAO W，SU X，WANG Y，GAO F，DONG S，DUAN C. Realizing interference-free far-field measurement of larg-scale emission arrays with photonic antennas［C］. 2024 IEEE Wireless Power Technology Conference and Expo （WPTCE），Kyoto，Japan，2024.

5）SU X，ZHAO W，DONG S，WANG Y，WANG Y，WANG W，DUAN C. Position and attitude error forecasting technology of microwave power transmission arrays for space solar power station［C］. 2024 IEEE Wireless Power Technology Conference and Expo （WPTCE），Kyoto，Japan，2024.

3 策划与建议

3.1 工作策划

3.1.1 学术交流

团队为远距离无线能量传输策划了一系列学术交流活动，包括筹办的和参加的。

2025 年国际无线能量技术会议暨展览会（WPTCE）将于 2025 年 5 月在意大利罗马召开，主题仍然包括微波能量传输、近距离电磁能量传输、激光能量传输等。本团队计划组织3~4篇论文，并按流程要求报出访计划，持续参加国际高水平学术交流活动。

3.1.2 技术深化

团队在远距离无线能量传输技术的研究主要集中在3个方面：即高集成度微波能量发射天线、高精度微波能量波束指向控制、高效微波功率转化。

如前所述，高密度集成微波功率发射阵列是实现空间大规模功率传输系统的前提，目前具有潜质的先进集成思想如多功能结构、薄膜集成相控阵等还存在技术困难。多功能结构思想应用于大规模微波功率发射阵列时面临的问题是：连续波工作模式引起热管理条件更为严苛，阵列口径尺寸增大后，阵面形状保持难度急剧增大，等等。对于SAR系统，发射信号的占空比一般为5%~20%，平均发射功率密度并不高，可知微波能量发射阵列的发热密度也比SAR天线高1~2个数量级，这对热管理是巨大的挑战。目前SAR天线的口径尺寸已达20 m，但空间微波功率发射阵列口径尺寸将达1000 m，在如此大的尺度上保持阵列型面，而且采用分布式控制，这是又一个挑战。同时多功能结构有源相控阵本身的支撑技术，如多功能综合背板的开发、结构内三维互连，也存在一些挑战。采用薄膜相控阵设计方案开发微波功率发射阵列地面样机已经取得重要成功，性能指标非常优异。但进一步结合空间应用系统还存在如下挑战：首先是与聚光、光伏集成后，模块的剖面显著增大，阵列的折展难度显著提高，同时折叠后体积增大，也对运载提出更高要求；其次是薄膜结构的柔性更强，构建的大口径天线阵列表现出更明显的型面不稳定性，对阵列姿态控制提出更高要求；最后，适应薄膜有源阵列的柔性电子技术发展还存在明显差距，对薄膜相控阵的集成工艺提出了挑战。

软件化方向回溯是将导引信号来波方向测量和相控阵波束指向控制结合起来、基于数字信号处理的方法。软件化方向回溯的指向精度取决于相控通道的数量和相位偏差特性，是一种规模随适的技术途径。未来的研究需针对大规模传能的大口径阵列开展结构模块姿位偏差测定、补偿，及基于此的反向波束控制技术研究。按当前的考虑，GEO轨道兆瓦级电站和吉瓦级电站的发射阵列包含的结构模块数量分别为1600个和50000个左右，柔性特性非常明显，发生结构模块的姿位偏差是必然的。在软件化反向波束控制过程中，必须对这些姿位偏差进行补偿，而姿位偏差的测定则是补偿的前提。

无线功率转换器件已经取得重要进展，甚至接近满足应用系统要求，但要最终满足应用需求，仍需不同层面的突破。首先是高效固态微波功率放大器。距离应用系统要求的80%~85%的转换效率还有不小差距，虽然当前国际水平已经达到79%，但该指标仅指末级功放的转换效率，而非整个功率通道的效率。一方面需要继续提升末级功放的效率，另一方面驱动功放也要进行效率增强，此外还要尽量降低微波功率通道的损耗。再次是微波整流器件，当前国际水平91%的转换效率可以满足应用系统要求，但需要进一步开展的工作，一是提高工作频率，上述效率是在2.45 GHz获得的，但该频率对于大多微波功率传输系统是不够的，C频段、X频段甚至毫米波功率传输都要求在更高频率上获得同样的效率；二是向产业化发展，对成功的设计方案需要固化下来，进一步与工业界合作，实现批量制造，并提高成品率。大功率整流的回旋波整流器也需要投入一些研究，但国内研究基础都不够，试验验证条件高，这对研究提出了重要挑战，需要开展国际合作。激光功率传输功率转换器件的挑战首先体现在激光器上。对于空间激光器，目前的主要挑战是如何把高能激光器集成进对重量、体积敏感的空间飞行器平台上，并能够在空间环境中正常运转。研制具有足够大功率、光束质量好、适于激光功率传输使用的小型化、轻质化高能激光器，是空间激光功率传输装备的关键。激光功率传输功率转换器件的挑战还体现在激光电池上。单片激光电池经封装、内部连接形成激光电池阵列组件，面临的挑战是：组件中电池占空比偏低；组件的散热能力不足。

3.1.3 项目申报

就上文谈及的技术深化，需要在相关部门的支撑下开展针对性研究，本团队根据项目研究的性质，策划在自然科学基金、民用航天、重点实验室基金等途径进行项目申报（表 4）。

表 4　项目申报计划

编号	项目主题	申报途径	主要研究内容	申报时间
1	高集成度多功能有源集成阵列	民用航天	继续提高微波能量发射阵列集成度，降低质量面密度	2026 年
2	基于模块姿位偏差测量与补偿的能量波束指向控制	民用航天	发展面向大口径发射阵列的反向波束控制	2026 年
3	能量与信息协同传输	自然科学基金	拓展微波能量传输，开展交叉方向研究	2025 年
4	高效微波功率放大器	重点实验室基金	提升功率转换效率	2024 年

3.2 发展建议

在战略发展方面，针对空间远距离无线能量传输的研究之前一直由科工局支持，团队将团结参与论证的科研力量，在科工局组织下继续开展发展规划论证和技术项目研究；同时建议在中国宇航学会空间太阳能电站专委会层面成立频率问题专题工作组，开展适用频率研究、频谱资源申请等工作，并适时与国际电信联盟（ITU）协调；团队推动将空间太阳能发展战略向国家能源局等职能部门推介，在我国双碳战略背景下，争取将关注空间太阳能的开发与利用以及远距离无线能量传输技术列入国家发展规划。

在人才培养方面，目前国内专职从事远距离无线能量传输的团队不多，高层次人才少，没有该专业方向的国家自然科学基金杰青、长江学者、卓越青年等以上层次的领军人才。建议本方向积极培育人才储备，也向相关部门积极推荐，早日产生领军人才。建议以目前专注无线能量传输技术研究的几所高校为教育基地，培养高质量硕士和博士研究生、博士后，形成强大的人才后备；建议建立研究院所相关团队的稳定队伍，不断增强人力投入。

在项目支持方面，在空间太阳能电站的发展论证和项目研究中，各方都有共识，即远距离无线能量传输是系统最重要的关键技术，也是此类系统独有的支撑技术，但在资金投入上对该方向的投入并不突出。而远距离无线能量传输对系统规模的约束恰恰要求大的资金投入。建议在后续计划中，单独提出远距离无线能量传输技术的研究课题，保证研究投入。

在技术研究层面，需加强无线功率传输理论研究和广泛研讨；要关注商用需求的牵引和民营企业的兴趣；应着手制定和更新无线功率传输技术的发展规划和路线图；应站在功率传输系统角度进行性能优化，拓展多点对一点、多点对多点等功率传输模式，牵引器件、材料层面的研究；规范空间无线功率应用的频谱使用资源；国内的研究比较分散，可以策划开展全国性的大协作；在国家部委层面谋划大项目；集中精力突破关键技术，早日实现典型应用；建立规范的无线功率传输技术指标体系和性能评估方法；关注系统和技术的仿真优化软件的开发工作；对于收发两端同时运动、动中一对多等复杂场景，功率波束指向控制的信号体制、信号相位噪声影响等问题值得深入研究；对于各种应用，关注功率器件面临的动态问题；将有源器件可靠性作为微波功率传输面临的挑战之一；可以利用将建成的环境模拟器开展星地传能环境影响机制研究；对于各种应用，关注功率器件面临的动态问题；对于空间太阳能电站应用，需要协调空间太阳能电站传输的电力特性与地面电网接口的匹配性，重视空间微波功率发射阵列的大型结构和柔性控制问题；重视无线功率传输相关的电磁兼容（EMC）问题研究，以支撑技术应用和推广的可行性。

附 1　研究预期进展路线图

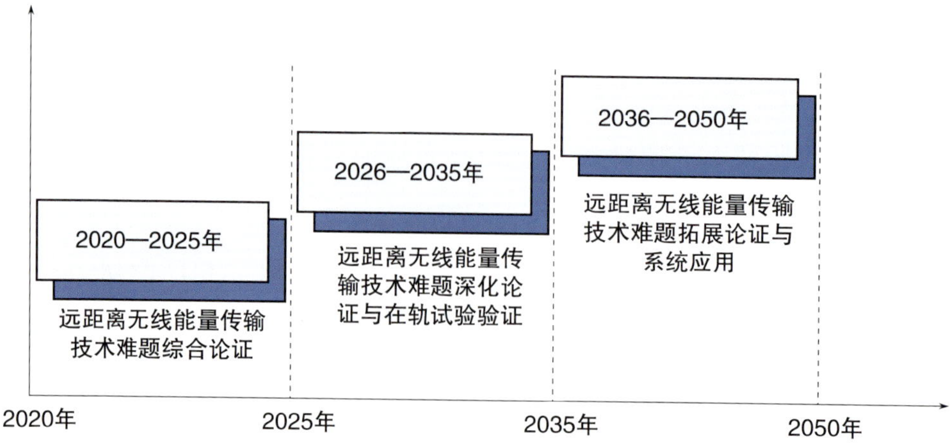

附 2　参考文献

[1] URSI Inter-Commission Working Group on SPS. URSI white paper on solar power satellite (SPS) systems. September，2006，http：//www. ursi. org.

[2] GLASER P E. Power from the Sun：its future [J]. Science，1968，162：867-886.

[3] BROWN W C，EVES E. Beamed microwave power transmission and its application to space [J]. IEEE Trans. Microwave Theory Tech.，1992，40（6）：1239-1250.

[4] SASAKI S，TANAKA K，MAKI K. Microwave power transmission technologies for solar power satellites [J]. Proceedings of the IEEE，2013，101（6）：1438-1447.

[5] SHINOHARA N. Recent wireless power transfer technologies via radio waves [M]. Gistrup，Debmark，River Publishers：2018.

[6] RODENBECK C T，JAFFE P I，STRASSNER B H II，et al. Microwave and millimeter wave power beaming [J]. IEEE Journal of Microwaves，2021，1（1）：229-259.

[7] SASAKIA K，MACHIDA H，IJICHI K，et al. The outline and the current status of the power transmission system development project for the realization of the SSPS [C]. Proc. of 73rd International Astronautical Congress（IAC），Paris，France，18-22 September 2022.

[8] HOMFRAY D A. The space energy initiative—the UK approach to developing Space Based Solar Power [C]. Proc. of 40th annual International Space Development Conference（ISDC），Arlington，U. S. A.，26-28，May，2022.

[9] 李明，董士伟，石德乐 . 远距离大容量连续无线功率传输的机遇与挑战 [J]. 中国空间科学技术，2023，43（3）：1-13.

[10] SUMMERER L，VIJENDRAN S，CARPENTER J，et al. ESA activities towards space-based solar power [C]. Proc. of 40th annual International Space Development Conference（ISDC），Arlington，U. S. A.，26-28，May，2022.

[11] HOU X. Development status of SPS in China [C]. Proc. of 40th annual International Space Development Conference（ISDC），Arlington，U. S. A.，26-28，May，2022.

[12] WAN S，HUANG K. Methods for improving the transmission-conversion efficiency from transmitting antenna to rectenna array in microwave power transmission [J]. IEEE Antennas Wireless Propag. Lett.，2018，17（4）：538-542.

[13] DONG Y，DONG S W，WANG Y，et al. Focused microwave power transmission system with high-efficiency rectifying surface [J]. IET Microw Antennas Propag. 2018，12（5）：808-813.

[14] WANG Y，WEI G，DONG S，et al. Design of a microwave power transmission demonstration system for space solar power station [J]. International Journal of RF and Microwave Computer-aided Engineering，2022；e23523. doi：10. 1002/mmce. 23523.

［15］ZHANG S，LOU S I，WANG W，et al. Analysis and measurement of large circular transmitting arrays for microwave power transmission［J］. IEEE Trans. Antennas Propag.，2023，71（2）：1937-1942.
［16］DONG S，HOU X，WANG X. Retro-directive microwave power beam steering technology for space solar power station［J］. Chinese Space Science and Technology，2022，42（5）：91-102.
［17］LI M，DONG S，SHI D. Opportunities and challenges of long-distance high-capacity continuous wireless power transmission［J］. Chinese Space Science and Technology，2023，43（3）：1-13.
［18］SAIRAJAN K K，AGLIETTI G S，MANI K M. A review of multifunctional structure technology for aerospace applications［J］. Acta Astronaut，2016，120：30-42.
［19］DONG S，DONG Y，LI C，et al. Modular design concept of microwave power transmitting antenna array and its SCS promotion［J］. Advances in Astronautics and Science and Technology，2022，5（1）：3-10.
［20］黄卡玛，卢萍．微波无线能量传输的空间匹配理论［J］．微波学报，2020，36（1）：25-31.

附 3　词汇索引

空间太阳能，无线能量传输，微波能量传输，激光能量传输，整流，波束控制，发射阵列

附 4　研究团队

单位：西安空间无线电技术研究所、钱学森空间技术实验室

研究团队成员：董士伟、王立、王颖、李正军、段崇棣

十　利用月壤资源实现月面原位建造研究进展

【综述】

该技术难题自2022年发布以来，研究工作稳步推进，持续受到国内外同行的广泛关注和认可。利用月壤实现月面原位建造的国际研究热度持续升温，我国探月四期嫦娥八号任务将开展原位资源利用技术试验，有望在月面上首次开展月壤打印，在科学、技术与工程方面均取得显著进展。

在月球上建立安全持久的月球基础设施是人类开展探索与开发活动的基础。针对国际发展态势和我国月球科研站建设的未来发展需求，创新提出了太阳能聚光月壤熔融3D打印全原位月面制造新方法和月面建造新路径；利用我国嫦娥五号（CE–5）采样返回的首批月球样品，开展了原位资源利用方法研究，发现真实月壤与模拟月壤显著不同，为月壤熔融打印提供了重要基础数据；针对异形与复杂组分的真实月壤、高真空与低重力的月面苛刻环境等对月壤原位制造与建造带来的科技挑战，阐明了月壤颗粒运动规律与输运机理、异形多组分月壤熔融与可控成型机理和月壤功能件的月面服役性能演化规律等关键科学问题；突破了太阳能高倍聚光、多力场耦合月壤颗粒可控输运、高能量束月壤熔融致密化成型等关键技术，成功打印了多种尺寸（最大 80 mm × 60 mm × 30 mm）、多类形状（H 型、方形等）的月壤功能件，为月面试验装置的研制奠定了技术基础。

前期成果已在《Research》《Engineering》《Construction and Building Materials》《Advances in Space Research》等期刊上发表多篇研究论文，获得国家自然基金委重点项目“月壤颗粒操控与熔融致密化机理研究”及嫦娥八号任务支持。

1　背景情况

1.1　技术难题问题描述

1.1.1　问题提出

我国在圆满完成“载人航天与探月工程”国家科技重大专项的基础上，正在实施探月工程四期和载人登月任务，未来将分阶段建立月球科研站并开展科学探测和资源开发。以月壤 3D 打印（增材制造）为代表的原位资源利用技术可实现月球设施的原位建造和关键部件的月面原位制造，将大大降低月球探测任务的成本和风险。通过月壤的熔融致密化成型可实现承力结构和月壤储能块等关键功能部件的原位制造，不需消耗大量粘合剂，已成为当前国际前沿热点。目前国内外学者探索了激光、微波、汇聚太阳光等模拟月壤熔融打印方法，但普遍存在疏松、孔洞、裂纹等缺陷，打印样品孔隙度高、致密度差（图 1）。

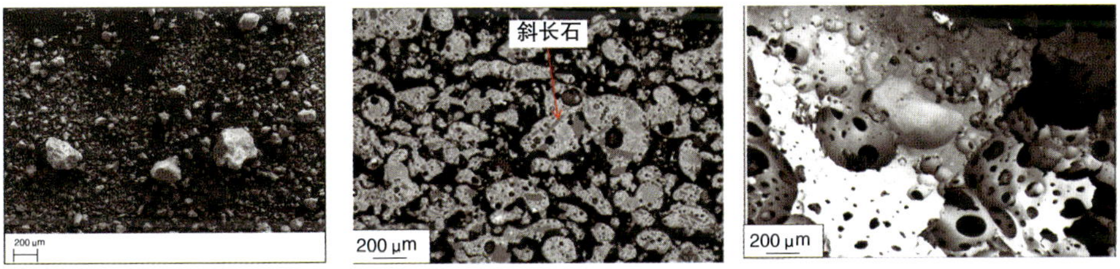

(a) 模拟月壤颗粒　(b) 大气环境3D打印样品　(c) 真空环境3D打印样品

图 1　模拟月壤及 3D 打印样品 SEM 图

项目组获批我国嫦娥五号（CE-5）采样返回首批月球样品，发现真实月壤与当前用于月壤打印研究的模拟月壤显著不同。1）真实月壤是异形、复杂级配的颗粒物质。CE-5 月壤颗粒形态多样，包括针状、棒状、椭圆形和球形，中值粒径约为 55 μm，并带有静电荷。2）真实月壤富含多种矿物、多种相态的复杂组分。CE-5 样品包含辉石（44.5%）、长石（30.4%）、橄榄石（3.6%）、钛铁矿（6.0%）和非晶态（15.5%）。含有大量玻璃珠和独特的由囊状流变玻璃胶结而成的粘合集块岩，表面富含单质纳米铁等特殊成分，是当前模拟月壤缺乏的主要成分（图 2）。

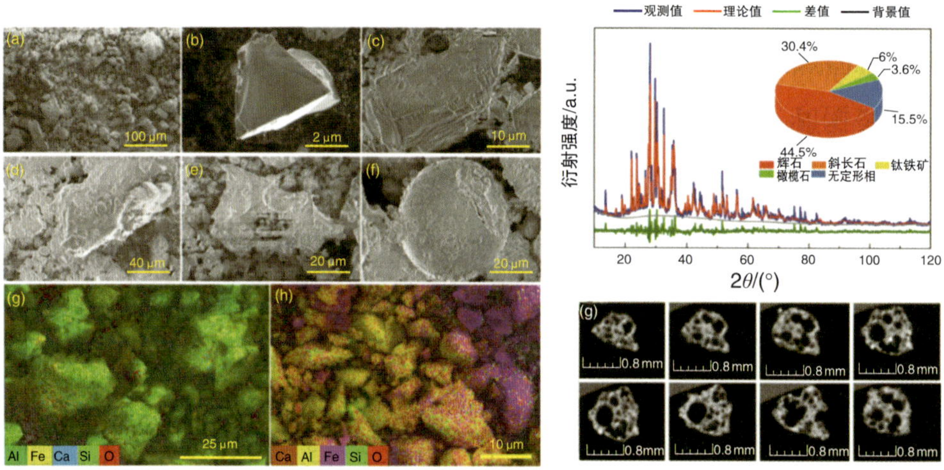

图 2　嫦娥五号采样返回月球样品的真实月壤形貌和组成

我国嫦娥八号将开展月球原位资源利用试验，为月球科研站建设提供技术基础。如何利用月壤资源实现月面原位建造已成为制约后续月球探测任务和资源开发的关键技术难题。

1.1.2　研究重点

月面原位建造是指在月球表面利用原位月壤资源和太阳能资源，通过 3D 打印等方式建设路面、道路、防护结构、储热结构等基础设施。月面原位建造将为在太空长期居住提供固定场所，是实现月球开发和走向更深远太空的基础。

利用月壤资源实现月面原位建造亟须突破月壤精确可控送粉、熔融凝固过程控制两个制约致密成型的瓶颈问题。项目组通过国内外研究现状分析、前期模拟仿真和探索性实验发现，由于月壤材料的独特性和月面环境的极端性，月壤 3D 打印致密化成型过程涉及真空条件下的复杂颗粒流动、多组分高温相变等新问题和新挑战，具体包括以下四个方面的内容。

1）操控月壤精确送粉是致密化成型的基础，亟须突破月壤颗粒操控与输运机理关键问题。月壤颗粒具有异形、多粒径级配及带电特征，要实现“定向、定量、堆积可控”，需探索场力作用下的月壤堆积特性、单颗粒运动规律、碰撞与粘附特性、颗粒体系动力学等基础问题，这对颗粒动力学研究带来新挑战；尚需在明晰机理的基础上，发展月壤精确可控送粉新方法。

2）控制月壤熔融凝固过程是致密化成型的核心，亟须突破月壤多组分熔融凝固机制关键问题。具有多组分特征的月壤材料在高温下形成具有宽沸点分布的多元非共沸混合体系，在真空环境下极易形成大量气泡并最终成为气孔缺陷；同时月壤熔体呈现与玻璃材料相似的粘流态特征，其粘度高且随温度变化数个量级，对致密化成型有重要影响的月壤颗粒熔融合并与熔池动力学、熔体的铺展动力学与浸渗机理尚缺乏研究。

3）缺陷控制是致密化成型的手段，亟须突破月壤制件缺陷形成的热参数效应关键问题。由于月壤粘性、表面张力等关键热物性具有大温变特点，其高质量熔合面临非常窄的热参数窗口，需量化分析送粉量、粉末流态、光功率、光斑大小和扫描速率等对缺陷形成和致密度的影响，平衡月壤熔化合并、气泡产生与释出、熔体铺展浸渗等过程，实现致密化成型。

4）月壤制件的缺陷演化是决定其长期服役性能的关键，亟须突破极端环境下月壤制件的服役性能和缺陷演化机制。目前，月壤制件中的缺陷在受力、极端环境等影响下的演化过程尚不明晰。认识月壤制件中关键缺陷类型在不同工况下的演化机制，对未来月球基地的长期运行至关重要。

1.2 应对方案介绍

1.2.1 技术方案

月球建筑设施的结构必须能够承受太空严酷的环境考验，如极限温度、高真空、宇宙射线、太阳粒子辐射、太阳风以及持续不断的微小陨石撞击等。在月球上建立安全持久的月球基础设施是开展可持续探索活动的基础。

受月壤材料、极端环境、设备规模、航天员参与等多方面的限制，必须变革地面建筑方式，创新开展月面原位建造技术研究。可能的实施途径包括基于星壤材料的 3D 打印（增材制造）成型、基于月球地形的地下或半地下基地挖掘建造技术，以及利用预成型星壤砖进行拼装建造等方式。可移动的 3D 打印平台配备月壤采集、筛选、处理、输运、打印等系统，将有望实现月壤原位建造。月壤 3D 打印可实现月球基础设施的原位建造，将有效降低任务的成本和风险，是当前月面建造的主要技术方向。根据所用添加材料的不同、成型过程及方法的不同，基于星壤原材料进行基础设施建设主要包括月壤混凝土挤出、月壤粘接、月壤烧结 / 熔融等技术路线。

月壤混凝土挤出固化成型技术是采用月壤基水泥材料进行3D打印的建造技术，所采用的原材料是由月壤与粘合剂混合而成的浆料。预先混合形成的浆料通过3D打印装置的喷嘴挤出到打印位置，而后浆料固化成型。重复挤出固化过程，通过逐层累加形成最终打印制件。月壤材料本身熔点较高，将月壤与粘合剂混合，可通过控制粘合剂的固化，实现月壤材料的沉积成型。

月壤粘接成型技术则是将液体粘合剂直接喷射到月壤颗粒层上，液体粘合剂将在颗粒层表面润湿，并在毛细作用下向颗粒层内部渗透，在粘合剂液滴对颗粒材料的润湿和渗透过程中伴随着液滴对粉末的固化。通过重复供粉、粘合剂喷射、固化等过程，逐层进行打印成型。

月壤混凝土挤出和月壤粘接技术依赖从地球携带的大量粘合剂，昂贵的太空物资运输成本成为制约其发展的重要因素。月壤烧结/熔融技术以原位月壤为原材料，通过施加能量束进行选择性地烧结或熔化月壤粉末层区域，按照预设轨迹打印成型，从而创建预期形状的结构或者进行实体填充。激光、电子束、离子束、微波、太阳辐射等均可作为能量输入进行月壤原材料热成型处理。

要在月球上实现真正意义上的原位3D打印建造，可使用的原位材料只有原位月壤及月壤提取物，能量来源只有太阳光。同时，建造过程还受到太空极端环境的多重制约。在月面上就地取材，利用太阳能源，采用月壤资源，通过全原位的方法在月球上开展月壤打印，并以此为基础开展月面建造，是人类在另一个星球建设家园征程的起点。作者团队提出的太阳能聚光熔融月壤打印技术可成为月球基础设施建设的重要途径（图3），通过有效利用太阳光和原位月壤可大幅减少从地球到月球的发射质量，显著降低月球基地的建设成本。

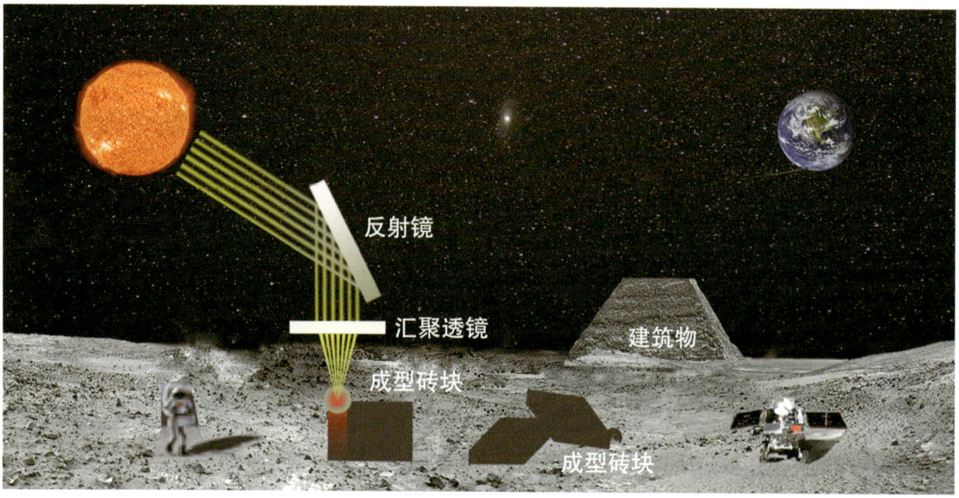

图 3　太阳能聚光熔融月壤 3D 打印概念方案

1.2.2　关键技术

利用月壤实现月面原位建造的关键技术为月面极端环境下月壤材料成型控性技术。受月面极端环境及月壤特种材料的复杂级配、带电特性等影响，现有机械、振动、气力输运等传统粉体控制技术面临颗粒团聚、悬浮、粘壁、堵管等难题，亟须突破月面极端环境下月壤颗粒精准输运关键技术瓶颈。多组分月壤特种材料在成型过程中的材料非稳态凝固及月面极端环境影响，导致成型过程中结构极易产生翘曲及气孔等宏微观缺陷，难以实现月壤特种材料的高保真成型与精准化控性。因此，如何通过成型过程的状态信息和工艺参数的收集、融合及实时矫正以实现月面极端环境下月壤材料三维高保真成型与精准化控性是亟须突破的关键技术，具体包括：

（1）月壤定量输运技术

月壤颗粒具有异形结构、复杂级配、带电等特性，为了满足后续打印需求，需要发展月壤粒径自适应定量输运技术。由于月壤自身具有一定比例的细月壤颗粒（20 μm 以下），且月面上月壤都带有一定量净电荷，因此月壤粉体易成团、粘壁、堵管，加之月面低重力、高真空环境，月壤在操作过程中易受扰动而悬浮，使得地面月壤操控技术在月面上使用时具有极大挑战性。因此需综合考虑上述难点，发展适应于特殊月壤材料、月面极端环境及载荷成型过程粉体需求特点的月壤粉体粒径自适应定量输运关键技术。

（2）极端环境下多组分月壤熔融可控成型技术

月壤材料的多组分特性导致其熔融凝固过程复杂，不同烧结温度相变行为差异较大，熔融后熔体粘度高，且凝固后呈现典型陶瓷材料特征。因此，月壤成型过程的相变行为控制面临巨大挑战。此外，月面高真空、低重力等极端环境对月壤成型提出了更加苛刻的要求。因此，需要深入了解尺寸、送粉速率、堆积厚度以及月面极端环境对熔池的形成和融合的影响，并基于此建立适合月壤材料特征和适应月面极端环境的月壤烧结 / 熔融可控成型技术，获得极端环境下月壤成型关键热工艺参数窗口，实现功能件的可控成型。

2 问题研究进展

2.1 国外研究动态

国外近年来针对月球基础设施建造需求，探索了多种基于月壤资源的月面原位建造方法，主要包括月壤烧结 / 熔融成型、月壤混凝土挤出固化成型、月壤粘接固化成型等方法。

2.1.1 月壤烧结 / 熔融成型

月壤烧结 / 熔融采用原位月壤为原材料，通过可原位获取的太阳能直接加热，或者转化为电能并通过激光、电子束、离子束、微波或电能等方式对月壤加热以实现月壤的烧结 / 熔融成型。因其不需要从地球携带各类添加剂或粘合剂，是未来大规模月面建造的理想方式，近年来受到广泛的关注。根据月壤成型的方式，可分为月壤粉末床熔融、月壤直接能量沉积熔融和月壤直接烧结等方式。粉末床熔融技术是将粉末输送到打印平台并通过能量束进行选区烧结或熔化粉末层来按预期形状成型的增材制造技术。太阳光、激光束、电子束、离子束或微波等能量束均可用于加热粉末。在粉末床熔融过程中，首先用滚筒或刮刀将粉末材料均匀地铺展在打印平台上。然后，选择性地使用能量束对特定区域的粉末进行烧结或熔化，使其形成固体层。每一层完成后，平台会再铺上一层新的粉末，并对新一层进行相同的处理。这样层层叠加，最终形成三维的成型样品。根据加热能量束的不同，月壤粉末床熔融又可主要分为选择性太阳能月壤烧结 / 熔融和选择性激光月壤烧结 / 熔融两大类。

（1）选择性太阳能月壤烧结 / 熔融成型

月球表面的太阳光充足。因此，可以有效地收集太阳光并将其用于直接烧结月球风化层。2011 年，美国 JPL 提出采用配备有选择性太阳能月壤烧结的 ATHLETE 系统作为移动平台进行地外原位建造。美国物理科学公司（PSI）采用一组光镜和光纤波导引导聚焦太阳光烧结月壤，并于 2010 年进行现场测试，如图 4 所示，采用石英棒将聚焦太阳光束导到火山灰表面，当温度超过 1150 ℃时，材料开始熔化，以

1~2.35 mm/s 的速度烧结了 15 in × 15 in 的火山灰平面。

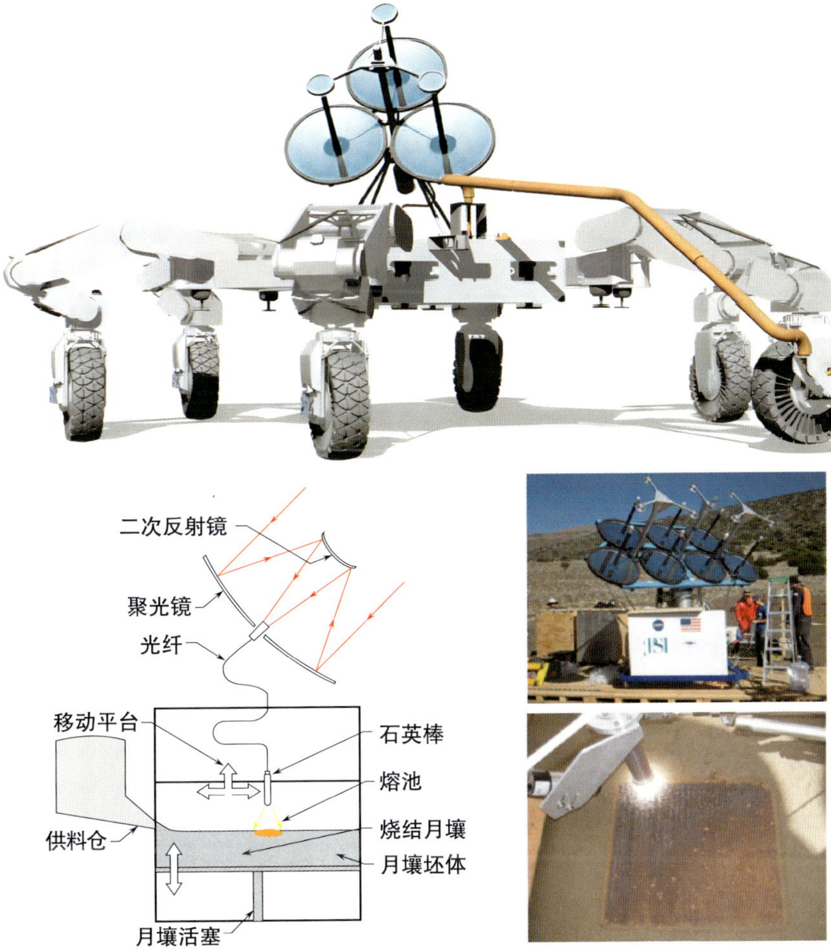

图 4　ATHLETE 移动打印平台及 PSI 外场试验

2021 年，美国亚利桑那大学基于太阳能聚光进行原位建造的思想，开展了菲涅尔透镜相关参数设计分析工作。分析结果表明，在月面环境下，1 m^2 菲涅尔透镜可有效汇聚 548 W 的太阳光功率；对于月壤材料，在 1 mm/s 的烧结成型条件下，需要的功率大约为 450 W。研究人员设计了基于菲涅尔透镜聚光方案的月面移动建造场景（图 5），并利用商用菲涅尔透镜（8.5″×11″），开展了模拟月壤烧结成型试验（图 6）。

图 5　基于菲涅尔透镜原位建造场景图

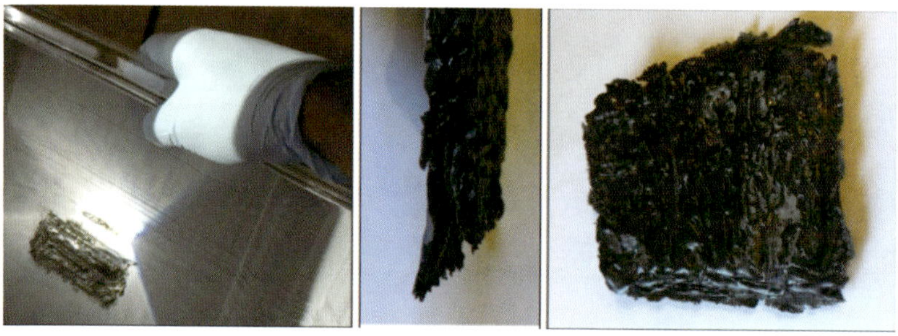

图 6　模拟月壤菲涅尔透镜聚光烧结成型试验

2022 年，美国缅因大学利用一个 7 kW 氙灯作为模拟光源，搭建了试验系统，分别开展了模拟月壤直接太阳光烧结和间接加热成型试验，如图 7 所示。试验结果表明，当太阳模拟器的输出峰值功率密度达到 105 kW/m^2 时，模拟月壤开始烧结成型；当输出峰值功率密度达到 129 kW/m^2 时，模拟月壤开始熔融成型。相对于直接烧结成型，基于太阳能的间接烧结成型功能件压缩强度更高，最高可达 100 MPa。

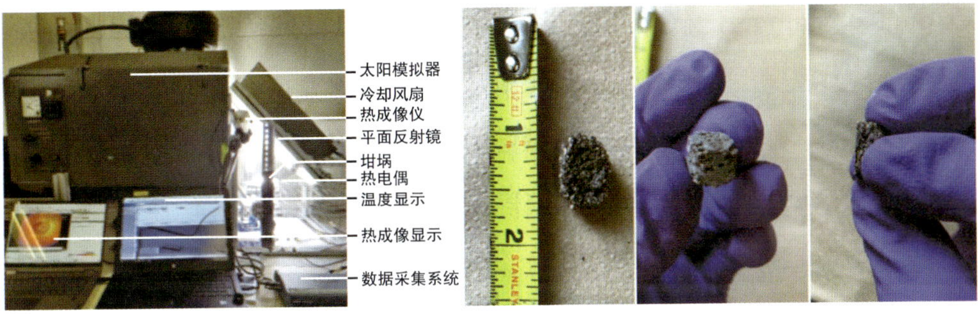

图 7 太阳能模拟试验系统及其成型功能件

德国宇航中心（DLR）获欧盟资助 RegoLight 项目，尝试了 SSLS 月壤 3D 打印（图 8）。太阳光聚焦光斑约 2 cm，打印分辨率较低。所获得的构件易碎，平均抗压强度为（2.49 ± 0.71）MPa，平均杨氏模量为（0.21 ± 0.15）GPa。脆性是由于月壤的不均匀烧结和部分熔化而产生的高孔隙率造成的。

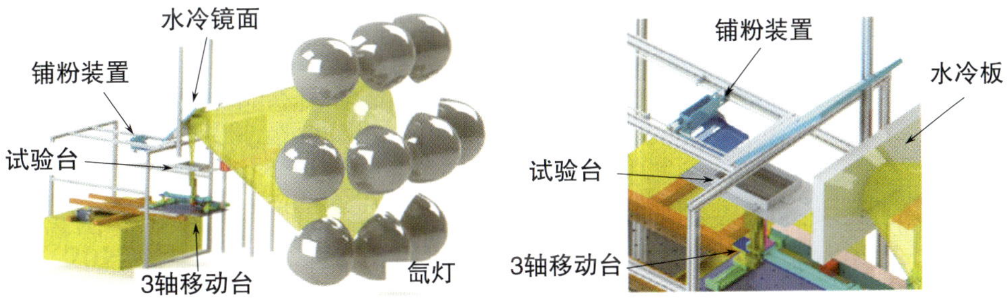

图 8 DLR 太阳能烧结月壤实验装置

（2）选择性激光月壤烧结 / 熔融成型

因激光增材制造在地面相对比较成熟，易于开展实验，近年来针对月壤开展了选择性激光烧结 / 熔融成型研究。

2022 年，德国布伦瑞克工业大学等单位介绍了 MOONRISE 实验载荷设想，拟在月面开展激光熔化月壤的验证，以建造栖息地、墙壁等大型三维结构。在地球重力和大气条件下制作了尺寸约为 20 mm ×

20 mm × 4 mm 的试样。2024 年，德国汉诺威激光中心等单位在线发表了环境压力对月壤激光打印影响的研究结果。在 5~200000 Pa 不同环境压力下，采用 60~100 W 的激光功率和 1~3 mm/s 的打印速率，将月壤模拟物用激光束熔化成二维单层结构。结果表明，在研究地球上月壤的熔化过程时，月球上的环境压力不容忽视。在最高激光能量密度下，随着环境压力的降低，单层厚度从（2.6 ± 0.4）mm 增加到（5.3 ± 0.3）mm，熔融层的孔隙率从 17.2% 增加到 52.2%。

2023 年，俄罗斯科学院机械工程研究所探索选择性激光熔化技术进行月壤模拟物打印，确定影响熔融过程的主要因素，制备了给定几何形状的第一批制件，为俄罗斯 Luna Grunt 月球任务的科学载荷提供了初始数据。2024 年，该所进一步分析了制件孔隙率与熔融能量密度的实验关系。对于辉长岩 - 辉绿岩粉末成分，熔融能量几乎相同，当能量密度超过 20 J/mm^3，孔隙度接近 30%~35%，制件特征尺寸为 5 mm × 6 mm × 7 mm，抗压强度为 17~20 MPa。

2024 年，法国图卢兹大学等单位在线发表了选择性激光熔化的月壤增材制造技术的研究结果，研究粉末床中玻璃物质含量、基底类型和退火处理对制件力学性能的影响，结果表明玻璃物质可改善抗压强度，经退火处理后制件抗压强度可达到 132 MPa。

（3）月壤直接烧结成型

月壤烧结以微波烧结工艺与热压熔铸工艺为代表，其样品形状由模具决定。二者均依赖于月壤原料高温下的传热传质过程。微波烧结工艺中，月壤吸收微波并将其转化为分子的内能，其材料强度通常为 10~74 MPa。

2022 年，美国德州农工大学研究了微波烧结参数对月壤模拟物的致密化、微观结构和力学性能的影响，在 950 W 和 2.45 GHz 频率下的混合微波烧结可以在 1075~1125 ℃温度范围内制备致密化制件。分析表明，微观结构演变主要受烧结温度的影响，停留时间和加热速率两个因素无显著影响。2024 年，美国德州农工大学进一步研究了高地和月海两种月壤模拟物在无压烧结过程中的动力学和微观结构发展。月壤模拟物干压圆柱形试样在 80 K/min 下加热至烧结温度并保持 10 h，同时通过光学膨胀法原位跟踪尺寸变化。研究发现月壤模拟物可加热至 1100 ℃实现致密化，两种模拟物的微观结构均显示出非均匀致密化的特征。同年，美国洛斯阿拉莫斯国家实验室使用质谱法分析了真空热处理过程中 JSC-1A、NU-LHT-4M 和 CSM-LHT-1G（重点模拟月壤化学特性）月壤模拟物释放的挥发物随温度的变化。所有模拟物均观察到较多的自生气体。分析表明，在典型的玻璃结晶温度以下，月壤模拟物中存在的非月球的物相发生了显著分解。

2022 年，英国开放大学等单位开展了微波加热实验载荷（MHD）的设计与分析，希望通过 250 W 的低微波功率实现微波烧结，分析表明，当样品被加热时，腔体的共振频率会发生偏移；样品温度超过 800 K 后，月壤中的微波电场降低；需要建立具有高电场强度的单一热点来烧结 / 熔化月壤。2023 年，德国阿伦大学利用 EAC-1A 模拟月壤进行烧结研究，实验表明，该材料可以烧结到接近 90% 的相对密度，与干燥样品相比，未干燥的粉末在烧结后表现出更高的致密化和双轴强度。因此，在烧结之前需对月壤进行干燥，以避免高估月球上制造试样的强度。

2024 年，韩国土木工程与建筑技术研究所研究了通过微波烧结将 KLS-1 月壤模拟物制备为均匀烧结块的方法，发现月壤释气过程会导致裂纹缺陷，但通过在 250℃的真空炉预热可去除内部裂纹。

2.1.2 月壤混凝土挤出固化成型

月壤混凝土挤出固化成型的典型代表是水泥轮廓工艺（Contour Crafting）。它源自美国南加州大学教授 Behrokh Khoshnevis 的发明，是地面建造广泛使用的一种混凝土 3D 打印方法，如图 9 所示。水泥轮廓工艺可以采用“月壤水泥”进行大型结构件建造，是一种低耗能的增材制造技术，但需要大量水和胶凝材料。2004 年起，美国 NASA 针对月面建造开展水泥轮廓工艺技术研究，采用可在月面原位获取的硫作为粘合剂，将其与月壤材料混合并加热可制得无水月壤混凝土，冷却成型后可获得具有相应强度的打印制件。但试验表明，在真空环境中硫容易升华，导致骨料暴露、材料失效等问题。

图 9　水泥轮廓工艺建造示意图

地质聚合物（简称地聚物）混凝土类似于水泥类胶凝材料，是由 AlO_4 和 SiO_4 等缩聚形成的三维网络结构的无机聚合物材料。它仅需携带微量激发剂便可实现月壤固化，近年来受到广泛重视。2022 年，美国特拉华大学研究了在大气和真空条件，高低温（600 ℃和 –80 ℃）环境下月壤模拟物的碱激发产生的地聚物固化，发现在真空下固化并暴露于零下温度后，地聚物固化的抗压强度降低，加热到 600 ℃后抗压强度增加。同年，美国宾夕法尼亚州立大学等单位用五种不同的月壤模拟物制备了地聚物混凝土样品。抗压强度测试表明，样品的 28 天抗压强度为 18.3~53.8 MPa 不等，验证了月壤模拟物制备地聚物混凝土的可行性。2024 年，澳大利亚悉尼科技大学等利用月球高地月壤模拟物（LHS-1）和月海月壤模拟物（LMS-1）研究开发了一种新的月球高强度混凝土，可在模拟月球表面温度的条件下固化，测试结果表明，与 LHS-1 对应物相比，LMS-1 混合物表现出更好的流动性和更大的比重。LHS-1 和 LMS-1 高强度混凝土的 28 天最高强度分别为 106.7 MPa 和 98.7 MPa。同年，印度和美国联合团队开展了纤维增强月壤地聚物研究，发现添加玄武岩纤维和人发纤维使抗弯强度提高了 32% 和 15%，但降低了抗压强度。SEM 分析证实纤维作为成核位点可改善微观结构并显著提升月壤地聚物的抗弯强度。

2.1.3　月壤粘接固化成型

月壤粘接固化成型的典型代表为欧空局（ESA）提出的 D-shape 技术。它源自意大利发明家 Enrico Dini 的发明，是地面建造广泛使用的一种混凝土 3D 打印方法。该技术包括约 300 个喷嘴，间隔 20 mm 有序排列，可实现 6 m ×6 m 的打印区域，每次打印的厚度约 5~10 mm，工作温度范围为 –10~60 ℃（图 10）。为测试 D-shape 粘合剂技术在真空中的适应性，ESA 在真空中进行了试验，真空中的打印样品显示出中空的多孔结构，该多孔现象可能是由于真空中放气引起的。

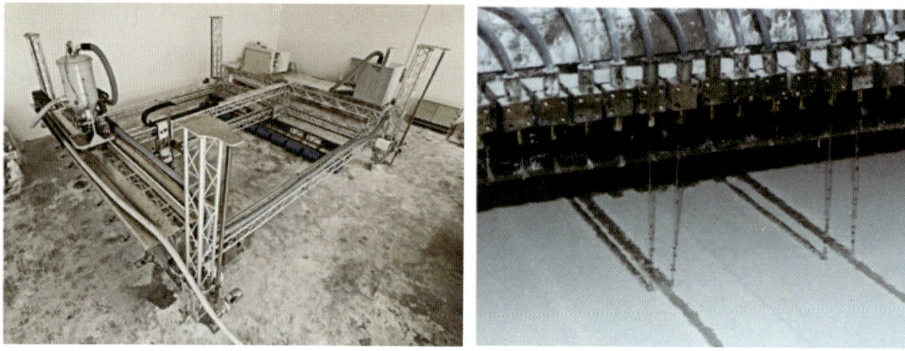

图 10　D-shape 打印系统及喷嘴示意图

热塑性聚合物、生物质等是主要的月壤粘合剂，其种类与掺量影响月壤基粘合剂复合材料的固化成型质量。2023 年，英国曼彻斯特大学提出了 StarCrete 技术，它使用普通淀粉作为月壤模拟物的粘合剂，配制高强度的生物复合材料。经优化后，抗压强度达到 91.7 MPa，抗弯强度达到 2.1 MPa。2024 年，欧空局航天员中心提出一种由月壤模拟物和干粉形式的热塑性粘合剂混合制成的复合建筑材料，以降低粘合剂的需求。通过研究工艺参数并保持合理的建造机械性能，有机粘合剂的质量百分比可降低至 10%。同年，美国 NASA 提出了一种使用月壤 + 聚合物的熔丝制造（Fused Filament Fabrication，FFF）工艺，在模拟月球环境（-190 ℃，10^{-3} torr）下打印测试了不同成分、不同配比的复合材料，测试结果表明，月海模拟物和聚乳酸以合适的配比可获得更好的性能。

2.2　我国研究进展

我国非常重视利用月壤实现月面原位建造的科学研究和技术攻关，科技部支持了“轻量化可重构月面建造方法研究”等重点研发计划项目，国家自然科学基金委支持了“月壤颗粒操控与熔融致密化机理研究”联合基金重点项目。我国嫦娥八号任务正在研制原位资源利用试验装置，将在月面验证月壤打印技术和月面原位建造技术。

作者团队针对月面环境与月壤资源特点，提出了静电输运和太阳能聚光熔融月壤 3D 地外天体原位建造技术，承担了国家自然科学基金重点项目和嫦娥八号原位资源利用试验装置研制任务，建立了适应月面环境和月壤材料特殊要求的打印实验系统，揭示了月面极端环境和月壤材料特殊性质带来颗粒物质流变、多组分熔融凝固相变、熔滴铺展与浸渗等科学问题，突破了月壤颗粒的精准操控与输运技术、太阳能高倍聚光与光热转换技术和月壤基材料的致密化成型技术。本节将重点介绍 2022—2024 年的研究进展情况。

2.2.1 真实月壤物化性质研究

研究团队于 2021 年成功获批 8000 mg 嫦娥五号首批月球科研样品（编号：CE5C0400）。目前已完成月球样品的物化性质表征和原位资源利用机理研究，并于 2022—2024 年在《Science China》《Research》《Engineering》等期刊上发表系列文章。采用非破坏性表征技术，如激光衍射与图像分析、X 射线计算机断层扫描、场发射扫描电子显微镜和 X 射线衍射结合 Rietveld 精修，表征真实月壤的物化性质。结果表明，CE-5 采样点的月壤为独特的、形状相对规则且以玄武岩为主的精细颗粒。中值粒径 D50 为（55.24 ± 0.96）μm，处于阿波罗月球返回样品粒径范围的相对低端。均匀系数 Cu 和曲率系数 Cc 分别为 15.1 和 1.7，因此，CE5C0400 月球样品的等级良好，成熟度高。矿物分析结果表明 CE5C0400 中包括大约 44.5% 的辉石、30.4% 的斜长石、3.6%

的橄榄石和6.0%的钛铁矿。CE-5月球样品中的玻璃相含量相对较低，约为15.5%。总结而言，CE-5月球样品可能主要是由微流星体撞击造成的，因此达到如此高的成熟度。在此基础上，研究团队开展了带电月壤运动、月壤颗粒熔融凝固、月壤催化等原位资源利用特性研究。

2.2.2 月壤颗粒操控输运研究

研究团队针对模拟月壤颗粒静电控制方面开展初步研究，实现了采用静电场的方法控制颗粒物发生定向运动（图11）。并结合静电场的传播及颗粒运动行为变化，分析了颗粒运动行为及与静电场传播的随动关系（图12）。详细讨论了静电场中颗粒的细观运动行为，初步解释了静电场控制颗粒发生定向运动的原因。初步进行了数值仿真模型的搭建，采用DEM方法完成了对10000个颗粒在静电场中运动行为变化的分析。相关研究结果分别于2021年和2022年在《Acta Astronautica》和《Powder Technology》期刊发表。

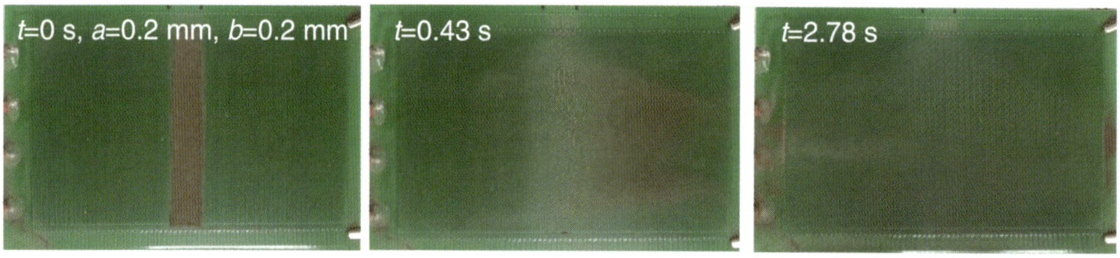

图11 模拟月壤颗粒在行波静电场作用下的运动实验

2.2.3 毫米级能量束熔融模拟月壤成型工艺研究

研究团队建立了一个毫米级能量束熔融月壤的实验系统，对单轨、多轨、多层样品的成型工艺参数进行了详细的研究，并运用量纲分析方法确定了合适的成型工艺参数窗口。通过毫米级能量束熔融模拟月壤系统验证了CUG-1A的可加工性，并确定了提高样品密

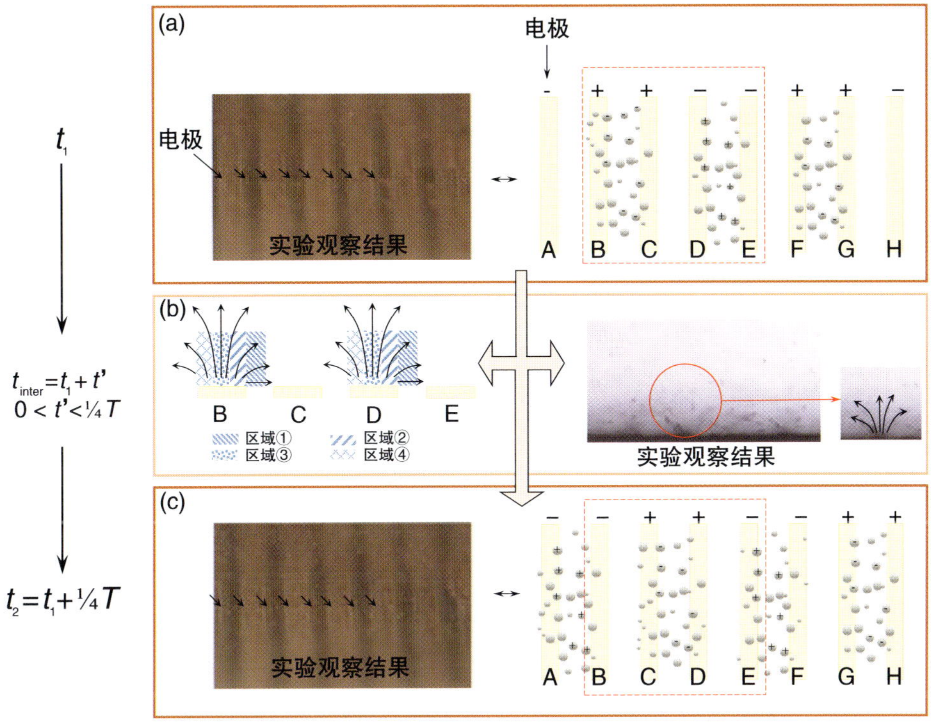

图 12 静电场中颗粒运动行为及与静电场传播的随动关系

度和机械强度的工艺参数。规则型单轨的最佳线能量密度范围是27.5~100 J/mm之间。当多轨重叠率在20%~45%之间时，多轨样品没有明显的裂纹。多层重叠率在45%~73%之间，有助于成型高致密和高表面精度的样品。通过线能量密度、多轨重叠率和多层重叠率的共同作用来确定成型样品的工艺参数。在重熔作用下，单轨、多轨和多层样品的最大相对密度依次增加，分别为62.9%、70%和86%。未经热处理的成型试验件抗压强度为5.6 MPa，已满足月球建筑构件的最低要求。气孔和裂纹是影响成型试验件力学性能的主要因素。通过对试验件进行热处理来提高性能，随着热处理温度的升高，试验件的抗压强度大幅提升，最高可达32.5 MPa，莫氏硬度达到4级。

经 1173 K 退火的试验件在特定条件下的热学性能略优于经 1323 K 退火的试验件。通过量纲分析，可以有效简化月壤 3D 打印过程中考虑的影响因素，从而更直观地理解相关物理现象的作用机制，并预测和减少成型缺陷。具体来说，控制一定范围内的单轨熔融效率，可以确保成型的单轨连续性，避免断裂。单轨尺寸温度比可以有效预测单轨成型的宽度和深度，进而减少在多轨及多层样品成型过程中产生的缺陷。此外，优化多层熔融效率有助于确定致密化成型的工艺参数窗口，从而提高打印质量。图 13 所示为毫米级能量束熔融模拟月壤实验系统示意图与打印制件。

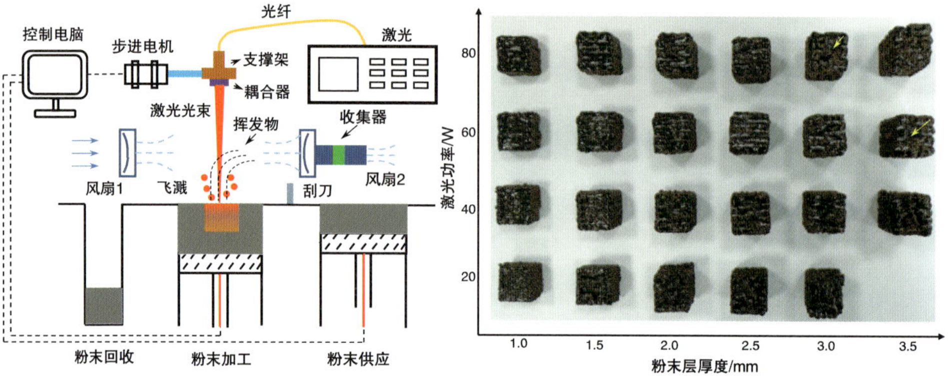

图 13　毫米级能量束熔融模拟月壤实验系统示意图（左）与打印制件（右）

利用太阳能聚光和月壤材料进行的月面原位建造面临聚焦光斑尺寸大、成型过程无基底限制等约束。针对这一问题，研究团队开展大光斑、无基底的模拟月壤熔融 3D 打印工艺研究。基于月面采样探测工程需求研制了针对极区高地和月海地区四种模拟月壤，开展了单轨、多轨、单层、多层样品的成型打印，在毫米级光斑和无基底粉末床上可以实现连续轨迹的加工，加工轨迹的优化面能量密度区间为 13~18 J/mm^2，且平顶光斑比高斯光斑更容易保持轨迹的连续性。基于优化的成型工艺参数，成功制造了 5 cm × 5 cm × 5 cm 方形、8 cm × 6 cm × 3 cm“H”型和 8 cm × 6 cm × 3 cm 榫卯型的无基板、高致密月壤砌块结构（图 14），最高抗压强度与 C30 混凝土相当，能够满足月面防护结构的性能要求。

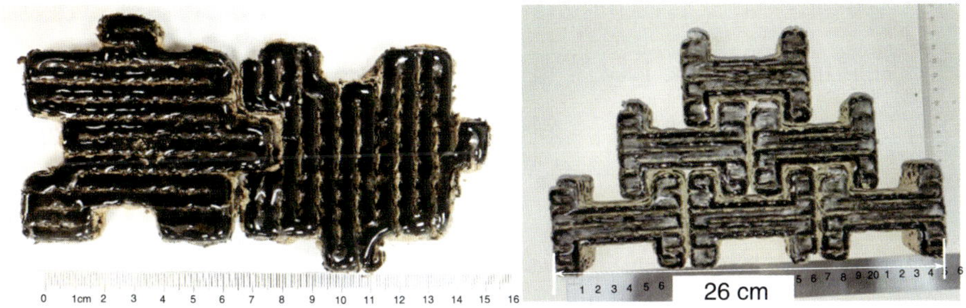

图 14　月壤基材料制备功能件

2022 年，西北工业大学提出一种激光辅助增材制造工艺，用 PA12/SiO_2 混合粉末制备月壤复合材料，建立了工艺 – 结构 – 性能关系，复合材料成分和工艺参数的最佳组合是体积比为 50/50，激光功率 30 W，扫描速度为 3500 mm/s，扫描间距为 0.2 mm。制件的最大抗拉强度达到 9.248 MPa。

2022 年，华中科技大学使用 HUST-1 月壤模拟物作为原料，在大气和真空环境中采用不同煅烧温度进行月壤烧结。结果表明，在大气环境下的适宜烧结温度范围为 1050~1100 ℃，而在真空环境下的合适烧结温度范围则为 1000~1050 ℃。经 20 kN 预压，并 1050 ℃下用 25 kPa 压力烧结 2 h 后得到的制件抗压强度为 58.45~67.68 MPa。2024 年，华中科技大学丁烈云团队开展了放电等离子烧结（SPS）月壤的探索，利用 HUST-1 模拟月壤研究了烧结样品的物理、机械和热性能，以及微观结构和相组成。试验结果表明，烧结温度、加热速率和施加压力等烧结条件对烧结制件有显著影响。烧结样品在 ±60 ℃和 ±120 ℃下进行 100 次热循环试验后，抗压强度分别提高了 16.0% 和 33.4%。

2023 年，哈尔滨工业大学开展了月壤粉末床激光熔融实验，结果表明，体积能量密度合适的范围为 3.5~4.3 J/mm^3，进行 823 ℃保温处理后，玻璃前驱体形成了以辉石相为主的微晶玻璃，在 1100 ℃下形成了具有更好力学性能的辉石 - 斜长石多晶 LRS 微晶陶瓷，平均抗压强度可达到 50.71 MPa。

2024 年，中国科学院地球化学研究所对含有和不含纳米铁的月壤模拟物 CLRS-2 在不同温度下进行了微波烧结实验。烧结制件的微观结构和化学成分比较表明，在同等温度下加热后，含有质量百分比 1.0% 纳米铁成分的样品具有更好的性能，在 700 ℃下固化，在 900 ℃下可形成相对致密的制件，从而提高烧结效率。

2.2.4 月壤混凝土挤出成型研究

2022 年，北京航空航天大学研究了月壤模拟物，作为制备地聚物的原料，用于生产月球建筑的建筑材料。实验结果表明，氢氧化钠和火山灰的质量比以及固化温度对抗弯强度和抗压强度的影响显著。基于火山灰的地聚物 28 天的最高抗压强度和抗弯强度分别为 75.6 MPa 和 6.3 MPa。同年，同济大学制备了基于月壤模拟物的地聚物，研究了其在极端温度下的力学和结构性能。结果表明，在 60 ℃下固化的地聚物的 7 天抗压强度为 58.8 MPa。经过极端温度下的实验室测试，地聚物在 120 ℃和 –30 ℃下的抗压强度分别超过 50.0 MPa 和 80.0 MPa；在经历了 40 次热冲击（–196~25 ℃）后，地聚物的抗压强度甚至有所提高。2024 年，东南大学提出富含玻璃的月壤应通过氢氧化钠激发，以确保铝硅酸盐溶解并形成致密的沸石产物，而硅酸钠更适合无玻璃的月壤激发，以形成无定形产物。此外，月壤地聚物的热固化温度应超过 60~80 ℃，以达到可应用的 24 小时强度。同年，中国科学院武汉岩土力学研究所针对月球表面极端温度对地聚物样品的力学性能产生负面影响问题，探索了玄武岩纤维增强方法。样品在接近实际月球表面温度（-196~118 ℃）下固化 3d、7d、14d 和 28d，测试结果表明，添加 0.3% 的纤维可以使地聚物样品的强度提高 13.52%（弯曲）和 30.95%（压缩）。

2.2.5　月面建造方法研究

华中科技大学基于原位预制拼装建造方式，结合烧结材料抗压强度高的特点，设计了拱形月面建筑结构及互锁式模块结构，并进行了建造和服役过程的力学和热工分析，论证了月面原位预制拼装的可行性。

月球玄武岩制成的混凝土抗压强度极限和抗拉强度极限约为现有混凝土的 10 倍，是月球建筑材料的首选。月壤通过微波加热烧结可形成陶瓷材料，且其由于富含硅酸盐，在真空环境下还可以制成特别纯净的玻璃材料；月球还含有丰富的钛、铁、铬、镍等稀有金属，可应用于建筑结构及构件的设计。月面原位获取多种建筑材料，也为月面建造形式的多样化提供了可能性，如具有中国特色的“三叶草”和“中国星”，以及“月壶尊”“玄武基地”等月球建筑方案（图 15）。

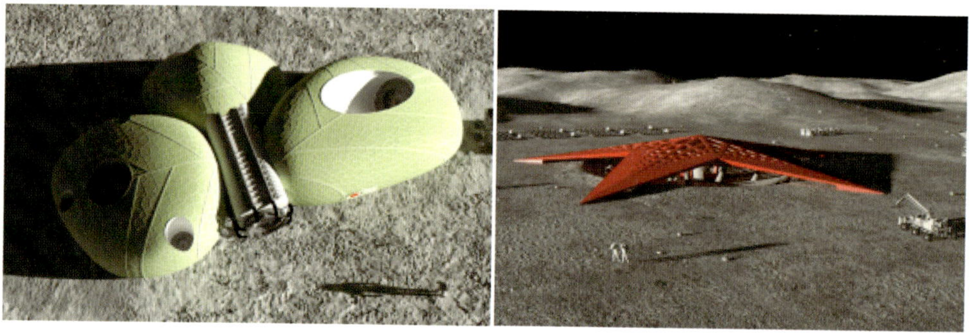

图 15 “三叶草”和“中国星”月球基地原位建造方案

2.3 学术会议

2.3.1 中国航天大会（CSC2023）首届空间科学与试验学术分论坛

2023 年 4 月 23 日，“中国航天大会（CSC2023）首届空间科学与试验学术分论坛”在合肥隆重召开。王巍院士担任大会主席，罗俊院士、郑晓静院士、戴琼海院士、杨孟飞院士担任大会共同主席。论坛由中国宇航学会空间科学与试验专业委员会主办，钱学森空间技术实验室和上海卫星工程研究所承办。空间科学与试验领域的专家学者、工程技术人员及研究人员共计 140 余人现场参会。

为期一天的会议共进行了 15 个最具前瞻性的精彩报告，全面展示了月球科研站建造、月球原位资源利用、在轨飞行试验、微重力科学与技术试验及载荷研究等最新进展和研究成果。

本次会议吸引了众多本领域的顶级人才，航天五院总体部、总装与环境工程部、航天八院 509 所、805 所、北京大学、清华大学、西安交通大学、国家天文台等多家单位的代表参会，并针对空间科学、空间实验、空间资源利用等方向的内容进行了交流与研讨。

2.3.2 中国宇航学会第一届空间科学与试验学术交流会

2023年8月19日，中国宇航学会第一届空间科学与试验学术交流会在北京香山成功召开。本届论坛以“探索浩瀚宇宙、开发太空资源”为主题。中国科学院院士、中国航天科技集团有限公司研究发展部部长王巍担任会议主席，王礼恒、杜善义、包为民、李惕碚、顾逸东、朱日祥和吴培亨等7位院士为会议顾问，祝世宁、周建平、吴伟仁、杨孟飞、常进、王赤等22位院士为共同主席。论坛由中国宇航学会空间科学与试验专业委员会主办，钱学森空间技术实验室和上海卫星工程研究所承办。来自空间科学与试验领域的240余名专家学者、工程技术人员及研究人员现场参会。

会议采取现场交流与墙报展示相结合的方式，为期一天的会议共进行了90余篇具有前瞻性的精彩报告交流，周建平院士《载人航天工程与航天技术的发展》、王赤院士《我国空间科学发展战略的初步思考》、杨孟飞院士《月球资源开发利用的进展与展望》、王巍院士《太空资源开发体系发展设想》等系列报告，系统展示了我国载人航天工程、空间科学发展、月球资源开发利用、太空资源开发体系构建的进展和未来发展方向，以及空间科学、空间探测、空间站试验、月面建造与制造等科学与技术试验及载荷研究等最新进展和研究成果。

本次会议在中国宇航学会指导下召开，吸引了该领域的众多顶级人才，中国航天科技集团有限公司五院、八院、一院、六院、九院、创新研究院等多家单位，清华大学、北京大学、北京航空航天大学、哈尔滨工业大学、南京大学、上海交通大学、西安交通大学、天津大学、中山大学、国防科技大学、山东大学、厦门大学等国内知名大学，中国科学院空间中心、国家天文台、上海天文台、力学研究所、上海硅酸盐研究所、上海技术物理研究所等多家科研单位的专家、代表参会，并围绕空间科学、空间探测、空间试验、空间资源开发等方向的内容进行了深入交流与研讨。

2.3.3 中国航天大会（CSC2024）空间科学与试验学术研讨会

2024 年 4 月 23 日，“中国航天大会（CSC2024）空间科学与试验学术研讨会”在武汉成功召开。王巍院士担任大会主席，杨孟飞院士担任大会副主席。学术研讨会由中国宇航学会主办，空间科学与试验专业委员会、钱学森空间技术实验室、上海卫星工程研究所承办，华中科技大学土木与水利工程学院、《空间科学与试验学报》协办。空间科学与试验领域的专家学者、工程技术人员及研究人员共计 200 余人现场参会。

会议为期半天，空间科学与试验专委会委员、中国空间站首位载荷专家、英雄航天员桂海潮教授莅临并带来精彩报告《神舟十六号任务空间科学实验与试验情况》，提出关于未来空间科学试 / 实验的方向思考。同时，与会专家进行了《月面着陆场原位建造方法研究》等 8 个报告的交流与研讨，介绍了月面资源利用、月面建造、太阳探测等最新研究进展与成果。

2.3.4 太空资源开发与利用专题研讨会

2024 年 7 月 19 日，中国宇航学会空间科学与试验专业委员会在山东威海成功召开“太空资源开发与利用”专题研讨会。中国航天科技集团有限公司王巍院士担任会议主席，杨孟飞院士、李术才院士、曹喜滨院士、冯夏庭院士、范瑞祥院士、李得天院士、段慧玲院士 7 位院士为共同主席，来自空间科学与试验领域专家学者、工程技术人员及研究人员共计 150 余人参会。

本次研讨会，王巍院士作了《太空旅游技术体系发展设想》报告，提出秉持“经济性、安全性、便捷性、持续性”发展理念的太空旅游技术体系构建设想，梳理了太空旅游共性关键技术与发展思路，经论证初步提出“星汉巡天”太空旅游技术规划设想，与 2023 年在北京召开的第一届空间科学与试验学术交流会提出的“天工开物”太空资源开发计划协同推进，分阶段、分步骤实现亚轨道旅游、近地轨道旅行、环月探险旅游、环火探险旅游、抵木探险旅游，实现航天技术应用和太空资源开发的市场化转型。

本次会议为期一天，共进行了 30 余篇具有前瞻性的精彩报告交流。系统性地展现了我国太空资源开发利用体系的构建、商业航天新兴产业、月面建造与制造、科学与技术试验及载荷研究等最新进展和研究成果。会议吸引了众多本领域的专家学者，包括中国航天科技集团有限公司及一院、五院、六院、八院、九院、十二院，清华大学、北京大学、中国科学技术大学、华中科技大学、北京航空航天大学、北京理工大学、哈尔滨工业大学、中山大学、同济大学、吉林大学、东北大学、北京科技大学、中国地质大学、中国矿业大学、宁波大学、湘潭大学、太原理工大学、成都理工大学、东华理工大学、山东大学等国内知名大学，中国科学院微小卫星创新研究院、中国科学院国家天文台、中国科学院力学研究所、中国科学院地球化学研究所、中国科学院新疆理化技术研究所、中国科学院合肥物质科学研究院、中国地质科学院地质研究所、深空探测实验室、松山湖材料实验室等多家科研单位的代表参会。

2.3.5 第二届地外建造学术研讨会

2024 年 11 月 15—17 日，由华中科技大学、国家数字建造技术创新中心联合主办，华中科技大学土木与水利工程学院等承办，钱学森空间技术实验室等协办的第二届地外建造学术研讨会在武汉举行。中国科学院院士、国家行星探测工程首席科学家、“天问三号”任务首席科学家侯增谦，中国科学院院士、国际宇航科学院院士、中国科学院国家空间科学中心主任王赤，中国工程院院士、国际宇航科学院院士、中国载人航天工程空间站系统总设计师杨宏，探月四期嫦娥八号任务总设计师裴照宇，中国载人航天工程副总设计师张海联等出席会议。

大会设置 1 个主论坛，空间科学技术与战略规划、行星地质科学与深空探测、地外原位资源开发与利用、航天系统工程与重大设施 4 个专题论坛，侯增谦院士、王赤院士、杨宏院士、丁烈云院士等 51 位知名专家学者在大会主论坛或分论坛作特邀报告。与会专家学者围绕“地外建造可持续发展”主题，分享最新研究成果、探讨技术创新、展望未来发展趋势，促进了地外建造前沿技术多路径探索、交叉融合和颠覆性技术学术交流。

国家航天局探月与航天工程中心、中国载人航天工程办公室、中国空间技术研究院、上海航天技术研究院、中国科学院空间应用工程与技术中心、中国科学院国家空间科学中心、中国科学院地质与地球物理研究所、中国科学院地球化学研究所、中国科学院武汉岩土力学研究所等专家学者，以及清华大学、北京大学、浙江大学、中山大学、西安交通大学、哈尔滨工业大学、北京航空航天大学、北京理工大学、同济大学、东南大学、吉林大学、重庆大学、东北大学、香港理工大学、武汉大学、中国地质大学（武汉）、武汉理工大学、华中科技大学等高校师生近 400 人参加会议。

2.3.6　CAST“空间技术论坛”——开发利用太空资源，加快建设航天强国

2024 年 11 月 27 日，中国航天科技集团五院坚持自主创新、开放融合，瞄准航天重大发展前沿，聚焦“开发利用太空资源，加快建设航天强国”主题，在京举办第九场 CAST“空间技术论坛”。王礼恒等 22 位院士，国内相关科研单位的领导、专家学者和代表齐聚一堂，深度交流、集智聚力，共同推动我国空间事业加速发展。

国防科工局、探月与航天工程中心、载人航天工程办公室等部门及协作单位代表，国家科技部等机关、集团公司总部及相关院所、产学研合作高校及科研院所等单位领导、专家学者和代表出席论坛。

论坛报告环节，中国航天科技集团有限公司王巍院士、五院杨孟飞院士、华中科技大学丁烈云院士、南京大学邹志刚院士、中国矿业大学（北京）刘波校长、五院总体设计部孙泽洲研究员、五院总体设计部张熇研究员、五院总体设计部王翔研究员、西安交通大学王秋旺教授、中国科学院地球化学研究所刘建忠研究员、五院钱学森空间技术实验室姚伟研究员、东北大学石忠宁教授、五院 510 所何成旦研究员、西安交通大学张雪涛教授、五院总体设计部王耀兵研究员、五院 529 厂赖小明研究员、五院 502 所李永研究员先后围绕太空资源开发发展设想、月球资源开发利用系统构建设想、月球基地原位建造科学技术

挑战、太空采矿与基地建造思考、火星资源探测及开发利用展望、近地小天体资源勘探及利用展望、月球能源动力综合循环利用技术展望、地外天体资源利用技术进展与展望、月面作业机器人研究进展和地外天体钻取采样技术研究现状与发展趋势、基于太空资源原位利用的航天器推进技术发展研究等方面作了精彩报告。与会人员就重点、热点、难点问题进行了深入研讨。

2.3.7 中国工程院深地深海深空物质资源开发利用学术研讨会

2024 年 11 月 30 日至 12 月 2 日，中国工程院工程科技学术研讨会——深地深海深空物质资源开发利用学术研讨会在广东省深圳市召开。会议由中国工程院能源与矿业学部主办，深圳大学、广东院士联合会、深圳中国工程院院士活动基地等单位共同承办。45 位中国两院院士以及 1000 余位来自全国深地深海深空物质资源开发利用领域的专家学者汇聚一堂，4.3 万人次线上参会，共同探讨深地深海深空物质资源勘探开发新理论、新方法、新技术、新装备的研究与应用，助力我国深地深海深空物质资源高效开发利用，以及未知科学奥秘的超前探索。

本次研讨会内容丰富，涵盖了开幕式以及 5 个大会主旨报告、3 个领域论坛以及 3 个圆桌对话。王成善、周守为、杨孟飞、李华军、孙金声等 5 位两院院士作主旨报告；李根生院士、康红普院士、孙友宏院士、李夕兵教授、夏开文教授、张吉雄教授、李全生教授等 7 位专家学者作深地领域特邀报告；欧进萍院士、张偲院士、林间教授、宋永臣教授、宋考平教授、李中教授等 6 位专家学者作深海领域特邀报告；丁烈云院士、刘建忠研究员、丁希仑教授、赖小明研究员、蒋明镜教授、张天柱教授等 6 位专家学者作深空领域特邀报告，深入探讨深地、深海、深空物质资源开发利用领域的技术创新和未来发展战略。

杨孟飞院士作了《月球资源开发利用进展与展望》主题报告，详细介绍了月球资源开发利用的背景与意义、国内外进展、重点任务、发展建议，提出构建月球资源开发利用系统，通过“勘”“建”“用”步骤，实现月球表面大规模、长周期、高效益资源开发与利用，建成月球园区，为人类生存拓展空间。

2.3.8 香山科学会议第 759 次学术讨论会——“面向太空基地建设的月基全域太空环境平台”

2024 年 12 月 7—8 日，由北京理工大学承办的香山科学会议第 759 次学术讨论会在北京香山饭店举行。会议以“面向太空基地建设的月基全域太空环境平台”为主题，设置了月基环境探测、月基原位建造、月基全域运输、月基能源利用四个中心议题，北京理工大学党委书记、中国工程院院士张军，深空探测重大专项总设计师吴艳华，中国工程院院士、华中科技大学教授丁烈云，中国工程院院士、哈尔滨工业大学教授邓宗全，中国科学院院士、西安交通大学教授何雅玲，中国科学院院士、清华大学党委常委、副校长姜培学共同担任会议执行主席。来自国内 20 余家单位的 100 余名专家学者参加会议。

香山科学会议办公室主任田永生表示，香山科学会议为国家各类重大科学计划的设立、基础研究发展战略和规划的编制等搭建了研讨平台，促进了学术交流。希望各位专家学者畅所欲言，为我国月球开发与利用研究提供新思想、新方向。

张军院士表示，深空探测关系人类对太空资源的和平利用以及对生存空间新疆界的探索，已成为全球航天大国关注的焦点。月球探测是实现月球价值的关键，也是科技战略布局的新质新域。建设月基多域太空环境平台，对于打造我国太空领域国际领先优势具有重要意义。张军提出，要构建月基全域“知—源—运—建”平台体系，实现全域全场多维新质感知、全时高效持续综合利用能源、全基全形多栖高效智能运输、原位开采加工多级精密建造。开展“三站一体”月球科考工程（MEET），建设区域移动科考站、广域环境探测站、月外空间监视站。通过创新引领、人才汇聚、新域认知、开放交流，实现“探索月球新疆域、拓展人类新空间”的研究愿景。

专家学者围绕月基环境探测、月基原位建造、月基全域运输、月基能源利用四个议题进行深入交流研讨。国家航天局探月与航天工程中心研究员、嫦娥八号副总设计师王琼介绍，将于2028年前后发射的嫦娥八号是国际月球科研站先导任务。它将与计划在2026年前后发射的嫦娥七号共同构建国际月球科研站基本型，嫦娥八号任务中将测试利用3D打印技术制成月壤砖，并携带一个全新模块作业机器人，进行载荷布设、月壤添加和月壤砖拼接等工作。通过开发利用月球资源助力解决人类可持续发展问题，成为与会专家的共识。中国空间技术研究院钱学森空间技术实验室研究员姚伟举例说，月基资源综合利用涉及月壤挥发分转化利用、月壤冶金转化利用，“月壤挥发分中包含水、氧气、氢气等资源，这些都可以利用”。

与会专家学者认为我国亟须构建高起点的月基平台科技创新体系，加快探索月球基地建设的中国方案。

2.4　文章发表

2.4.1　《Research》文章

2024 年 9 月，研究团队在《Research》2024 年第 7 期发表了题为《Melting and rapid solidification of lunar regolith particles returned by Chang' E-5 Mission》(《嫦娥五号返回的月球样品颗粒的熔化和快速凝固》) 的 SCI 论文。文章摘要及相关信息如下：

摘要：对嫦娥五号返回的月球样品颗粒的熔化和快速凝固过程进行了直接观测，得到了熔化温度和熔化顺序。可以清楚地观察到气泡的产生、生长和释放，最大气泡直径为 5 μm，这应该是由于颗粒中挥发物的释放而造成的。在凝固过程中，随着晶体生长速率的增加，出现了明显的结晶。扫描电子显微镜和能量色散 X 射线光谱结果证实，富铁矿物首先结晶。

文章信息：ZHANG X，et al. Melting and rapid solidification of lunar regolith particles returned by Chang'E-5 mission. Research，2024，7：Article 0486.

2.4.2　《Engineering》文章

2024 年 8 月，研究团队在《Engineering》在线发表了题为《Charging properties and particle dynamics of Chang'e-5 lunar sample in an external electric field》(《外电场中嫦娥五号月球样品的电荷特性和颗粒动力学》) 的 SCI 论文。文章摘要及相关信息如下：

摘要：使用嫦娥五号任务从月球带回的月球表层风化层样本，依次研究了它们在高真空条件下在外部电场作用下的充电特性、颗粒动力学及其对航空航天材料的碰撞损伤。结果表明，高真空条件下月球风化层颗粒的充电过程和静电作用下的运动轨迹与大气条件下的不同。此外，在目标撞击表面上观察到明显的损伤，表明月球风化层颗粒对航空航天材料有严重影响。

文章信息：GU J，et al. Charging properties and particle dynamics of Chang'e-5 lunar sample in an external electric field，Engineering，2024.

2.4.3 《Advances in Space Research》文章

2024 年 9 月，研究团队在《Advances in Space Research》在线发表了题为《Melting properties of lunar regolith simulant for in-situ construction》(《用于原位建造的月壤模拟物的熔融特性》) 的 SCI 论文。文章摘要及相关信息如下：

摘要：在这项研究中，确定了 CUG-1A 月壤模拟物的熔化温度范围、熔体粘度、可加工性范围以及熔体与基材之间的接触角。CUG-1A 的完全熔融温度约为 1320 ℃，相应的熔体粘度为 8.39 Pa · s。CUG-1A 在氩气流下的五个特征温度，包括烧结点、软化点、半球点、浮点和流体点，分别为 1081 ℃、1115 ℃、1149 ℃、1158 ℃和 1311 ℃。这些特征温度在真空中高出约 35~50 ℃。熔体在刚玉和铂的接触角为 29° 和 21° 的流动点温度下表现出良好的润湿能力。观察了真空条件下熔体的气泡产生、生长和释放过程。这些结果将为原位建造技术的发展提供重要数据。

文章信息：LIU Y，et al.Melting properties of lunar regolith simulant for in-situ construction，Advances in Space Research，2024.

2.4.4 《Construction and Building Materials》文章

2024 年 9 月，团队在《Construction and Building Materials》2024

年第 433 期发表了题为《Single track deposition of lunar regolith without substrate based on millimeter-sized spot》(《基于毫米级光斑的模拟月壤无基底单熔道沉积》) 的 SCI 论文。文章摘要及相关信息如下：

摘要：研究侧重于毫米级的光斑和无基底的打印。通过高速摄像原位观测，分析了卷吸过程中熔轨的连续沉积。如果新形成的熔滴未能与熔轨的前缘接触并熔合，则会出现轨道不连续。推导了熔轨不连续过渡的临界扫描速度方程。最后，利用轨道连续性工艺参数制作了一块尺寸为 50 mm × 50 mm × 50 mm 的月壤砖。

文章信息：SHEN T，et al. Single track deposition of lunar regolith without substrate based on millimeter-sized spot. Construction and Building Materials，2024，433，136537.

2.4.5　《Journal of Materials Research and Technology》文章

2024 年 4 月，研究团队在《Journal of Materials Research and Technology》2024 年第 30 期发表了题为《Forming and densification of lunar regolith simulant based on millimeter-scale energy beam melting》(《基于毫米级能量束熔融的模拟月壤成型与致密化》) 的 SCI 论文。文章摘要及相关信息如下：

摘要：本文建立了一个毫米级能量束熔化月壤模拟物的系统，研究激光功率、扫描速度、轨道重叠比和粉末层厚度（层重叠比）等工艺参数对单轨、多轨和多层成型过程的影响。打印试样的平均抗压强度为 5.6 MPa，符合月球上承重结构的规范。这些结果将为原位增材制造的发展提供重要数据。

文章信息：LIU Y，et al. Forming and densification of lunar regolith simulant based on millimeter-scale energy beam melting，Journal of Materials Research and Technology，2024，30：2653-2665.

3 策划与建议

3.1 工作策划

3.1.1 学术交流

利用月壤实现月面原位建造作为空间科学技术领域的国际性难题，需要国内外领域专家和学者形成广泛的学术交流氛围与共识。项目团队持续扩大月面原位建造技术的国际交流和影响力，组织或积极参与国际科学研讨，提出中国方案，展现中国智慧，提升我国在该领域的国际影响力。

定期召开中国宇航学会空间科学与试验专委会学术交流会，会议规模 200 人以上。会议围绕“探索浩瀚宇宙、开发太空资源”主题，重点从宇航任务与技术的角度，开展空间科学、空间探测、空间试验、空间资源利用等方向的研究与探讨，继续深化这一国际难题的研讨论证。

3.1.2 技术深化

依托国家重点研究项目和国家重大科技工程任务，阐明月壤操控与输运、月壤多组分熔融凝固等关键机理，突破月壤颗粒的可控输运和月壤熔融可控成型等关键技术，完成嫦娥八号原位资源利用技术试验载荷研制，为我国开展月球原位资源利用技术试验奠定基础。重点开展以下 4 个方面研究：

1）月壤复杂体系颗粒动力学与操控输运机制研究。通过月壤操控实现精确送粉是致密化成型的基础。针对复杂级配月壤，聚焦超细成分，分析颗粒宏观粘附作用及颗粒间细观相互作用，揭示分聚、团聚规律；基于散体介质流变特性，建立月壤流动本构方程，利用DEM方法，研究异形颗粒粘附碰撞离散化模型，分析月壤细观流变规律及堆积形态；探索颗粒静电输运方法，开展月壤颗粒操控基础实验与仿真研究，阐明月壤颗粒操控过程中的颗粒行为变化、定向运动、定量控制及电场与颗粒间的相互作用等关键问题，揭示静电场控制下的颗粒物精准输运内在机制。

2）月壤多组分熔融相变机制与熔体内气泡动力学研究。月壤低沸点组分相变气化是造成气孔缺陷的主要原因。针对月壤的复杂多组分特征，建立简化的低沸点月壤组分体系，探究导致其低沸点气化的主要组分构成与不同组分对月壤气化的影响。针对月壤的气孔缺陷形成过程，研究熔体内气泡形成过程，分析真空环境下低沸点组分气化导致熔体内闭孔形成的规律；研究熔体表面气泡逸出过程，阐释气泡逸出直径、逸出频率与气孔缺陷形成的关系。针对气泡运动过程，发展月壤熔体内气泡动力学模型，研究熔体对流驱动气泡形成与排出规律，为抑制气孔缺陷提供理论基础。

3）月壤熔体铺展动力学与凝固机理研究。高粘度熔体铺展凝固机制直接影响融合不足缺陷。针对月壤粘性熔体铺展融合过程，探索熔道连续形成、熔道与基底结合过程中融合不足缺陷的形成机制，为实现致密连续熔道稳定成型提供理论基础；针对真空环境中孔隙缺陷重熔闭合过程，建立典型孔隙缺陷结构模型，阐释重熔深度与重熔时间对孔隙缺陷闭合的影响，结合温度场控制与多组分气化导致气孔的特性，优化孔隙缺陷闭合与新气孔形成的矛盾性问题；针对月壤熔体粘性流动过程，发展粘流态月壤熔融凝固数值模型，考虑热物性参数的大温变特性，研究非等温条件下熔体不同尺度粘性流动的特征时间，为抑制孔隙缺陷、重熔促进致密化过程提供理论支撑。

4）月壤制件缺陷形成演化机制与致密化成型热参数窗口研究。热参数优化是致密化成型的手段。在月壤操控与输运机理、月壤多组分熔融凝固机制研究的基础上，建立月壤颗粒操控与熔融致密化打印实验系统，并在典型模拟月面极端环境下开展热参数效应研究；开展月壤制件成型质量表征和缺陷特征分析，阐析气孔、融合不足等典型缺陷的形成演化机制及其对制件力热性能的影响；结合理论分析和参数效应实验研究，优化致密化打印热参数窗口，实现月壤的致密化打印成型。

3.1.3 国际合作

通过项目牵引，加强国际合作与交流，联合国际和港澳相关研究团队共同开展基础理论研究，在月壤成型机理及性能研究方面，通过国际合作共同促进基础研究能力的提升。拟邀请港澳研究人员参加“中国宇航学会空间科学与试验专委会第二届学术交流会”，提升学术交流的国际影响力。

3.1.4 论文发表

在《宇航学报》《中国空间科学技术》《空间科学与试验学报》等行业期刊发表相关研究成果，提高这一热点的关注度和学术影响力。

3.1.5 科普宣传

开展多种形式的航天科普活动，参与中国宇航学会的港澳科普活动，积极将航天热点的科普活动统一纳入中国宇航学会的科普活动。

3.2 发展建议

3.2.1 上级及用户关注

利用月壤实现月面原位建造，将取得原创性科学和重大技术突破，为我国空间科学技术领域后续发展和原位资源利用技术带来巨大影响，是落实国家空间科学、空间技术、空间应用战略的重要抓手，意义重大。但技术挑战性极高，需国内各优势单位通力合作。建议在现有国家任务的基础上，上级主管机关进一步大力支持，促进该领域发展。

3.2.2 人才支持

利用月壤实现月面原位建造需要持续强化行星科学、新材料 3D 打印、原位资源利用等方面的高级研究型人才培养，在工程技术方面，需吸引材料、力学、热物理、光学、精密仪器与机械电子等多领域技术人才加入，通过广泛的学术交流研讨，建立良好的交流协作关系，推动相关高校在该领域的人才培养。

3.2.3 资金投入

利用月壤实现月面原位建造任务科学上除需要持续开展多类型的学术交流和讨论之外，与科学研究并行的技术攻关和工程实践工作也需强化投入。根据科学目标和工程目标的梳理，形成国际领先的指标体系，牵引相关技术的研究攻关，进一步提升技术成熟度，为开展工程装备研制和工程应用实践提供基础。拓宽该领域研究的资金来源渠道，形成良性循环。

3.2.4 项目驱动

为解决这一国际科技难题，将在原创性科学和重大技术两方面，多渠道积极谋划国家级、省部委级项目，形成技术项目群。在基础理论研究、关键技术突破、系统集成演示验证等不同层面，形成阶梯式的相互支撑的研究布局。

附 1 研究预期进展路线图

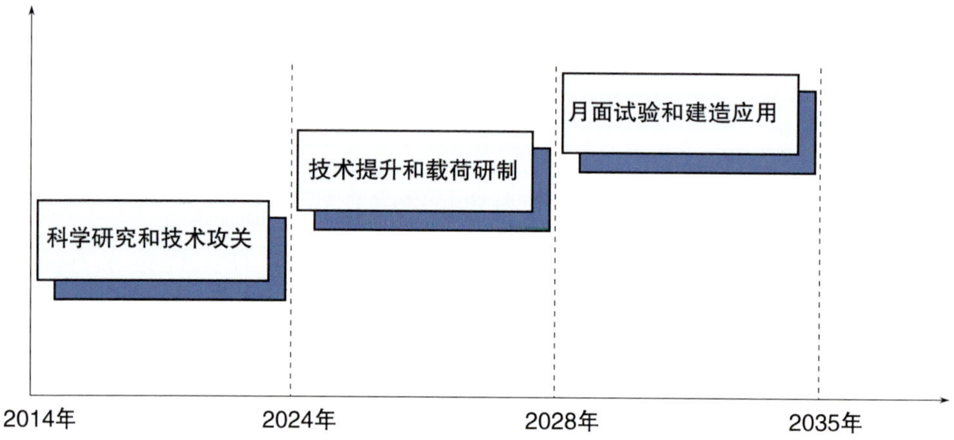

附 2 参考文献

［ 1 ］ GIBNEY E. How to build a Moon base［J］. Nature，2018，562（7728）：474-478.
［ 2 ］ ZHANG H，ZHANG X，ZHANG G，et al. Size，morphology，and composition of lunar samples returned by Chang'E-5 mission［J］. Science China Physics，Mechanics & Astronomy，2022，65（2）：1-8.

[3] 王超，姚伟，李啸天，等．一种利用静电输运和聚光熔融烧结的原位资源处理系统［P］．国家发明专利，ZL201810183951.5.
[4] GU J，ZHANG G，WANG Q，et al. Experimental study on particles directed transport by an alternating travelling-wave electrostatic field［J］. Powder Technology，2022，397：117107.
[5] GU J，WANG Q，WU Y，et al. Numerical study of particle transport by an alternating travelling-wave electrostatic field［J］. Acta Astronautica，2021，188：505-517.
[6] 刘祎炜，张弦，王超，等．模拟月壤 3D 打印致密化成型研究［J］. 中国空间科学技术，2023，43（6）：66-73.
[7] 丁烈云，周诚，高玉月，等．地外建造研究进展与科学技术挑战［J］. 土木工程学报，2024，57（6）：26-42.
[8] 梅洪元，包为民，于登云，等．关于未来月球基地建筑方案的构想［J］. 深空探测学报，2022，9（6）：553-559.
[9] CHEN Q Y，GAO Y Y，DING L Y，et al. Genetic algorithm based multiobjective optimization for 3D printable design of a double-shell lunar habitat structure［J］. Journal of Aerospace Engineering，2023，36（6）：04023069.
[10] FATERI M，GEBHARDT A. Process parameters development of selective laser melting of lunar regolith for on-site manufacturing applications［J］. International Journal of Applied Ceramic Technology，2015，12（1）：46-52.
[11] FATERI M，MEURISSE A，SPERL M，et al. Solar sintering for lunar additive manufacturing［J］. Journal of Aerospace Engineering，2019，32（6）：4019101.
[12] CAPRIO L，DEMIR A G，PREVITALI B，et al. Determining the feasible conditions for processing lunar regolith simulant via laser powder bed fusion［J］. Additive Manufacturing，2020，32：101029.
[13] MILLS J N，KATZAROVA M，WAGNER N J. Comparison of lunar and Martian regolith simulant-based geopolymer cements formed by alkali-activation for in-situ resource utilization［J］. Advances in Space Research，2022，69（1）：761-777.
[14] COLLINS P J，EDMUNSON J，FISKE M，et al. Materials characterization of various lunar regolith simulants for use in geopolymer lunar concrete［J］. Advances in Space Research，2022，69（11）：3941-3951.
[15] SHAO R，WU C，LI J. Innovative development of geopolymer-based lunar high strength concrete for sustainable extra-terrestrial construction using large-scale regolith simulants［J］.Construction and Building Materials，2024，450：138707.
[16] DEBBARMA S，SHI X，TORRES A，et al. Fiber-reinforced lunar geopolymers synthesized using lunar regolith simulants［J］. Acta astronautica，2024，214：593-608.
[17] ZHOU S Q，ZHU X Y，LU C H，et al. Synthesis and characterization of geopolymer

from lunar regolith simulant based on natural volcanic scoria[J]. 中国航空学报(英文版), 2022, 35(1): 144-159.

[18] XIONG G, GUO X, YUAN S, et al. The mechanical and structural properties of lunar regolith simulant based geopolymer under extreme temperature environment on the moon through experimental and simulation methods [J].Construction and Building Materials, 2022, 325: 126679.

[19] WU Z, GENG Z, PAN H, et al. Determinants of lunar geopolymer synthesis based on experimental and statistical analysis: Towards lunar regolith's diversity [J]. Construction and Building Materials, 2024, 450: 138557

[20] LI Y, PAN P, MIAO S, et al. Basalt fiber reinforcement mechanism for geopolymer exposed to lunar temperature environment [J]. Construction and Building Materials, 2024, 451: 138845.

[21] MA S, JIANG Y, FU S, et al. 3D-printed Lunar regolith simulant-based geopolymer composites with bio-inspired sandwich architectures [J]. 先进陶瓷（英文）, 2023.

[22] https://www.esa.int/Enabling_Support/Space_Engineering_Technology/Building_a_lunar_base_with_3D_printing.

[23] GELINO N J, SMITH J L, IRWIN T D, et al. Selection, production, and properties of regolith polymer composites for lunar construction [C] //2024 IEEE Aerospace Conference, Big Sky, MT, USA, 2024.

[24] WANG R, QIAO G, SONG G. Additive manufacturing by laser powder bed fusion and thermal post-treatment of the lunar-regolith-based glass-ceramics for in-situ resource utilization [J]. Construction and Building Materials, 2023, 392: 132051.

[25] HAN W, DING L, CAI L, et al. Sintering of HUST-1 lunar regolith simulant [J]. Construction and Building Materials, 2022, 324: 126655.

[26] GHOLAMI S, ZHANG X, KIM Y J, et al. Hybrid microwave sintering of a lunar soil simulant: effects of processing parameters on microstructure characteristics and mechanical properties [J]. Materials & Design, 2022, 220: 110878.

[27] ROBERTS A D, SCRUTTON N S. StarCrete: a starch-based biocomposite for off-world construction [J].Open Engineering, 2023, 13(1): 20220390.

[28] LIM S, REEVE S, LEKUONA E, et al. Challenges in the microwave heating of lunar regolith-analysis through the design of a microwave heating Demonstrator (MHD) payload [J]. Advances in Space Research, 2022, 69(1): 751-760.

[29] SUHAIZAN M S, TRAN P, EXNER A, et al. Regolith sintering and 3D printing for lunar construction: an extensive review on recent progress [J]. Progress in Additive Manufacturing, 2024, 9: 1715-1736.

[30] HAN W, ZHOU Y, DANG F, et al. Spark plasma sintering of HUST-1 lunar regolith

simulant and its thermal shock resistance properties [J]. Advances in Space Research, 2024, 73 (3): 1992-2003.
[31] GINÉS-PALOMARES J C, FATERI M, Schubert T, et al. Material aspects of sintering of EAC-1A lunar regolith simulant [J]. Scientific Reports, 2023, 13: 23053.
[32] WANG J, HUNTSINGER W, LAPEYRE J, et al. Sintering kinetics and microstructure development of synthetic lunar highlands and mare regolith [J]. Applied Materials Today, 2024, 37: 102145.
[33] ZHAO H, MENG L, LI S, et al. Development of lunar regolith composite and structure via laser-assisted sintering [J]. Frontiers of Mechanical Engineering, 2022, 17: 6.
[34] PETKOV M P, WILKERSON R P, VOECKS G E, et al. Comparison of volatiles evolving from selected highland and mare lunar regolith simulants during vacuum sintering [J]. Planetary and Space Science, 2024, 252: 105982.
[35] BARMATZ M, STEINFELD D, BATRES J, et al. Microwave permittivity and permeability measurements on lunar simulants at low temperatures [J]. Advances in Space Research, 2023, 72 (10): 4503-4516.
[36] JIN H, LEE J, ZHUANG L, et al. Optimized manufacturing process of homogeneous microwave-sintered blocks of KLS-1 lunar regolith simulant [J]. Journal of Building Engineering, 2024, 88: 109193.
[37] TORRE R, COWLEY A, FERRO C G. Low binder content bricks: a regolith-based solution for sustainable surface construction on the Moon. Discover Applied Sciences, 2024, 6: 88.
[38] ZHANG T, TANG H, LI X, et al. Np-Fe0 addition affects the microstructure and composition of the microwave-sintered lunar soil simulant CLRS-2 [J]. Advances in Space Research, 2024, 73 (1): 945-957.
[39] TOMILINA T M, KIM A A, Lisov D I, et al. A lunar printer experiment on laser fusion of the lunar regolith in the luna-grunt space project [J]. Cosmic Research, 2023, 61: 314-323.
[40] TOMILINA T M, KIM A A, LISOV D I, et al. Laboratory tests of selective laser melting of simulants of lunar regolith with various granulometric properties [J]. Cosmic Research, 2024, 62: 495-509.
[41] TOMILINA T M, KIM A A, LISOV D I, et al. Porosity and compressive strength of test samples produced by SLM using rock gabbro-diabase based powder as a lunar regolith simulant. Acta Astronautica, 2024, 215: 493-495.
[42] LINKE S, VOß A, Ernst M, et al. Two-dimensional laser melting of lunar regolith simulant using the MOONRISE payload on a mobile manipulator [J]. 3D Printing and Additive Manufacturing, 2022, 9 (3): 223-231.

［43］GRIEMSMANN T，PATZWALD J，CHAWDA C，et al. Influence of ambient pressure on laser beam melting of lunar regolith simulant［J］. Acta Astronautica，2025，228：30-41.
［44］GRANIER J，CUTARD T，PINET P，et al. Selective laser melting of partially amorphous regolith analog for ISRU lunar applications［J］. Acta Astronautica，2025，226（1）：66-77.
［45］BISWAS D，COX T，LAPP J L. Sintering behavior of lunar soil heated by indirect and direct concentrated sunlight［C］//ASME 2022 16th International Conference on Energy Sustainability. July 11-13，2022，Philadelphia，Pennsylvania，USA.
［46］ANDERSON S D，THANGAVELAUTHAM J. Solar-powered additive manufacturing in extraterrestrial environments［C］//17th Biennial International Conference on Engineering，Science，Construction，and Operations in Challenging Environments，April 19-23，2021.

附 3　词汇索引

月壤，嫦娥五号月球样品，原位资源利用，月面建造，月壤 3D 打印，熔融凝固

附 4　研究团队

研究团队成员：姚伟、宋坚、王超、张弦